浙江省普通高校“十三五”新形态教材

大学生公共基础课系列教材

办公软件高级应用案例教程
——Office 2019
（微课版）

尹建新　周素茵　编著

電子工業出版社
Publishing House of Electronics Industry
北京·BEIJING

内 容 简 介

Office 2019 功能强大，操作方便，与网络的结合非常紧密。本书是针对普通高等院校办公软件的教学要求编写而成的。本书最显著的特点是，以案例任务驱动，理论知识与实践操作相结合，任务的实现就是一件作品，有效地促进知识整体概念的形成，同时注重对学生综合应用能力的培养与提升。全书包括文字处理软件 Word、数据处理软件 Excel 和演示文稿设计软件 PowerPoint 三大部分。“既方便教师教，也方便学生学”是本书的写作宗旨，教学素材、授课 PPT 和教学视频齐全。

本书内容丰富，结构清晰，具有很强的操作性和实用性，同时知识点详尽，可作为高等院校、高职院校办公自动化等课程的教材，也可作为各类社会人员学习办公软件的参考书。

图书在版编目（CIP）数据

办公软件高级应用案例教程：Office 2019：微课版 / 尹建新，周素茵编著. --北京：电子工业出版社，2023.2
ISBN 978-7-121-45014-3

Ⅰ. ①办… Ⅱ. ①尹… ②周… Ⅲ. ①办公自动化—应用软件—高等学校—教材 Ⅳ. ①TP317.1

中国国家版本馆 CIP 数据核字（2023）第 021082 号

责任编辑：王　花
印　　刷：三河市良远印务有限公司
装　　订：三河市良远印务有限公司
出版发行：电子工业出版社
　　　　　北京市海淀区万寿路 173 信箱　邮编 100036
开　　本：787×1092　1/16　印张：20.75　字数：531.2 千字
版　　次：2023 年 2 月第 1 版
印　　次：2024 年 8 月第 5 次印刷
定　　价：61.00 元

凡所购买电子工业出版社图书有缺损问题，请向购买书店调换。若书店售缺，请与本社发行部联系，联系及邮购电话：（010）88254888，88258888。

质量投诉请发邮件至 zlts@phei.com.cn，盗版侵权举报请发邮件至 dbqq@phei.com.cn。

本书咨询联系方式：（010）88254609，hzh@phei.com.cn。

前　　言

为适应社会发展的需求，近年来许多高校将“办公自动化高级应用”课程纳入计算机基础教育课程体系，作为全校性的公共选修课程。课程的教学目的在于通过教与学，使学生正确理解办公自动化的概念，领略办公自动化软件的原理和使用方法，重点掌握办公自动化的高级应用，能综合运用办公自动化软件对实际问题进行分析和解决，培养学生应用办公自动化软件处理办公事务、进行信息采集的实际操作能力，以便日后能更好地胜任工作。同时，教育部有关组委会及社会各考证机构也推出了与 Office 相关的竞赛，如全国信息技术大赛，PPT 创意大赛，校、市、省 Office 竞赛，还有有关 Office 的计算机等级考试和其他全国级别的相关考试等。越来越多的人已经认识到了学会使用计算机、熟练运用办公自动化软件的重要性。

全书包括文字处理 Word、数据处理 Excel 和演示文稿设计 PowerPoint 三大部分。“既方便教师教，也方便学生学”是写作这本书的宗旨，全书以案例形式，包括知识点阐述与“案例操作”实践知识点的结合，将理论与实践统一。

第一篇是 Word 高级应用，共 4 章（第 1～4 章），兼顾了从初级到高级的文字处理与应用。本篇以图文混排案例介绍文本编辑、查找与替换、图文混排及版面设计等基础性操作；以邀请函制作、红头文件制作、域的使用以及分节等案例的实现来理解 Word 高效办公应用；以各部门协同写作一份年终总结报告介绍了主控文档和子文档的操作；以毕业论文的排版介绍了长文档的处理，包括多级编号的设置、域的使用、样式的使用、文档的审阅、目录的自动生成等。

第二篇是 Excel 高级应用，共 4 章（第 5～8 章）。本篇第 5 章以“员工信息表”的制作介绍数据的输入、单元格数据验证、条件格式以及表格制作等基本操作与格式设置；第 6 章应用 2 个教学案例来熟悉函数与公式的运用，包括日期时间函数、查找函数、文本处理函数、财务函数和数据库函数等的使用以及数组公式的使用；第 7 章和第 8 章分别介绍了数据的管理与分析、双层饼图、双坐标轴图表、数据透视表和数据透视表虚拟字段的添加与计算等。

第三篇是 PowerPoint 2019 高级应用，重点从设计角度来讲解 PPT 的制作，共 3 章（第 9～11 章）。本篇第 9 章是以找出问题、效果对照方式来介绍 PPT 设计的构思与制作，是 PPT 制作的方法引导的章节；第 10 章以大学生创新项目答辩为例，介绍使用母版制作统一风格、图文并茂的学术型 PPT 的常用思路与方法；第 11 章介绍主题活动汇报 PPT 的设计和制作，主题活动是非常常用、灵活的教学形式，也是能锻炼学生综合能力的活动，本章以“知党史、感党恩、跟党走”红色文化活动为主题，在“讲党史、学精神”中牢记时代使命、坚定理想信念，将理想信念落实于实际行动，用行动展示理想信念的力量，达到教育、教学的目的。

本书的主要特点如下：

1. 通俗易懂，实践操作性强。本书既有理论知识的讲解，又有成系统、出作品的实践案例，案例中融合思政元素，教学、育人。知识点介绍简单明了，实践操作讲解详尽，适合教师开展课堂内外相结合、线上线下混合教学，也适合学生的自主学习。

2. 实用性强。本书涉及的知识和内容，案例取自实际工作与生活，在实际应用中广泛使用，熟练掌握本书中的案例与练习涉及的高级应用方法，不仅可以深入理解理论与方法，而且可以应用这些解题方法来提高实际办公效率和作品质量。

3. 全书内容配有完整的授课 PPT、知识点教学视频、实践操作视频。

4. 本书适合各类专业、不同学时的教学安排，可以安排 32 学时、48 学时、64 学时等，具体参见表 1 的建议。本书内容在着眼于高级应用的同时兼顾了基础内容的学习，适合不同起点的学生使用。学生也可以在教师指导下自学，以减少课堂教学学时。

表 1　不同学时课程的教学安排建议

章	学时			
	完整充分版（64 学时）	偏文科版（48 学时）	偏理工科版（32 学时）	最少学时版（24 学时）
第 1 章　文本操作与图文混排	4	2	2	0
第 2 章　Word 高效办公	8	6	4	4
第 3 章　主控文档和子文档	4	2	2	2
第 4 章　长文档的制作	8	6	4	4
第 5 章　Excel 数据输入与基本操作	4	2	2	2
第 6 章　Excel 公式和函数	8	6	4	2
第 7 章　Excel 数据处理和统计分析	6	4	2	2
第 8 章　Excel 图表和数据透视表（图）	4	4	2	2
第 9 章　PPT 的构思与设计	6	4	2	2
第 10 章　利用模板制作项目答辩演示文稿	6	6	4	2
第 11 章　主题活动汇报 PPT 制作	6	6	4	2
教学建议	线上线下混合式教学，教师主导、学生自主学习，针对具体问题多操作、多实践，但基本概念和基本原理不可或缺，不能忽视对内容的综述与总结，只刷题是达不到知识运用的教学目标的			

也许有人会认为办公软件操作很简单，刷刷题就可以了，其实不然。在基本概念和基本原理都没有了解的基础上，直接做题、着手于复杂度和难度大的完整操作案例上，若只是操作步骤死记硬背，则遗忘概率很高；只知其然而不知所以然，则只会做题库中的题，无法在工作、学习中应用知识解决问题。因此，基本概念与基本原理的学习是很重要的，只有循序渐进才能融会贯通。

全书由尹建新统稿，其中第 3 章由周素茵编写，其余章节由尹建新编写。浙江农林大学的夏其表、易晓梅、于芹芬、张广群、黄美丽、许凤亚、刘颖、虞秋雨、邓小燕、王灿灿等对本书的编写工作提供了帮助和支持，如素材的整理、案例的设计等，在此表示感谢。

本书的编写得到了浙江农林大学教务处和数学与计算机科学学院领导的关心和大力支持，衷心感谢他们为本书提出许多有益的修改建议。

特别申明，本书第 9 章 PPT 的构思与设计，参考了网上下载的许多优秀作品，如孙小小老师、秋叶老师、布衣公子老师等，书中也引用了这些老师设计的个别幻灯片，在此表示衷心的感谢。如对您有冒犯，请您联系本书作者（10262029@qq.com）。

由于办公软件高级应用技术涉及范围广、发展快，尽管作者已经很努力，但在内容取舍与阐述上难免存在不足，甚至谬误，敬请广大读者批评指正。作者邮箱为10262029@qq.com。

您如果需要授课和练习的素材请找出版社或作者本人索要。

编者

2022年7月

目 录

第一篇 Word 高级应用

第二篇　Excel 高级应用

第三篇 PowerPoint 2019 高级应用

第一篇　Word 高级应用

Word 是目前市面上功能强大、操作简单的文字编辑工具。使用 Word 能够输入和编辑文字、制作各种图表、制作 Web 网页和打印各式文档等。Word 高级应用，是对于 Word 软件更高层次的探索，因此需要读者尝试用一种新的思想、新的视角、新的方法来研究和学习 Word。在学习和使用 Word 高级应用的过程中，读者需要转换观念，用研究的心态去使用 Word，用专业精神和艺术感去设计一个文档，学会使用节、样式、索引、各种自动化命令等对文档进行编辑。

本篇分 4 章介绍 Word 2019 的高级应用。

第 1 章，文本操作与图文混排。本章通过图文混排案例，介绍图文混排中的文本操作、字体与段落格式、图片、表格、文本框等各种要素之间的关系及排版技巧，是对 Word 文字编辑处理的基础内容模块的复习与综合运用。

第 2 章，Word 高效办公。以邀请函、模板文件、索引文件等为对象，介绍 Word 中邮件合并、模板、索引、文档的域、分页与分节等相关内容，熟练运用相关知识，可以提高办公效率。

第 3 章，主控文档和子文档。以统一化管理的思路，将主控文档拆分成几个子文档进行编辑修改，可以研究主控文档和子文档之间的关系。

第 4 章，长文档的制作。以设计毕业论文文档为基础，分析了长文档排版中样式、域、节、修订、目录、页眉页脚、页码等的设置技巧。

第 1 章　文本操作与图文混排

课件

要使一篇文档看起来美观，仅仅进行简单的文字编辑及文字段落格式化操作是远远不够的，必须对文档进行整体版面设计，使用图片、剪贴画、图形形状、SmartArt 图形、表格、图表等丰富的图形图像，对文档进行图文混排，使得文档看起来更加生动、充满活力。

素材

1.1　文档编辑

Word 工作界面 1

1.1.1　文档内容录入

文档创建与编辑

文档内容主要是文字、符号、表格和图形等。Word 具有自动换行功能，用户在录入文档时可不必理会是否满一行，当一行满时会自动跳至下一行。当需要开始新的段落时，可按 Enter 键换行。每按一次 Enter 键，Word 在段尾就形成一个段落标记↵ 。

（1）插入与改写状态：按下键盘上的 Insert 键，Word 系统即在改写和插入状态之间切换。

（2）标点符号、特殊符号的输入：单击“插入”选项卡→“符号”组中的“符号”按钮可插入符号，或通过输入法状态栏中的软键盘输入符号，其操作为用鼠标右键单击输入法状态栏上的“软键盘”，在弹出菜单中选择符号的类型，在弹出的模板中选择需要的符号即可，如图 1-1 所示。

（3）插入日期和时间：单击“插入”选项卡→“文本”组中的“日期与时间”按钮，打开“日期与时间”对话框，选择需要的日期与时间格式即可。如果希望每次打开文档时，时间自动更新为打开文档的时间，可以勾选“自动更新”复选框。

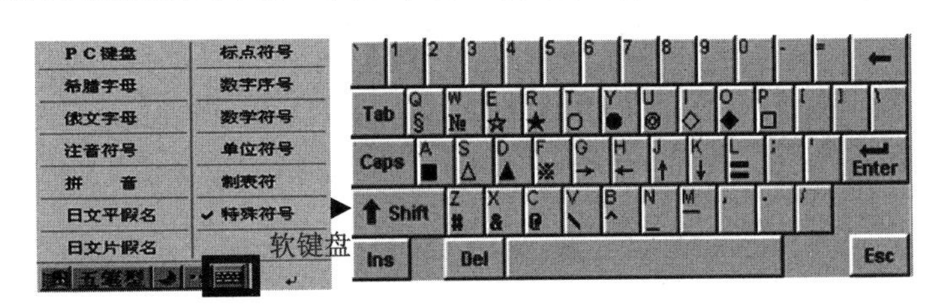

图 1-1　用软键盘输入符号

1.1.2　文档内容选定

Word 编辑的文件是由词语、行、段落组成的，在编辑文档时首先要选定编辑的对象，常用的选择方式有如下几种。

（1）拖动鼠标法：将光标移动至要选择文本内容的开头位置，按住鼠标左键并同时拖动，拖动至选定文本的最后即可。

（2）选择词语的方法：在某个词语处双击鼠标左键，即可选定该词语。

（3）选择一行：将光标放在段落的左边，当光标变为向右的箭头时，单击左键，即可选定该行。

（4）选择某个段落：将光标放在段落的左边，当光标变为向右的箭头时，双击鼠标左键，即可选定一个段落。一个段落可能会长达几页，用拖动鼠标法来选择整个段落不是很方便时，这种用鼠标双击方式来选定一个段落的方法就显得特别方便有效。

（5）选择整篇文档：将光标放在段落的左边，当光标变为向右的箭头时，连续按三下鼠标左键即可选定整篇文档或按 Ctrl+A 组合键也可选定整篇文档。

（6）在文档区选定有如下方法。

- Shift+单击：先将插入点移到需选定文本的起始位置，按住 Shift 键，再将插入点移到需选定文本的结尾处然后单击鼠标左键，松开 Shift 键，即可选定起始处至结尾处的文本区域。
- Alt+鼠标拖动：按住 Alt 键，用鼠标来拖动，可选择一个矩形文本块。

1.1.3　文档内容的复制、移动

在编辑文档时，可能需要把一段文字移到另外一个位置，这时需用到复制、剪切和粘贴等功能。巧妙地利用移动、复制和删除功能，可以避免重复输入同一内容，也便于文档内容的重组和调整。

（1）复制：选中要复制的内容，单击“开始”选项卡→“复制”按钮或按 Ctrl+C 组合键，将选定内容写入剪贴板中，然后确定插入点，单击“粘贴”按钮或按 Ctrl+V 组合键，将剪贴板内容粘贴至插入点处。

（2）移动：文本移动的实质是将文本从某一位置剪切下来保存到系统剪贴板中，然后粘贴到新的位置。操作方法是，单击“开始”选项卡→“剪切”按钮或者按下 Ctrl+X 组合键，然后确定插入点，将剪贴板中内容粘贴至该位置。

剪贴板是 Windows 系统专门在内存中开辟的一块存储区域，作为移动或复制的中转站，Word 2019 可以存放多次移动（剪切）或复制的内容，通过单击“开始”选项卡→“剪贴板”组右下角对话框启动器，打开“剪贴板”窗格，可显示剪贴板中的内容。如果不破坏剪贴板中的内容，连续执行“粘贴”操作可以将剪贴板中的内容进行多处移动和复制。

1.1.4　查找与替换

查找与替换

Word 中的查找、替换功能不仅可以快速地定位到想要找的内容，还可以批量修改文章中相应的内容。单击“开始”选项卡→“编辑”组中的“查找”按钮，在弹出的“导航”窗格的文本框中输入要查找的内容，如“计算机”，则在“导航”窗格中列出了所有包含“计算机”文字的位置，单击某项即可跳转到文档中的对应位置；同时，在文档中也自动用高亮度颜色标记出了这些位置。

若需要对文档中的某些内容进行批量修改，例如，将文档中“电脑”文字全部修改为“计算机”，这时，替换操作最为高效。选定要修改、替换的段落，单击“开始”选项卡→“编辑”

组中的“替换”按钮，或按下 Ctrl+H 组合键，打开“查找和替换”对话框，按如图 1-2 所示进行设置，单击“全部替换”按钮即可将选定段落中的文本“电脑”替换为“计算机。”

查找和替换
查找(D)　替换(P)　定位(G)
查找内容(N):　电脑
选项:　向下搜索, 区分全/半角
替换为(I):　计算机
更多(M) >>　替换(R)　全部替换(A)　查找下一处(F)　取消

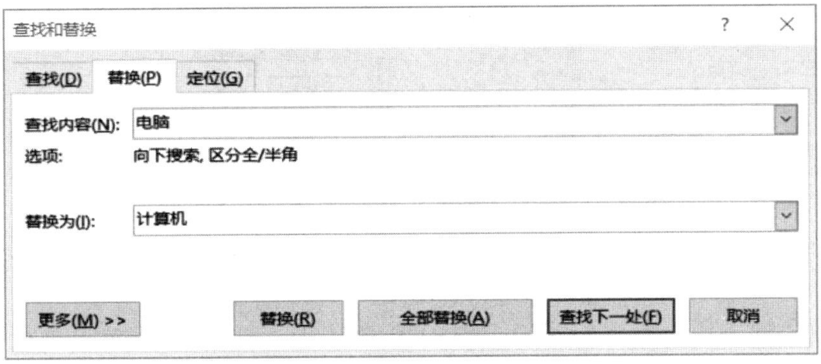

图 1-2　将文本“电脑”替换为“计算机”

Word 的查找与替换功能除了文字替换这种最基本的用法，还有很多强大的功能，下面列举几个常用的特殊格式的使用方法。

（1）将手动换行符替换为段落标记。例如，在网上获取的文字素材中，如图 1-3 左图所示，需要把文档中“手动换行符”修改为“段落标记”。单击“开始”选项卡→“编辑”组中的“替换”按钮，或按 Ctrl+H 组合键，打开“查找和替换”对话框，将光标插入点定位在“查找内容”文本框中，单击“特殊格式”→“手动换行符”，即^L，然后将光标插入点定位在“替换为”文本框中，单击“特殊格式”→“段落标记”，即^P，单击“全部替换”换钮，替换效果如图 1-4 所示。

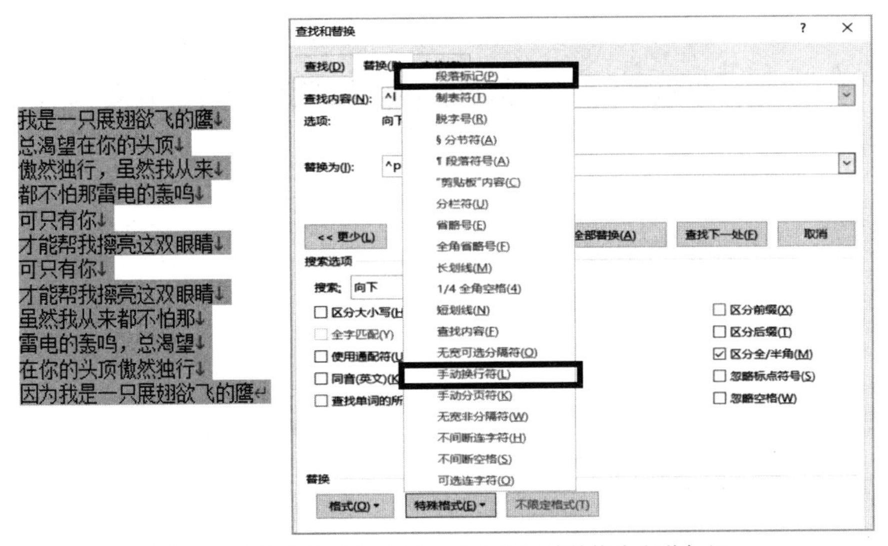

图 1-3　“特殊格式”应用：手动换行符替换为段落标记

（2）删除空行。输入查找内容：^P^P，即空行（两个连续段落标记硬回车）。在“替换为”文本框中输入^P，即将之替换为一个硬回车符。单击“全部替换”按钮，即可完成操作。

（3）删除所有空格。输入查找内容：“ ”，即空格，不包括双引号。在“替换为”文本框中不输入任何内容。单击“全部替换”按钮，即可完成操作。

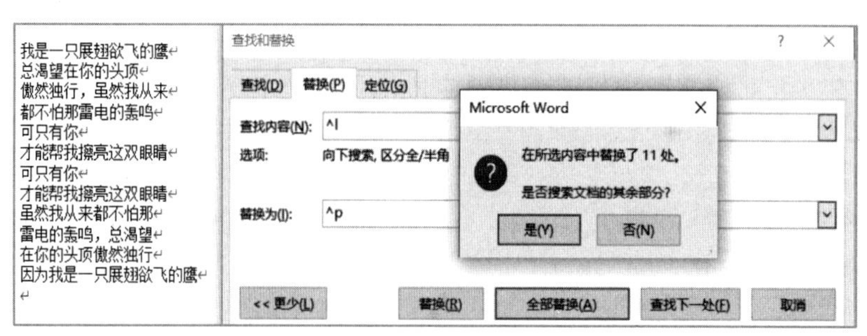

图 1-4　替换效果

（4）删除所有字母。输入查找内容：^S，即任意字母；在“替换为”文本框中不输入任何内容。单击“全部替换”按钮，即可完成操作。

若需要取消“查找内容”文本框中设定的格式，将光标插入点定位在文本框中，单击“不限定格式”按钮即可。

书签

1.1.5　书签

Word 书签用于标记文档中的某一处位置或代表若干字符文本，使用书签可以使用户更快地找到阅读或者修改的位置，特别是对于长文档。要想在某一处或几处留下标记，以便以后查找、修改，可以在该处插入书签，书签仅显示在屏幕上，不会打印出来。书签也可以用来设置超链接，还可以用于创建交叉引用。

1. 添加书签

步骤 1，将光标插入点定位到要设置书签的地方，或选中要设置为书签的文字，单击“插入”选项卡→“链接”组中的“书签”按钮，打开“书签”对话框，如图 1-5 所示。

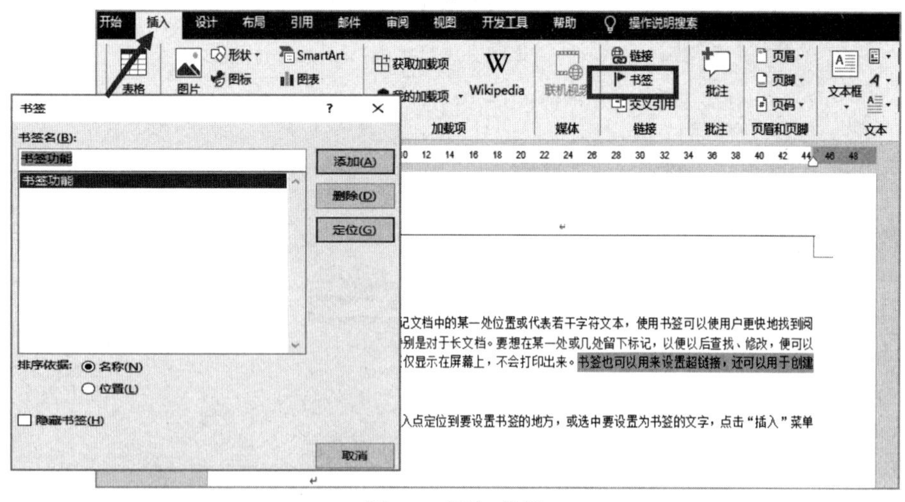

图 1-5　添加书签

步骤 2，在“书签”对话框的“书签名”文本框中输入书签名称，然后单击“添加”按钮，即可将其添加到书签列表中，创建成功。

2. 定位书签（创建超链接）

完成文档中书签的创建后，单击“插入”选项卡→“链接”组中的“书签”按钮，打开

“书签”对话框。在“书签名”列表中选择要查找定位的书签名，单击“定位”按钮，光标插入点就会定位在书签位置处或者以背景底纹方式突出显示书签所包含的文字内容。

3. 在文档中插入书签标记的文本内容

若文本中某一段落文本，需要多次出现，可以把这些文本内容定义为书签，使用交叉引用或插入域的方法，插入书签所代表的文本内容。

（1）使用 Ref 域：单击“插入”选项卡→“文本”组中的“文档部件”→“域...”，打开“域”对话框。“域名”选择“Ref”，在“书签名称”列表中选择相关书签名称，如图 1-6（a）所示，单击“确定”按钮，此时书签所标记的文本插入到文档中。

（2）使用交叉引用：单击“引用”选项卡→“题注”组中的“交叉引用”按钮，打开“交叉引用”对话框。“引用类型”选择“书签”，在“引用哪一个书签”列表中选择相关的书签名称，如图 1-6（b）所示，单击“插入”按钮，此时书签所标记的文本插入到文档中。

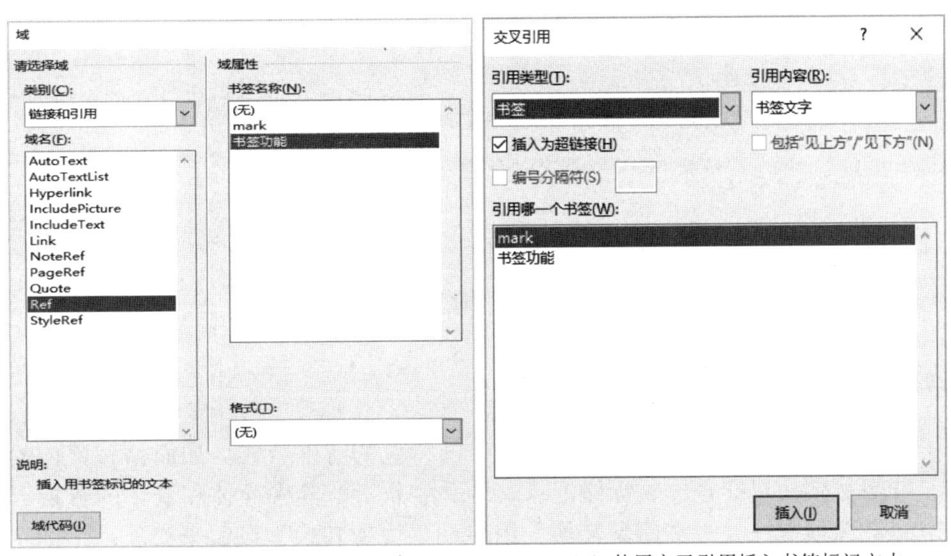

（a）使用 Ref 域插入书签标记文本　　（b）使用交叉引用插入书签标记文本

图 1-6　在文档中插入书签标记的文本内容

提示：默认情况下，Word 文档中是不显示书签的。若要显示书签，则在主界面中依次单击“文件”→“选项”选项，打开“Word 选项”对话框。在左侧窗格中单击“高级”选项，在右侧窗格的“显示文档内容”栏中勾选“显示书签”复选框，然后单击“确定”按钮。

1.2　文档排版

字体格式与段落格式设置

1.2.1　字符格式化

先选定需要进行格式设置的文本内容，单击“开始”选项卡→“字体”组右下角对话框启动器，打开“字体”对话框。在“字体”对话框中进行字体设置，如图 1-7 所示。字体包括中文字体和英文字体两大类，设置内容包括字体、字形、下画线线型、字号、字体颜色；

在“高级”选项卡中可实现字符间距、字符位置、字符缩放比例等内容的设置。

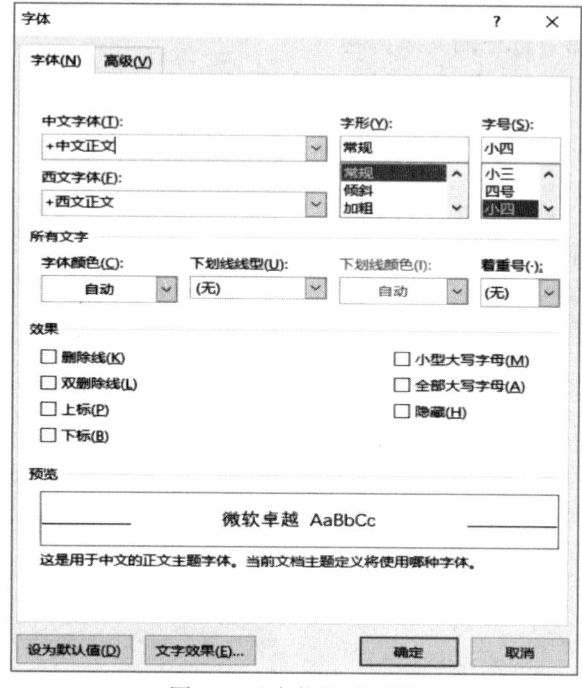

图 1-7 “字体”对话框

1.2.2 中文版式

对于中文字符，Word 2019 提供了具有中国特色的特殊版式，如简体和繁体的转换、加拼音、带圈文字、双行合一、纵横混排、合并字符等。其中简体和繁体的转换可以通过单击“审阅”选项卡→“中文简繁转换”组中的“简繁转换”按钮来实现；带圈字符、加拼音则通过单击“开始”选项卡→“字体”组中对应的功能按钮来实现；其他功能可通过单击“开始”选项卡→“段落”组中的中文版式下拉按钮，在展开的下拉菜单中选择相应的命令来完成，如图 1-8 所示。

图 1-8 “中文版式”效果设置

1.2.3 段落格式化

段落格式化以段落为单位，包括对齐方式、缩进方式、段间距、行间距等内容，用段落标记“ ↵ ”（按 Enter 键产生）来标识一个段落的结束。段落标记保留着有关该段的所有格式设置信息。如果在移动或复制一个段落时要保留该段落的格式，则要将段落标志包括进去。当按下 Enter 键开始一个新段落时，Word 将复制前一段的段落标记及其中所包含的格式信息。

段落设置包括段落缩进（首行缩进、悬挂缩进、左缩进、右缩进）、对齐方式、行间距、段落间距等的设置，操作方式是单击“开始”选项卡→“段落”组中的相应功能按钮。其中段落的缩进也可以使用标尺来快速实现，具体方法是：将插入点定位在要缩进的段落中，然后将标尺上的缩进符号拖动到合适的位置，被选定的段落会随缩进标尺的变化而重新排版。

注意：要显示标尺，需要在“视图”选项卡的“显示”组中勾选“标尺”复选框。最好不要使用 Tab 键或空格键来设置文本的缩进。

1.2.4　边框和底纹

边框与底纹

为了修饰文本，可以为所选的对象（包括字符、段落、表格、图片和图文框）加上边框和底纹。边框是指围在对象四周的一条边上或多条边上的线条。底纹是指用选定的背景填充对象，边框和底纹可以添加在同一段落中，也可以为选定的字符或整个页面添加边框和底纹。单击“开始”选项卡→“段落”组中的“边框”按钮，打开“边框和底纹”对话框，如图 1-9 所示。其中有“边框”“页面边框”“底纹”3 个选项卡。在“边框”选项卡中可以对“设置”“样式”“颜色”“宽度”各项进行设置；在“底纹”选项卡中可以对底纹进行相应的“填充”“图案”“颜色”设置；“页面边框”选项卡用于对页面或整个文档加边框。

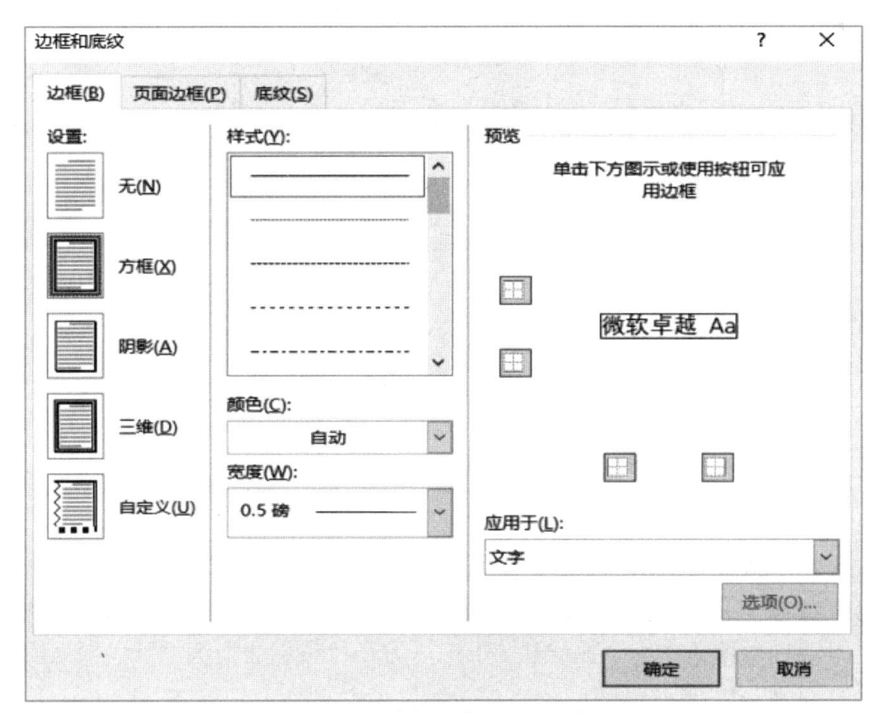

图 1-9　“边框与底纹“对话框

注意，在设置边框与底纹时，设置的效果是应用于段落或文字的，需要在“应用于”下拉列表框中选择应用范围，两者所呈现的效果是不一样的。

项目列表

1.2.5 项目符号和编号

在处理文档时，为表达某些内容之间的并列关系、顺序关系等，经常要用到项目符号和编号。项目符号可以是字符，也可以是图片；编号是连续的数字和字母，Word 具有自动编号功能，当增加或删除段落时，系统会自动调整相关的编号顺序。

创建项目符号与编号的操作方法是：选定需要添加项目符号或编号的若干段落，然后单击“开始”选项卡→“段落”组中的“项目符号”按钮或“编号”按钮右端小箭头，展开其下拉列表，再选择相应菜单项。若要删除项目符号，选定文本，在打开的“项目符号”或“编号”下拉列表中选择“无”即可。

分栏与首字下沉

1.2.6 分栏

分栏排版可以将版面分成多栏，这样使文本便于阅读，版面显得更生动。执行分栏命令时，Word 将自动在要分栏的文本内容上下各插入一个分节符，以便于与其他文本区分。分栏的实际效果只能在页面视图方式或打印预览中才能看到。操作方法是，单击“布局”选项卡→“页面设置”组中的“栏”按钮，在弹出的下拉列表中选择相应选项，如图 1-10 所示。若要对分栏效果进行分栏选项的设置，如分隔条、栏宽等，则选择“更多栏”选项，打开“栏”对话框，如图 1-11 所示，进行分栏效果设置。

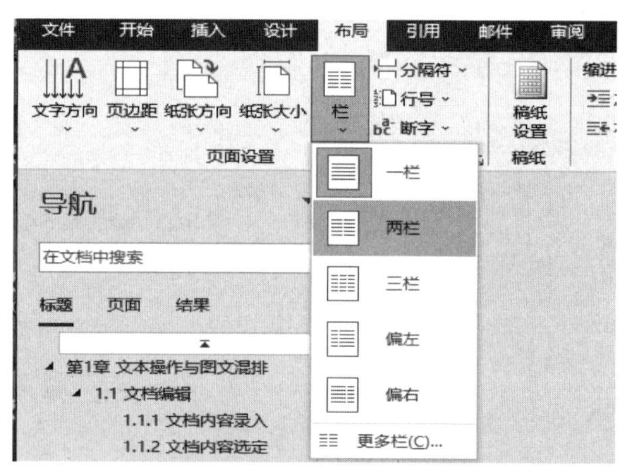

图 1-10 “栏”下拉列表

1.2.7 首字下沉

首字下沉是一种段落装饰，是指将文章或段落的第一个字符下沉几行或悬挂起来，以此来使文章显得醒目，更容易找到文章的起始部分，通常在图书、报纸或杂志中能够看到这种效果。首字下沉有两种样式，一种是直接下沉，另一种是悬挂下沉，可以根据需要选择其中的一种格式，如图 1-12 所示。

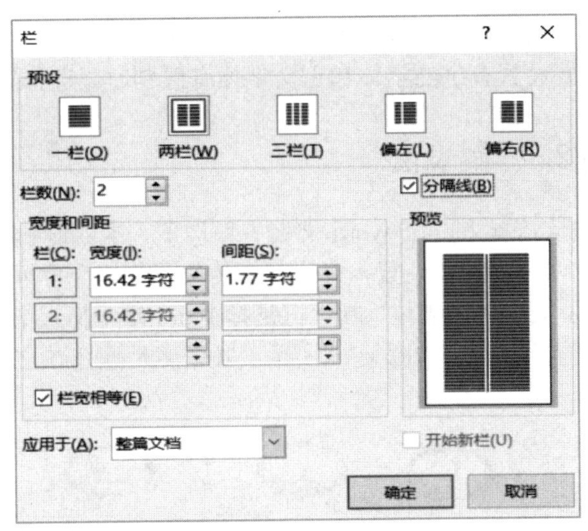

图 1-11　“栏”对话框

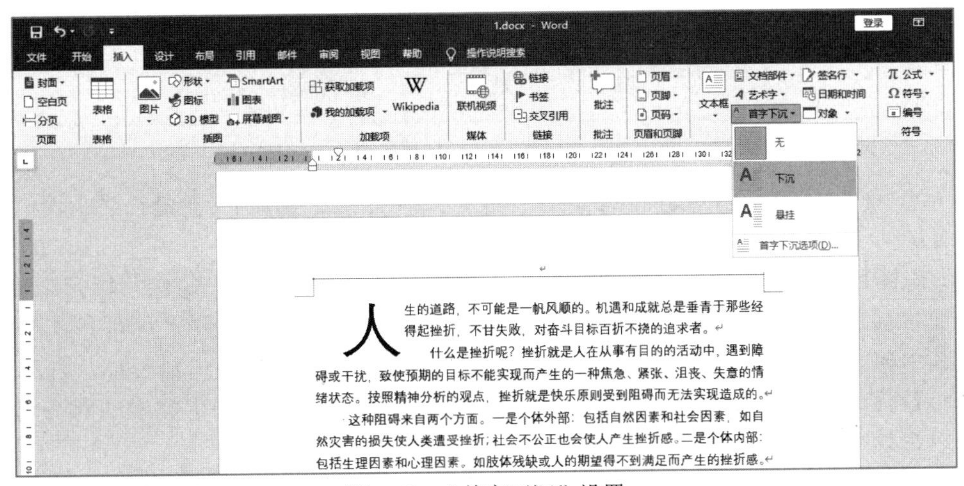

图 1-12　“首字下沉”设置

首字下沉设置方法如下：将光标插入点定位在需要设置首字下沉的段落，单击“插入”选项卡→“文本”组中的“首字下沉”按钮，如图 1-12 所示，将鼠标指针移动到弹出的下拉列表选项上即可展示出对应的效果，选择对应选项即完成首字下沉设置，此时的效果是系统默认的首字下沉效果。

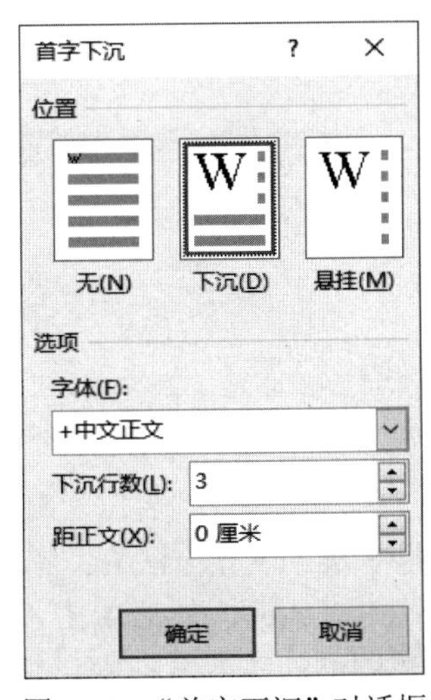

图 1-13　“首字下沉”对话框

若需要自定义参数来设置首字下沉效果，则可以选择下拉列表中的“首字下沉选项”，打开“首字下沉”对话框，如图 1-13 所示。在此可以设置对应的选项和参数，“位置”处可以选择三种不同的方式，即“无”“下沉”“悬挂”3 个选项，这里选择的选项的功能和在菜单中选择对应功能时得到的效果是一样的，主要区别在于“选项”参数设置中的“下沉行数”和“距正文”参数设置。

当需要设置的下沉行数更少或更多时，设置相应的数值即可，默认情况下是 3 行。相应地，当需要将下沉的首字边距和正文隔开时，设置“距正文”后面的参数即可。当需要设置首字的字体和正文字体有区别时，选择“字体”中的字体即可。

制表位与制表符

1.2.8 制表位

默认情况下，在 Word 文档中每按下一次 Tab 键，插入点即会自动向右侧移动两个字符的位置，定位到新的位置，这个位置就被称为制表位。简单地说，制表符所指定的位置就叫制表位。制作符是指 Word 水平标尺上显示的一种符号，这个符号就是制表位所在位置的标记，如图 1-14 所示。其作用是规范在文档中输入的各字符或者文本的位置。

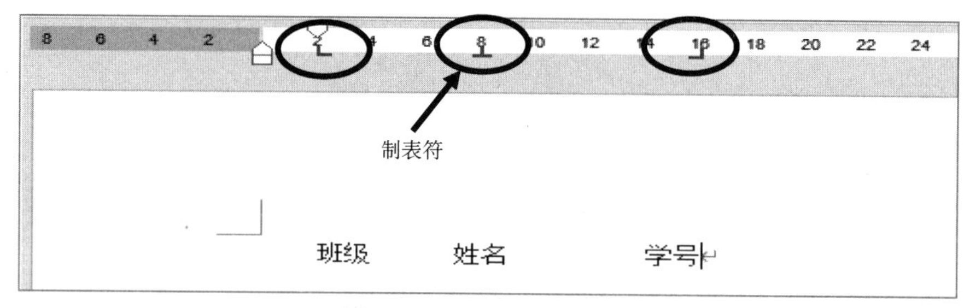

图 1-14　制表位与制表符

Word 中有两种方法可以设置制表位，一种是在标尺上设置，另一种是在“制表位”对话框中设置。

（1）在标尺上设置制表位。在“视图”选项卡的“显示”组中，勾选“标尺”复选框，将在界面中显示出水平标尺和垂直标尺。这时，在标尺最左侧可看到“左对齐式制表符”标记，其中包含 5 种制表符，分别为：左对齐式制表符、居中对齐式制表符、右对齐式制表符、小数点对齐式制表符、竖线对齐式制表符，它们都是用来指定文本的对齐方式的，单击可以在这些制表符之间进行切换。

设置制表位时，单击标尺最左侧的制表符标记可以切换到需要的制表符对齐类型，然后直接单击标尺上的某个位置，即可创建一个制表符，并将定位位置设置为制表位，如图 1-15 所示。

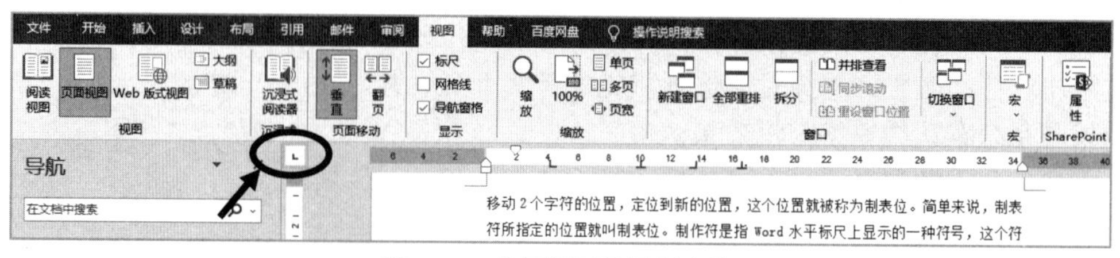

图 1-15　使用标尺设置制表位

（2）在“制表位”对话框中设置。如果想要精确地设置制表位，可以在“制表位”对话框中进行。其方法为：单击“开始”选项卡→“段落”组右下角的对话框启动器，打开“段落”对话框，然后单击“制表位”按钮，打开“制表位”对话框，如图 1-16 所示。在“制表位位置”文本框中可输入具体数值来确定制表位的位置。在“对齐方式”栏中可选择制表位的对齐方式，在“引导符”栏中可选择一种符号填充制表位之间的空白距离，然后单击“确定”按钮即可。

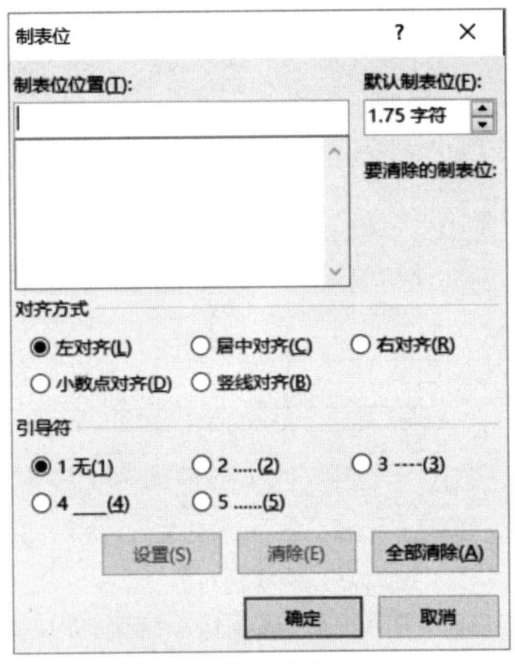

图 1-16　“制表位”对话框

注：双击标尺上的制表符也可打开“制表符”对话框。

表格制作

1.3　表格制作

在日常工作中经常会用到表格，如个人简历和各种数据报表等。在一些专业的文档中，如预算报告和财务分析报告等文档中，呈现数据的表格比文字更直观、更具说服力，具有条理清楚、说明性强、查找速度快等优点，使用非常广泛。Word 2019 提供了非常完善的表格处理功能，使用它提供的工具，可以轻松制作出满足需求的表格。

1.3.1　创建表格

在“插入”选项卡→“表格”组的“表格”下拉菜单中提供了 6 种建立表格的方法：用单元格选择板直接创建表格、使用“插入表格”命令、使用“绘制表格”命令、使用“文本转换成表格”命令、使用“Excel 电子表格”命令、使用“快速表格”命令，如图 1-17 所示。

前 3 种表格创建方法的主要操作步骤介绍如下。

方法 1：使用单元格选择板生成表格。单击“插入”选项卡→“表格”，在下拉菜单的单元格选择板中，将光标移动到列表中并拖动鼠标，选择所需要的行与列（选定的行与列会变成黄色），即可创建表格。

方法 2：使用“插入表格”命令生成表格。从下拉菜单中选择“插入表格”命令，打开

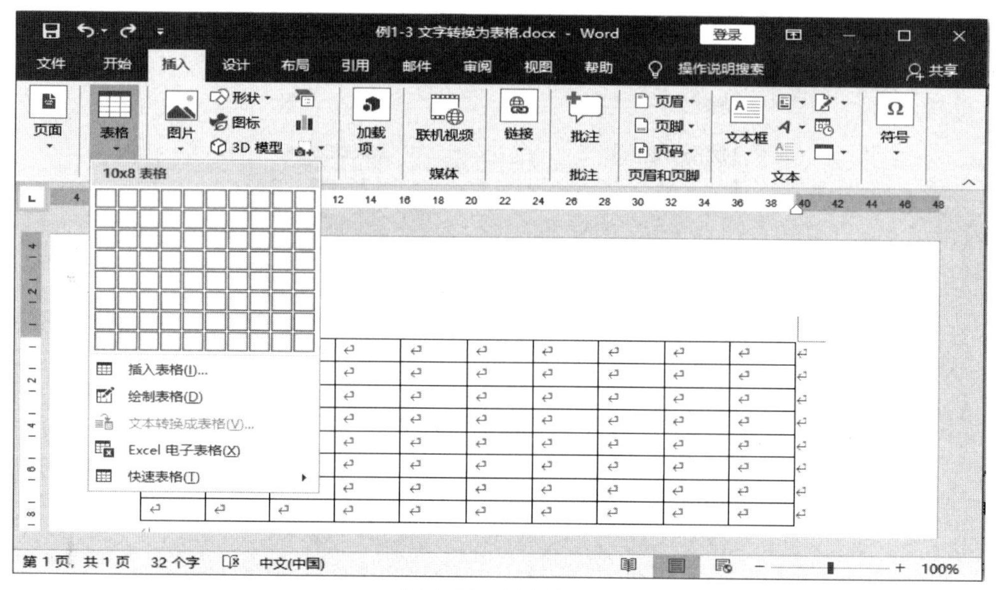

图 1-17 插入表格

“插入表格”对话框，输入表格所需行数与列数即可。

方法 3：绘制不规则表格。单击“插入”选项卡→“表格”，在弹出的下拉菜单中选择“绘制表格”，此时鼠标指针变成铅笔形，在文档中按住鼠标左键拖动绘制表格的边框，水平拖动绘制一条水平行线，垂直拖动绘制一条垂直的列线，也可以绘制单元格对角斜线。

提示：利用“插入表格”命令的方式创建表格是十分方便的，但表格的行列数会有限制，其最多只能够创建 8 行 10 列的表格，而使用“插入表格”命令则最多可以设置 63 列 32767 行的表格。当表格行列数较多时，表格无法一次完成，此时应该使用其他的方式来创建表格。

在 Word 2019 中，表格和文本之间也可以根据使用需要进行相应的转化操作。如需要将表格转化为文本，可以选择要转化成文本的表格，单击“表格工具-布局”选项卡→“数据”组中的“转化为文本”按钮 转换为文本 即可。如需要将文本转化为表格，则首先输入文本内容，再选中要转化为表格的文本，在“插入”选项卡的“表格”组中单击“表格”按钮，从下拉菜单中选择“文本转化成表格”命令，在打开的对话框中输入列数，并根据文本内容设置文字分隔位置，如图 1-18 所示。

2012 级电子商务班期末考试成绩单

姓名	高数	英语	C 语言	体育	数据库
王艳	95	90	89	87	96
张丽	88	86	90	77	90
段玲玲	77	86	80	85	87
楼柔	76	68	77	96	85
李邢楠	86	75	69	65	70

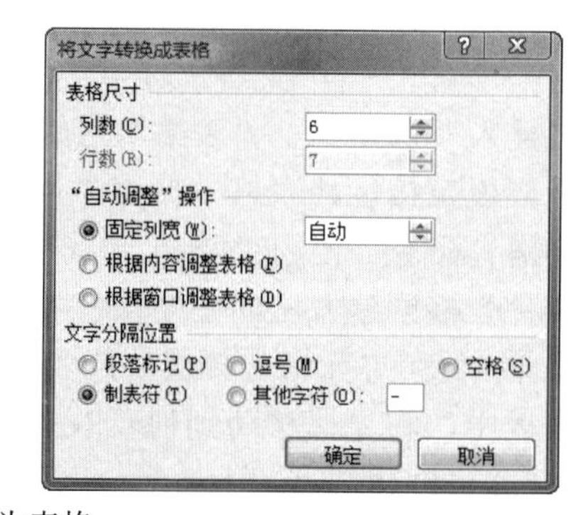

图 1-18 文字转换为表格

1.3.2　编辑表格

创建表格后，如需更改表格行数或列数、合并或拆分单元格、设置单元格格式等，都可以选中表格，单击鼠标右键，在弹出的快捷菜单中选择相应操作即可。也可单击表格中的某个单元格后，在“表格工具-设计”选项卡中，为表格设置表格样式、边框和底纹属性等，如图 1-19 所示。也可在“表格工具-布局”选项卡中，对表格进行行与列、单元格的操作及对齐方式、合并等操作，如图 1-20 所示。

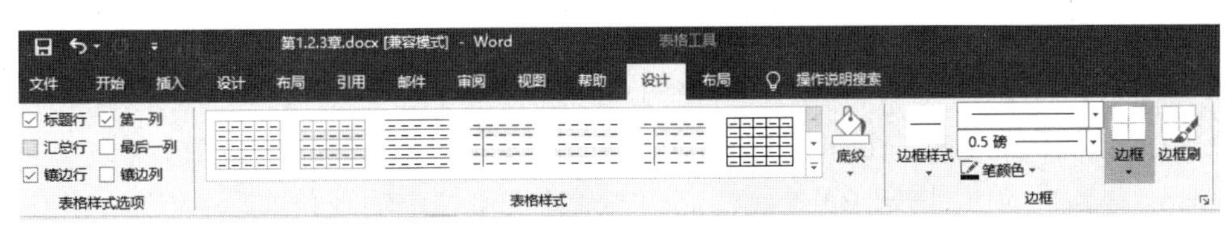

图 1-19　“表格工具-设计”选项卡

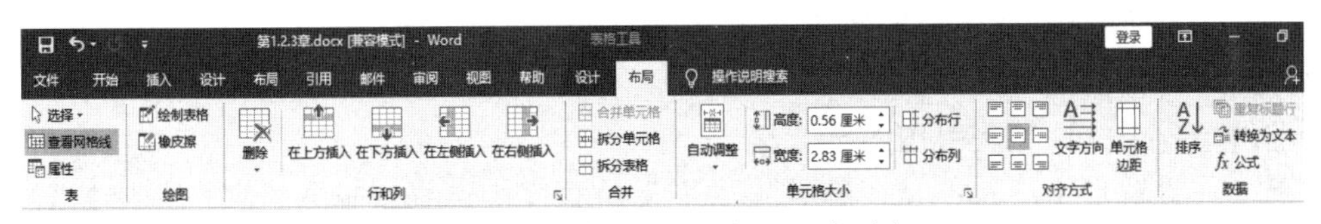

图 1-20　“表格工具-布局”选项卡

1.3.3　表格中的数据计算

Word 2019 的表格通过内置的函数功能，可以满足一些简单的计算，如可以帮助用户完成常用的数学计算，包括加、减、乘、除及求和、求平均值等常见的运算，但其计算能力肯定没有 Excel 强。

如果需要运算的内容刚好位于最右侧或底层，用户可以用 LEFT、ABOVE 表示左侧的数据或上部的数据。

【例 1-1】 计算表 1-1 所示商品销售表中的合计值和平均产品销售收入值，可以按照如下步骤进行。

F2单元格

表 1-1　商品销售表

产品名称	一月份	二月份	三月份	四月份	合计
啤酒	2600	2500	2800	3200	
饮料	3300	2600	3900	3800	
副食品	1600	2060	3100	1950	
平均产品销售收入					

步骤 1，选定单元格：选中需要计算的单元格，如选中 F2 单元格。

步骤 2，打开“公式”对话框：单击“表格工具-布局”选项卡→“数据”组中的“*fx* 公式”按钮，打开“公式”对话框。在“公式”文本框中输入公式“=SUM(B2:E2)”或“=SUM(LEFT)”，求出啤酒产品的合计销售收入，如图 1-21 所示。

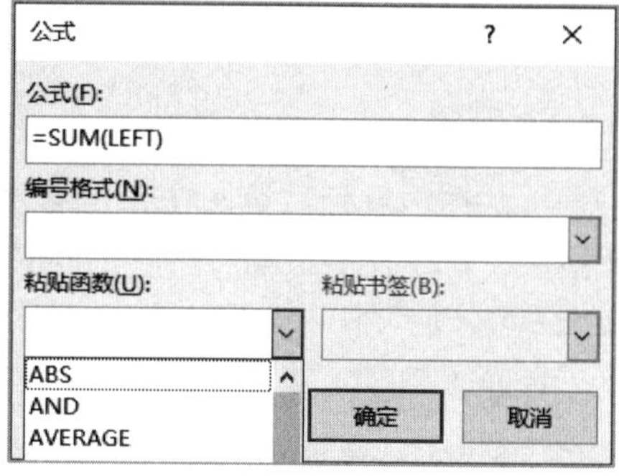

图 1-21 “公式”对话框

步骤 3，以同样的方法，计算饮料和副食品的前 4 个月的合计销售收入。

步骤 4，计算平均值：选定 B5 单元格，在“公式”文本框中输入公式“=AVERAGE(B2:B4)”或“=AVERAGE(ABOVE)”，求出单元格 B2:B4 的平均值。或者在“粘贴函数”下拉列表中选择所需要的函数。Word 为表格计算功能提供了许多计算函数，它们与 Excel 的计算函数基本一致，用户可根据需要从中加以选择。此时“公式”文本框中将显示出该函数名，用户应在单括号内指定公式计算所引用的单元格。

步骤 5，设置数字格式：从“编号格式”下拉列表中选择或输入合适的数字格式，本例子选择“0.00”，即表示按正常方式显示，并将计算结果保留两位小数。

步骤 6，公式完成：单击“确定”按钮，关闭“公式”对话框。此时，Word 就会在 B5 单元格中显示“2500.00”。采用同样的方法为 C5、D5、E5、F5 等单元格定义所需的计算公式。

提示： Word 表格的计算不能如 Excel 中那样能实现单元格公式的快速填充计算，需每个单元格分别进行计算。在“公式”对话框中，“编号格式”下拉列表中的选项用于设置公式结果的显示格式，在“粘贴函数”下拉列表中选择需要使用的公式，选择的公式将会粘贴到“公式”文本框中。

1.4 图文混排

图文混排

文档的编辑处理，离不开对文档页面和版式的设置，在 Word 中，页面版式的设置包括布局页面版式、为文档添加页眉页脚、设置文档分栏等。同时，Word 2019 还提供了稿纸、书法字帖及文档封面等特殊版式文档创建方案，用户可以方便快捷地创建这些版式文档。本案例重点涉及“插入”和“布局”选项卡中功能按钮的使用，分别如图 1-22 和图 1-23 所示。

图 1-22 “插入”选项卡

在 Word 2019 中，将图文混排所需的图片、艺术字、表格、公式等对象都放置在“插入”

选项卡下，案例中涉及的知识点如图 1-22 中用圆角矩形框起来的功能选项按钮，其中的“插图”组包含图片、图标、形状、SmartArt、图表和屏幕截图等不同的插图类型，“文本”组包含文本框、艺术字、首字下沉等选项。

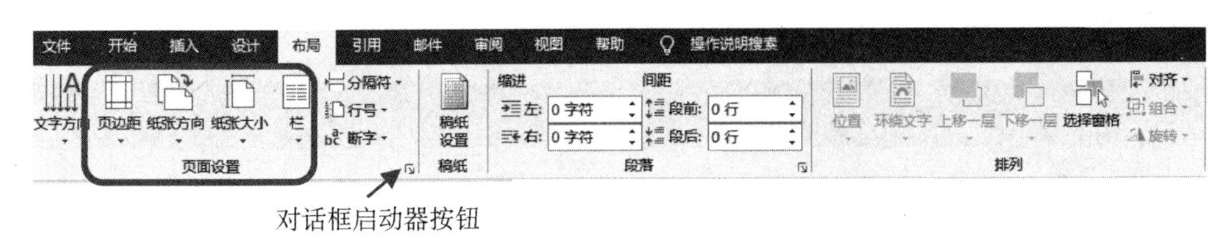

图 1-23　“布局”选项卡

1.4.1　SmartArt 图形

SmartArt 图形是用来表现结构、关系或过程的图表，以非常直观的方式与读者交流信息，它包括图形列表、流程图、关系图和组织结构图等各种图形。

1. 什么是 SmartArt 图形

SmartArt 图形是信息和观点的视觉表示形式，可以选择多种不同布局来创建 SmartArt 图形，从而快速、轻松、有效地传达信息。常见的 SmartArt 图形类型有列表、流程、循环、层次结构、关系、矩阵、棱锥图等，如图 1-24 所示，其分为 3 个区域，左侧是 SmartArt 图形的类型，分为列表、流程、循环、层次结构、关系、矩阵、棱锥图、图片、Office.com 9 个类型；中间是图例列表，用于显示各种类型的图形；右侧是 SmartArt 图形的说明。

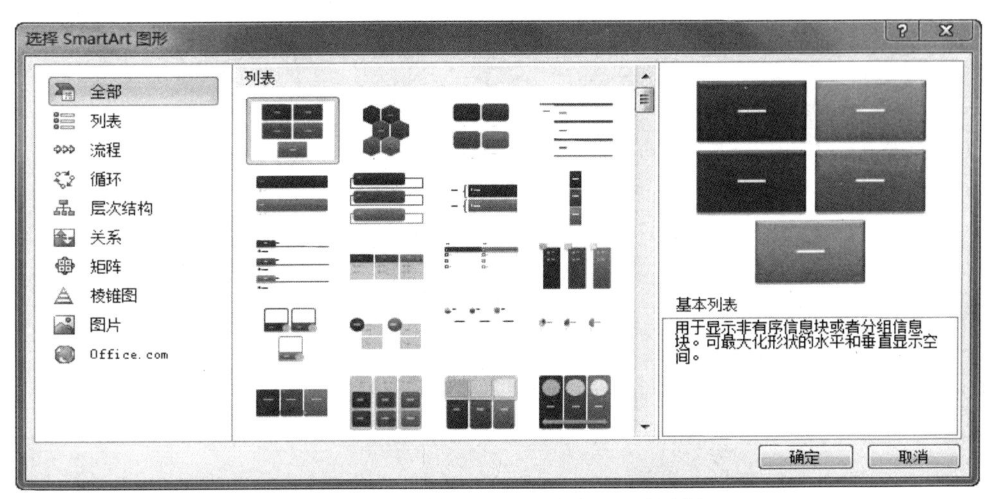

图 1-24　“选择 SmartArt 图形”对话框

2. 如何创建 SmartArt 图形

Word 2019 中提供了非常丰富的 SmartArt 类型，用户可以按照以下方式进行创建。

将光标定位至需要插入 SmartArt 图形的位置，单击“插入”选项卡→“插图”组中的“SmartArt”按钮，打开“选择 SmartArt 图形”对话框，如图 1-24 所示。

在“选择 SmartArt 图形”对话框的左侧单击需要的类型，在中间的列表中单击需要插入的样式，单击“确定”按钮即可。例如，选择“层次结构”标签中的“组织结构图”选项，单击“确定”按钮。

在文档内插入一个所选的 SmartArt 图形，并输入文字。单击 SmartArt 图形以外的任意位置，完成 SmartArt 图形的编辑。如对默认的 SmartArt 图形的形状、样式、布局等不满意时，可在“SmartArt 工具-格式”选项卡中进行设置，如图 1-25 所示。

图 1-25 “SmartArt 工具-格式”选项卡

【例 1-2】如图 1-26 所示，需要利用 SmartArt 图形创建一个公司的组织结构图。该组织结构图需要的元素如表 1-2 所示。

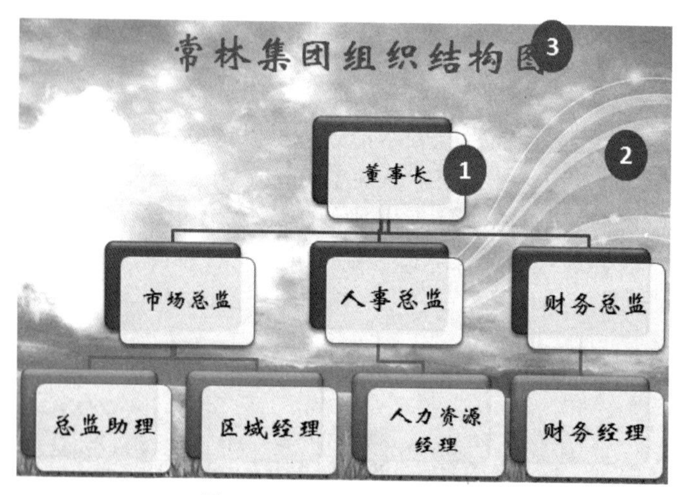

图 1-26 某公司组织结构图

表 1-2 某公司组织结构图所需元素

编号	对象	操作
①	组织结构图	插入 SmartArt 图形-层次结构图
②	图片	填充背景图片
③	文本框	插入文本框并输入文字

步骤 1，新建组织结构图：新建一个 Word 文档，单击“插入”选项卡→“插图”组中的“SmartArt”按钮，打开“选择 SmartArt 图形”对话框。选择左侧的“层次结构”，在“列表”中选择“层次结构”选项，单击“确定”按钮，生成如图 1-27 所示默认层次结构图。

步骤 2，添加形状：将图 1-27 与实际需要制作的图 1-26 进行比较，需要添加形状。选定插入的 SmartArt 图，右键单击第二行的第二个文本框，在弹出菜单中选择“添加形状”→“在后面添加形状”命令，如图 1-28 所示。

步骤 3，再添加一个形状：按照同样的方法在添加的形状下面再添加一个文本框，然后调整位置，添加两个形状后的效果如图 1-28 所示。

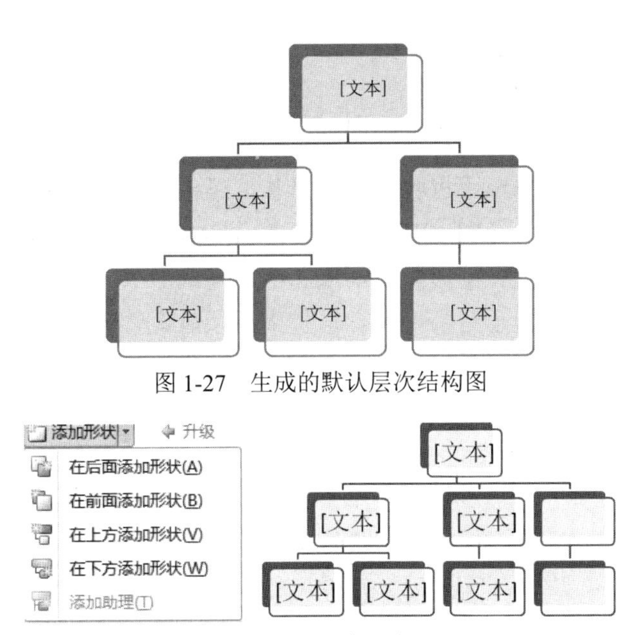

图 1-27　生成的默认层次结构图

图 1-28　添加形状

步骤 4，输入文字：单击“文本”字样，在其中输入文本，并设置相应格式，效果如图 1-29 所示。

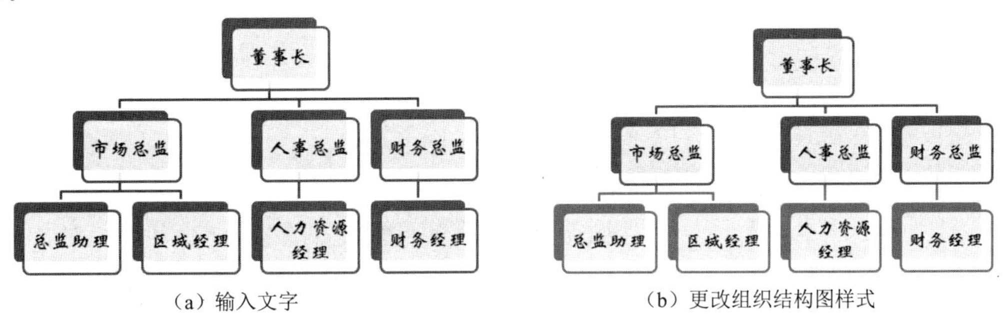

（a）输入文字　　（b）更改组织结构图样式

图 1-29　编辑 SmartArt 图形

步骤 5，更改样式：选择组织结构图，在“SmartArt 工具-设计”选项卡中单击“更改颜色”按钮，在弹出的下拉列表中选择“彩色范围-个性色 3 至 4”选项，更改组织结构图样式，效果如图 1-29 所示。

步骤 6，输入标题：在组织结构图的上方插入一个文本框，并输入文本“常林集团组织结构图”，设置字体为“华文新魏”，字号为“一号”，文字颜色为红色；选定文本框，打开“设置形状格式”对话框，设置文本框为“无填充”“无线条”，如图 1-30 所示。

步骤 7，添加背景图片：选择组织结构图，在“SmartArt 工具-格式”选项卡中，在“形状填充”下拉列表中选择“图片”选项，为组织结构图插入一张需要的图片，最终效果如图 1-26 所示。

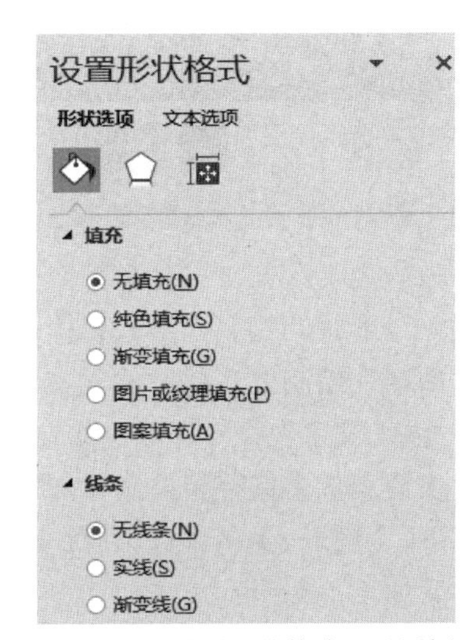

图 1-30　“设置形状格式”对话框

1.4.2 形状

在文档中使用图形对象不仅可以使文档美观，还可以直观表达有关内容。文档中的图形不仅包括各种形状，还包括流程图、连接符和标注图形等。Word 2019 中提供了丰富的形状工具，包括线条、矩形、基本形状、箭头总汇、公式形状、流程图、星与旗帜和标注共 8 种类型，每种类型又包含若干图形样式，通过这些形状工具可以绘制出用户所需要的各种图形。

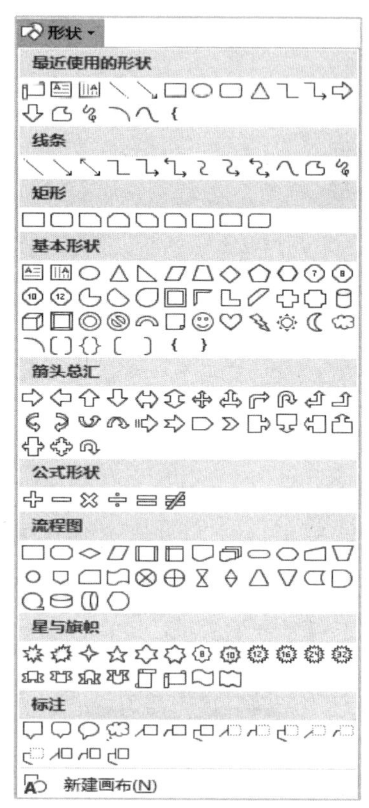

图 1-31 “形状”下拉菜单

1. 绘制自选图形

插入一个或多个形状的主要步骤如下：

（1）单击“插入”选项卡→“插图”组中的“形状”按钮，弹出下拉菜单，如图 1-31 所示。

（2）在弹出的下拉菜单中单击需要插入的形状，这时鼠标指针在文档中变为十字形，在文档中按下鼠标左键绘制出选择的图形。

（3）如需要插入多个形状作为一个整体对象，可在“形状”下拉菜单中选择“新建画布”命令，在光标所在位置插入一个绘图画布，然后在“绘图工具-格式”选项卡中单击需要插入的形状并拖曳到文档中即可，此时绘制在画布中的多个形状就成为一个图形对象。

2. 编辑形状

如需要为插入的形状设置图像样式、轮廓、对齐方式、阴影效果和三维效果等，可以在“绘图工具-格式”选项卡中选择相关的选项，如图 1-32 所示。

图 1-32 “绘图工具-格式”选项卡

形状的编辑和格式化操作也可以通过单击鼠标右键，在弹出的快捷菜单中进行选择，如需在绘制的形状中输入文字，只要选中形状并单击鼠标右键，在弹出的快捷菜单中选择“添加文字”命令即可；如要设置多个形状的叠放次序也可以单击鼠标右键，然后在弹出的快捷菜单中选择相关命令来完成操作，如图 1-33 所示。

【例 1-3】 制作标识牌。现在通过形状按钮来制作如图 1-34 所示的标识牌，制作所需元素如表 1-3 所示。

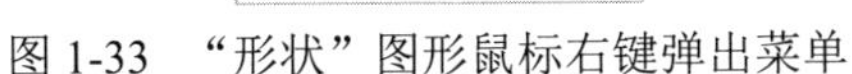
图 1-33　“形状”图形鼠标右键弹出菜单

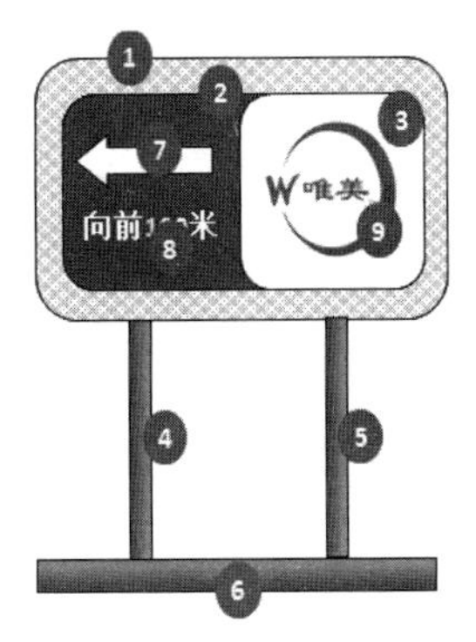

图 1-34　标识牌

提示：将文档中绘制的多个形状作为一个图形对象，不仅可以使用画布来组合，也可以直接通过同时选定多个形状（按住 Ctrl 键选取多个对象），再单击“绘图工具-格式”选项卡→“排列”组中的“组合”按钮或者单击鼠标右键，在弹出的菜单中选择“组合”命令实现。

表 1-3　制作标识牌所需元素

编号	对象	操作
①→③	圆角矩形	绘制 3 个圆角矩形
④→⑥	矩形	绘制 3 个矩形，制作矩形条
⑦	箭头	绘制白色箭头
⑧	文本框	插入无边框无填充的文本框
⑨	图片	插入图片

制作如图 1-34 所示的标识牌，主要步骤介绍如下。

步骤 1，绘制圆角矩形：单击“插入”选项卡→“形状”按钮，在弹出的下拉菜单中选择“圆角矩形”命令，然后在文档编辑区中绘制一个圆角矩形。

步骤 2，填充背景：右键单击该圆角矩形，在弹出的快捷菜单中选择“设置形状格式”命令，在弹出的对话框中，选择“填充”→“图案填充”选项，设置“图案”填充效果为“点线：25%”，前景色为“白色，背景 1，深色 25%”，设置如图 1-35（a）所示的填充背景颜色。

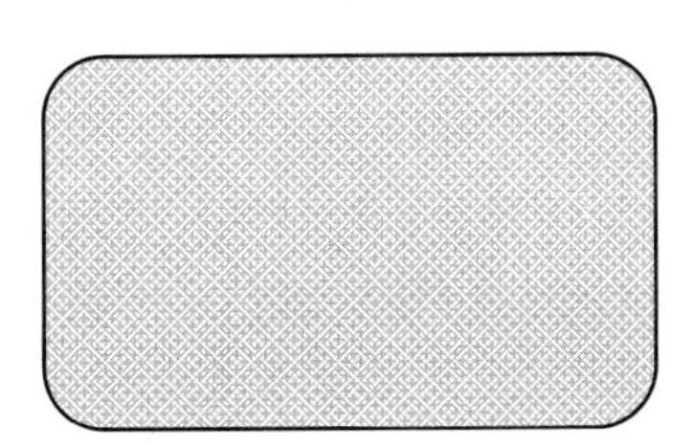
（a）绘制底层圆角矩形

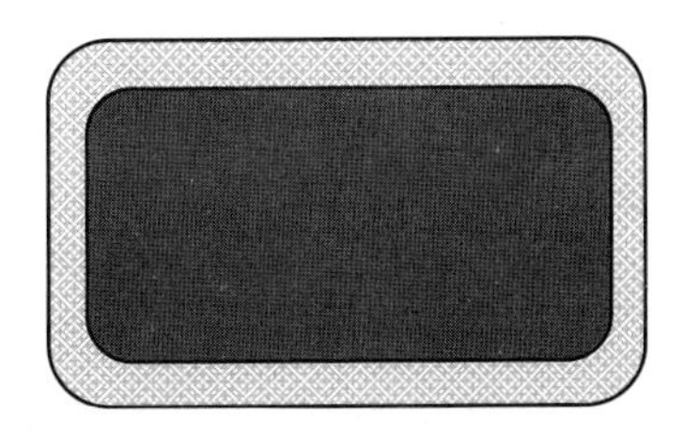
（b）绘制上层蓝色圆角矩形

图 1-35　绘制两层矩形

步骤 3，绘制蓝色圆角矩形：在图形上绘制一个稍小的圆角矩形，设置填充色为蓝色，如图 1-35（b）所示。

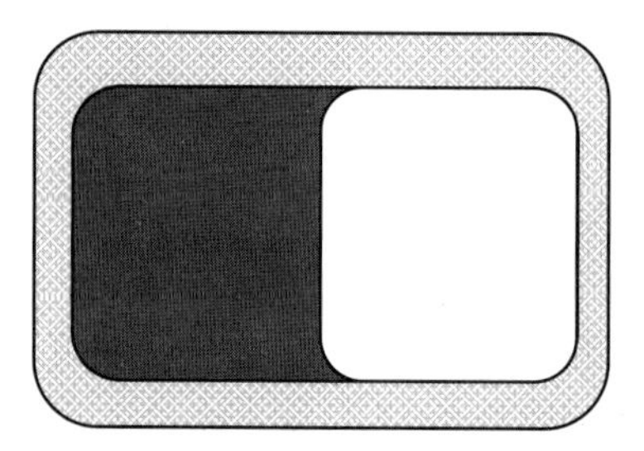
图 1-36　绘制最上层白色圆角矩形

步骤 4，绘制白色圆角矩形：在窗口中再绘制一个圆角矩形，并设置填充色为白色，如图 1-36 所示。

步骤 5，绘制矩形条：在最外侧圆角矩形下方绘制一个矩形，单击鼠标右键，在弹出的快捷菜单中选择“设置形状格式”命令，在打开的对话框中设置渐变填充颜色；复制一个刚绘制的矩形并放在右边，在两个矩形下方再绘制一个矩形，并设置渐变填充颜色，如图 1-37 所示。

步骤 6，绘制箭头：在蓝色图形上方绘制一个箭头形状，并设置填充色为白色，无轮廓，如图 1-37 所示。

步骤 7，输入文字：再次单击“插入”选项卡→“文本”组中的“文本框”按钮，在弹出的下拉菜单中选择“绘制横排文本框”命令，在箭头图形下绘制一个文本框，并输入文本，设置字体为“宋体”，字号为“五号”，字形为“加粗”，字体颜色为白色，无填充颜色，无轮廓。

步骤 8：插入图片：切换至“插入”选项卡，单击“插图”组中的“图片”按钮，插入需要的图片，并设置图片自动换行方式为“浮于文字上方”，调整图片大小和位置，最终效果如图 1-38 所示。

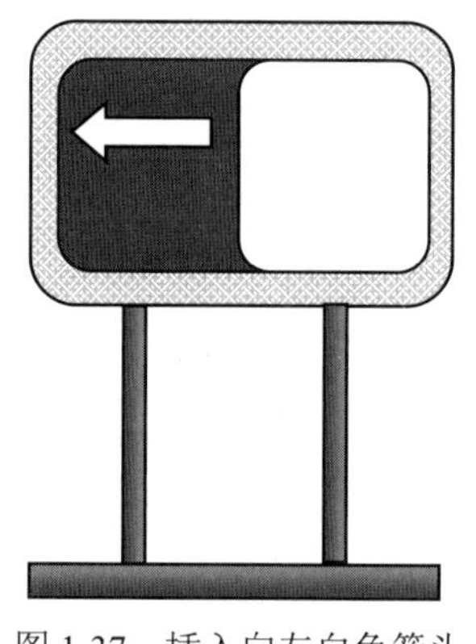
图 1-37　插入向左白色箭头

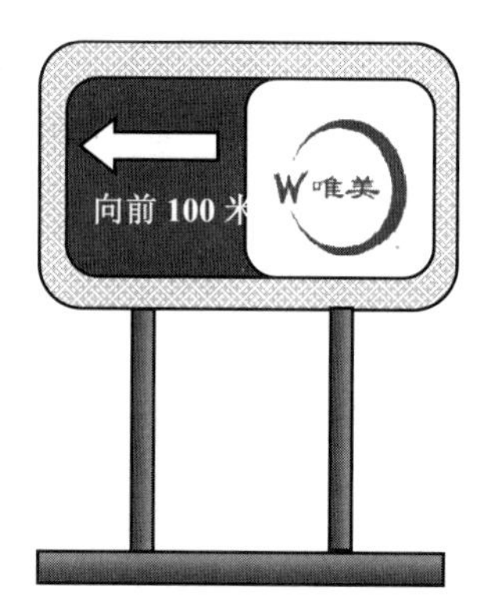

图 1-38　最终效果

1.4.3　图片

在 Word 文档中，为了丰富文档内容，使文档更具有吸引力，可以在文档中插入图片，实现图文混排。插入图片后，还可以根据需要对图片进行设置，使图片在文档中显得协调和美观，达到满意的视觉效果。

1. 插入图片

在 Word 2019 中可以插入本机图片和来自网络的联机图片，包括图标与屏幕截图。具体操作方法是：单击“插入”→“插图”组中的相应按钮进行操作，选择不同的按钮，就会打开相应的对话框，再选择需要的图片插入即可。

Word 2019 中提供了诸多类型的图标，使得操作非常方便快捷，单击“插入”选项卡→“插图”组中的“图标”按钮，打开“插入图标”对话框，如图 1-39 所示，对话框分类列举了不同样式的图标。

2. 图片编辑

单击插入的图片，这时“图片工具-格式”选项卡就会出现在菜单列表中，如图 1-40 所示。插入的图片，除了进行复制、移动和删除等基本操作，还可以通过“图片工具-格式”选项卡和单击鼠标右键，在弹出的快捷菜单中选择相应命令，来调整图片大小、裁剪图片等；可以设置图片排列方式（如文字和图片的环绕方式等）；可以调整图片的颜色（如亮度、对比度、颜色设置等）；可以删除图片背景；可以设置图片的艺术效果，包括标记、铅笔灰度、画图刷、水彩海绵等 23 种效果；可以设置图片样式（样式是多种格式的组合，包括为图片添加边框、设置图片效果及设置图片版式等相关内容）；如果是多张图片，可以通过单击鼠标右键在弹出的快捷菜单中进行图片的组合和取消组合操作，调整图片的叠放次序等。图 1-41 就是为图片设置“柔化边缘椭圆”图片样式后的效果，图 1-42 是为图片设置“全映像”的图片效果（映像效果）后的结果。

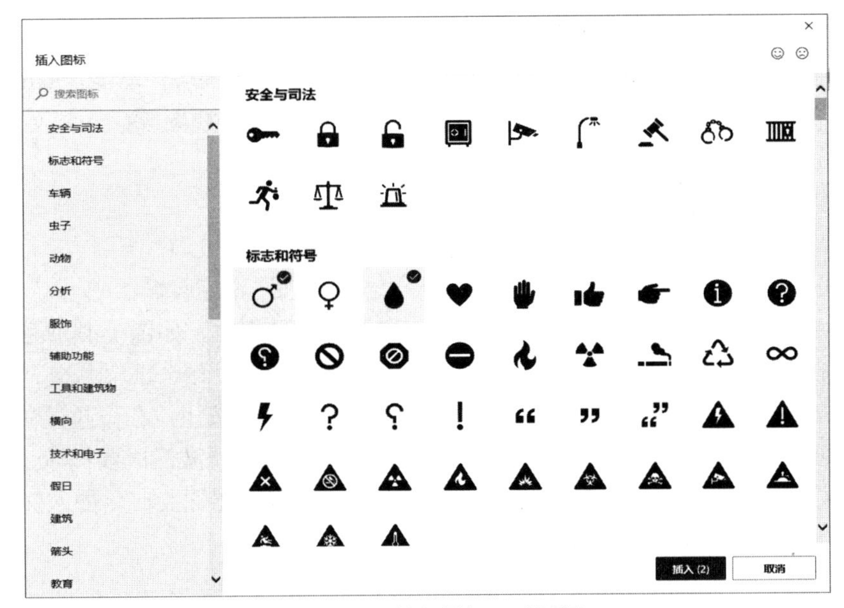

图 1-39　“插入图标”对话框

图 1-40　“图片工具-格式”选项卡

图 1-41　设置“柔化边缘椭圆”图片样式后的效果

图 1-42　设置“全映像”图片效果后的结果

3. 屏幕截图

在编写 Word 文档时，经常需要通过截取屏幕把正在编辑的图像插入到文档中。可以按下键盘上的 PrintScreen 或 Alt+PrintScreen 按键，抓取整个屏幕或活动窗口，再通过粘贴操作将截屏图片插入到文档中，这种操作比较烦琐，不直观。

Word 2019 提供了非常方便和实用的“屏幕截图”和“屏幕剪辑”功能，单击鼠标就可以完成。“屏幕截图”功能可以将最小化后收藏到任务栏中的屏幕视图等插入到文档中，“屏幕剪辑”功能可以截取屏幕视窗内所需要部分插入文档中。

插入屏幕截图的操作方法如下。

（1）将光标置于需要插入图片的位置。

（2）单击“插入”选项卡→“插图”组中的“屏幕截图”按钮，弹出“可用的视窗”列表，其中存放了除当前屏幕外的其他打开的应用程序屏幕视窗，如图 1-43 所示，单击需要插入的屏幕视图即可。

（3）单击“插入”选项卡→“插图”组中的“屏幕截图”按钮，在下拉菜单中选择“屏幕剪辑”命令。此时“可用的视窗”列表中的第一个视窗屏幕被激活成模糊状，鼠标指针变成十字形，按下鼠标左键，截取所需区域，松开鼠标，截取的图片会自动插入文档中。

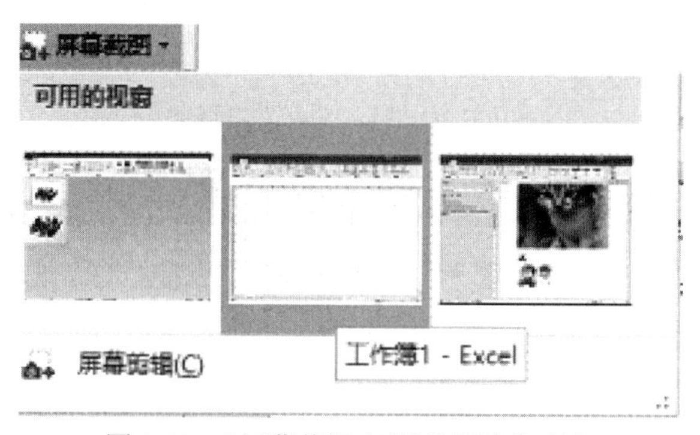

图 1-43　“屏幕截图-可用的视窗”列表

1.4.4　图表

Word 2019 有强大的图表功能，可以方便用户查看数据的图案、差异、预测趋势等。本节将介绍如何利用 Word 2019 制作引人入胜的图表。

（1）新建一个 Word 文档，单击“插入”选项卡→“图表”按钮。

（2）在弹出的“插入图表”对话框的左侧选择图表的类型，右侧选择图表的子类型，如图 1-44 所示。

（3）单击“确定”按钮将弹出一个 Excel 窗口，在 Excel 窗口中会显示图表的示例数据。在 Word 中同时会显示图表的示例效果，如图 1-45 所示。

（4）Excel 窗口中的第 1 列是 Word 中图表的水平轴名称，Excel 中的第 1 行是 Word 中图表的系列名称。用户可以更改 Excel 表中的数据，Word 图表将按照 Excel 的数据进行显示。

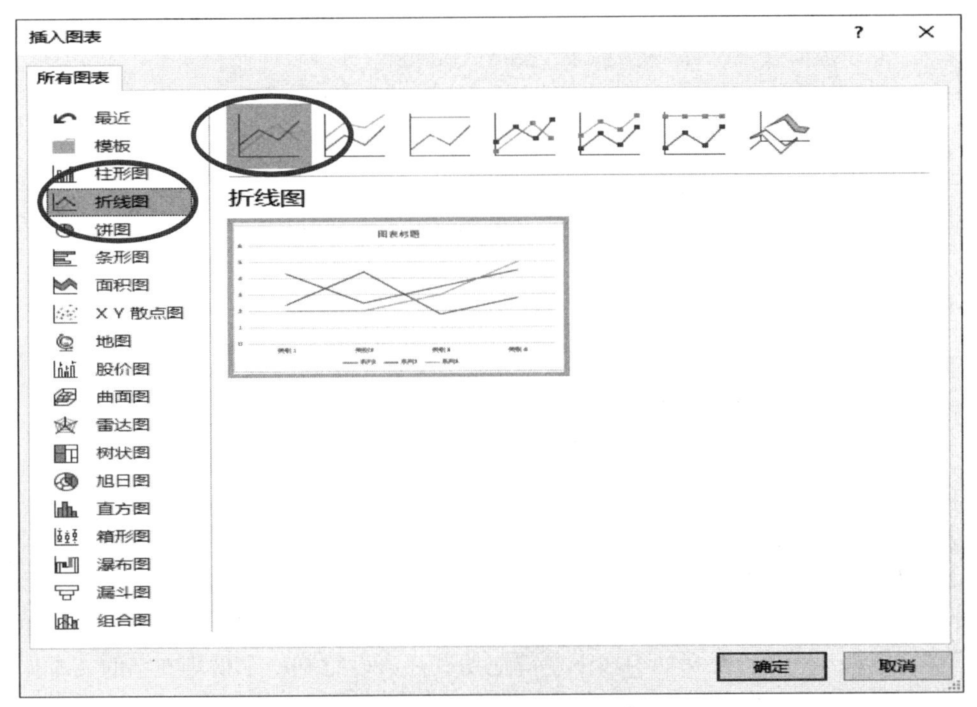

图 1-44　“插入图表”对话框

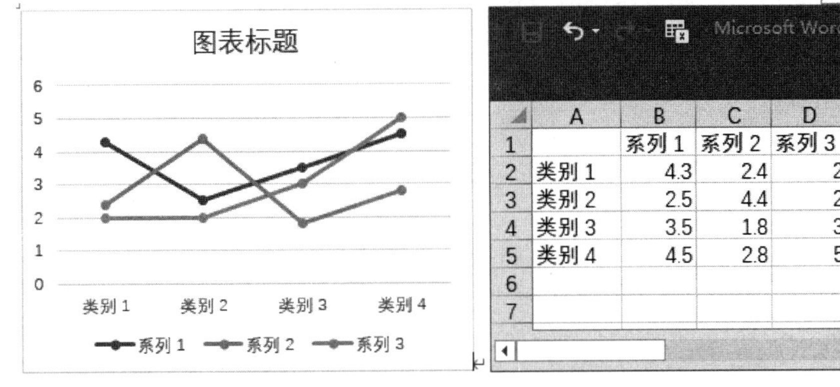

	A	B	C	D	E
1		系列 1	系列 2	系列 3	
2	类别 1	4.3	2.4	2	
3	类别 2	2.5	4.4	2	
4	类别 3	3.5	1.8	3	
5	类别 4	4.5	2.8	5	
6					
7					

（a）Word 文档中的图表效果　　　　（b）图表的对应数据

图 1-45　插入图表示例

（5）如需要更改图表布局、图表样式和修改数据源等，可以在“图表工具-设计”选项卡中，单击相应功能按钮实现，如图 1-46 所示。

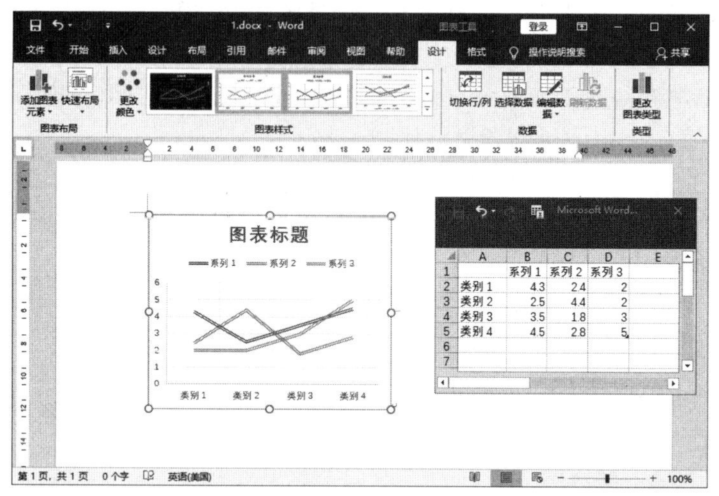

	A	B	C	D	E
1		系列 1	系列 2	系列 3	
2	类别 1	4.3	2.4	2	
3	类别 2	2.5	4.4	2	
4	类别 3	3.5	1.8	3	
5	类别 4	4.5	2.8	5	
6					
7					

图 1-46 “图表工具-设计”选项卡

1.4.5 文本框

文本框也是一种形状，其内部可以输入文本，使用文本框可以在文档中创建一些具有特殊要求的文本，这些文本可以随着文本框而移动，可以被放置在文档中的任意位置。

1. 插入文本框

根据文本框中文字排列方向的不同，文本框可以分为“横排”和“竖排”两种。横排的文字从左向右水平排列，竖排的文字从右向左垂直排列。

要插入一个文本框，可以单击“插入”选项卡→“文本”组中的“文本框”按钮，如图 1-47 所示，在弹出的下拉菜单中给出了预置文本框类型，根据文档的需要选择。如果选择“绘制横排文本框”选项，在文档中按下左键拖动鼠标可以绘制一个横排文字的文本框；如果选择“绘制竖排文本框”选项，则可以在文档中绘制一个竖排文字的文本框。

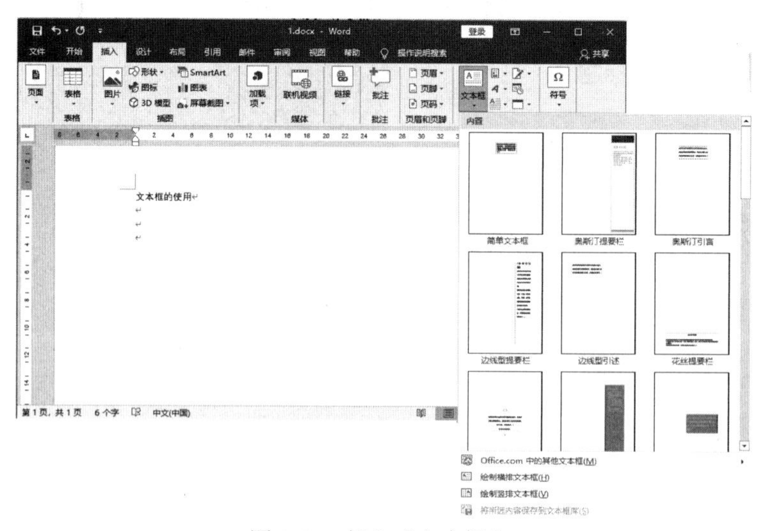

图 1-47 插入“文本框”

2. 文本框链接功能

在对复杂文档进行排版时，往往需要使用文本框来放置文本。此时，为了安排不同文本框中的文本，就需要使用文本框的链接功能。文本框的链接就是把两个以上的文本框链接在一起，不管它们的位置相差多远，如果文字在上一个文本框中排满，剩余文字将自动放置到下一个链接的文本框中。

那么如何创建文本框的链接呢？下面以创建三个文本框为一组链接为例进行介绍。

步骤 1，插入文本框：在文档中拖动鼠标绘制如图 1-48 所示 3 个文本框。

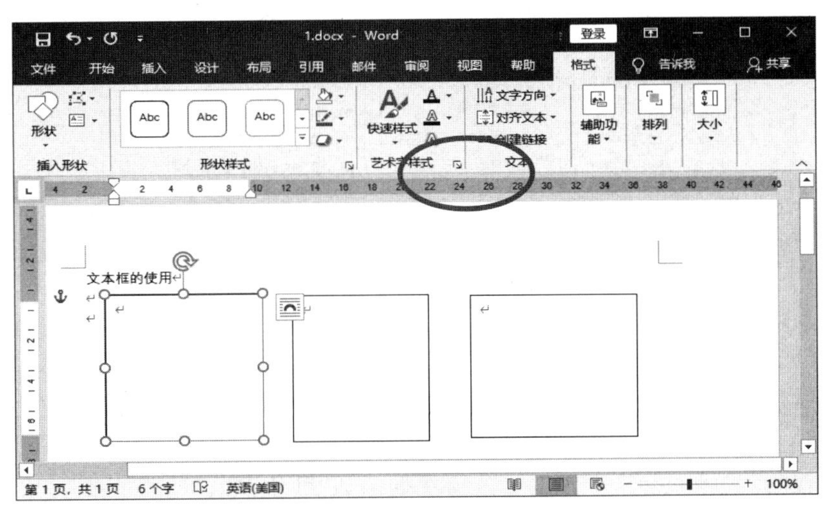

图 1-48　在文档中绘制 3 个文本框

步骤 2，创建链接：选中前一个文本框，单击“格式”选项卡→“文本”组中的“创建链接”按钮，将光标移到下一个要链接的文本框区域，此时，鼠标指标变为茶杯形状，单击鼠标，创建链接，如图 1-49 所示。此时，“格式”选项卡中的“创建链接”按钮变为“断开链接”按钮，如图 1-50 所示。依此方法，可以创建一组文本框的链接。

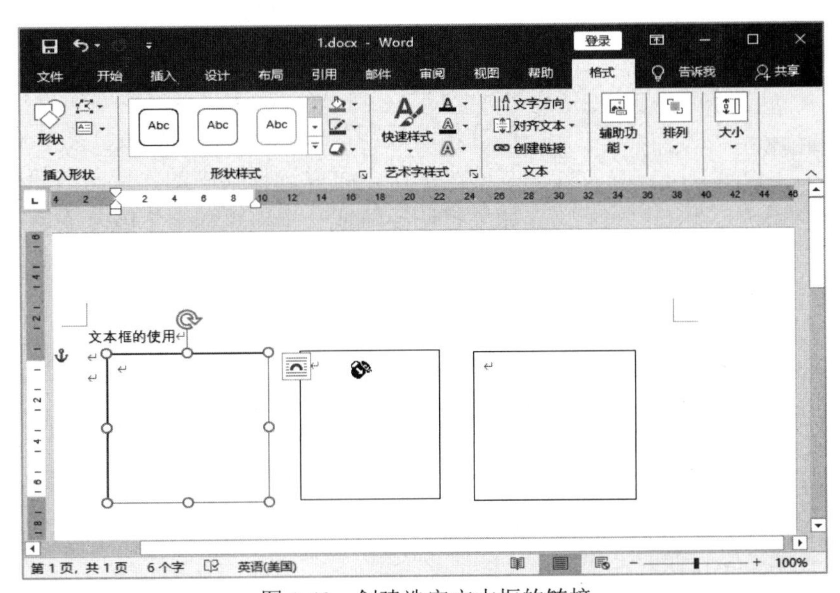

图 1-49　创建选定文本框的链接

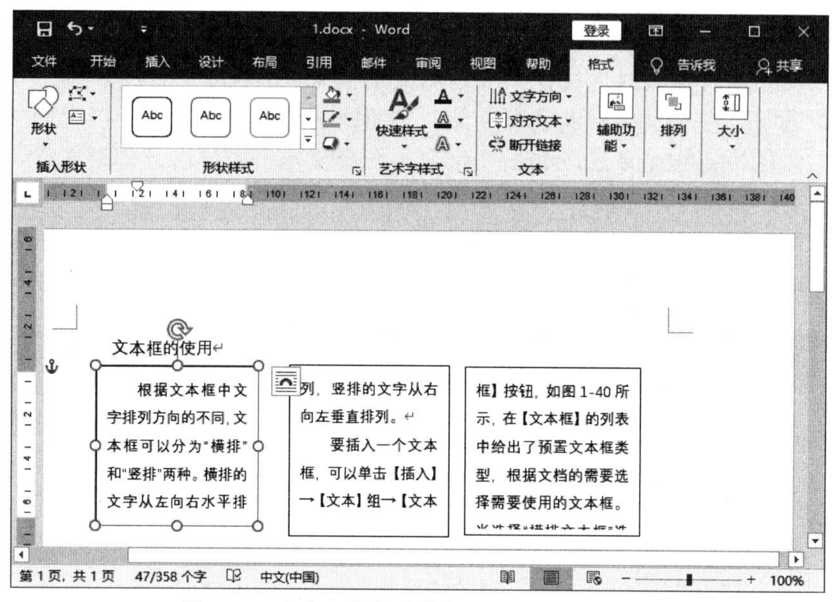

图 1-50 多余文字自动填充到下一个文本框中

步骤 3，输入文字，将光标放在第一个文本框中，输入文字，当第一个文本框文字填满后，多余文字将自动进入下一个文本框中，如图 1-50 所示。

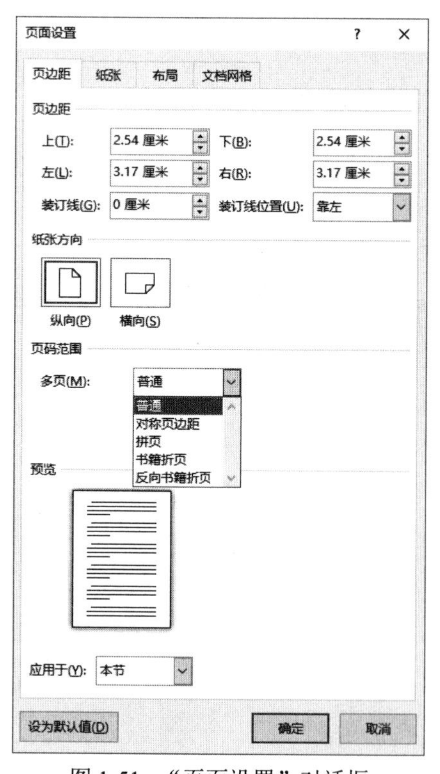

图 1-51 “页面设置”对话框

1.4.6 页面布局

文档页面给人一种整体的印象，页面设置决定了文档呈现在人们面前的整体外观。通过页面设置可以改变文本的排列方式，使其符合不同需求。单击“页面设置”组右下角的对话框启动器，打开“页面设置”对话框，如图 1-51 所示。在该对话框中，用户可以设置页边距、纸张方向、页码范围、纸张类型、布局及文档网格等效果。其中，“多页”下拉列表中的选项可以用来设置一些特殊的打印效果。如果打印要装订为从右向左书写文字的小册子，可以选择其中的“反向书籍折页”选项。如果打印要拼成一个整页的上下或左右两个小半页，可选择“拼页”选项。如果需要创建小册子，如要创建菜单、请帖或其他类型的使用单独居中折页样式的文档，可选择“书籍折页”选项。如果需要创建书籍或杂志那样的双页面文档的对开页，即左侧页的页边距和右侧页的页边距等宽，可以选择“对称页边距”选项。这种页边距对称的文档如果需要装订，可以对装订线边距进行设置。

如要为文档设置页面背景、制作水印等，可以在“设计”选项卡→“页面背景”组中，进行水印、页面颜色、页面边框的设计，如图 1-52 所示。

图 1-52　“页面背景”组

【例 1-4】利用页面布局完成稿纸的创建。

题目要求：现要求完成如图 1-53 所示的稿纸一张，其中文档背景为 15×20 的稿纸样式，页脚设置为行数×列数＝格数，右对齐，网格颜色为绿色；将文字字体设置为华文行楷；设置首字下沉 3 行，全文左缩进两个字符；添加文字水印“荷塘月色”，字体样式设置为华文行楷、72 号、蓝色。

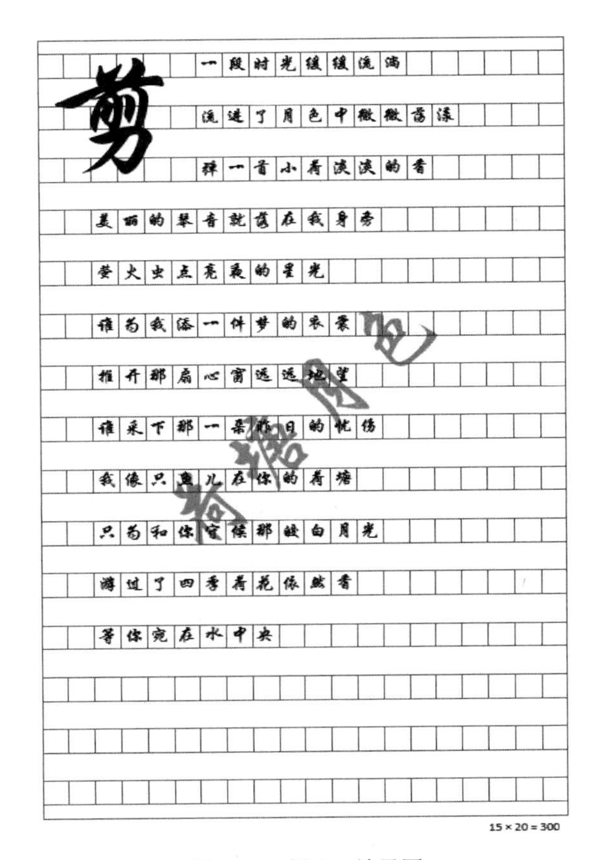

图 1-53　例 1-4 效果图

操作步骤如下。

步骤 1，新建稿纸文件。单击“布局”选项卡→“稿纸”组中的“稿纸设置”按钮，打开“稿纸设置”对话框，按如图 1-54 所示设置参数：方格式稿纸，行数×列数为 15×20，网格颜色为绿色，页脚对齐方式为右对齐，页脚显示内容为行数×列数=格数等。

步骤 2，编辑文字。按要求输入文字，设置字体为华文行楷。

步骤 3，设置首字下沉。将光标定位于第一行文字“剪一段时光缓缓流淌”中任意位置，单击“插入”选项卡→“文本”组中的“首字下沉”按钮，在弹出的下拉菜单中选择“首字下沉选项”命令，打开如图 1-55 所示对话框，设置参数：下沉行数为 3；字体为华文行楷。

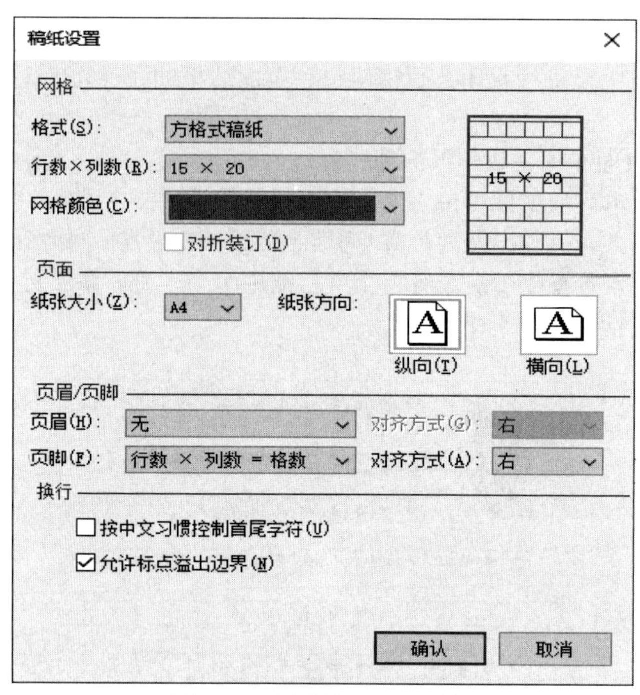

图 1-54 “稿纸设置”对话框

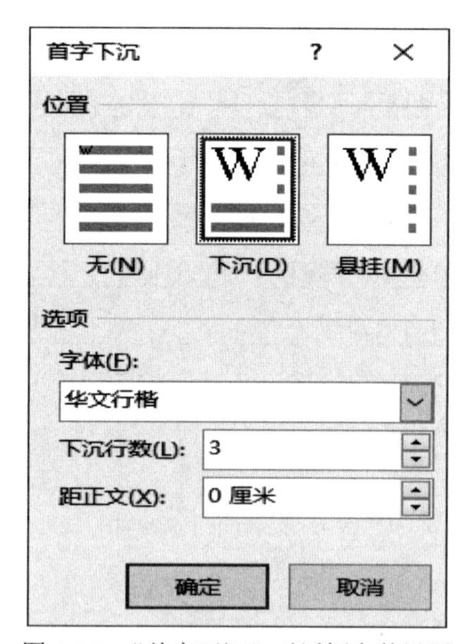

图 1-55 “首字下沉”对话框参数设置

步骤 4，添加水印。单击“设计”选项卡→“页面背景”组中的“水印”按钮，在弹出的下拉菜单中，选择“自定义水印”命令，打开“水印”对话框，如图 1-56 所示，设置如下：文字为“荷塘月色”，字体为华文行楷，字号为 72，颜色为蓝色，勾选“半透明”复选框，版式为斜式。

步骤 5，设置网格稿纸的叠放顺序。此时稿纸中无法显示水印效果，在页面上方的页眉位置处双击，进入页眉编辑状态，选定网格稿纸对象，单击鼠标右键，在弹出的快捷菜单中选择“置于底层”→“衬于文字下方”命令即可。

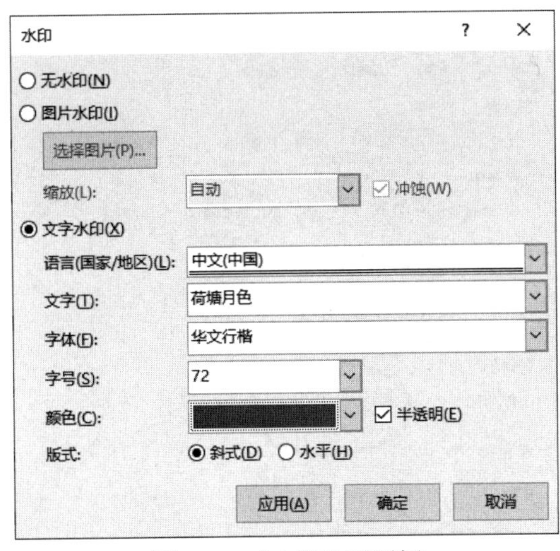

图 1-56　“水印”对话框

【例 1-5】在一张 A4 纸中，制作左右拼页效果的结婚请柬，效果如图 1-57 所示。

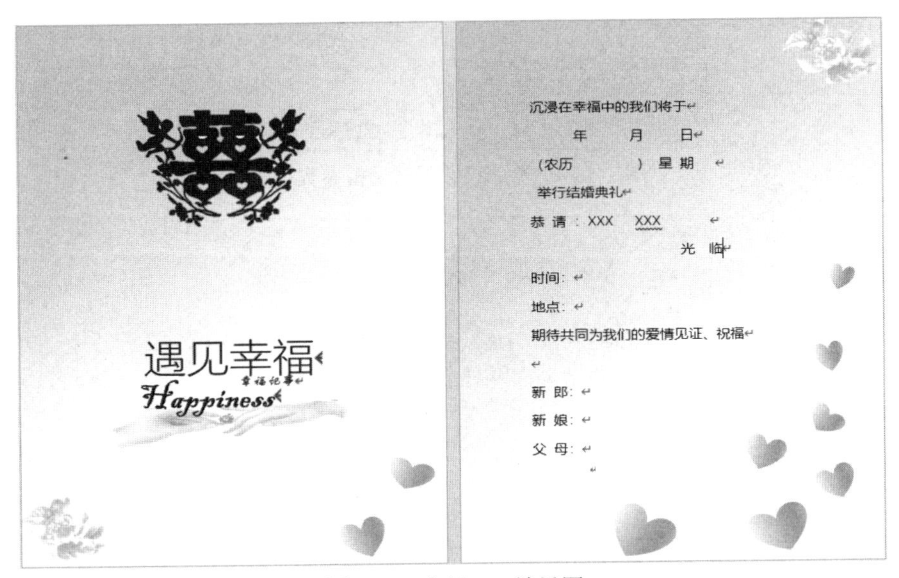

图 1-57　案例 1-5 效果图

操作步骤的关键点介绍如下。

左右拼页结婚请柬

步骤 1，创建 Word 文档。新建一个 Word 空白文档，单击“布局”选项卡→“页面设置”组中的“分隔符”按钮，在弹出的下拉菜单中选择“分页符”命令，此时文档总页数为 2 页；打开“页面设置”对话框，按如图 1-58 所示设置参数：上、下页边距为 2.8 厘米，内、外侧页边距为 2.5 厘米，纸张方向为横向，多页为拼页。

步骤 2，单击“设计”选项卡→“页面背景”组中的“页面颜色”按钮，在弹出的下拉菜单中选择“填充效果”命令，打开“填充效果”对话框。本案例按如图 1-59 所示设置渐变参数：选中“双色”单选按钮；颜色 1 为橙色，60%淡色；颜色 2 为白色，背景 1；底纹样式为斜上。

注：这里的参数设置不唯一，仅供参考，可以选择你喜欢的形式。

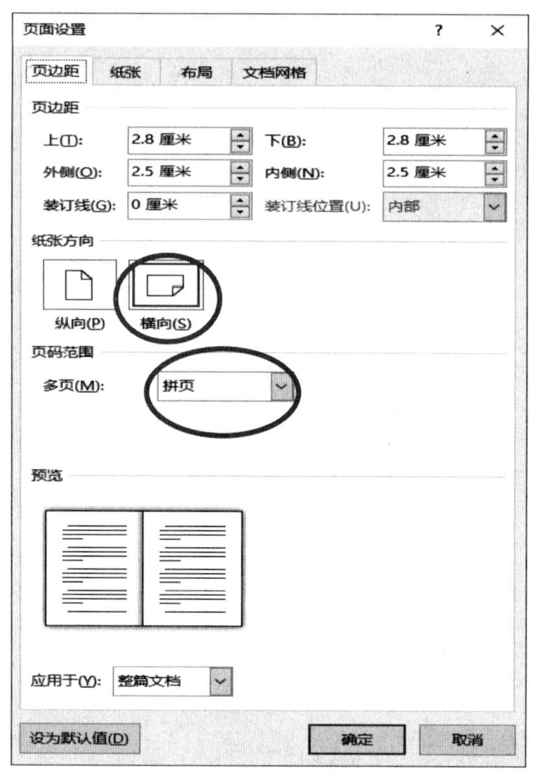

图 1-58 “页面设置”对话框参数设置

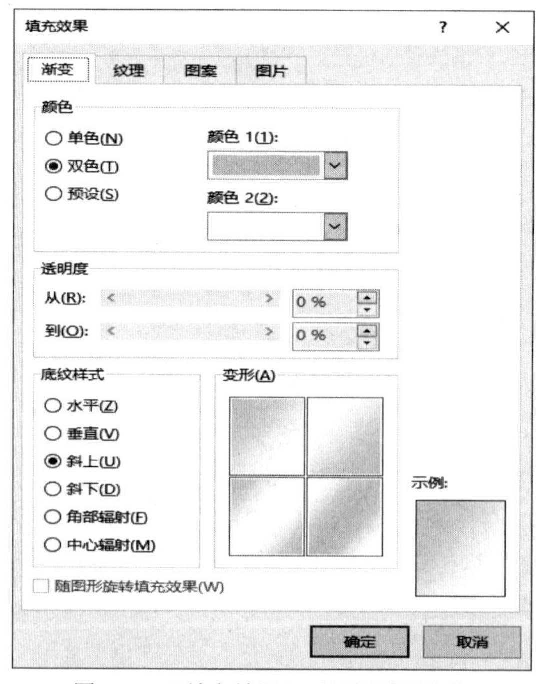

图 1-59 “填充效果”对话框设置参数

步骤 3：插入图片 p1.png、p2.png、p3.png，并参考效果文件（结婚请柬.docx），对图片进行颜色等方面的调整。选择要调整的图片，单击“图片工具-格式”选项卡→“调整”组中的“颜色”按钮，打开如图 1-60 所示“颜色”对话框，包括颜色饱和度、色调、重新着色三方面的选项设置，每个图片的设置在这里不一一详述，可以随意设置为自己欣赏的效果。

步骤 4：插入艺术字“遇见幸福”，单击“插入”选项卡→“文本”组中的“艺术字”按钮，在弹出的列表中选择第 2 行第 5 列的样式，设置填充为“红色—主题色 3—锋利棱台”，字体为微软雅黑，字号为初号；插入艺术字“幸福记事”，其样式与“遇见幸福”文字一致，字体为方正舒体，字号为四号；插入艺术字“Happiness”，其样式与“遇见幸福”文字一致，字体为 Blackadder，字号为小初。最后调整 3 个艺术字对象至适合的位置。

注：步骤中的参数设置，只是提供效果图中的参数供参考，在设置过程中可以自己设定。

步骤 5：在文档的第 2 页输入如图 1-57 所示文字，设置字号为四号，字体为微软雅黑，并进行适当的间距调节，使文字在页面中的占位相对协调。

步骤 6：文档的主体要素设计完毕，会发现页面的右下角留白稍微多了一点，可以在这些位置绘制与主题相符的形状进行点缀，如本案例绘制的是基本形状“心形”，并对“心形”进行了渐变效果设置。

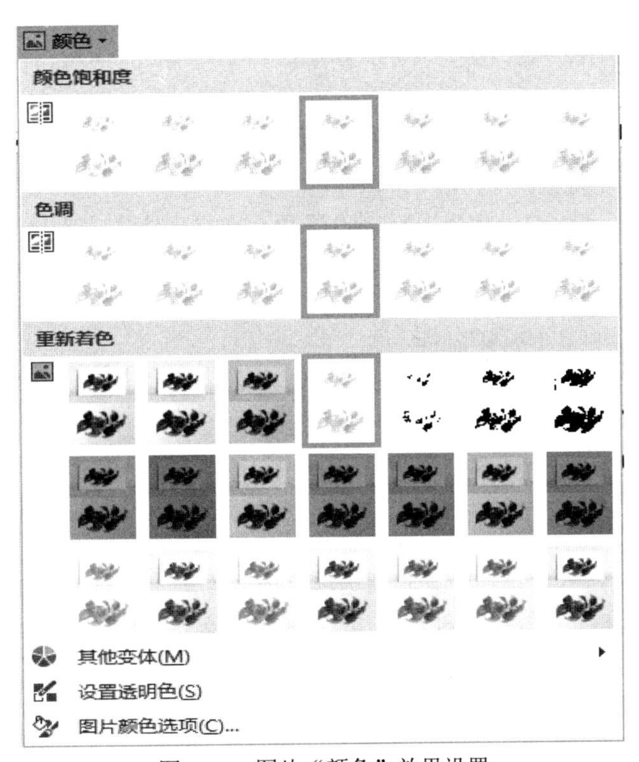

图 1-60　图片“颜色”效果设置

1.5　案例制作——图文混排

1.5.1　案例要求

1. 设置正文字体格式为宋体、小四，段落格式为 1.5 倍行距。

2. 给文章添加标题“杭州西湖”，设置为“标题”样式，并设置字体为隶书，字号为初号。

3. 将“基本信息”的介绍内容分成两栏，间距为3字符，添加分隔线。

4. 设置“名称由来”的介绍内容，段落首字下沉，下沉3行，字体为隶书。

5. 删除文档“历史沿革”部分中所有的空格。

6. 对表格进行如下操作。

（1）不显示第1页“基本信息”“名称由来”“历史沿革”“周边住宿”表格的框线。

（2）对“周边住宿”中的表格，在“杭州鼎红假日酒店”所在行前，插入一行，内容为“杭州黄龙饭店，杭州西湖区曙光路120号，1.56”。

（3）对“周边住宿”中的表格，设置“距西湖直线距离约(公里)”列的制表位，制表位的位置和对齐方式为“3字符、小数点对齐”，并按“距西湖直线距离约(公里)”升序排序。

（4）设置表格的外框线及标题行下的线条线宽为3.0磅，颜色为蓝色。

（5）对“周边住宿”中的表格，设置“重复标题行”，根据内容自动调整表格，表格居中显示。

7. 将正文内容中所有的数字设置字体颜色为“红色”、字形为“倾斜”。

8. 为第1页表格中的“基本信息”“名称由来”“历史沿革”“周边住宿”设置超链接，分别链接到后面的“1. 基本信息”“2. 名称由来”“3. 历史沿革”“4. 周边住宿”。

9. 给文档中的图插入题注（下方，居中），题注内容分别为，第1张：“图1　环湖路线”，第2张：“图2　三潭印月”。

10. 为文档插入图片“西湖美景.jpg”，设置图片文字环绕方式为“上下型环绕”，图片样式为“柔化边缘椭圆”，参考样稿效果，移动图片至“历史沿革”段落，给图添加题注。

第1～5题

1.5.2　案例制作

第1题：

步骤1，设置字体格式。按Ctrl+A组合键，选定全文，单击“开始”选项卡→“字体”组中的“字体”按钮，在弹出的下拉菜单中选择“宋体”选项，在“字号”下拉菜单中选择“小四”选项。

步骤2，设置段落格式。单击“开始”选项卡→“段落”组右下角的对话框启动器，打开“段落”对话框，设置“行距”为“1.5倍行距”，单击“确定”按钮关闭对话框。

第2题：

步骤1，按回车键换行：将光标插入点定位在第一段文字的最前面，即“杭州西湖”前，按下Enter键，此时出现一个空行段落。

步骤2，输入文字：将光标定位在刚插入的空行中，输入文字“杭州西湖”。

步骤3，设置“标题”样式：单击“开始”选项卡→“样式”组中的“标题”样式。

步骤4，设置字体格式：选定“杭州西湖”文字内容，设置“字体”为“隶书”，“字号”为“初号”。

第3题：

步骤1，打开“栏”对话框：选定“基本信息”下的内容段落，即“杭州西湖位于…，旧称武林水也称西子湖”所在段落，单击“布局”选项卡→“页面设置”组中的“栏”按钮，在弹出的下拉菜单中选择“更多栏...”命令，打开“栏”对话框。

步骤 2，设置对话框：设置“栏数”为 2，“间距”为“3 字符”，勾选“分隔线”复选框，如图 1-61 所示。

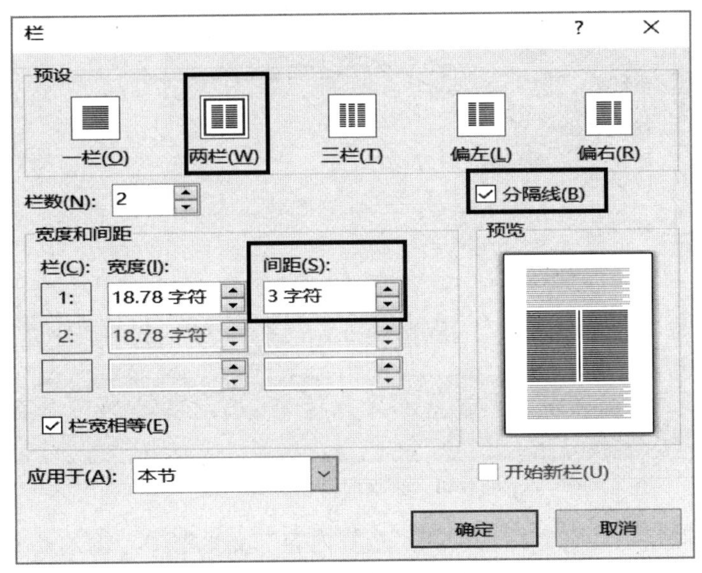

图 1-61　设置“两栏”效果

第 4 题：

步骤 1，打开“首字下沉”对话框：将光标插入点定位在“名称由来”的介绍内容段落的任意处，单击“插入”选项卡→“文本”组中的“首字下沉”按钮，在弹出的下拉菜单中选择“首字下沉选项”命令，打开“首字下沉”对话框。

步骤 2，设置对话框：设置“下沉行数”为 3 行，“字体”为“隶书”，如图 1-62 所示。

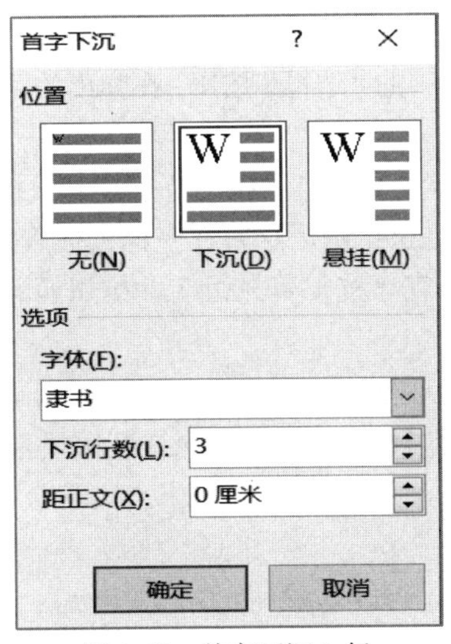

第 6 题表格操作

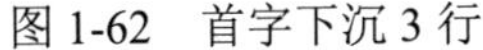

图 1-62　首字下沉 3 行

第 5 题：

步骤 1，打开“查找和替换”对话框：选定“历史沿革”部分中所有文字内容，单击“开始”选项卡→“编辑”组中的“替换”按钮，打开“查找和替换”对话框，如图 1-63 所示。

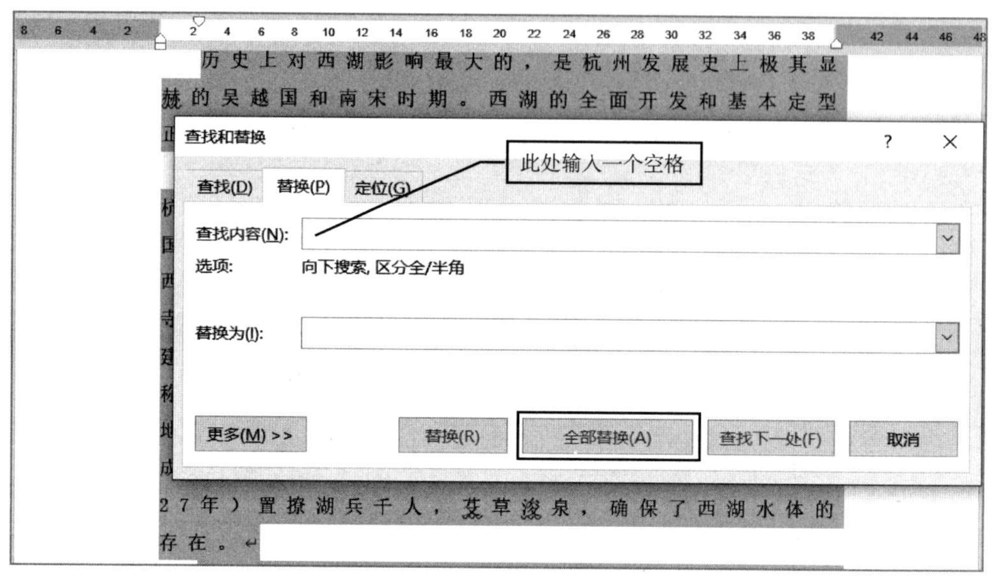

图 1-63　删除段落中所有空格

步骤 2，设置对话框：将光标定位在“查找内容”文本框中，输入一个空格，“替换为”文本框中不需要输入内容。单击“全部替换”按钮。此时，弹出“Microsoft Word”对话框，显示替换信息提示，如图 1-64 所示。

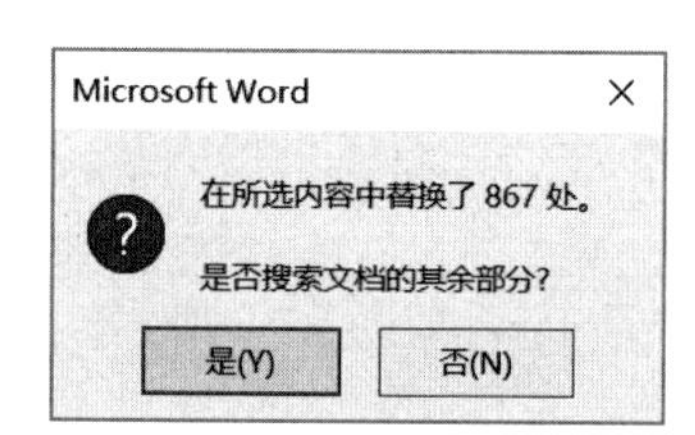

图 1-64　替换信息提示

步骤 3，终止搜索文档：单击“否”按钮，终止文档搜索，关闭“Microsoft Word”对话框，这时选定文本中的空格全部被删除。

步骤 4，单击“关闭”按钮，关闭“查找和替换”对话框。

第 6 题（1）：

选定第一个表格，单击“表格工具-设计”选项卡→“边框”组中的“边框”按钮，在弹出的下拉菜单中选择“无框线”命令。

第 6 题（2）：

步骤 1，插入空行：将光标插入点定位在“杭州汉庭快捷酒店”所在行（即第 3 行）行末的段落标记前（表格外），按 Enter 键，这时在光标处插入了一空行。

步骤 2，输入内容：输入内容“杭州黄龙饭店，杭州西湖区曙光路 120 号，1.56”。

第 6 题（3）：

步骤 1，打开“制表位”对话框：选定表格中的“距西湖直线距离约（公里）”列，双击文档窗口上方的水平标尺，打开“制表位”对话框。若标尺未显示，在“视图”选项卡→“显示”组中，勾选“标尺”复选框，也可以通过单击“段落”对话框中的“制表位”按钮来打开“制表位”对话框。

步骤 2，设置对话框：在“制表位位置”文本框中输入 3，对齐方式为“小数点对齐”，然后单击“设置”按钮，如图 1-65 所示。

步骤 3，关闭对话框：单击“确定”按钮关闭对话框。

步骤 4，表格排序：单击“表格工具-布局”选项卡→“数据”组中的“排序”按钮，打开“排序”对话框。按如图 1-66 所示设置对话框，单击“确定”按钮关闭对话框。

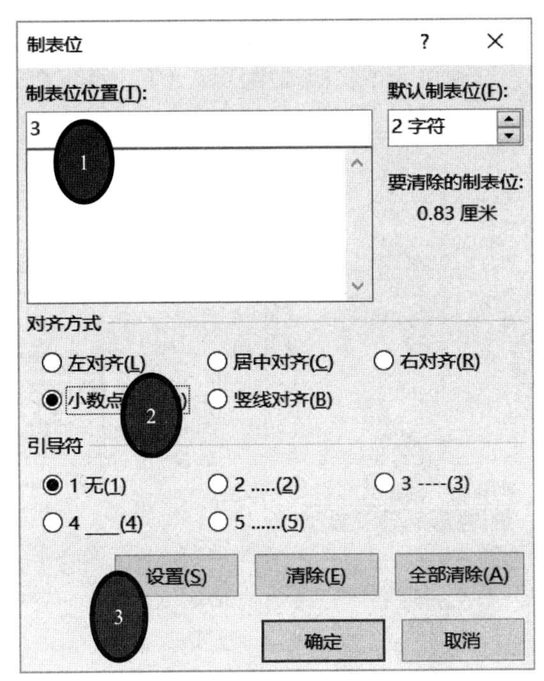

图 1-65　设置“制表位”对话框

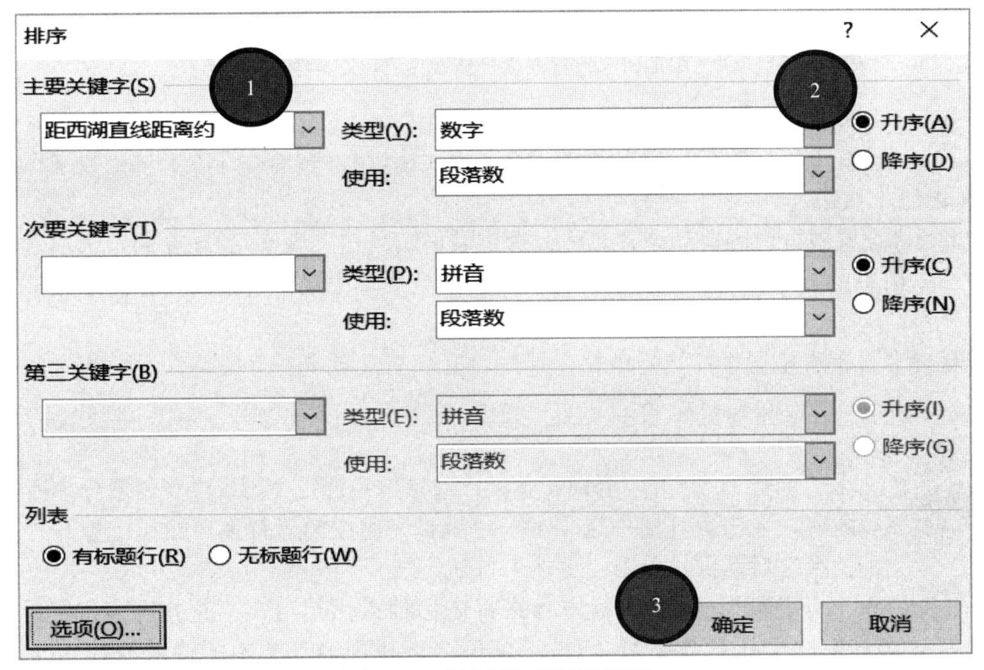

图 1-66　“排序”对话框设置

第 6 题（4）：

步骤 1，设置表格外框线：选定整个表格，单击“表格工具-设计”选项卡→“边框”组中的“边框”按钮，在弹出的下拉菜单中选择“边框和底纹”命令，打开“边框和底纹”对话框。在“边框”选项卡中设置线宽为 3.0 磅，颜色为蓝色，单击左侧“设置”列表下的“方框”，如图 1-67 所示，单击“确定”按钮关闭对话框。

步骤 2，设置标题行下框线：选定表格中的第一行，单击“表格工具-设计”选项卡→“边框”组中的“边框”按钮，在弹出的下拉菜单中选择“下边框”命令。

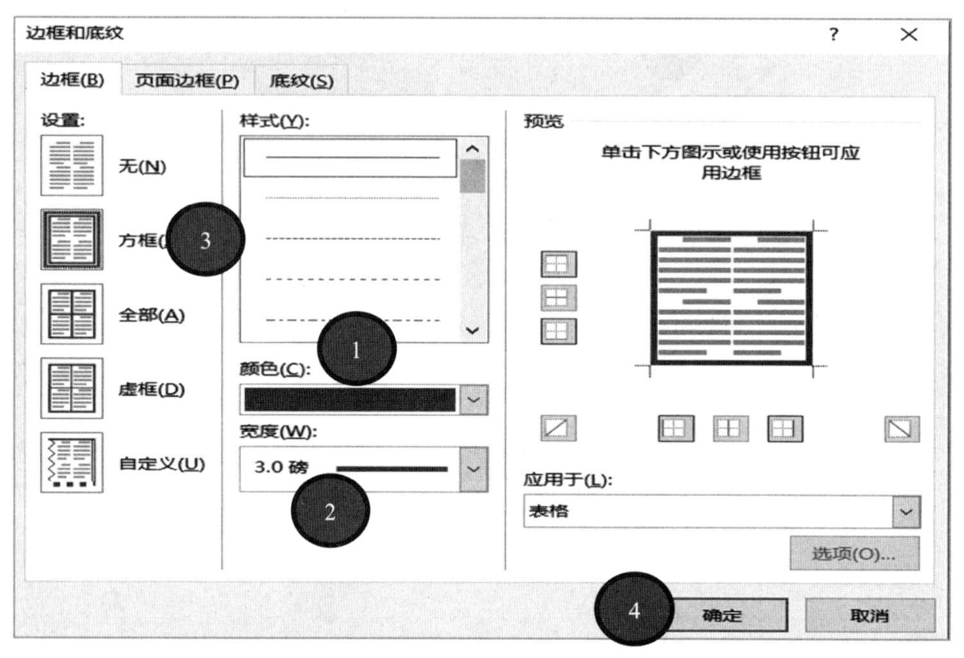

图 1-67　设置表格外框线为蓝色、3 磅

第 6 题（5）：

步骤 1，设置重复标题行：选定表格，单击“表格工具-布局”选项卡→“数据”组中的“重复标题行”按钮。

步骤 2，设置根据内容自动调整表格：选定表格，单击“表格工具-布局”选项卡→“单元格大小”组中的“自动调整”按钮，在弹出的下拉菜单中选择“根据内容自动调整表格”命令。

步骤 3，设置表格居中：选定表格，单击“开始”选项卡→“段落”组中的“居中”按钮。

第 7～8 题操作

第 7 题：

步骤 1，打开“查找和替换”对话框：选定“历史沿革”部分中所有文字内容，单击“开始”选项卡→“编辑”组中的“替换”按钮，打开“查找和替换”对话框，单击“更多”按钮，展开“更多”区域。

步骤 2，设置查找内容：将光标插入点定位在“查找内容”文本框中，单击“特殊格式”→“任意数字”命令，这时，“查找内容”文本框输入内容为^#，如图 1-68 所示。

步骤 3，设置数字字形与颜色替换：将光标插入点定位在“替换为”文本框中，单击“格式”→“字体”命令，打开“字体”对话框，设置字体颜色为红色，字形为倾斜，设置后的对话框如图 1-69 所示。

步骤 4，执行替换操作：单击“全部替换”按钮，这时弹出替换信息提示，询问是否继续搜索文档，单击“否”按钮关闭信息提示对话框。

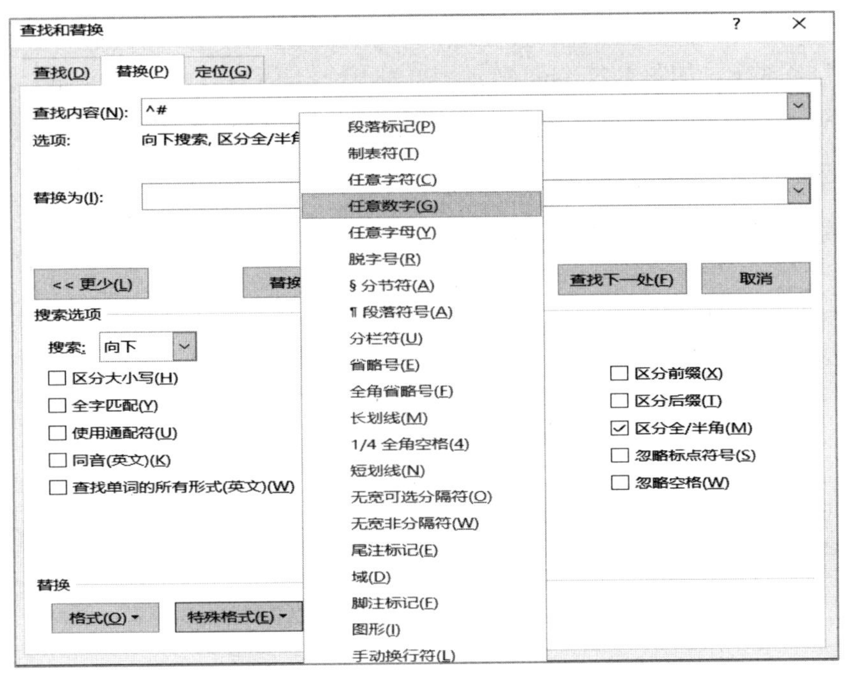

图 1-68　查找文中所有“数字”

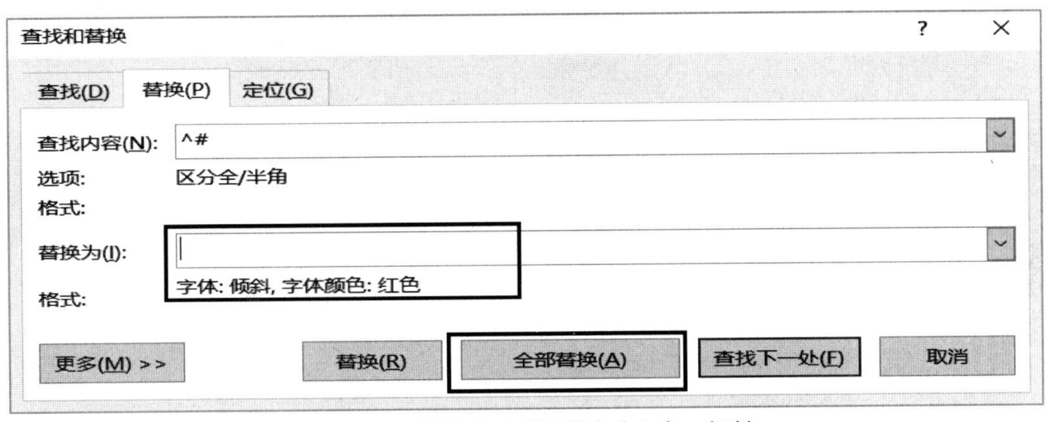

图 1-69　设置文档中所有数字为红色、倾斜

步骤 5，关闭“查找和替换”对话框。

第 8 题：

步骤 1，插入书签。

（1）在“1. 基本信息”处插入书签：将光标插入点定位在序号“1”与“基本信息”之间，单击“插入”选项卡→“链接”组中的“书签”按钮，打开“书签”对话框。在“书签名”文本框中输入内容“基本信息”，单击“添加”按钮，这时“基本信息”被添加至列表中，如图 1-70（a）所示。

按同样方法，分别插入“名称由来”“历史沿革”“周边住宿”书签，如图 1-70（b）所示。

步骤 2，创建超链接。

（1）将文本内容“基本信息”超链接到书签“基本信息”中：选定文本内容“基本信息”，单击“插入”选项卡→“链接”组中的“链接”按钮，打开“插入超链接”对话框，如

图 1-71（a）所示。单击“书签”按钮，打开“在文档中选择位置”对话框。在书签列表中选择“基本信息”选项，如图 1-71（b）所示。单击“确定”按钮，关闭对话框。

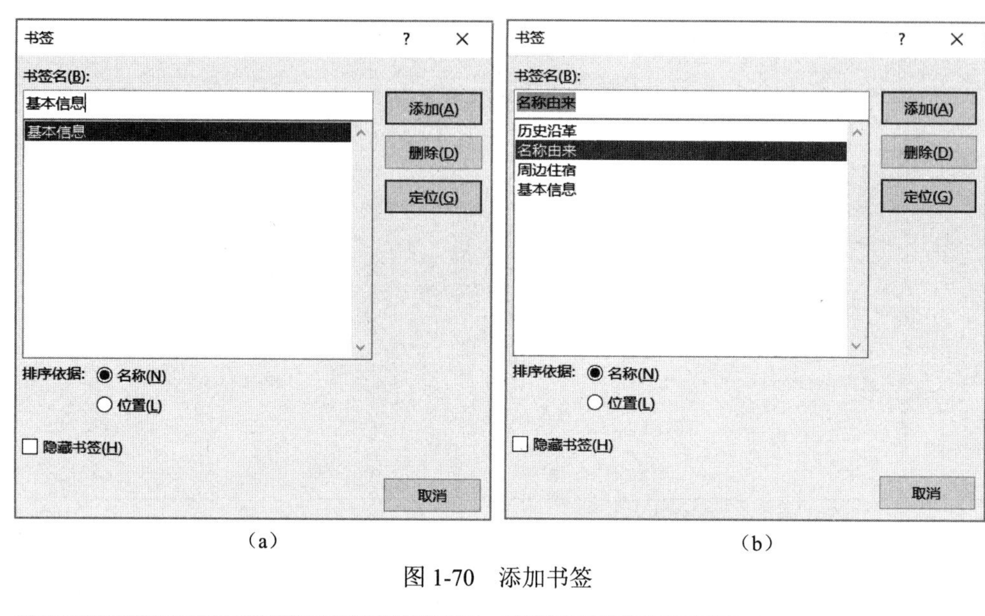

（a）　　（b）

图 1-70　添加书签

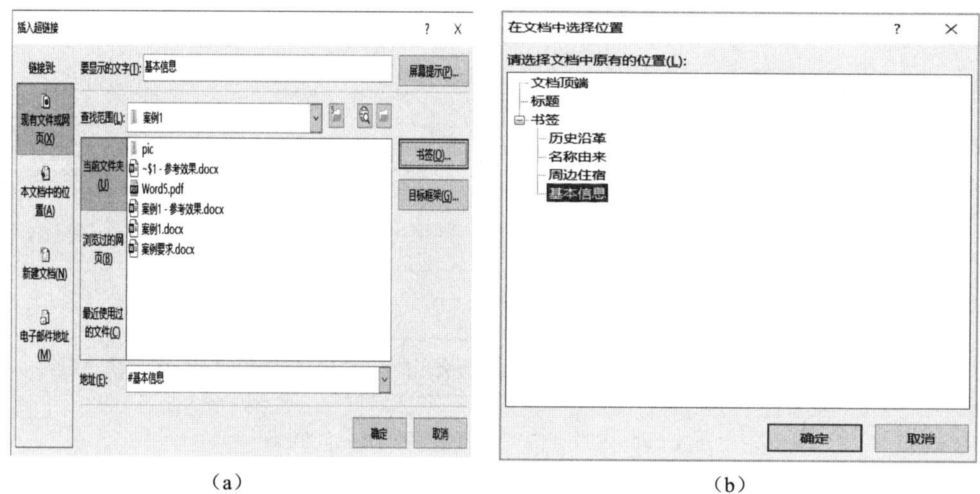

（a）　　（b）

图 1-71　将文本内容“基本信息”超链接到书签“基本信息”中

按同样方法，分别给“名称由来”“历史沿革”“周边住宿”超链接至步骤 1 中对应的书签。

第 9 题：

步骤 1，新建标签“图”：将光标插入点定位于第一个图的下方空行中，单击“引用”选项卡→“题注”组中的“插入题注”按钮，打开“题注”对话框，如图 1-72（a）所示。在“标签”下拉列表中选择“图”，若列表中没有“图”标签，则单击“新建标签”按钮，打开“新建标签”对话框，在“标签”文本框中输入“图”，单击“确定”按钮，关闭“新建标签”对话框。单击“关闭”按钮关闭“题注”对话框。这时，题注的标签与编号“图 1”已插入文档中。

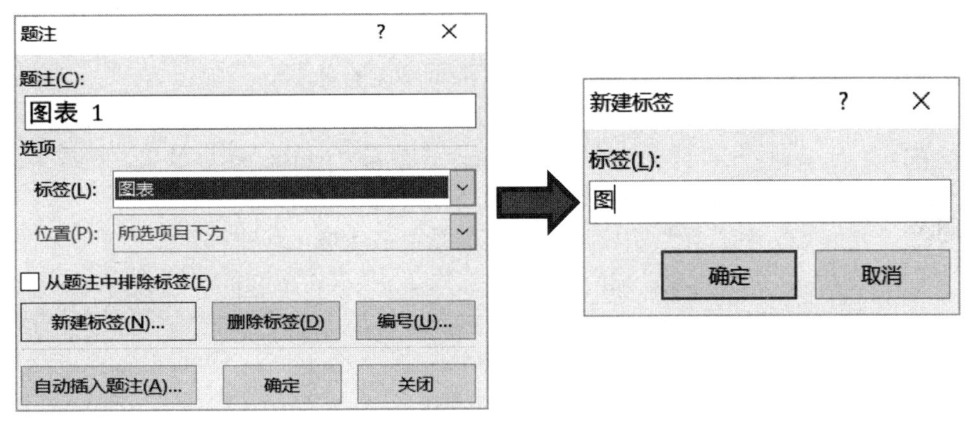

图 1-72　创建题注标签“图”

步骤 2，输入题注内容：在题注“图 1”后输入内容“环湖路线”文字。

步骤 3，插入第二张图的题注：参考步骤 1 与步骤 2 方法，插入第 2 张图的题注。此时，题注标签“图”已创建，只需在列表中选择即可。

第 9～10 题

第 10 题：

步骤 1，插入图片：单击“插入”选项卡→“插图”组中的“图片”按钮，在弹出的下拉菜单中选择“此设备”命令，打开“插入图片”对话框，找到图片文件“西湖美景.jpg”，单击“插入”按钮。

步骤 2，设置图片的文字环绕方式：选定图片，单击“图片工具-格式”选项卡→“排列”组中的“环绕文字”按钮，在弹出的下拉菜单中选择“上下型环绕”命令，选定图片，移动图片至合适位置。

步骤 3，设置图片样式：选定图片，单击“图片工具-格式”选项卡→“图片样式”组中的“其他”按钮，在样式列表中选择“柔化边缘椭圆”。

步骤 4，插入题注：将光标定位于图片下方，参考第 9 题插入题注。

1.6　练习

练习 1

1. 打开素材文件“word1.docx”，参考“word1.pdf”效果完成下列操作。

（1）在第一行前插入一行，输入文字“西溪国家湿在公园”，设置字号为 24 磅，加粗，居中，无首行缩进，段后距离为 1 行。

（2）对“景区简介”下的第一个段落，设置首字下沉。

（3）将“历史文化”和“三堤五景”部分中间段落中的手动换行符，替换为段落标记。

（4）使用自动编号。

● 对“景区简介”“历史文化”“三堤五景”“必游景点”设置编号，编号格式为“一、二、三、四”。

● 将“三堤五景”中的“秋芦飞雪”“必游景点”中的洪园重新编号，使其从 1 开始，后面的各编号就能随之改变。

（5）表格操作，将“中文名：西溪国家湿地公园”所在行开始的4行内容转换成一个4行2列的表格，并设置无标题，套用表格样式为“清单表4-着色1”。

（6）为文档末尾的图加上题注，题注内容为“中国湿地博物馆”。

练习2

2. 打开素材文件“word2.docx”，参考“word2.pdf”效果，完成下列操作。

（1）删除文档中所有的多余空行。

（2）将首行“2012年浙江省普通高校录取工作进程”设置文本效果为“渐变填充-预设渐变：径向渐变-个性色2，类型：射线”，并设置为“小一号”字号及居中对齐。

（3）设置页面纸张主面为横向。

（4）对从“公布分数线、填报志愿”到表格“浙江省2012年文理科第三批首轮平行志愿投档分数线”之间的内容进行分栏，要求分两栏，并设置分隔线，将“(一)”“(二)”改为自动编号。

（5）表格操作，按“文科执行计划”升序排序表格，并设置重复标题行，将表格外框线设置线宽为1.5磅。

（6）将文档末尾的图移到“浙江省2012年文理科第三批首轮平行志愿投档分数线”的上方，设置锐化50%；图片样式：简单框架、白色。

（7）为“浙江省2012年文理科第三批首轮平行志愿投档分数线”设置超链接，链接到：http://www.zjzs.net。

练习3

3. 打开素材文件“word3.docx”，参考“word3.pdf”效果，完成下列操作。

（1）清除首行“阿尔伯特·爱因斯坦”以不同颜色突出显示文本的效果（即无颜色，不突出显示文本），设置字符间距缩放为120%。

（2）表格操作，将第1页中的表格转换为以制表符分隔的文本。

（3）将“部分年表”中的内容转换成表格，并“根据窗口调整表格”。

（4）为“部分年表”对应的表格上方添加题注，题注行内容为“表I 二十岁前年表”，使用的编号格式为“I、II、III”，题注居中。

（5）删除文档“主要成就”部分第二段中的所有空格。

（6）为“简介 主要成就 部分年表”所在行的各项设置链接，分别链接到其后各对应内容的标题上。

第 2 章　Word 高效办公

课件

2.1　文档的域

素材

在 Word 中，域是一种占位符，是一种插入到文档中的代码，相当于文档中可能发生变化的数据或邮件合并文档中套用的信函、标签的占位符，其可以帮助用户在文档中添加各种数据、启动某个程序或完成某项功能等。也可以理解为域是文档中的变量，鼠标点到文档中某处出现灰色背景填充时，说明此处是域的运行结果，域结果根据文档的变动或相应因素的变化而自动更新。域主要有自动编页码；图表的题注；脚注、尾注的号码；按不同格式插入日期和时间；通过链接与引用在活动文档中插入其他文档的部分或整体；实现无须重新键入即可使文字保持最新状态；自动创建目录、关键词索引、图表目录等。

2.1.1　Word 域的有关概念

域的认识与域操作

简单来讲，域就是引导 Word 在文档中自动插入文字、图形、页码和其他信息资料的一组代码，每个域都有一个唯一的名字，它具有的功能与 Excel 中的函数非常相似，域分为域代码和域结果。我们以 Page 域“{ PAGE　* MERGEFORMAT }”来理解域的一些基本概念。

（1）域代码：形如{ PAGE　* MERGEFORMAT }的式子，即域代码。

（2）域结果：即域运行的结果显示。选定域代码，单击鼠标右键，在弹出的快捷菜单中选择“切换域代码”命令，获得域的运行结果。例如，上述域代码选择“切换域代码”命令后若显示为“3”，表示当前页码为 3。

常用域介绍

（3）域名称：在域代码“{ PAGE　* MERGEFORMAT }”中的“PAGE”即称为 Page 域的名称，可以理解为文档中的变量。这种域名变量是系统预先定义好的，规定了其功能和含义。根据作用范围，域可以分为编号、等式和公式、链接和引用、日期和时间、索引和目录、文档信息、文档自动化、用户信息、邮件合并九大类共 74 个。

（4）域特征字符：即包含域代码的大括号“{}”，不过它不能使用键盘直接输入，而是使用组合键 Ctrl+F9 输入的。

（5）域指令和域开关：用于设定域工作的指令或开关。在使用域时，完成某些特定操作的命令开关，将这些命令开关添加到域中，可以使域获得不同的域结果显示输出，如“Arabic”“MERGEFORMAT”。

2.1.2　常用域

Word 常用域有文档信息的统计域、时间和日期域、链接和引用域等，表 2-1 列举了 Word 常用域。

表 2-1 Word 常用域

类别	域名	说明
编号	Page	当前面码
	Section	当前节号
链接和引用	Ref	插入用书签标记的文本
	StyleRef	插入具有类似样式的段落中的文本
日期和时间	CreateDate	文档的创建日期
	Date	当前日期
	Time	当前时间
文档信息	Author	文档属性中的文档作者姓名
	FileName	文档的名称和位置
	FileSize	活动文档的磁盘占用量
	NumChars	文档的字符号
	NumWords	文档的字数
	NumPages	文档的页数
	Title	文档属性中的文档标题
文档自动化	MacroButton	运行宏

2.1.3 在文档中插入域

在 Word 文档中插入域通常有两种方法，一种是通过单击“文档部件”按钮插入选定的域，另一种方法是使用域代码直接输入。下面以插入一个日期（Date）域的操作过程为例，介绍这两种方法。

（1）通过单击“文档部件”按钮插入选定的域

步骤 1，打开“域”对话框：将光标定在要插入该域的位置处，单击“插入”选项卡→“文本”组中的“文档部件”按钮，在弹出的下拉菜单中选择“域”命令，打开如图 2-1 所示的“域”对话框。

步骤 2，插入 Date 域：在“域”对话框中选择“类别”为“日期和时间”，在“域名”列表中选择“Date”，“域属性”的“日期格式”列表中选择所需要的显示格式；“域选项”中不勾选任何项目。单击“确定”按钮，即可在文档中完成当前日期的插入。

（2）域代码直接输入法

域代码的通用格式为{域名[域参数][域开关]}，其中在方括号中的部分是可选的，域代码不区分英文大小写。如果对域代码比较熟悉，可以用键盘输入方式直接插入域。输入方式如下：{DATE\@"yyyy 年 M 月 d 日星期 W"*MERGEFORMAT}。

步骤 1，输入域特征字符“{}”：将光标定在需要插入域的文本处，按下 Ctrl+F9 组合键，插入域特征字符“{} “。

步骤 2，输入域名、域开关与域指令：将光标插入点定位于域特征字符{}中，输入域名、域开关与域指令，其中域开关与域指令是可选项，可以不输入，则以默认的方式显示域结果，如 2021 年 8 月 6 日。

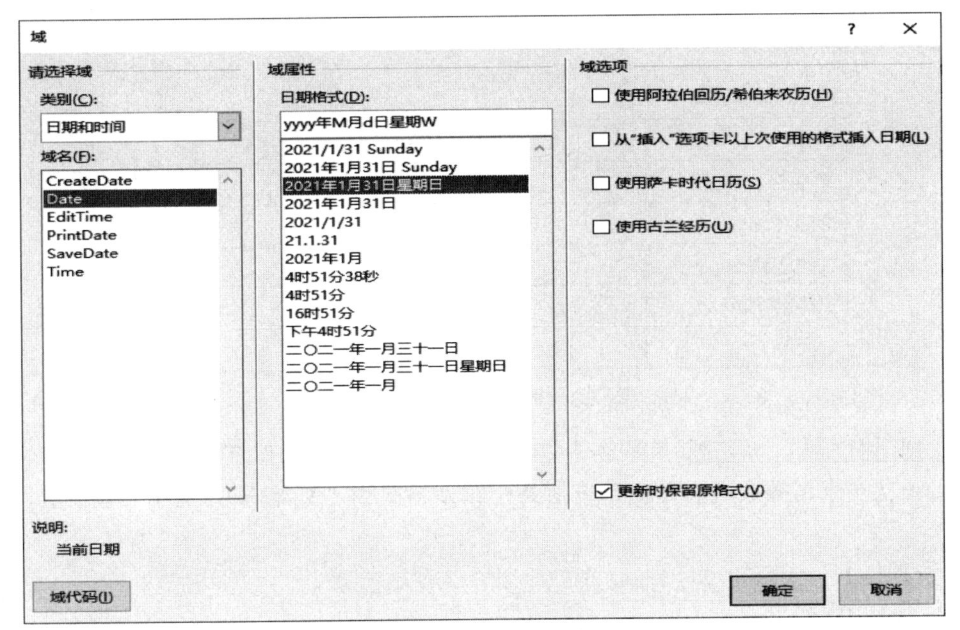

图 2-1　“域”对话框

步骤 3，显示域结果：选中输入的域代码，按下 Shift+F9 组合键或者单击鼠标右键，在弹出的快捷菜单中选择“更新域”命令，如图 2-2 所示，域即以域结果形式显示在光标处，即 2021 年 1 月 31 日。其中 DATE 是域名、@是域开关、“yyyy'年'M'月'd'日'”是域开关选项，表示显示日期的格式。

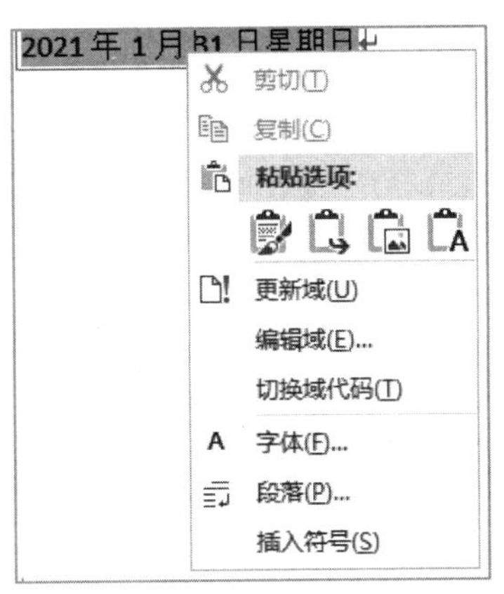

图 2-2　右击“域”弹出的菜单

2.1.4　案例制作——文档信息统计

【例 2-1】打开素材文件“齐天-素材.docx”，完成如下操作，最终效果参照样稿“齐天-样稿.docx”文件。

例 2-1

（1）给文档设计页脚，插入文档的页码和总页数，形式如“第 X 页 共 Y 页”，其中 X、Y 是使用插入域自动生成的。

（2）在文档末尾输入文字“文档信息统计如下：”和插入 6 行 2 列的表格，

表格第一列输入如图 2-3 所示信息。

文档信息统计如下：

作者	
文档名称和位置	
文档大小	
文档总字数	
文档字符数	
总页数	

图 2-3 例 2-1 文字信息输入

（3）使用插入域自动生成，完成表格第二列信息的输入，其中作者设置为“张三”。

（4）在文档末尾插入当前日期，右对齐，日期格式为“X 年 X 月 X 日 星期 X”的中文样式。

【案例制作】

具体制作步骤如下。

第（1）题：

步骤 1，文档进入“页眉页脚”编辑状态：单击“插入”选项卡→“页眉和页脚”组中的“页脚”→“编辑页脚”命令，文档进入“页眉和页脚”编辑状态。

步骤 2，设置文档页脚：在页面底端页脚设置区域输入文字“第页 共页”，将光标插入点定位在“第”与“页”之间，插入当前页码 Page 域，单击“插入”选项卡→“文本”组中的“文档部件”→“域”命令，打开“域”对话框，如图 2-4 所示。设置“类别”为“编号”，“域名”为“Page”，“格式”为“1，2，3，…”，单击“确定”按钮。将光标插入点定位在“共”与“页”之间，插入文档总页数 NumPages 域，单击“插入”选项卡→“文本”组中的“文档部件”→“域”命令，打开“域”对话框。设置“类别”为“文档信息”，“域名”为“NumPages”，“格式”为“1，2，3，…”，单击“确定”按钮。

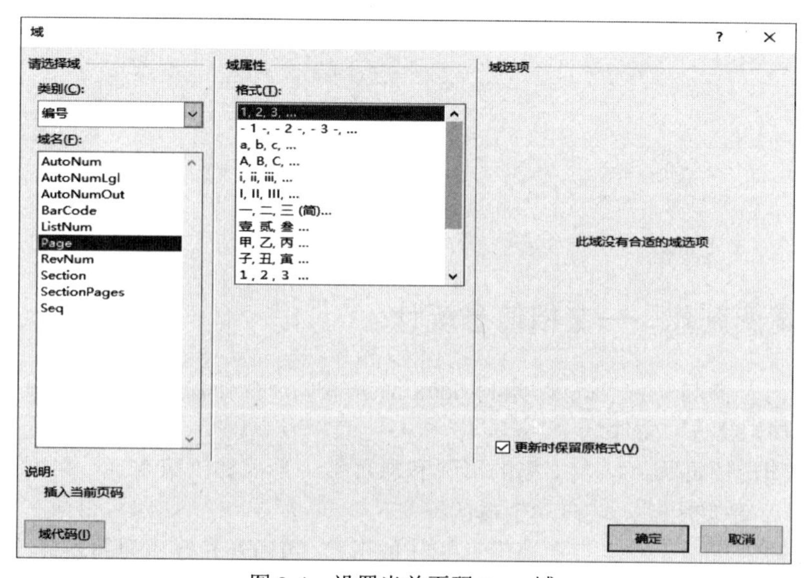

图 2-4 设置当前页码 Page 域

步骤 3，退出“页眉和页脚”和编辑状态：单击“页眉和页脚工具-设计”选项卡→“关闭”组中的“关闭页眉和页脚”按钮，退出“页眉和页脚”编辑状态。

第（2）和（3）题：

步骤 1，输入文本信息：将光标定位在文档末尾，输入文字“文档信息统计如下：”。

步骤 2，插入表格：单击“插入”选项卡→“表格”组中的“表格”按钮，插入一个 2×6 的表格，在表格的第一列单元格中输入文本信息。

步骤 3，插入域。

- Author 域：将光标定位在表格第二列第一行单元格，单击“插入”选项卡→“文本”组中的“文档部件”→“域”命令，打开“域”对话框。设置“类别”为“文档信息”，“域名”为“Author”，在“新名称”后的文本框中输入“张三”，如图 2-5 所示，单击“确定”按钮关闭对话框。

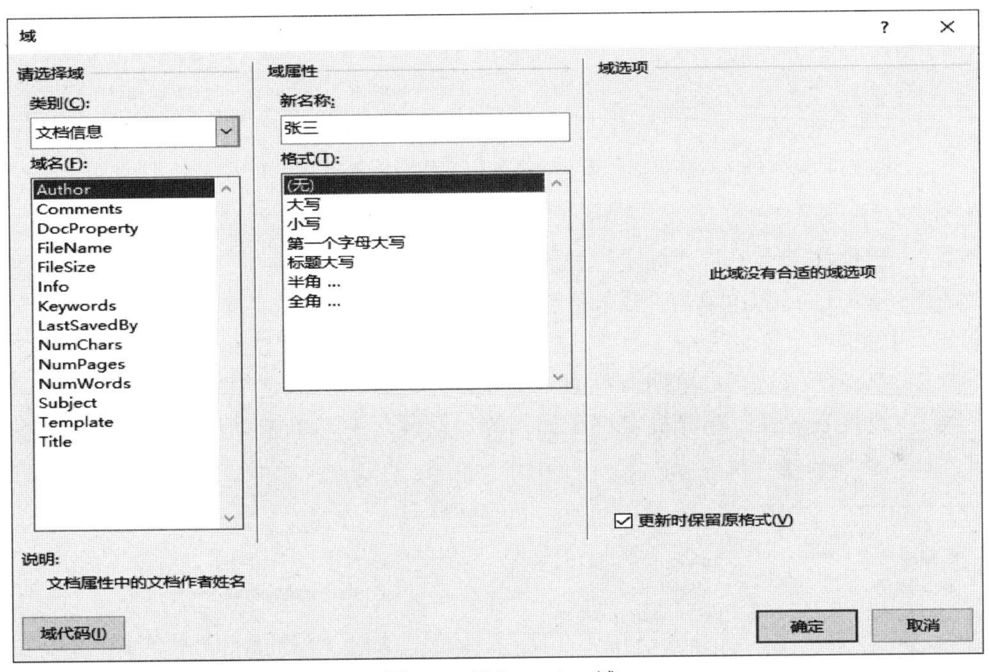

图 2-5 插入 Author 域

- FileName 域：将光标定位在表格第二列第二行单元格，单击“插入”选项卡→“文本”组中的“文档部件”→“域”命令，打开“域”对话框。设置“类别”为“文档信息”，“域名”为“FileName”，若希望显示文件的路径及文件名，则勾选“添加路径到文件名”前的复选框，单击“确定”按钮关闭对话框。
- FileSize 域：将光标定位在表格第二列第三行单元格，单击“插入”选项卡→“文本”组中的“文档部件”→“域”命令，打开“域”对话框。设置“类别”为“文档信息”，“域名”为“FileSize”，“格式”为“1，2，3，…”，勾选“以 KB 表示的文件大小”前的复选框，单击“确定”按钮关闭对话框，在域结果后输入“KB”。
- NumWords 域：将光标定位在表格第二列第四行单元格，单击“插入”选项卡→“文本”组中的“文档部件”→“域”命令，打开“域”对话框。设置“类别”为“文档信息”，“域名”为“NumWords”，“格式”为“1，2，3，…”，单击“确定”按钮关闭对话框。

● NumChars 域：将光标定位在表格第二列第五行单元格，单击“插入”选项卡→“文本”组中的“文档部件”→“域”命令，打开“域”对话框。设置“类别”为“文档信息”，“域名”为“NumChars”，“格式”为“1，2，3，…”，单击“确定”按钮关闭对话框。

● NumPages 域：将光标定位在表格第二列第六行单元格，单击“插入”选项卡→“文本”组中的“文档部件”→“域”命令，打开“域”对话框。设置“类别”为“文档信息”，“域名”为“NumPages”，“格式”为“1，2，3，…”，单击“确定”按钮关闭对话框。

域结果与域代码对应如图 2-6 所示。

文档信息统计如下：

作者	张三
文档名称和位置	齐天-素材.docx
文档大小	19KB
文档总字数	1262
文档字符数	1285
总页数	4

（a）域结果

文档信息统计如下：

作者	{ AUTHOR 张三 * MERGEFORMAT }
文档名称和位置	{ FILENAME * MERGEFORMAT }
文档大小	{ FILESIZE * Arabic \k * MERGEFORMAT }KB
文档总字数	{ NUMWORDS * Arabic * MERGEFORMAT }
文档字符数	{ NUMCHARS * Arabic * MERGEFORMAT }
总页数	{ NUMPAGES * Arabic * MERGEFORMAT }

（b）域代码

图 2-6　域结果与域代码信息

第（4）题：

步骤 1，定位输入点：将光标定位在表格外的下一段落。

步骤 2，插入 Date 域：单击“插入”选项卡→“文本”组中的“文档部件”→“域”命令，打开“域”对话框。设置“类别”为“日期和时间”，“域名”为“Date”，在“日期格式”列表下选择“二〇二一年二月五日星期五”，如图 2-7 所示，单击“确定”按钮关闭对话框。

步骤 3，设置右对齐：将光标定位在插入的日期段落中，单击“开始”选项卡→“段落”组中的“右对齐”按钮。

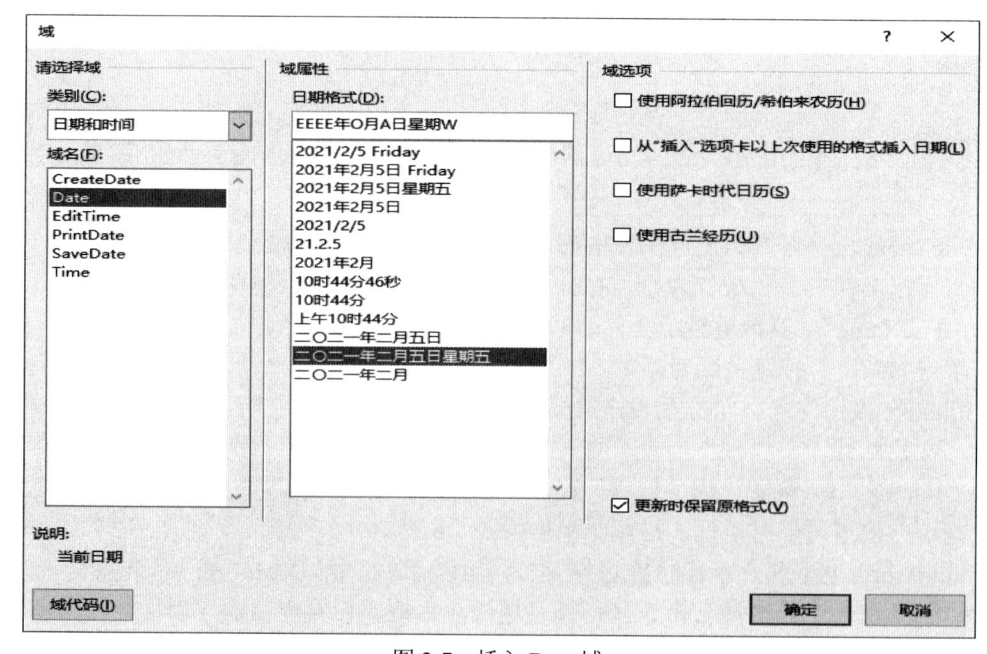

图 2-7　插入 Date 域

课件

2.2　文档的分页和分节

在编排 Word 文档时，当文本占满一页时，Word 会自动插入新的一页。实际上，用户可以根据文档的需要来设置文档在什么时候进入下一页。另外，在结构复杂的文档中，即在同一文档中需要设置不同的页眉和页脚、不同的纸张大小与方向等时，只有对文档进行分节才能实现对文档不同页面布局的设置。Word 提供了分页符和分节符两种分隔符，使得排版设计更为灵活自如，这些分隔符在“布局”选项卡“页页设置”组的“分隔符”下拉列表中，如图 2-8 所示。

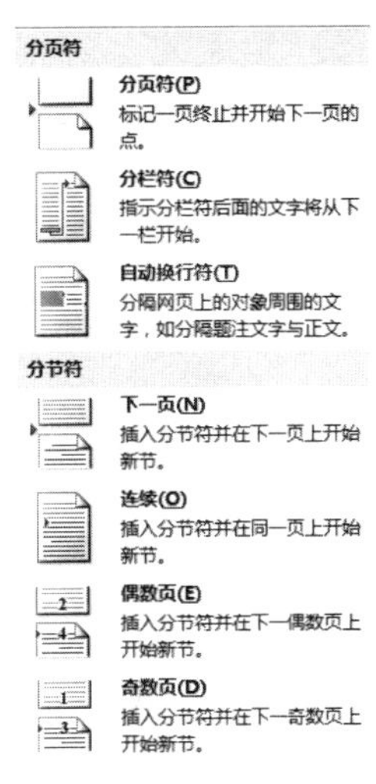

图 2-8　分页符与分节符

2.2.1　分页符

当文本或图形等内容填满一页时，Word 会插入一个自动分页符并开始新的一页。如果要在某个特定位置强制分页，可手动插入分页符，这样可以确保内容在新的一页开始。具体操作方法如下：

（1）手动分页。将光标插入点定位于需要分页的位置，单击“布局”选项卡→“页面设置”组中的“分隔符”→“分页符”命令。此时，文档从光标插入点处插入分页符，同时实现分页，如图 2-9 所示。

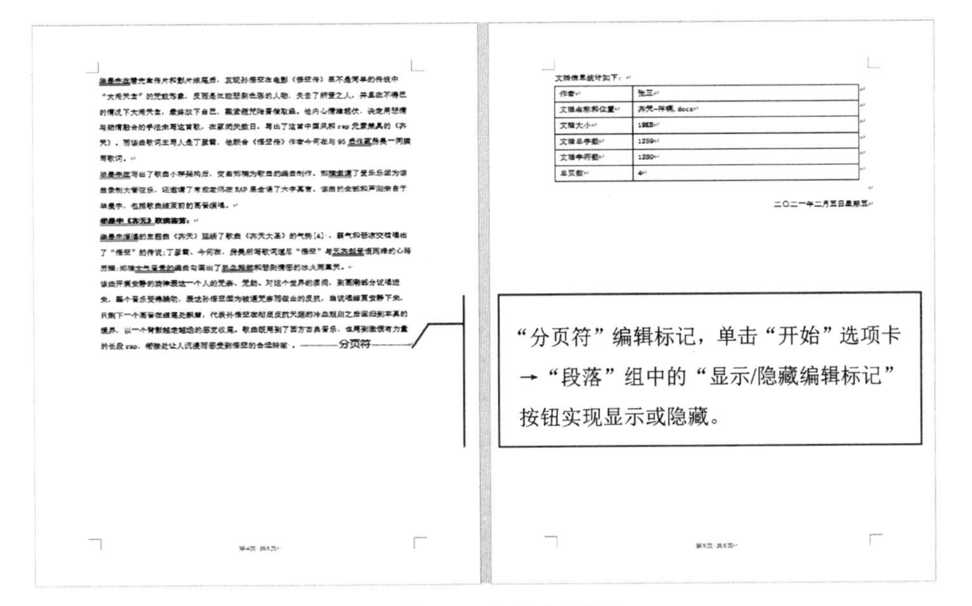

认识分隔符

图 2-9　实现手动分页

（2）分页选项设置。将光标插入点定位到段落中，单击“开始”选项卡→“段落”组中的“段落”按钮，打开“段落”对话框。在“换行和分页”选项卡的“分页”栏中勾选相应的复选框能够对分页时段落的处理方式进行设置，如图 2-10 所示，各选项含义介绍如下。

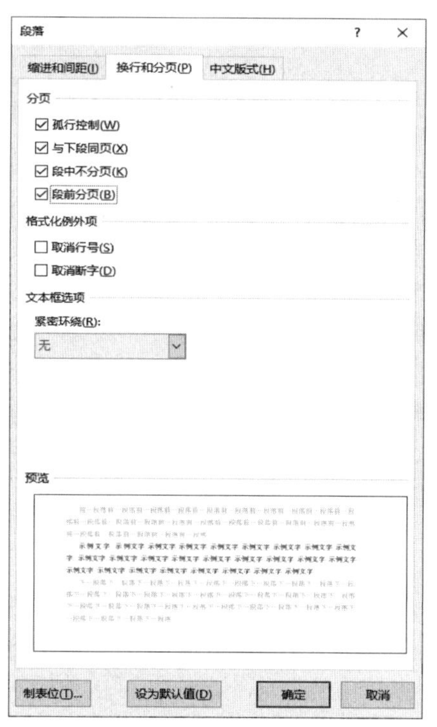

图 2-10 “分页”选项设置

- 孤行控制：在页面的顶部或底部之上放置段落的两行以上。
- 与下段同页：可以使前后两个关联密切的段落放在同一页中。
- 段中不分页：文档中的分页将会按照段落的起止来分页以避免出现同一段落放在两个页面上的情况。
- 段前分页：可以在段落前指定分页。

2.2.2 分节符

分节符

（1）分节符概念。为了便于在同一文档中对不同部分的文本进行不同版面布局的设置，可以将文档分隔为多个节。节是文档格式化排版的最大单位，是文档中连续的文本区域，可长可短，一篇 Word 文档默认为一节，如果要分多个节，则要手动插入分节符。文档的分节实际上即是在文档需要的地方插入分节符。在 Word 中，分节符是节与节之间的一个双虚线分界线，其可以使文档的排版更加灵活。

Word 中有以下 4 种类型的分节符。

- 下一页：光标当前位置后的全部内容将移到下一页面中，即新的节从下一页开始。
- 连续：在插入点位置添加一个分节符，新建的节将从当前页的下一段落开始。
- 偶数页：光标当前位置后的内容将转至下一个偶数页中，即新建节在偶数页中。若下一页按连续页码编号正好是奇数页，则 Word 会自动跳过奇数页的页码，自动编号页码为偶数页编号。
- 奇数页：光标当前位置后的内容将转至下一个奇数页中，即新建节在奇数页中。若下一页按连续页码编号正好是偶数页，则 Word 会自动跳过偶数页的页码，自动编号页码为奇数页编号。

（2）插入分节符。将光标插入点定位在文档需要分节的文字处，单击“布局”选项卡→“页面设置”组中的“分隔符”，在弹出的分节符列表中根据需要选择相应的选项以确定不同的分节方式。

（3）删除分节符。分节符和分页符是看不见摸不着的，显得比较抽象，为方便起见，通常在分节符的操作中，单击“段落”组中的“显示/隐藏编辑标记”按钮，使“分节符”编辑标记处于可显示状态，如图 2-11 所示。

将光标插入点定位于分节符之前，按键盘上的 Delete 键可以将分节符删除，删除分节符后对文档的分节也将自动删除。

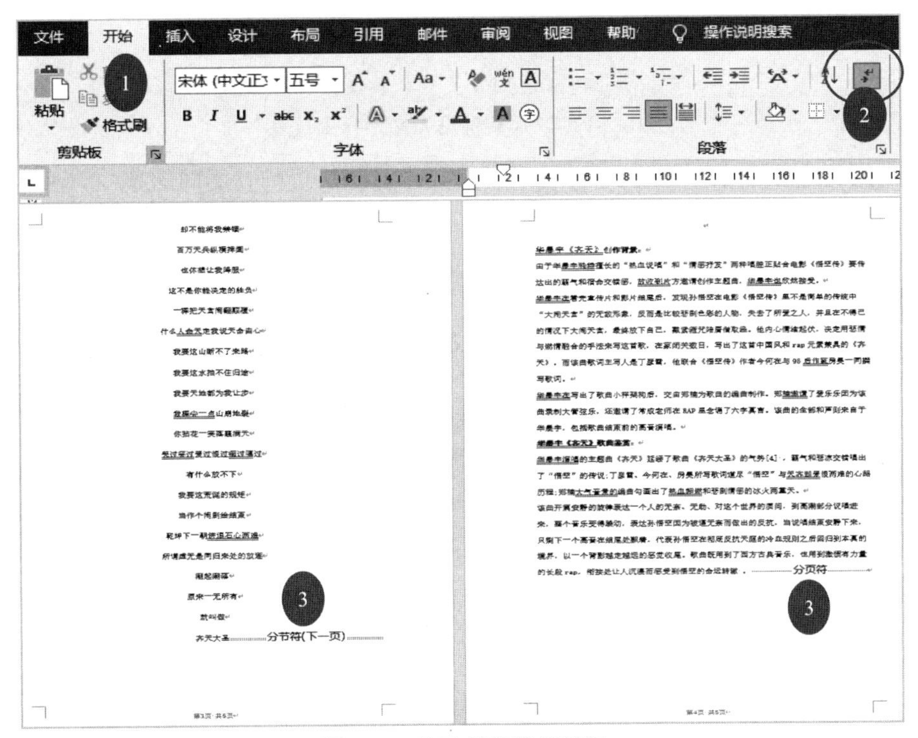

图 2-11　显示/隐藏编辑标记

2.2.3　案例制作——比赛信息文档制作

【例 2-2】新建文档“比赛信息.docx”，由三页组成，要求：

（1）第一页中第一行内容为足球，样式为标题 1，页面垂直对齐方式为居中；页面方向为纵向，纸张大小为 16 开；页眉内容设置为 football，居中显示；页脚内容设置为“成绩不行”，居中显示。

（2）第二页中第一行内容为篮球，样式为标题 2，页面垂直对齐方式为顶端对齐；页面方向为横向，纸张大小为 A4；页眉内容设置为 basketball，居中显示；页脚内容设置为“成绩还行”，居中显示；对该页面添加行号，起始编号为 1。

（3）第三页中第一行内容为乒乓球，样式为正文，页面垂直对齐方式为底端对齐；页面方向为纵向，纸张大小为 B5；页眉内容设置为 table tennis，居中显示；页脚内容设置为“成绩很好”，居中显示。

效果参考如图 2-12 所示。

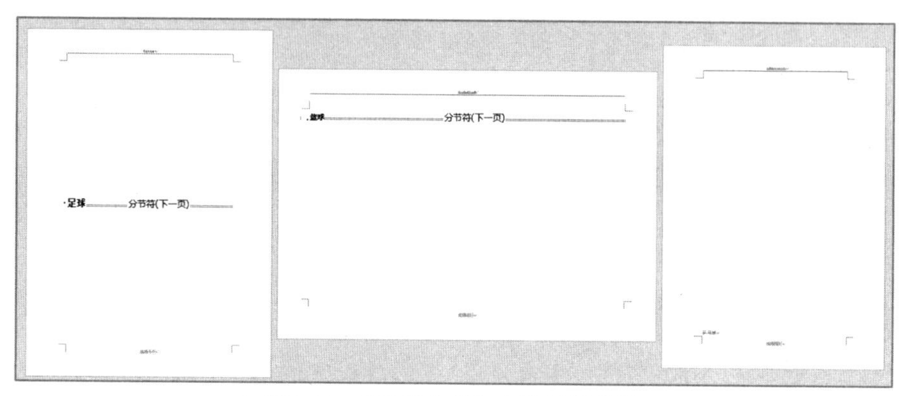

图 2-12 “比赛信息”文档样稿效果

分析：根据案例要求与图 2-12 样稿所示效果，文档每页具有不同的纸张大小、方向和页眉与页脚，因此，文档分为 3 节，即每页为一节。

操作实例

【案例制作】

具体制作步骤如下。

步骤 1，新建 Word 文档，文件名为“比赛信息.docx”。

注：为清晰方便地看到“分节符”编辑标记，打开文档后，单击“开始”选项卡→“段落”组中的“显示/隐藏编辑标记”按钮。

步骤 2，增加 2 页并分节：单击“布局”选项卡→“页面设置”组中的“分隔符”→“分节符”→“下一页”，此时文档已有两页，同时增加的这一页为新建节，再次单击“分隔符”→“分节符”→“下一页”，这时，文档总共有 3 页，可以看到两个“分节符(下一页)”编辑标记，即文档的每页各自为一节。

步骤 3，输入第一页中的内容并设置格式：将光标插入点定位在第一页“分节符(下一页)”编辑标记前，输入文本“足球”，单击“开始”选项卡→“样式”组中的“标题 1”。

步骤 4，设置第一页的页面布局：将光标定位在第一页中，单击“布局”选项卡→“页面设置”组右下角的对话框启动器，打开“页面设置”对话框，分别设置“页边距”“纸张”“布局”选项卡，如图 2-13 所示。

步骤 5，重复步骤 3 与步骤 4 的方法，分别设置文档第二页和第三页中的内容并进行页面布局，其中第二页行号的添加操作如下：将光标插入点定位在“篮球”行，单击图 2-13（c）中的“行号(N)…”按钮，打开“行号”对话框，设置对话框如图 2-14 所示。

步骤 6，设置页眉：在第一页页面的顶端双击，或者单击“插入”选项卡→“页眉和页脚”组中的“页眉”→“编辑页眉”命令，文档进入“页眉和页脚”编辑状态。在第一页页眉编辑区中输入文字“football”，单击“开始”选项卡→“段落”组中的“居中”按钮；将光标插入点定位在第二页的页眉编辑区中，单击“页眉和页脚工具-设计”选项卡→“导航”组中的“链接到前一节”，即取消本节与前一节的链接关系，输入文字“basketball”，设置居中对齐；将光标插入点定位在第三页的页眉编辑区中，单击“页眉和页脚工具-设计”→“导航”

组中的 链接到前一节，即取消本节与前一节的链接关系，输入文字“table tennis”，设置居中对齐。

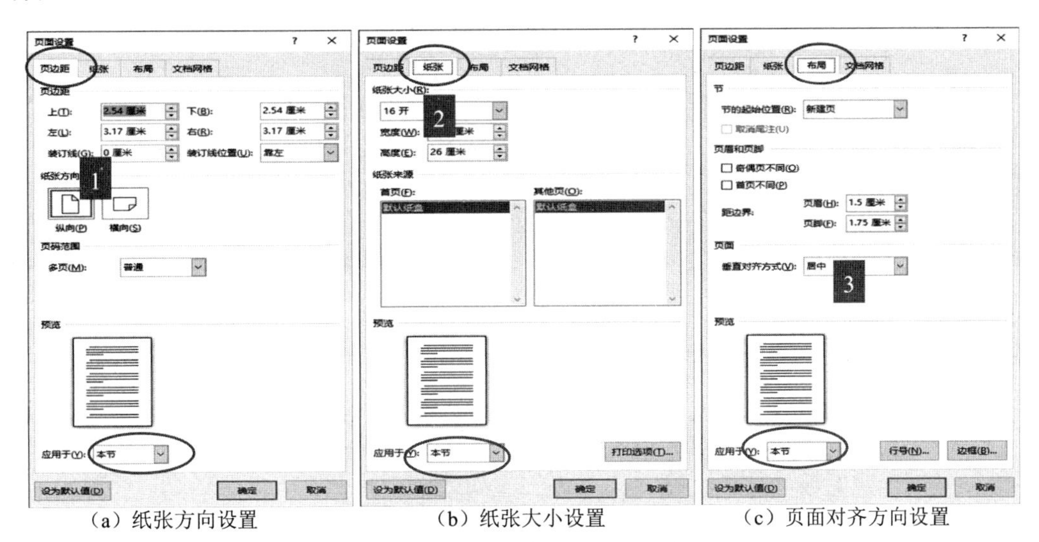

（a）纸张方向设置　　（b）纸张大小设置　　（c）页面对齐方向设置

图 2-13　第一页“页面布局”设置

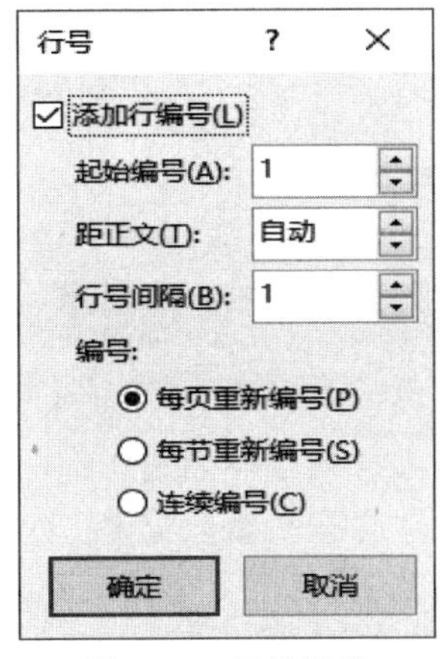

图 2-14　行号设置

步骤 7，设置页脚：将光标插入点定位在第一页的页脚编辑区中，输入文字“成绩不行”，单击“开始”选项卡→“段落”组中的“居中”按钮；将光标插入点定位在第二页的页脚编辑区中，单击“页眉和页脚工具-设计”选项卡→“导航”组中的 链接到前一节，即取消本节与前一节的链接关系，输入文字“成绩还行”，设置居中对齐；将光标插入点定位在第三页的页脚编辑区中，单击“页眉和页脚工具-设计”选项卡→“导航”组中的 链接到前一节，即取消本节与前一节的链接关系，输入文字“成绩很好”，设置居中对齐。

步骤 8，退出“页眉和页脚”编辑状态：单击“页眉和页脚工具-设计”→“关闭”组中的“关闭页眉和页脚”按钮，退出“页眉和页脚”编辑状态。

提示：步骤 6 和步骤 7 中，取消与上一节的链接操作是关键点，先取消链接，再设置本节的页眉或页脚。另外，分节符中存储了“节”的格式设置信息，注意分节符只可以控制它前面文字的格式。

2.3 邮件合并

课件

邮件合并功能能够批量生成用户需要的邮件文档。在诸如公函或成绩单、获奖证书等这类文档中，如果在日常工作和生活中需要制作出大量主体内容相同而收信人不同的信函时，就可以使用 Word 提供的邮件合并功能，非常快速地创建出多份信函，大大提高工作效率。下面就以寄送天丰公司十周年庆的邀请函为例，介绍如何使用 Word 的邮件合并功能。

什么是邮件合并

2.3.1 什么是邮件合并

邮件合并是指在邮件文档的固定内容中，合并与发送一批与信息相关的数据，这些数据可以来自如 Excel 的表格、Access 数据表等的数据源，从而批量生成需要的邮件文档，大大提高工作效率。

在邮件合并的制作过程中，一般要先建立两个文档：一个 Word 文件包括所有文件共有内容的主文档（标准文件）和一个包括变化信息的数据源（如 Excel 表格、Access 数据表等），然后使用邮件合并功能在主文档中插入变化的信息，合成后的文件用户可以保存为 Word 文档、打印或者以邮件形式发出去。

2.3.2 邮件合并的应用场合

邮件合并可以应用于批量制作信封、信函、工资条、成绩单、证书及邀请函等文档中。这些文档往往具有以下两个特点：

（1）需要制作的数量比较大。

（2）文档内容分为固定不变的内容和变化的内容，比如邀请函中邀请者、邀请时间、地点等内容固定不变；而邀请对象、称谓等就属于变化的内容。

2.3.3 邮件合并的基本制作过程

（1）制作主文档。主文档就是前面提到的固定不变的主体内容，以信封为例，主文档就是一个标准信封，它是待发的大量信封的基础信息。

（2）准备数据源。数据源就是含有标题行的数据记录表，可以是 Excel 工作表、Access 数据表或者其他包含联系人的记录表。

（3）把数据源合并到主文档中。整个合并过程可以利用邮件合并向导进行，最终完成所需文档。

制作邀请函

2.3.4 案例制作——邀请函制作

下面就以制作天丰公司十周年庆的邀请函为例，讲解邮件合并文档的制作过程。

步骤 1，建立主文档。在 Word 中编辑邀请函主文档，即邀请函中不变的部分，并保存为“邀请函.docx”，如图 2-15 所示。

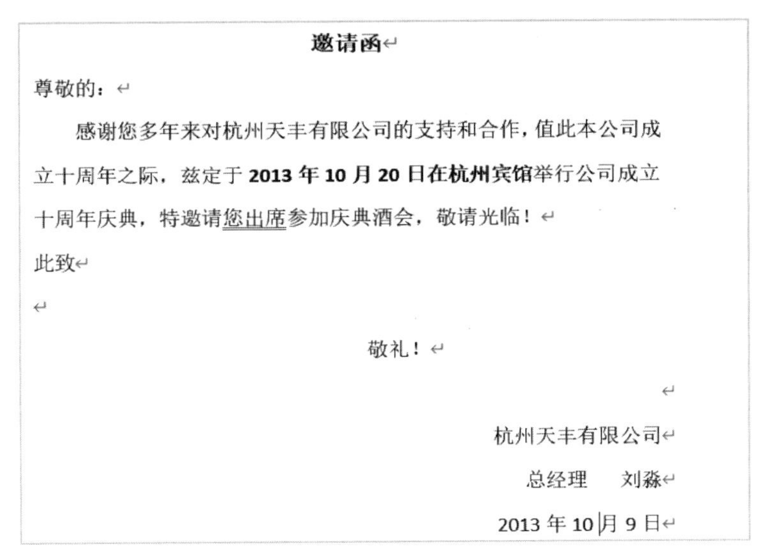

邀请函

尊敬的：

感谢您多年来对杭州天丰有限公司的支持和合作，值此本公司成立十周年之际，兹定于 **2013 年 10 月 20 日在杭州宾馆**举行公司成立十周年庆典，特邀请您出席参加庆典酒会，敬请光临！

此致

敬礼！

杭州天丰有限公司

总经理　刘淼

2013 年 10 月 9 日

图 2-15　邀请函主文档

步骤 2，准备数据源。邮件合并使用的数据源可以是 Excel 工作簿或 Access 数据库等，本邀请函制作中使用 Excel 文档作为数据源。新建 Excel 文档，并保存为“2.1 邀请函数据源.xlsx”，数据源文件第一行必须是字段名，输入如图 2-16 所示数据记录。

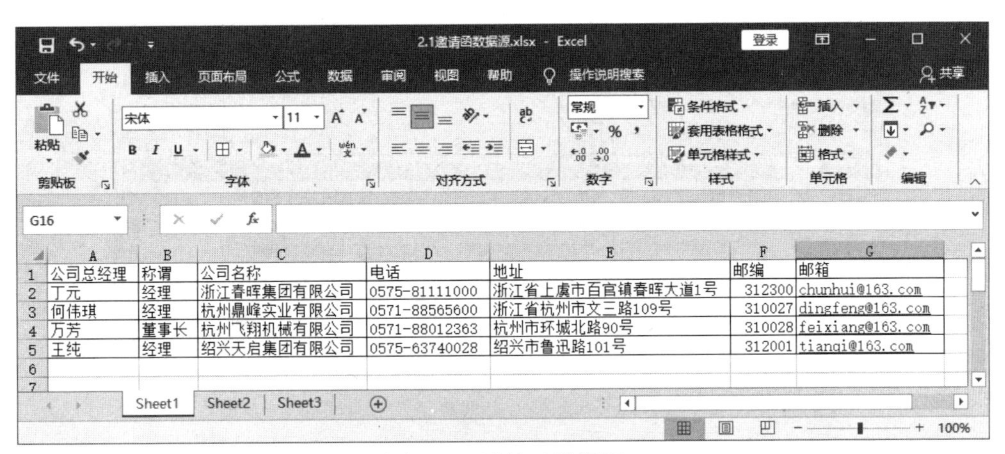

公司总经理	称谓	公司名称	电话	地址	邮编	邮箱
丁元	经理	浙江春晖集团有限公司	0575-81111000	浙江省上虞市百官镇春晖大道1号	312300	chunhui@163.com
何伟琪	经理	杭州鼎峰实业有限公司	0571-88565600	浙江省杭州市文三路109号	310027	dingfeng@163.com
万芳	董事长	杭州飞翔机械有限公司	0571-88012363	杭州市环城北路90号	310028	feixiang@163.com
王纯	经理	绍兴天启集团有限公司	0575-63740028	绍兴市鲁迅路101号	312001	tianqi@163.com

图 2-16　邀请函数据源

步骤 3，合并主文档和数据源：打开刚才新建的主文档“邀请函.docx”，打开“邮件”选项卡，如图 2-17 所示，单击“开始邮件合并”按钮，选择文档类型为“信函”。

图 2-17　“邮件”选项卡

步骤 4，单击“选择收件人”按钮，在弹出的下拉菜单中选择“使用现有列表...”，打开“选择数据源”对话框。选择步骤 2 中创建的“2.1 邀请函数据源.xlsx”文件，单击“打开”按钮，打开“选择表格”对话框，如图 2-18 所示。选择“Sheet1$”，单击“确定”按钮。此时，会发现图 2-17 中“编写和插入域”组中的“地址块”“插入合并域”及“规则”等原来灰色按钮变为突出显示，表示按钮可用。

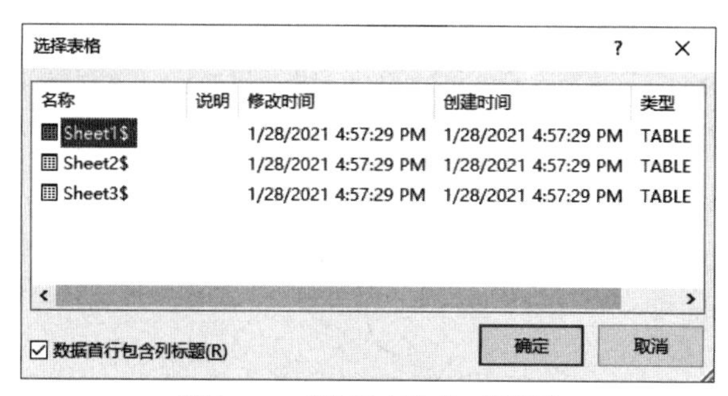

图 2-18　“选择表格”对话框

步骤 5，单击“编辑收件人列表”按钮，在打开的对话框中用户可以选择相应的数据行，如图 2-19 所示。

步骤 6，撰写信函。将光标定位在要插入数据字段位置处，单击“编写和插入域”组中的“插入合并域”按钮，弹出如图 2-20 所示的域列表。在“尊敬的”字后面插入“客户姓名”字段，数据源中的该字段就合并到了主文档中的指定位置，接着依次插入“称谓”等其他字段，如图 2-20 所示。

图 2-19　“邮件合并收件人”对话框

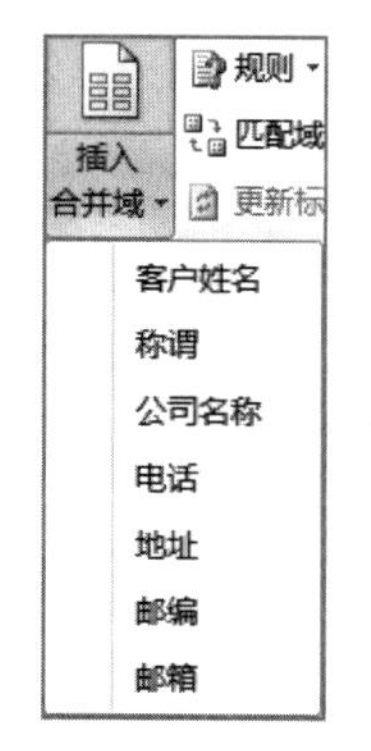

邀请函

尊敬的«客户姓名»«称谓»：

感谢您多年来对杭州天丰有限公司的支持和合作，值此本公司成立十周年之际，兹定于 **2013 年 10 月 20 日在杭州宾馆**举行公司成立十周年庆典，特邀请您出席参加庆典酒会，敬请光临！

图 2-20　插入合并域

步骤 7，浏览并合并邀请函。单击“预览结果”选项卡中的“预览结果”按钮，主文档中带“《》”符号的字段，变成数据源表中第一条记录的具体内容。如要生成所有客户的邀请函，必须单击“完成”组中的“完成并合并”→“编辑单个文档”命令，弹出如图 2-21 所示的对话框，单击“确定”按钮即可生成批量的邀请函。若单击“打印文档”或“发送电子邮件”命令，用户可以直接打印批量的邀请函或批量发送邀请函邮件。

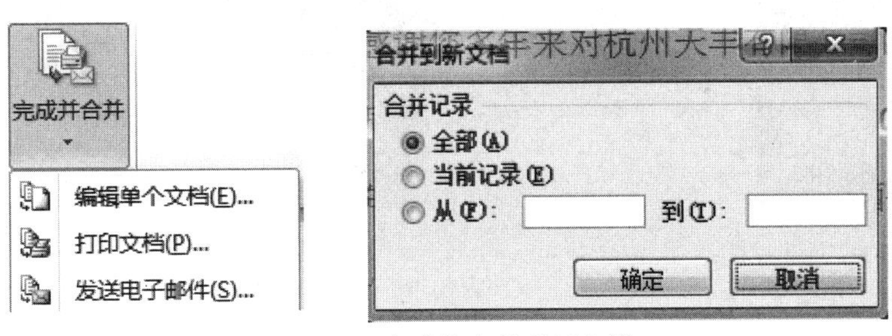

图 2-21　完成并合并到新文档

生成批量的邀请函以后，如果需要将邀请函以书面的形式寄送出去，用户也可以通过“邮件”选项卡制作出信封。

在 Word 2019 中提供了两种制作信封的方法：使用信封制作向导和自行创建信封。这里主要介绍使用信封制作向导的方法。

使用信封制作向导，既可以创建单个信封，也可以批量生成信封。

（1）单击“邮件”选项卡→“创建”组中的“中文信封”按钮中文信封。

（2）弹出“信封制作向导”对话框。在对话框的左侧有一个树状的制作流程，单击“下一步”按钮。在“信封样式”下拉列表框中选择信封的样式，并将“信封样式”下的复选框全部打钩，如图 2-22 所示。单击“下一步”按钮。

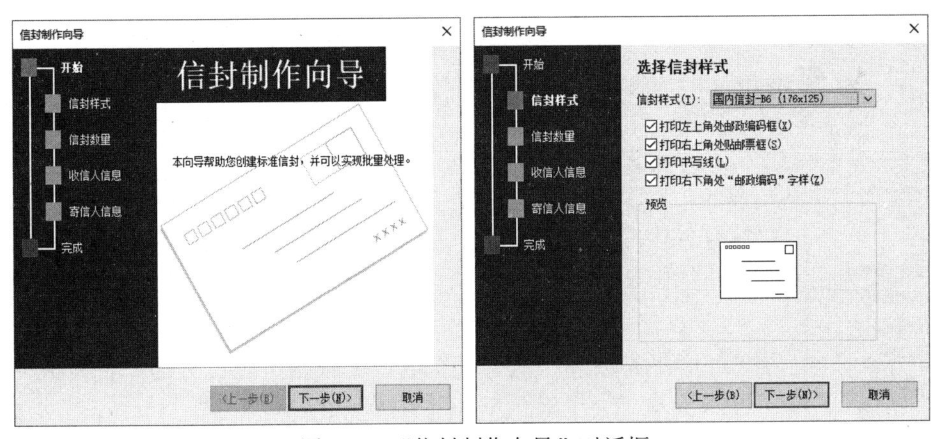

图 2-22　“信封制作向导”对话框

（3）在打开的对话框中选择“基于地址簿文件，生成批量信封”选项，然后单击“下一步”按钮。

（4）在打开的对话框中单击“选择地址簿”按钮，打开文件名为“2.1 邀请函数据源.xlsx”的 Excel 素材文件，并选择姓名、称谓、单位、地址和邮编在地址簿中的相应的字段信息，如图 2-23 左所示。单击“下一步”按钮。

（5）在打开的对话框中输入寄信人的姓名、单位、地址和邮编等信息，如图 2-23 右所示。单击“下一步”按钮。

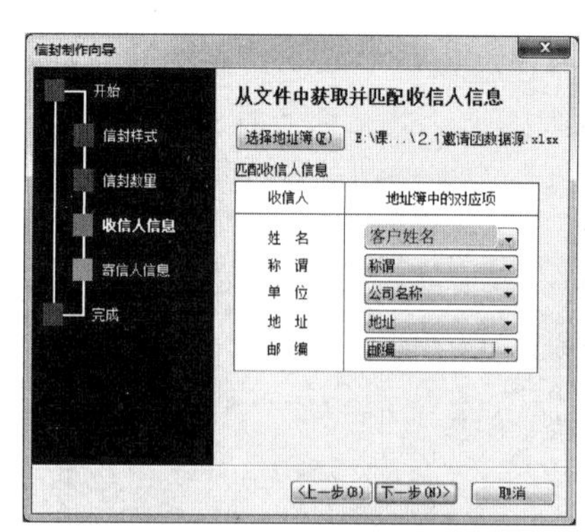

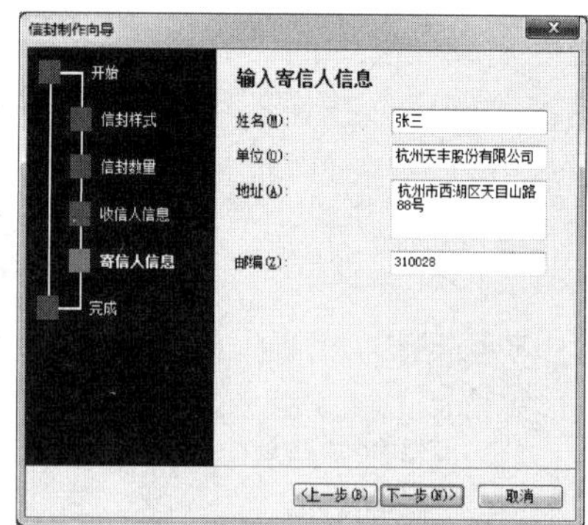

图 2-23　收件人与寄件人信封制作

（6）单击“完成”按钮完成信封的制作。最终批量信封的效果图如图 2-24 所示。

（7）如只需生成单个信封，则在第（3）步对话框中选择“键入收信人信息，生成单个信息”选项，通过自己输入收信人信息完成单个信封的制作。

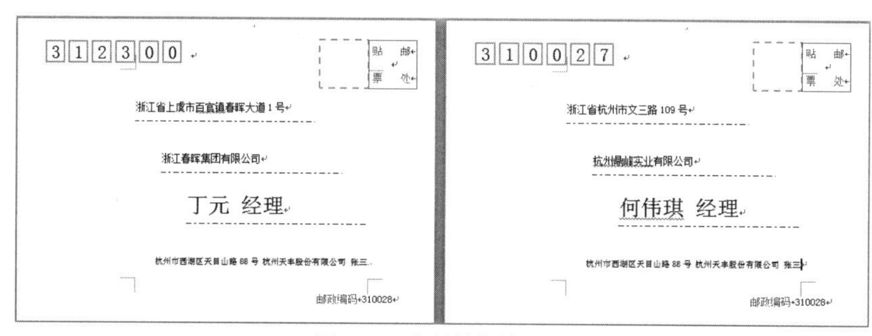

图 2-24　信封最终效果图

2.3.5　案例扩展——学生成绩单制作

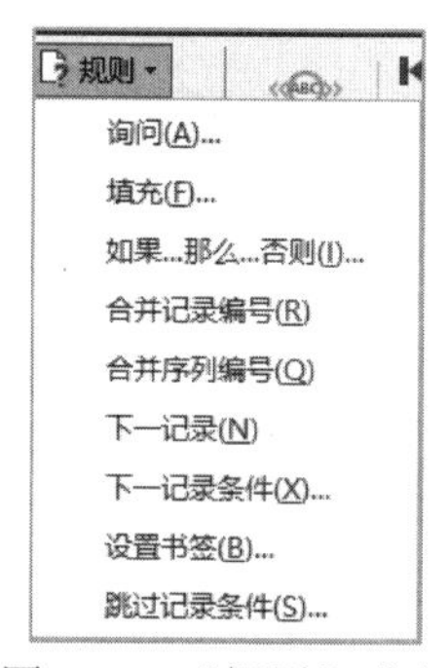

图 2-25　“规则”弹出菜单选项

除了邀请函以外，制作成绩单、工资表、奖状、通知等也是邮件合并中常见的应用类型。下面以期末考试成绩单的制作过程来介绍邮件合并中“规则”选项“如果…那么…否则…”和“下一记录”的使用，如图 2-25 所示。

1. 任务的提出

学期结束时，班主任徐老师要根据学生已有的“各科成绩”，给每位同学发一个“成绩单”。制作的成绩单满足两个条件：

（1）为了节约纸张，要求用 A4 纸每页打印两位学生的成绩单。

（2）在成绩单最后一行的“评语”中，要根据“总分”填写不同的内容：425 分及以上的，写“恭喜你！你的总分达到 425 分以上，将获得奖学金！”；如果总分在 425 分以下，则填写“未获得奖学金，请继续努力！”。

2. 成绩单制作

制作成绩单

步骤 1，建立主文档：在 Word 中编辑成绩单主文档，输入如图 2-26 所示文档内容，即成绩单中内容不变的部分，保存为文件“期末考试成绩单主文档.docx”。

期末考试成绩单

同学：

你好！现将 2012-2013 学年下学期的成绩反馈给你，请合理安排好假期学习时间，认真参加暑期社会实践。

新学期报到注册时间：**2013 年 8 月 31 日**，请务必准时返校！

2012-2013 学年 第 二 学期			
课程	课程性质	学分	成绩
高等数学	公共基础课	3	
大学物理	公共基础课	3	
大学英语	公共基础课	4	
政治经济学	公共基础课	2	
体育	公共基础课	2	
信息导论	专业选修课	2	
C 程序设计	专业基础课	3	
总分		班级排名	
评语			

图 2-26　期末考试成绩单主文档

步骤 2，准备数据源：新建 Excel 文档，手动输入如素材文件“期末考试成绩单数据源.xlsx”所提供的学生成绩记录，或者直接使用该文件作为数据源。

步骤 3，开始邮件合并：单击“邮件”选项卡→“开始邮件合并”按钮，在弹出的下拉菜单中选择“普通 Word 文档”命令。

步骤 4，导入数据源：单击“选择收件人”按钮，在弹出的下拉菜单中选择“使用现有列表”命令，弹出“使用现有列表”对话框。选择步骤 2 中新建的数据源文件“期末考试成绩单数据源.xlsx”，导入 Excel 表中的数据。

步骤 5，插入合并域：返回 Word 文档，将光标定位在第 2 行的最左侧，即“同学”的左侧，在“编写和插入域”组中单击“插入合并域”按钮，插入“姓名”域。同样地，插入各门课程的“成绩”域、“总分”域和“名次”域。

步骤 6，插入 Word 域 IF，即“规则”的选项菜单“如果…那么…否则…”：将光标插入点定位在“评语”右侧单元格中，单击“编写和插入域”组中的“规则”→“如果…那么…否则”按钮，在弹出的“插入 Word 域：如果”对话框中，设置如图 2-27 所示的参数，单击“确定”按钮。

步骤 7，每页上打印两位同学成绩单：如果此时合并文档，合并的文档默认每份成绩单占一页纸，没有满足徐老师节约纸张的需求。因此，要使用“规则”下的“下一记录”命令，继续完成主控文档的编辑。

具体操作方法：全选主控文档中的文本内容，复制（Ctrl+C）、粘贴（Ctrl+V），调整文字，使所有文字在一页内排版，将光标定位在两份成绩单文本的中间位置处，单击“规则”下的“下一记录”命令，编辑好的主文档如图 2-28 所示。

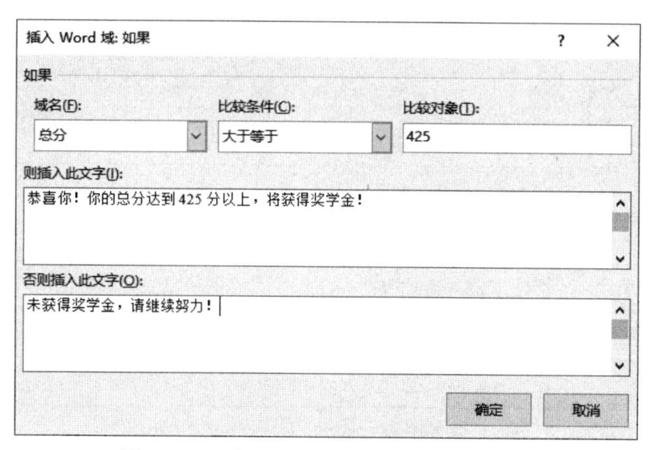

图 2-27 “插入 Word 域：如果”对话框

期末考试成绩单

«姓名»同学：你好！

现将 2012-2013 学年下学期的成绩反馈给你，请合理安排好假期学习时间，认真参加暑期社会实践。

新学期报到注册时间：**2013 年 8 月 31 日**，请务必准时返校！

2012-2013 学年 第 二 学期			
课程	课程性质	学分	成绩
高等数学	公共基础课	3	«高等数学»
大学物理	公共基础课	3	«大学物理»
大学英语	公共基础课	4	«大学英语»
政治经济学	公共基础课	2	«政治经济学»
体育	公共基础课	2	«体育»
信息导论	专业选修课	2	«信息导论»
C 程序设计	专业基础课	3	«C 程序设计»
总分	«总分»	班级排名	«名次»
评语	恭喜你！你的总分达到 425 分以上，将获得奖学金！		

«下一记录»

图 2-28 一页上生成两份成绩单“主文档”

步骤 8，完成并合并文档：单击“完成”组中的“完成并合并”按钮，在弹出的下拉菜单中选择“编辑单个文档”命令，弹出“合并到新文档”对话框。单击“全部”按钮完成，合成成绩单效果如图 2-29 所示。

如要通过电子邮件统一将各自的成绩单发送给各位考生，可以单击“完成”组中的“完成并合并”→“发送电子邮件”命令，在打开的“合并到电子邮件”对话框中，对“邮件选项”中的收件人进行选择。在本例中选择“期末考试成绩单数据源.xlsx”中的“邮箱”，填写邮件主题，如图 2-30 所示。选择“发送记录”的范围后单击“确定”按钮，这样我们就完成了对所有学生的成绩单生成和电子邮件的发送。

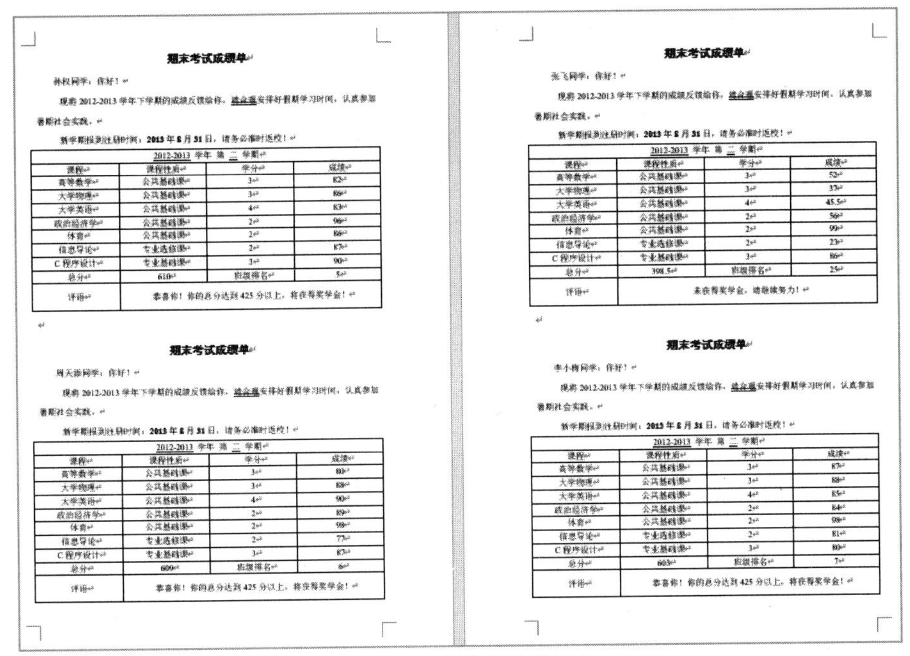

期末考试成绩单

孙权同学：你好！

现将 2012-2013 学年下学期的成绩反馈给你，请合理安排好假期学习时间，认真参加暑期社会实践。

新学期报到注册时间：**2013 年 8 月 31 日**，请务必准时返校！

2012-2013 学年 第 二 学期			
课程	课程性质	学分	成绩
高等数学	公共基础课	3	82
大学物理	公共基础课	3	86
大学英语	公共基础课	4	83
政治经济学	公共基础课	2	96
体育	公共基础课	2	86
信息导论	专业选修课	2	87
C 程序设计	专业基础课	3	90
总分	610	班级排名	5
评语	恭喜你！你的总分达到 425 分以上，将获得奖学金！		

期末考试成绩单

周天德同学：你好！

现将 2012-2013 学年下学期的成绩反馈给你，请合理安排好假期学习时间，认真参加暑期社会实践。

新学期报到注册时间：**2013 年 8 月 31 日**，请务必准时返校！

2012-2013 学年 第 二 学期			
课程	课程性质	学分	成绩
高等数学	公共基础课	3	80
大学物理	公共基础课	3	88
大学英语	公共基础课	4	90
政治经济学	公共基础课	2	89
体育	公共基础课	2	98
信息导论	专业选修课	2	77
C 程序设计	专业基础课	3	87
总分	609	班级排名	6
评语	恭喜你！你的总分达到 425 分以上，将获得奖学金！		

期末考试成绩单

张飞同学：你好！

现将 2012-2013 学年下学期的成绩反馈给你，请合理安排好假期学习时间，认真参加暑期社会实践。

新学期报到注册时间：**2013 年 8 月 31 日**，请务必准时返校！

2012-2013 学年 第 二 学期			
课程	课程性质	学分	成绩
高等数学	公共基础课	3	52
大学物理	公共基础课	3	37
大学英语	公共基础课	4	45.5
政治经济学	公共基础课	2	56
体育	公共基础课	2	99
信息导论	专业选修课	2	23
C 程序设计	专业基础课	3	86
总分	398.5	班级排名	25
评语	未获得奖学金，请继续努力！		

期末考试成绩单

李小梅同学：你好！

现将 2012-2013 学年下学期的成绩反馈给你，请合理安排好假期学习时间，认真参加暑期社会实践。

新学期报到注册时间：**2013 年 8 月 31 日**，请务必准时返校！

2012-2013 学年 第 二 学期			
课程	课程性质	学分	成绩
高等数学	公共基础课	3	87
大学物理	公共基础课	3	88
大学英语	公共基础课	4	85
政治经济学	公共基础课	2	84
体育	公共基础课	2	98
信息导论	专业选修课	2	81
C 程序设计	专业基础课	3	80
总分	603	班级排名	7
评语	恭喜你！你的总分达到 425 分以上，将获得奖学金！		

图 2-29　成绩单效果图

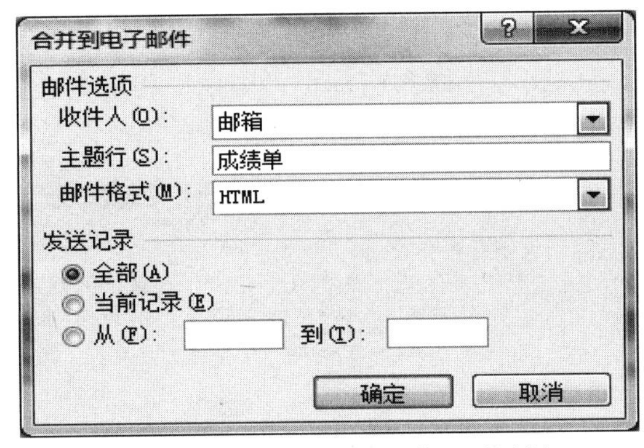

图 2-30　“合并到电子邮件”对话框

2.4　索引

课件

索引可以列出一篇文章中重要关键词或主题的所在位置（页码），以便快速检索查询，常见于一些书籍和大型文档中。在 Word 中创建索引后，可以使阅读者更加快速有效地了解你的文档内容。在实际应用中，索引通常会与文档排版结合使用。

2.4.1　什么是索引

什么是索引

当翻阅一本图书时，我们首先会去查看书的目录。索引和目录是不同的，我们所熟知的目录，一般的书、报告、文章都会有，放置在正文之前。它的作用是展示书籍、文章的结构，并指示了各章节的页码，以便读者可以快速地找到相应章节。而索引，是以关键词为检索对象的列表，通常位于文章封底页之前，它的作用是展示书中一系列的关键字、关键词，并指示关键字、关键词所在页码，以便读者快速地获得该关键字、关键词的相关信息。因此，索引是根据一定需要，把书刊中的主要概念或各种题名摘录下来，标明出处、页码，按一定次序分条排列，以供人查阅的资料。在我们使用过的中学数理化课本中，最后通常都有索引，列出了重要的概念、定义、定理等，方便学生快速查找这些关键词的详细信息。设计科学编辑合理的索引不但可以使阅读者倍感方便，而且也是图书质量的重要标志之一。

2.4.2 如何创建索引

创建 Word 索引，需要两个步骤，首先要标记索引项，其次是生成索引目录。

（1）标记索引项。要编制索引，首先应该标记文档中的概念名词、短语和符号之类的关键词，称为索引项。标记索引项有手动标记和自动标记两种方式。

- 手动标记。如图 2-31 所示，以标记文中的“木材缺陷”为例，先选定“木材缺陷”文本内容，单击“引用”选项卡→“索引”组中的“标记条目”按钮，打开“标记索引项”对话框。其中“主索引项”是必需的，“次索引项”不是必需的，根据需要而定。单击“标记”按钮，这时在原文中的“木材缺陷”后面会出现“{·XE·"木材缺陷"·}”的标记。单击“开始”选项卡中的“显示/隐藏编辑标记”按钮，可把这一标记显示或隐藏出来。如果希望把文档中所有出现的“木材缺陷”文本都做索引标记，则在“标记索引项”对话框中，单击“标记全部”按钮，这样文档中凡出现“木材缺陷”的文本都会被标记出来。

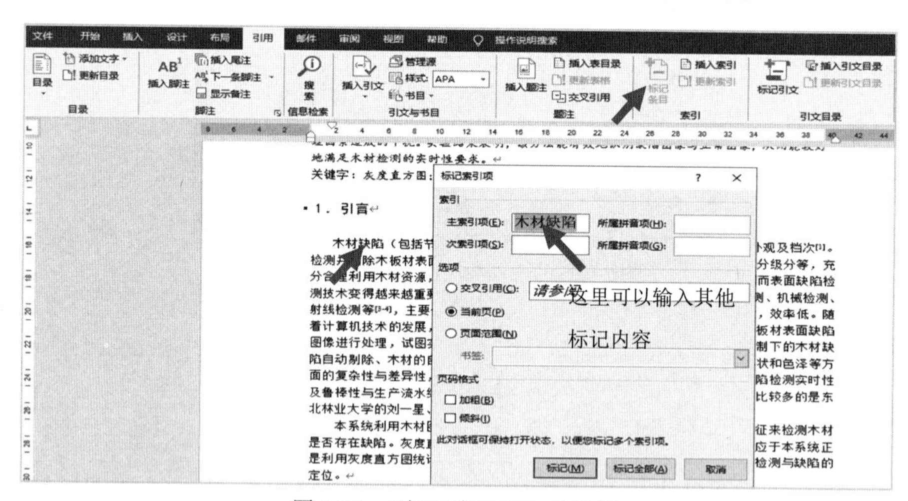

图 2-31 “标记索引项”对话框

手动标记的优点是标记精确、比较灵活，但标记工作量很大时，这是个苦差事。

- 自动标记。手动标记索引项是非常耗时的，所以 Word 提供了自动标记索引项的功能。在自动标记前，需要准备一个索引项记录表，记录表以 Word 文档格式存在，文档内容是一个 n 行 2 列表格，n 是要标记的索引项数，若有 3 个索引项进行标记，则是一个 3 行 2 列的表格。表格第一列放置要标记的索引项目，必须是正文中含有的词汇，用于搜索正文，添加索引标志；第二列放置主索引项和次索引项，格式为“主索引项:次索引项:次索引项:次索引项”，主索引项是必需的，次索引项是可选的，其数量由需求决定。

若需要标记的索引项为“灰度直方图”“表面缺陷”两个索引项目，对应的主索引项分别为“Grey Histogram”“Surface defect”，则索引项记录表文档如图 2-32 所示。

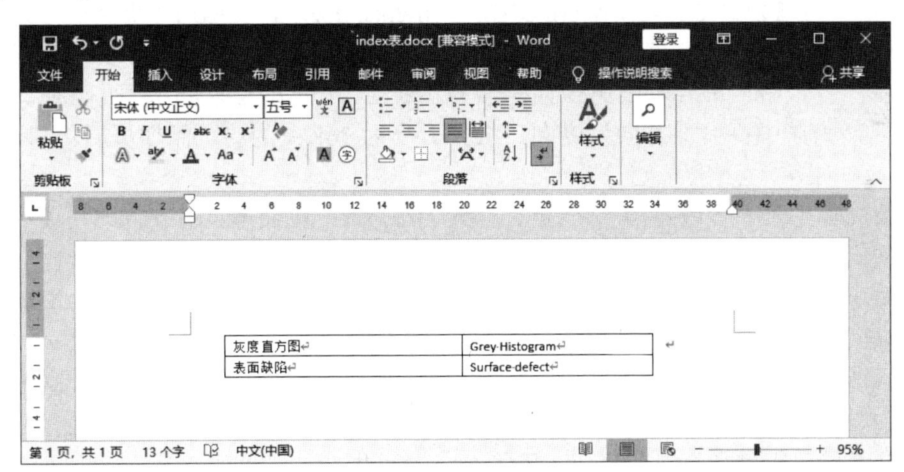

图 2-32　索引项记录表

自动标记索引项的关键就是制作索引项记录表，虽然办公效率提高了，但也有缺点，即标题或摘要中的索引项都要标记出来，同时也并不是文档中的所有位置的信息都可标记到的，如当同一个段落中出现多个相同内容时只会标记第一个出现的词条，而文本框中的信息、页眉和页脚处的信息等不会被标记。

（2）生成索引目录。当做好索引标记之后，就可以生成索引目录了。具体操作如下：将光标插入点定位在文档末，单击“引用”选项卡→“索引”组中的“插入索引”按钮，打开“索引”对话框，如图 2-33 所示。选中“索引”选项卡，勾选“页码右对齐”复选框，单击“确定”按钮关闭对话框，这时生成的索引目录如下：

Grey Histogram........................ 1, 2, 3, 4, 5, 7　　Surface defect.. 1, 7

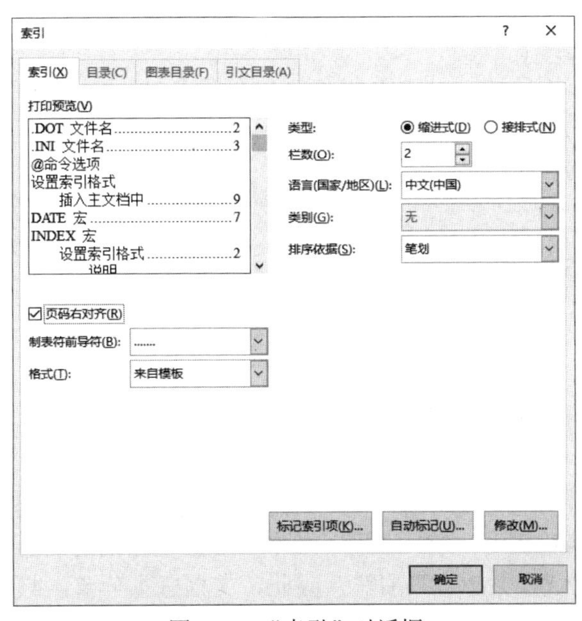

图 2-33　“索引”对话框

2.4.3 案例制作——创建索引

索引案例

【例 2-3】 创建 Word 文档“Province.docx”，文档由 4 页组成，为简化目标内容使其清晰可读，文档内容仅列出关键索引项文本，具体要求如下：

（1）第一页中第一行内容为“浙江”，样式为标题 1；页面垂直对齐方式为居中；页面方向为纵向，纸张大小为 16K；为该页添加页眉“浙江”，居中对齐。

（2）第二页中第一行内容为“江苏”，样式为标题 2；页面垂直对齐方式为顶端对齐；页面方向为横向，纸张大小为 A4；为该页面添加行号，起始编号为 1。

（3）第三页中第一行内容为“浙江”，样式为标题 3，页面垂直对齐方式为底端对齐；页面方向为纵向，纸张大小为 B5（JIS）。

（4）第四页中第一行内容为“索引目录”，样式为正文，页面垂直对齐方式为顶端对齐；页面方向为纵向，纸张大小为 A4。

（5）在文档页脚处插入“第 X 页 共 Y 页”形式的页码，其中，X 为当前页，Y 为总页数，居中显示。

（6）使用自动索引方式，建立索引自动标记文件“Index.docx”，其中，标记为索引项的文字 1 为“浙江”，主索引项 1 为“Zhejiang”；标记为索引项的文字 2 为“江苏”，主索引项 2 为“Jiangsu”。使用自动标记文件，在 Province 文档第 4 页第 2 行中创建索引目录。

文档效果如图 2-34 和图 2-35 所示。

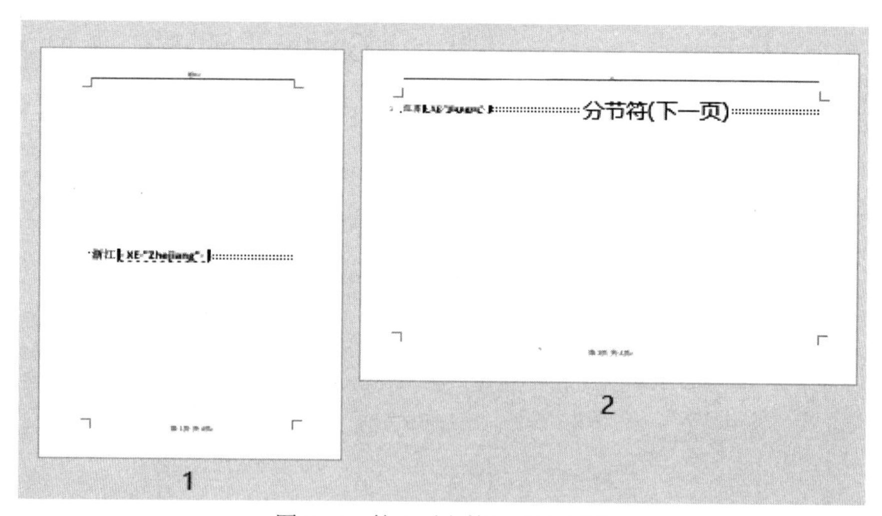

图 2-34 第 1 页和第 2 页效果图

问题分析：

- 通过对问题要求的分析，可以将其分解为两个方面，其中要求（1）～（5）主要考察文档页面排版的各项内容，包括页面布局、页眉和页脚、样式与节，这是前面所学知识的运用；要求（6）是针对本章内容的，关于标记索引项和索引目录的创建。
- Word 将整篇文档默认为一节，在同一节中只能设置相同的版面设计。案例中要求各页的页面布局不一样，如纸张大小、页眉等，因此，文档必须分节，4 个页面置于不同的节中才能实现。

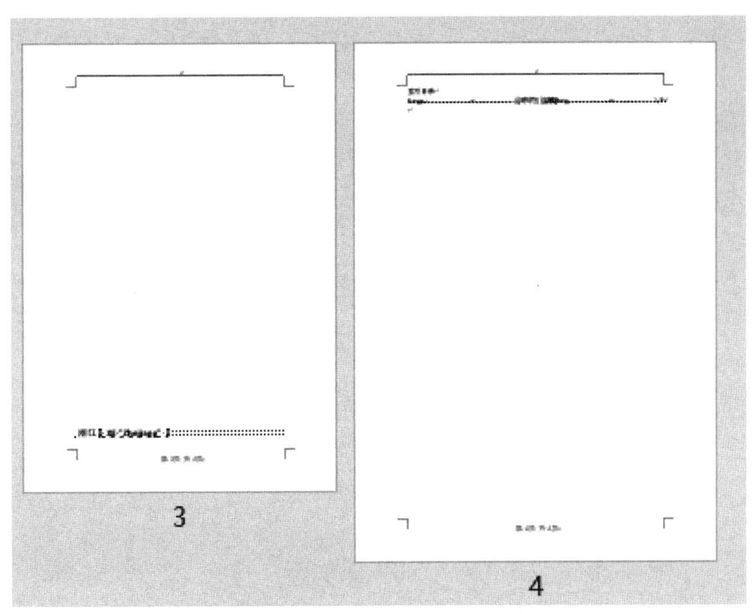

图 2-35　第 3 页和第 4 页效果图

● 要求（6）中的自动索引方式，并不是自动创建索引，而是自动标记索引项，Index.docx 文档用于存放索引项记录表。

【案例制作】

下面详细介绍本案例的制作过程。

第（1）题：

步骤 1，新建文档“Province.docx”，并保存。

步骤 2，添加文档页数，并分节：单击“布局”选项卡→“页面设置”组中的“分隔符”→“分节符”→“下一页”，执行本操作 3 次，为文档添加 3 页，同时实现了文档的分节。此时，可以单击“开始”选项卡→“段落”组中的“显示/隐藏编辑标记”按钮，查看文档的分节情况，可以看到文档前 3 页上都有个“::::::::::分节符(下一页)::::::::::”编辑标记，表示文档分成了 4 节。

步骤 3，设置第 1 页内容：将光标插入点定位在第 1 页“::::::::::分节符(下一页)::::::::::”前，输入文字“浙江”，为其设置“标题 1”样式。标题 1 样式，可以通过单击“开始”选项卡→“样式”组中的“标题 1”进行设置。

步骤 4，设置第 1 页页面布局：单击“布局”选项卡→“页面设置”组右下角的对话框启动器，打开“页面设置”对话框。在“页边距”“纸张”“布局”选项卡中分别设置当前页的纸张方向、纸张大小和垂直对齐方式，注意设置这些页面布局属性时，务必将应用范围设置为“本节”。当然，纸张方向和纸张大小也可以通过单击“页面设置”组中的“纸张方向”“纸张大小”按钮来设置。

步骤 5，创建第 1 页页眉：单击“插入”选项卡→“页眉和页脚”组中的“页眉”→“编辑页眉”命令，进入页眉编辑状态。将光标插入点定位在第一页页眉编辑区中，输入“浙江”，设置格式为居中。移动光标插入点到第 2 页中，可以看到第 2 页中同样出现“浙江”字样的页眉。但题中只要求第 1 页有页眉，因此，需要删除其他页的页眉设置，单击“页眉和页脚工具-设计”选项卡→“导航”组中的“链接到前一节”按钮，然后删除“浙江”；再单击“页眉和页脚工具-设计”选项卡→“关闭”组中的“关闭页眉和页脚”按钮，退出“页眉和页脚”编辑状态。

第（2）题：

步骤 1，设置第 2 页内容：将光标插入点定位在第 2 页“::::::::::分节符(下一页)::::::::”前，输入文字“江苏”，为其设置“标题 2”样式。默认情况下，“开始”选项卡的“样式”组中没有列出标题 2 样式，可以使用 Ctrl+Alt+2 快捷键来设置标题 2 样式，或者单击“样式”组右下角的对话框启动器，打开“样式”对话框，如图 2-36 所示。单击“选项...”按钮，打开“样式窗格选项”对话框。在“选择要显示的样式”下列列表中选择“全部样式”，返回“样式”对话框后即可找到标题 2 样式。

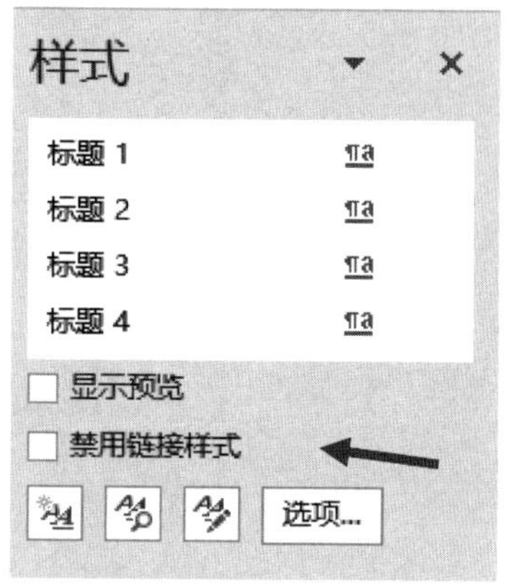

图 2-36 “样式”对话框

步骤 2，第 2 页页面布局与行号的设置：页面布局设置方法与第（1）题中的步骤 4 相同，其中行号的设置如下。单击“布局”选项卡→“页面设置”组中的“行号”→“连续”命令或“每页重编行号”或“每节重编行号”命令来添加行号。对行号的属性进行详细设置，可以单击“行编号选项...”命令，打开“页面设置”对话框，在“布局”选项卡中单击“行号”按钮，打开“行号”对话框，进行设置，如图 2-37 所示。

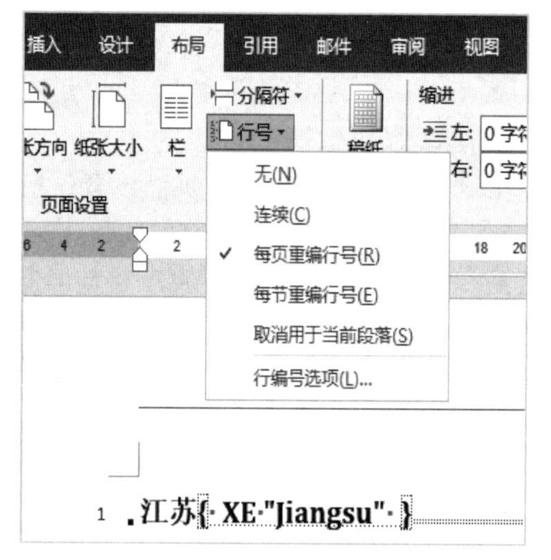

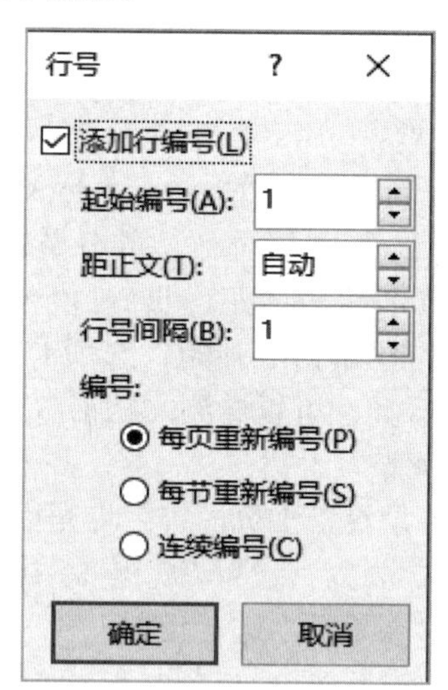

图 2-37 添加行号

第（3）题和第（4）题：

设置方法参考第（1）题和第（2）题，在此不再赘述。

第（5）题：

步骤 1，进入“页眉和页脚”编辑状态：鼠标在页面底端双击，或者单击“插入”选项卡→“页眉页脚”组中的“页脚”→“编辑页脚”命令，文档进入“页眉和页脚”编辑状态。

步骤 2，将光标插入点定位在页脚编辑区中，输入文字“第页 共页”，再将光标插入点依次定位在“第”“共”后面，分别插入 Page 域、NumPages 域，自动生成每页的编号与文档总页数，设置居中对齐。

步骤 3，退出“页眉和页脚”编辑状态：单击“页眉和页脚工具-设计”选项卡→“关闭”组中的“关闭页眉和页脚”按钮。

第（6）题：

步骤 1，创建 Word 文档：新建 Word 文档，以文件名“Index.docx”保存。

步骤 2，创建索引记录表：在文档“Index.docx”中插入 2 行 2 列的表格，输入表格内容，如表 2-2 所示，保存文件。此时，可以关闭“Index.docx”文档。

表 2-2　索引记录表

浙江	Zhejiang
江苏	Jiangsu

步骤 3，标记索引项：返回至“Province.docx”文档，单击“引用”选项卡→“索引”组中的“插入索引”按钮，打开“索引”对话框。单击“自动标记…”按钮，打开“打开索引自动标记文件”对话框，在“文件名”文本框中选择“Index.docx”文件，单击“打开”按钮，关闭对话框。此时，文档中“浙江”“江苏”文字右边分别出现索引的标记{XE"Zhejiang"}、{XE"JiangSu"}等域代码，表示索引项标记成功。

步骤 4，创建索引目录：将光标插入点定位在第 4 页第 1 行中，输入文字“索引目录”，回车确认，再将光标插入点定位在第 2 行中，单击“引用”选项卡→“索引”组中的“插入索引”按钮，打开“索引”对话框。勾选“页码右对齐”复选框，单击“确定”按钮，即可完成索引目录的创建，如图 2-38 所示。

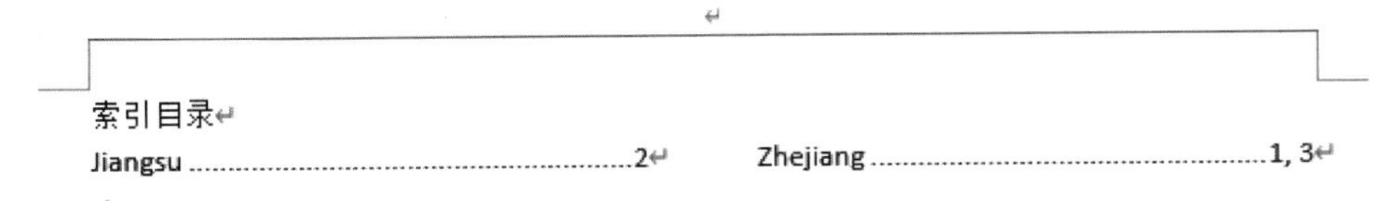

图 2-38　索引目录

2.5　Word 模板文件

课件

2.5.1　什么是模板

模板文件

Word 模板是指 Microsoft Word 中内置的包含固定格式设置和版式设置的模板文件。Word 模板在办公中对我们有着非常大的作用和帮助，用于帮助我们快速生成特定类型的 Word 文档。通常 Microsoft Word 文档都是以模板为基础的。我们使用鼠标右键弹出菜单来新建 Word 文档，如图 2-39 所示，事实上是以默认的“空白文档”模板创建的，“空白文档”模板的文件名为“Normal.dotx”。模板决定文档的基本结构和文档设置，模板是一个预设固定格式的文档。模板的作用是保证同一类文体风格的整体一致性。使用模板，能够在生成新文档时，包含某些特定元素或格式，根据实际需要建立个性化的新文档，可以省时、省力地建立用户所需要的具有一定专业水平的文档。

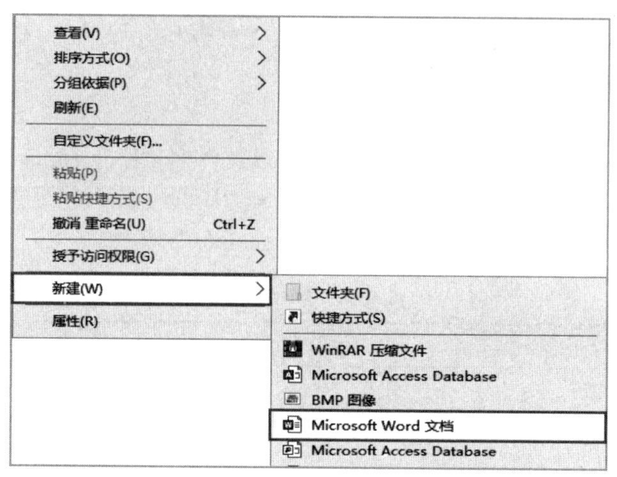

图 2-39　使用鼠标右键弹出菜单新建 Word 文档

Word 2019 自带本地模板“空白文档”和“书法字帖”，我们可以基于这些模板文件新建 Word 文件。当然，用户也可以创建自定义模板文件，例如，要生成某单位的公文文档，可以先使用自动向导功能生成基本的公文文档，再根据用户所在单位的格式要求修改，最后形成公文模板，以供日后使用。

2.5.2　Normal.dotx 模板

Word 模板文件的扩展名是.dotx，Normal.dotx 模板是默认使用的通用型的普通文档模板，该文件在本机上的存储路径通常为“C:\Documents and Settings\用户名\Application Data\Microsoft\Templates”，打开 Word 软件环境，选择“文件”菜单下的“新建”命令，弹出“新建”对话框，如图 2-40 所示，选择“空白文档”，新建的 Word 文档即是基于默认的 Normal.dotx 模板创建的。若新建模板文件，保存时不能与 Normal.dotx 同名，否则会将其替换。

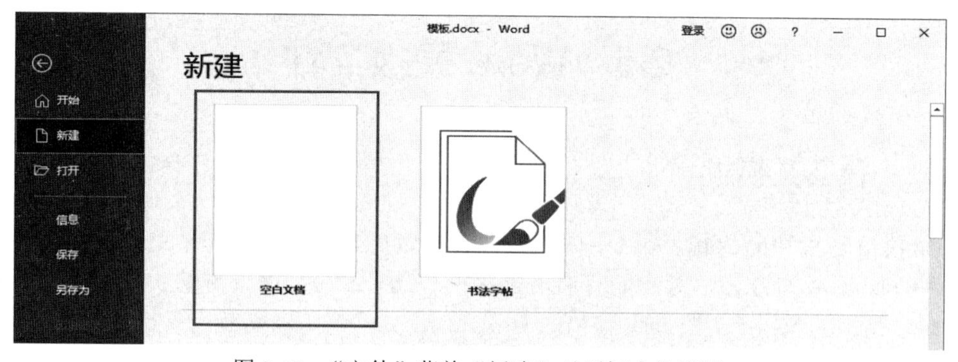

图 2-40　“文件”菜单“新建”对话框本机模板

2.5.3　使用联机模板创建模板文件

模板文件的制作通常有两种方式，一种是利用 Word 本机上模板或微软 office.com 的联机模板创建模板文件，根据需要可以做适当修改；另一种是将编辑好的 Word 文档另存为模板文件，今后需要编辑类似的文档时只要双击打开模板文件，进行编辑就可以了。

使用微软 office.com 的联机模板，可以快速轻松地创建模板文件。打开 Word 软件，单击“文件”选项卡→“新建”，联机模板列表如图 2-41 所示，若选择列表中的“新式时序型简历”，如图 2-42 所示，单击“创建”按钮，即下载了该模板到本机上，同时新建了一个基于“新式时序型简历”模板的 Word 文档，在信息提示占位符中输入相关信息，保存为 docx 文档，即完成简历文件的制作；若要保存为模板文件，供日后编辑同类文件使用，则单击“文件”菜单→“另存为”命令，打开“另存为”对话框，如图 2-43 所示，设置“保存类型”为“Word 模板（*.dotx）”，输入文件名，单击“保存”按钮，“简历模板.dotx”文件即已创建好。

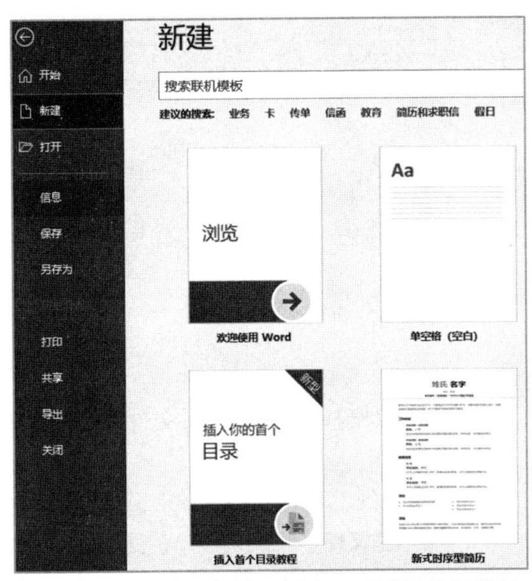

图 2-41　“文件”菜单“新建”对话框联机模板

图 2-42　下载联机模板

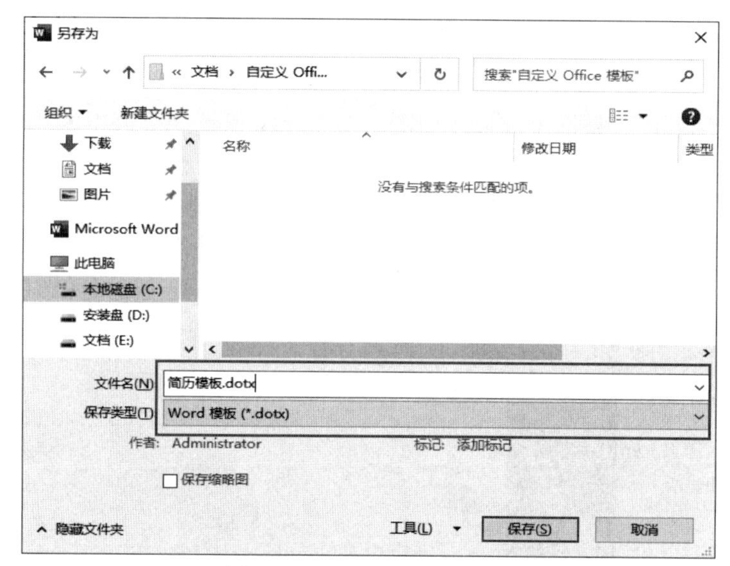

图 2-43 “另存为”对话框

2.5.4 案例制作——红头文件模板制作

【案例要求】

（1）制作如图 2-44 所示红头文件模板文件“红头文件模板.dotx”，其中页面元素如表 2-3 所示。

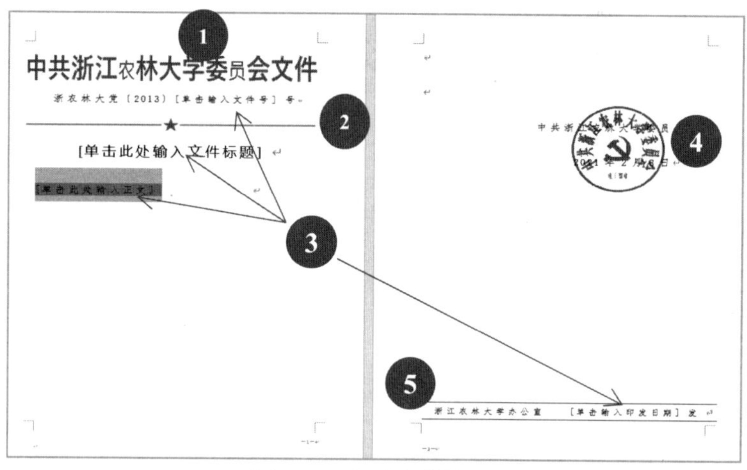

图 2-44 红头文件模板

表 2-3 页面元素

编号	对象	操作	备注
①	艺术字	插入艺术字	各元素对象格式根据需要自行设计
②	形状	插入两条红色直线和一个红色五角星	
③	信息提示宏按钮	插入域 MacoButton	
④	图片	插入印章图片	
⑤	表格	插入只有一行的表格	

（2）基于“红头文件模板.dotx”模板文件拟稿发文文件，将文件保存为“浙农林大党 3 号文件.docx”，如图 2-45 所示。

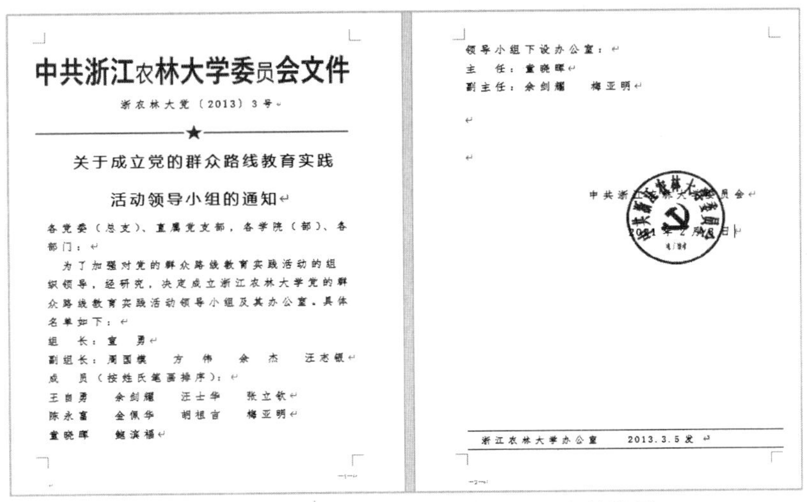

中共浙江农林大学委员会文件

浙农林大党〔2013〕3 号

★

关于成立党的群众路线教育实践

活动领导小组的通知

各党委（总支）、直属党支部，各学院（部）、各部门：

为了加强对党的群众路线教育实践活动的组织领导，经研究，决定成立浙江农林大学党的群众路线教育实践活动领导小组及其办公室。具体名单如下：

组　长：宣　勇

副组长：周国模　方　伟　余　杰　汪志银

成　员（按姓氏笔画排序）：

王自勇　余剑耀　汪士华　张立钦

陈永富　金佩华　胡祖吉　梅亚明

童晓晖　鲍滨福

领导小组下设办公室：

主　任：童晓晖

副主任：余剑耀　梅亚明

浙江农林大学办公室　2013.3.5 发

图 2-45　“浙农林大党 3 号文件.docx”文件效果

【分析】

红头文件从字面理解是带红头和红色印章的文件，既包括行政机关直接针对特定公民和组织而制发的文件，也包括行政机关不直接针对特定公民和组织而制发的文件，以及行政机关内部因明确一些工作事项而制发的文件。红头文件是正式和规范性较强的文件，通常标题、正文格式都有具体的要求，本案例的重点是通过模仿红头文件的制作来理解模板文件的概念与应用，因此，各元素对象格式根据自己的需要进行设计，不做具体要求，可以参考案例制作中的参数设置。

红头文件制作

【案例制作】

第（1）题：模板文件制作

步骤 1，新建 Word 文档：打开 Word 软件，新建空白文档。

步骤 2，页面设置：单击“布局”选项卡→“页面设置”组中的“页边距”按钮，设置上下左右页边距分别为 3.5 厘米、3.5 厘米、2.7 厘米和 2.7 厘米。单击“插入”选项卡→“页眉和页脚”组中的“页眉”→“编辑页眉”命令，在“页眉和页脚工具—设计”选项卡中勾选“奇偶页不同”复选框，单击“关闭页眉和页脚”按钮，退出页眉和页脚编辑状态。单击“布局”选项卡→“页面设置”组右下角对话框启动器，弹出“页面设置”对话框。单击“文档网格”选项卡，设置中文字体为“仿宋”“三号”，选中“指定行和字符网格”复选框，将每行设置成 28 个字符；每页设置成 22 行。

步骤 3，插入页码：单击“插入”选项卡→“页眉和页脚”组中的“页码”→“设置页码格式”命令，打开“页码格式”对话框，设计页码格式为列表中的第 2 种形式，如图 2-46 所示。

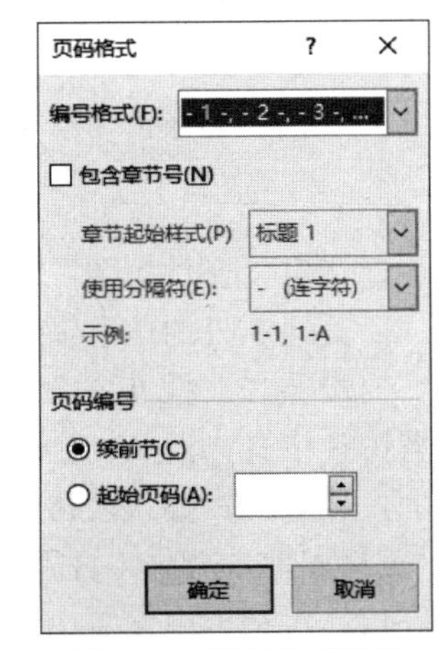

图 2-46　页码格式设置

步骤 4，红头制作：插入艺术字“中共浙江农林大学委员会文件”，并设置艺术字的填充颜色为红色，艺术字形状为纯文本形式。

输入“浙农林大党〔2013〕号”文字，设置字体为仿宋，字号为三号。

步骤 5，红线制作：单击“插入”选项卡→“插图”组中的“形状”中的直线工具，光标会变成“十”字形，拖动鼠标从左到右画一条水平线，绘制出左半边的红线，如图 2-47 所示，然后选中直线，单击鼠标右键，在弹出的快捷菜单中选择“设置形状格式”命令，设置线条参数为红色、实线，粗线设置为 2.25 磅。复制红线并粘贴，绘制一个红色五角星，调整红线与红色五角星的位置，如图 2-47 所示。同时选定红线与红色五角星，单击“图片工具—格式”选项卡→“排列”组中的“组合对象”按钮。

图 2-47　绘制形状

步骤 6，插入信息提示占位符：文档中有 4 处带有宏按钮的信息提示，包括文件号、文件标题、正文、发文日期，下面以“文件标题”信息提示为例讲解插入方法。

单击“插入”选项卡→“文本”组中的“文档部件”→“域”命令，打开“域”对话框。设置“类别”为“文档自动化”，“域名”为“MacroButton”，域属性下“显示文字”文本框中输入“[单击此处输入文件标题]”，“宏名”列表中选择“AcceptAllChangesInDoc”，如图 2-48 所示，单击“确定”按钮关闭对话框。

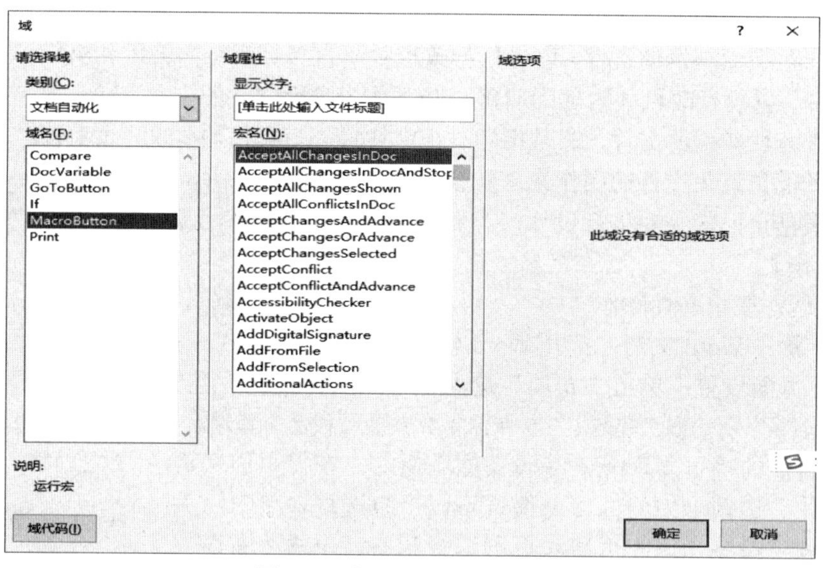

图 2-48　插入 MacroButton 域

选定“文件标题”信息提示占位符，设置字体格式为微软雅黑、二号。

其他 3 处的信息输入提示占位符插入方法不再赘述。

步骤 7，插入公章：在公文下方的“中共浙江农林大学委员会”上插入公章图片，并设置图片格式为浮于文字上方。

步骤 8，插入表格：插入只有一行的表格，并单击鼠标右键，在弹出的快捷菜单中选择“表格属性”命令，打开“表格属性”对话框。单击“边框和底纹”按钮，在打开的“边框和底纹”对话框中设置上框线和下框线为实线，左、右框线为无框线，同时输入文字内容“浙江农林大学办公室　发”。

步骤 9，保存模板：将该文档另存为 Word 模板（*.dotx）文件，单击“文件”菜单→“另存为”命令，打开“另存为”对话框，选择“保存类型”为“Word 模板(*.dotx)”，输入文件名“红头文件模板”，单击“保存”按钮。

第（2）题：

步骤 1，基于“红头文件模板.dotx”新建文档：打开“红头文件模板.dotx”文件所在路径，鼠标双击文件图标，即基于该模板新建 Word“文档 1”。

步骤 2，输入发文内容：在“文档 1”信息提示点位符处输入文件号、文件标题、正文、发文日期。

步骤 3，保存文件：单击窗口左上角快捷保存图标按钮，保存文件名为“浙农林大党 3 号文件.docx”。

课件

2.6　文档审阅

Word 作为一款字处理软件，其功能不仅仅只是输入文字和对文字进行编辑，还提供了许多实用的功能。如图 2-49 所示，Word 的“审阅”选项卡有中文简繁转换、字数统计、比较和修订等诸多功能。这些功能的使用虽然不是很频繁，但给使用者带来十分的便利，能够满足不同领域的高效办公需求。

图 2-49　“审阅”选项卡

2.6.1　文档的校对与多语言处理

Word 提供了拼写检查和语法检查功能，对于经常需要输入英文的用户，该功能能够帮助用户检查文档的拼写和语法错误。

校对与翻译

1. 语法和拼写检查

默认情况下，Word 是开启了英文语法和拼写检查功能的，使用该功能能够快速发现可能的输入错误并快速进行修改。当文档中输入的英文单词或词组可能存在错误时，就会在其下方添加红色波浪线进行提示，如果是语法错误，则会出现蓝色的双线提示。在进行了提示的单词上右击，在弹出的快捷菜单中将列出正确的单词，如图 2-50 所示。

2. 语言校对功能设置

有时候，Word 的检查和校对功能会过于“自作主张”，文档中的出错标志使得文档看起来有些乱，此时可以将该功能停用，让文档恢复整洁。另外，在默认情况下，Word 只对英文和中文拼写进行校对，用户可以根据实际情况添加对其他语言的校对，以满足特殊语言文本输入的需要。

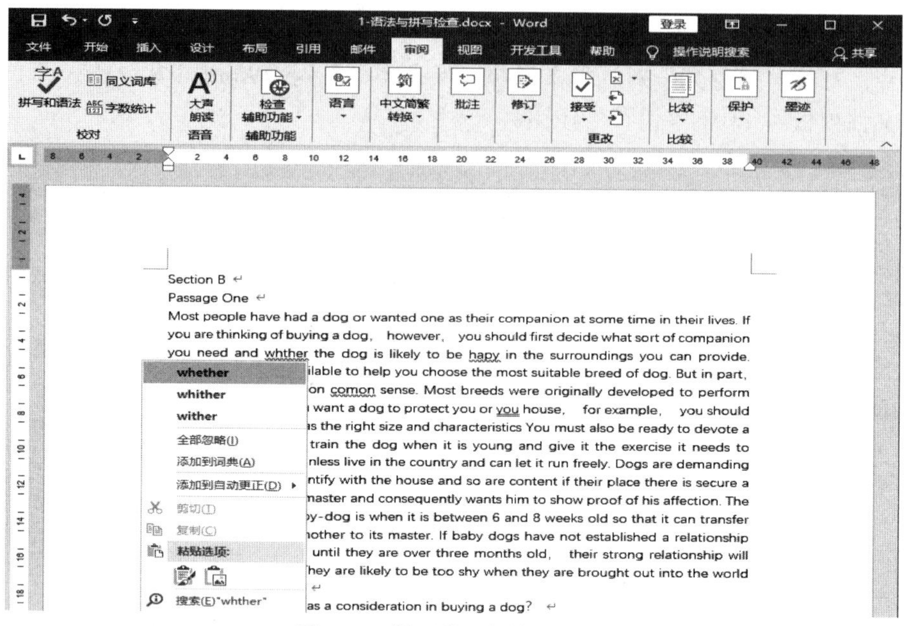

图 2-50 提示错误与快捷菜单

（1）关闭文档的校对功能设置。单击菜单“文件”→“选项”命令，打开“Word 选项”对话框，单击“校对”选项，在右侧的“在 Word 中更正拼写和语法时”栏中取消对所有复选框的勾选，如图 2-51 所示，单击“确定”按钮关闭对话框。再次打开原来有错误提示的 Word 文档，错误标志不再显示了。

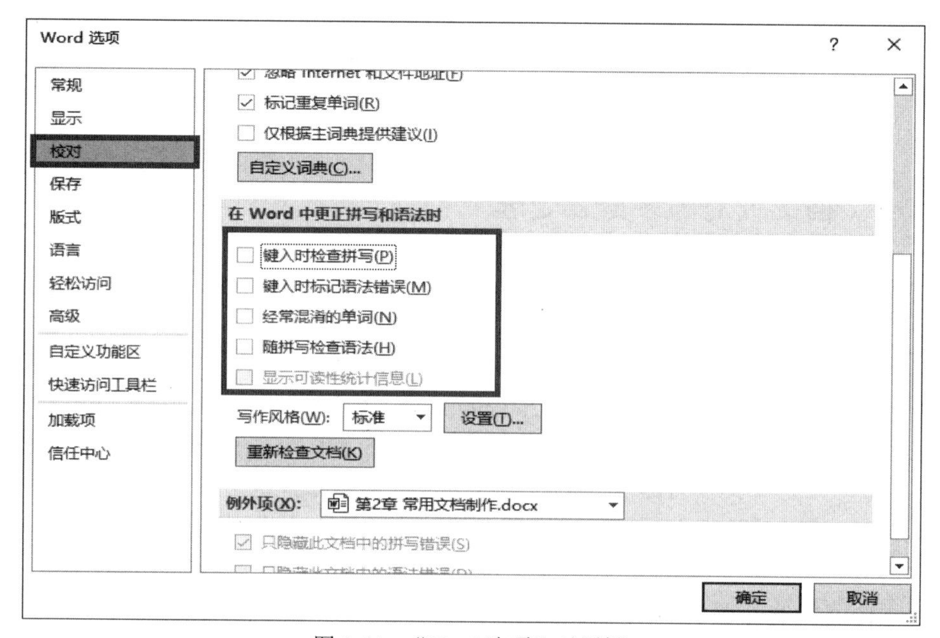

图 2-51 “Word 选项”对话框

（2）添加校对语言工具。单击菜单“文件”→“选项”命令，打开“Word 选项”对话框，单击“语言”选项，在右侧会显示已安装的校对语言工具，如图 2-52 所示。若需添加其他校对语言工具，可以单击“添加语言”按钮，在打开的对话框中选择要添加的选项即可。

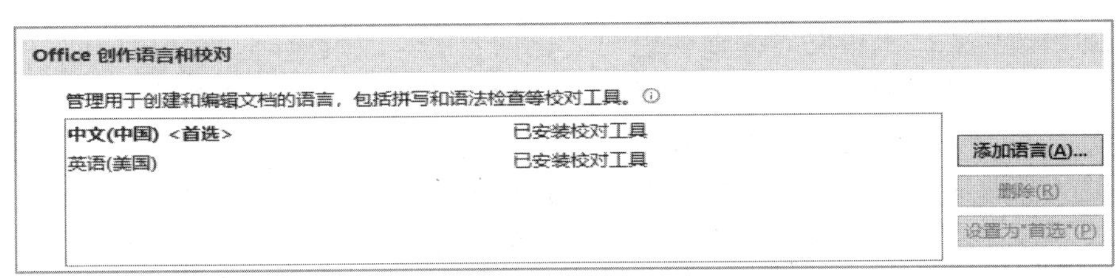

图 2-52　添加校对语言

3. 实现中英文互译

Word 不仅仅可以对文字进行处理，还可以当字典使用，帮助我们在没有安装翻译软件的情况下，读懂英文的意思。在使用 Word 阅读英文文档时，遇到不认识的单词，Word 2019 提供了字典功能，用户并不需要使用专门的翻译软件，可以在 Word 中直接对不认识的单词进行查询，其使用方法如下：选定需要查询的单词，单击“审阅”选项卡→“语言”组中的“翻译”→“翻译所选内容”命令，这时，文档窗口右边弹出“翻译工具”窗格，选择要翻译的目标语言，窗格中就会显示翻译结果及解释，如图 2-53 所示，若要翻译整篇文档，选择“翻译文档”命令，则会自动新建翻译好的目标文档。

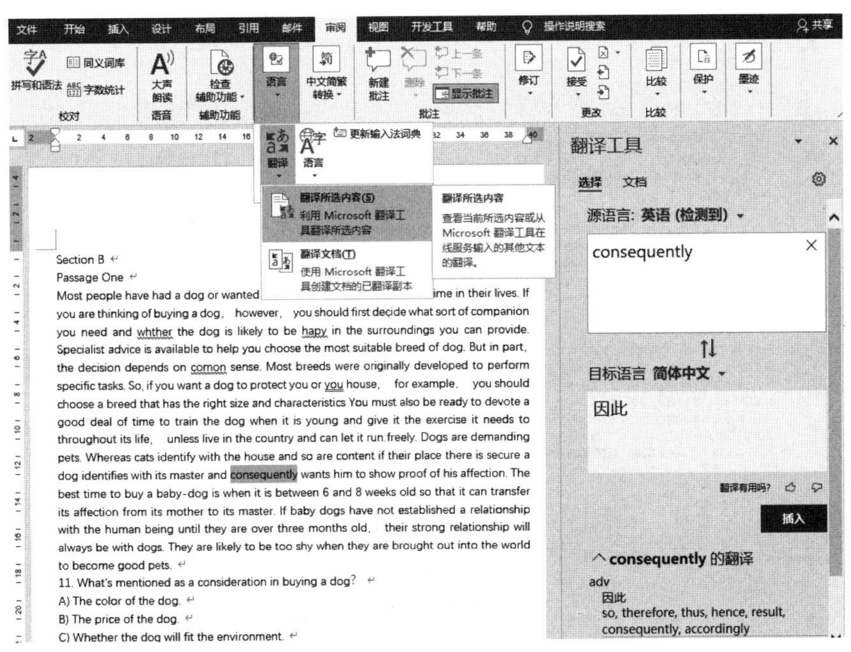

图 2-53　翻译选定的单词

2.6.2　文档的修订和批注

一般工作性文档或论文，往往创作者不会只是写给自己看的，需要团队中其他成员或者领导看后，发现文档中的问题，提出修改的建议，这就需要在文档中进行批注或对错误进行修订。Word 的修订和批注功能，能够让用户方便地进行相关操作，使协作办公变得更加方便、快捷、高效。

审阅与修订

1. 文档修订

修订是指审阅者根据自己的理解对文档所做的各种修改。Word 具有文档修订功能，可以记录文档的修改信息。当审阅者需要保留对文档内容的修改痕迹时，可以打开文档的修订功能。此时，Word 会自动跟踪操作者对文档文本和格式的修改，并给以标记。下面介绍在文档中进行修订并对修订样式进行设置的方法。

（1）进入修订状态。对修改做跟踪标记是针对审阅者的操作，便于文档作者能够一目了然地知道文档被做了什么修改。因此，审阅者修改前要使文档进入修订状态。具体方法如下：将光标插入点定位到需要修订的位置，单击“审阅”选项卡→“修订”→“所有标记”命令，“修订”按钮处于按下状态，表示文档进入了修订状态，这时，在对文档所做修改都会被跟踪记录于右边窗格描述中，如图 2-54 所示。单击“修订”组右下脚的对话框启动器，打开“修订选项”对话框，单击“高级选项“按钮，打开“高级修订选项”对话框，可以对跟踪记录的标记、格式、颜色等属性进行设置。

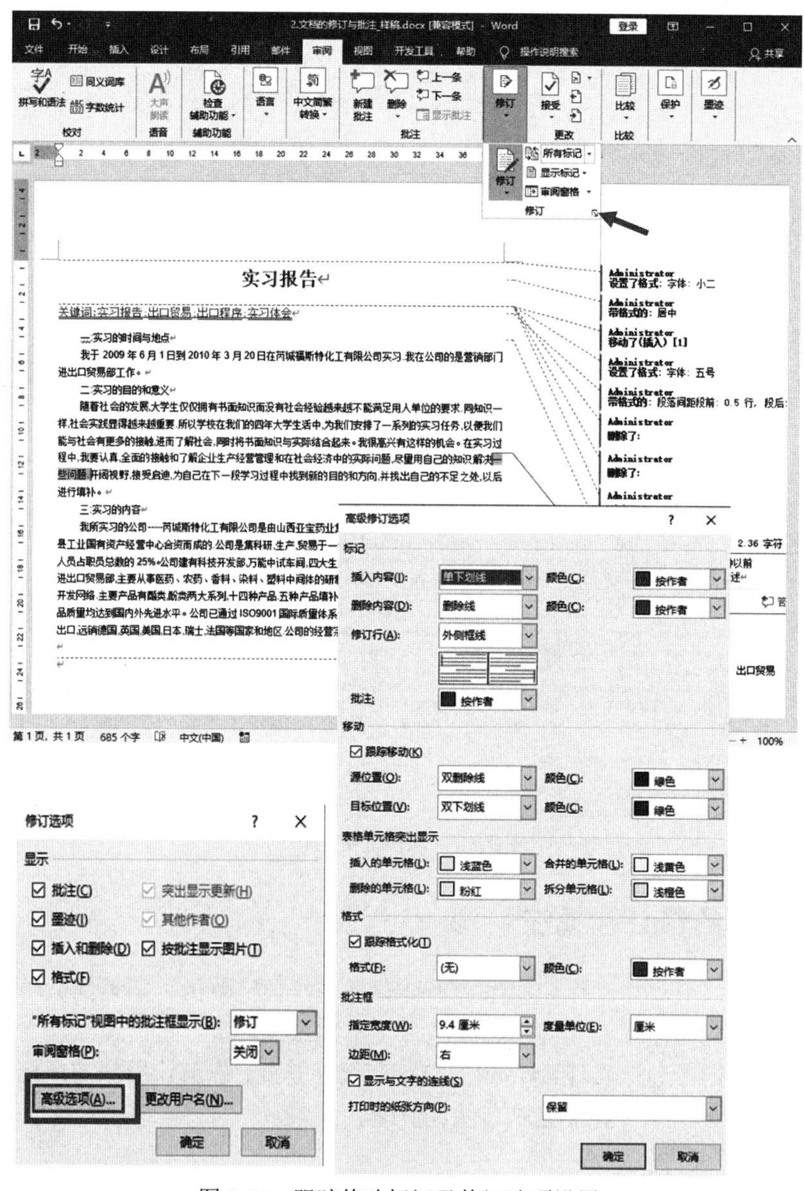

图 2-54　跟踪修改标记及修订选项设置

（2）接受或拒绝修订。审阅者根据自己的理解提出了对文档的修改，文档最终是由团队成员的商议或文档原作者来定稿的，可以接受或拒绝修订来最终定稿。具体方法如下：将光标定位在已做的修改标记处，单击“审阅”→“更改”组中的“接受”或“拒绝”按钮，如图 2-55 所示，选择对修改意见的处理方法。可以逐条处理修改建议，也可以接受或拒绝所有修订。

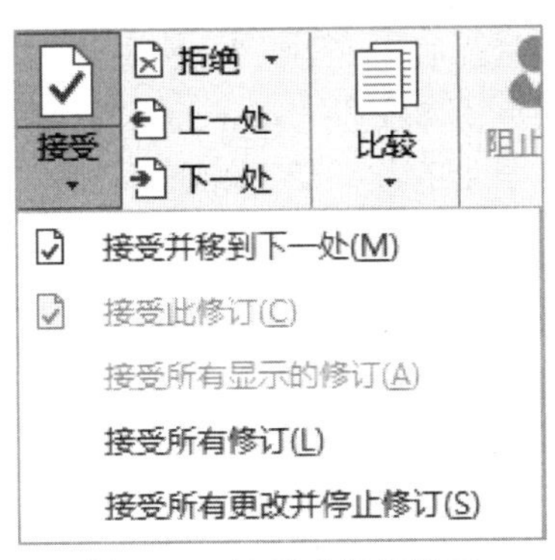

图 2-55　接受或拒绝修订

（3）退出修订状态。单击处于按下状态的“修订”按钮，取消其按下状态，这时文档就退出了修订状态，对文档的修改就不会被跟踪标记了。

2. 批注文档

批注是审阅者根据自己对文档的理解为文档添加的注解和说明文字。批注可以用来存储其他文本、审阅者的批评建议、研究注释及其他对文档有用的帮助信息等内容，此功能可以用于交流意见、更正错误、提问或向共同开发文档的同事提供信息。

（1）创建批注。将光标插入点定位在需要添加批注内容的后面或选择需要添加的批注对象，单击“审阅”选项卡→“批注”组中的“新建批注”按钮，此时在文档中将会出现批注框，在批注框中输入批注内容即可创建批注，如图 2-56 所示。

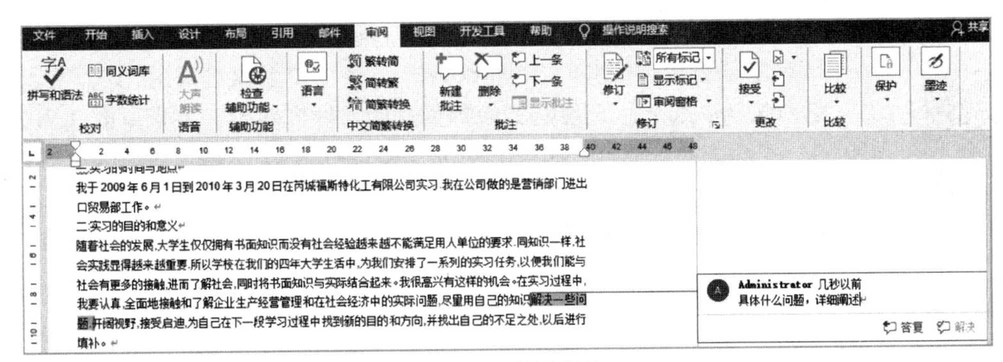

图 2-56　创建批注

（2）批注处理。

- 答复批注。将光标插入点定位在批注框中，单击批注框内的“答复”按钮可以在批注框中插入一条答复批注。
- 删除批注。将光标插入点定位在批注框中，单击“审阅”选项卡→“批注”组中的“删除”按钮，当前批注被删除。

2.7 练习

考试成绩

1. 利用邮件合并功能，生成学生成绩单，请参考样稿，具体要求如下：

（1）建立成绩信息表“cj.xlsx”，如图 2-57 所示。

（2）建立成绩单范本文件“cj_t.docx”，如图 2-58 所示。

（3）生成所有学生的成绩单“cj.docx”。

练习 1 邮件合并

姓名	语文	数学	英语
张三	80	91	98
李四	78	69	79
王五	87	86	76
赵六	65	97	81

图 2-57 成绩信息表

«姓名»同学

语文	«语文»
数学	«数学»
英语	«英语»

图 2-58 成绩单范本

练习 2

2. 请参阅样稿建立文档“wg.docx”。具体要求如下：

（1）文档总共有 6 页，第 1 页和第 2 页为一节，第 3 页和第 4 页为一节，第 5 页和第 6 页为一节。

（2）每页显示内容均为 3 行，左右居中对齐，样式为“正文”。

- 第 1 行显示：第 x 节。
- 第 2 行显示：第 y 页。
- 第 3 行显示：共 z 页。

其中，x，y，z 是使用插入的域自动生成的，并以中文数字（壹、贰、叁）的形式显示。

（3）每页行数均设置为 40，每行 30 个字符。

（4）每页文字均添加行号，从“1”开始，每节重新编号。

练习 3

3. 请参阅样稿，新建文档“py.docx”，设计一个会议邀请函。具体要求如下。

在一张 A4 纸上，正反面书籍折页打印，横向对折，要求页面 1 和页面 4 打印在 A4 纸的同一面，页面 2 和页面 3 打印在 A4 纸的另一面。4 个页面按要求依次显示如下内容：

- 页面 1 显示“邀请函”三个字，上下左右均居中对齐显示，竖排，字体为隶书，72 号。
- 页面 2 显示“汇报演出定于 2014 年 4 月 21 日，在学生活动中心举行，敬请光临！”，文字横排。
- 页面 3 显示“演出安排”，文字横排，居中，应用样式“标题 1”。
- 页面 4 显示两行文字，行（一）为“时间：2014 年 4 月 21 日”，行（二）为“地点：学生活动中心”，竖排，左右居中显示。

4. 请参阅样稿，新建文档“考试成绩.docx”，由三页组成。具体要求如下：

（1）第 1 页中第 1 行内容为“语文”，样式为“标题 1”；页面垂直对齐方式为居中；页面方向为纵向、纸张大小为 16 开；页眉内容设置为“90”，居中显示；页脚内容设置为“优秀”，居中显示。

（2）第 2 页中第 1 行内容为“数学”，样式为“标题 2”；页面垂直对齐方式为顶端对齐；页面方向为横向、纸张大小为 A4；页眉内容设置为“65”，居中显示；页脚内容设置为“及格”，居中显示；对该页面添加行号，起始编号为“1”。

（3）第 3 页中第 1 行内容为“英语”，样式为“正文”；页面垂直对齐方式为底端对齐；页面方向为纵向、纸张大小为 B5；页眉内容设置为“58”，居中显示；页脚内容设置为“不及格”，居中显示。

5. 请参阅样稿，新建文档“单项测试.docx”，为关键字创建索引，文档由 6 页组成，具体要求如下：

练习 5　索引

（1）第 1 页中第 1 行内容为“浙江”，样式为“正文”。

（2）第 2 页中第 1 行内容为“江苏”，样式为“正文”。

（3）第 3 页中第 1 行内容为“浙江”，样式为“正文”。

（4）第 4 页中第 1 行内容为“江苏”，样式为“正文”。

（5）第 5 页中第 1 行内容为“上海”，样式为“标题 1”。

（6）第 6 页为空白。

（7）在文档页脚处插入“第 x 页　共 y 页”形式的页码，居中显示。

（8）使用自动索引方式，建立索引自动标记文件“Myindex.docx”，其中，标记为索引项的文字 1 为“浙江”，主索引项 1 为“Zhejiang”；标记为索引项的文字 2 为“江苏”，主索引项 2 为“Jiangsu”。使用自动标记文件，在文档单项测试.docx 的第 6 页中创建索引目录。

素材

第 3 章　主控文档和子文档

课件

在编辑一个长文档时，如果将所有的内容都放在一个文档中，那么工作起来可能会非常慢，因为文档太大，会占用很多的资源。一方面，文档打开速度慢，另一方面，用户在翻动文档时，滚动刷新也会变得非常慢，同时，也会有十足的不安全感，担心文件损坏而打不开或丢失数据，造成无法挽回的严重后果。如果将文档的各个部分分别作为独立的文档，又无法对整篇文章做统一处理，而且文档过多也容易引起混乱。这时就可以通过创建主控文档的方法将长文档变成一个主控文档和若干个独立的子文档，实现主控文档对子文档的统一管理与操作，如目录的自动生成、页码的编排等，而各子文档又可以独立编辑。主控文档与子文档之间具有相互既协调统一，又彼此独立的特点，很适合用于制作长文档或协作办公。

3.1　什么是主控文档和子文档

理解主控文档与子文档

主控文档是包含一系列相关文档的 Word 文档，可以理解为一个容器，容纳自身文档内容和子文档链接路径的容器。可以使用主控文档将长文档分成较小的、更易于管理的子文档，从而便于组织和维护。我们既可以将一篇现有的文档转换为主控文档，然后将其划分为若干个子文档，也可以将现有的文档添加到主控文档中，使之成为子文档。例如，一本书的各个章节，可以使用主控文档控制整篇文章或整本书，而把书的各个章节作为主控文档的子文档。这样，在主控文档中，所有的子文档可以被当作一个整体，我们对其进行查看、重新组织、设置格式、校对、打印和创建目录等操作。对于每一个子文档，我们又可以对其进行独立的编辑操作。此外，在工作组中，可以将它保存在网络上，并将其划分为能供不同用户同时处理的子文档，从而共享文档的所有权。

3.2　Word 大纲视图

大纲视图是以大纲形式展现文档内容的独特显示方式，是层次化组织文档结构的一种方式。通过大纲视图可以迅速了解文档的结构和内容梗概，如图 3-1 所示。其中，文档标题和正文文字被分级显示出来，根据需要，一部分的标题和正文可以暂时被隐藏起来，以突出文档的总体结构。

大纲视图主要用于 Word 文档标题层级结构的设置和显示，广泛用于长文档的纲目结构编辑、快速浏览和设置中，也可以使用大纲视图处理主控文档。“大纲显示”选项卡的“主控文档”组中有操作主控文档和子文档的功能按钮，如图 3-2 所示。

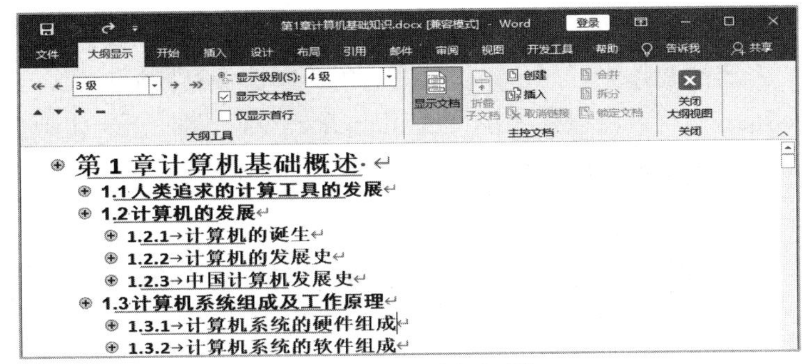

图 3-1　文档大纲视图

图 3-2　大纲视图“主控文档”组

3.3　如何创建主控文档和子文档

主控文档本质上即 Word 文档，其创建方法与普通文档的创建并无区别。下面介绍如何通过主控文档创建子文档的两种方式，即分别使用“主控文档”组中的“创建”和“插入”按钮来创建。

1. 使用“创建”按钮创建子文档

使用“创建”按钮创建子文档

（1）单击“文件”菜单中的“新建”→“空白文档”命令，创建一个 Word 文档。

（2）单击“视图”选项卡中的“大纲”按钮，切换到大纲视图下。此时“大纲显示”选项卡自动激活，单击“显示文档”按钮后，“主控文档”组及各按钮如图 3-2 所示。

（3）输入主控文档和子文档内容，其中作为子文档文件名的字符单独为一段落，选定将作为子文档文件名字符的文本，设置内置的标题样式，如“标题 1”，如图 3-3 所示。

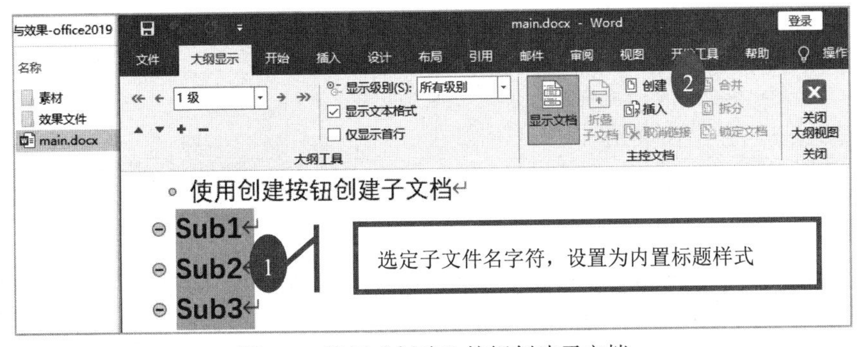

图 3-3　使用“创建”按钮创建子文档

（4）单击“大纲显示”选项卡→“主控文档”组中的“创建”按钮，原文档将变为主控文档，前面选定的内容被创建为子文档，单击左上角的快捷保存图标按钮，子文档 Sub1.docx、Sub2.docx、Sub3.docx 将被自动保存在主文档 main.docx 同一路径下，如图 3-4 所示。可以看到，Word 把每个子文档放在一个虚线框中，并且在虚线框的左上角显示一个子文档图标，子文档之间用分节符隔开。

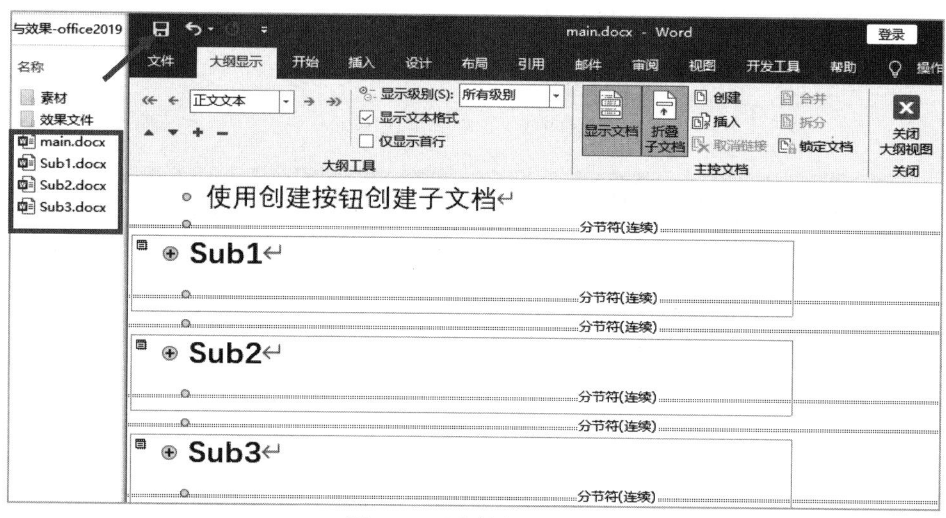

图 3-4　子文档创建成功

（5）编辑文档，并保存。单击“折叠子文档”按钮，此时可以看到，子文档内容被折叠起来了，主控文档除了存储自身文件内容，还存储子文档的完整文件名，包括路径与文件名，如图 3-5 所示。

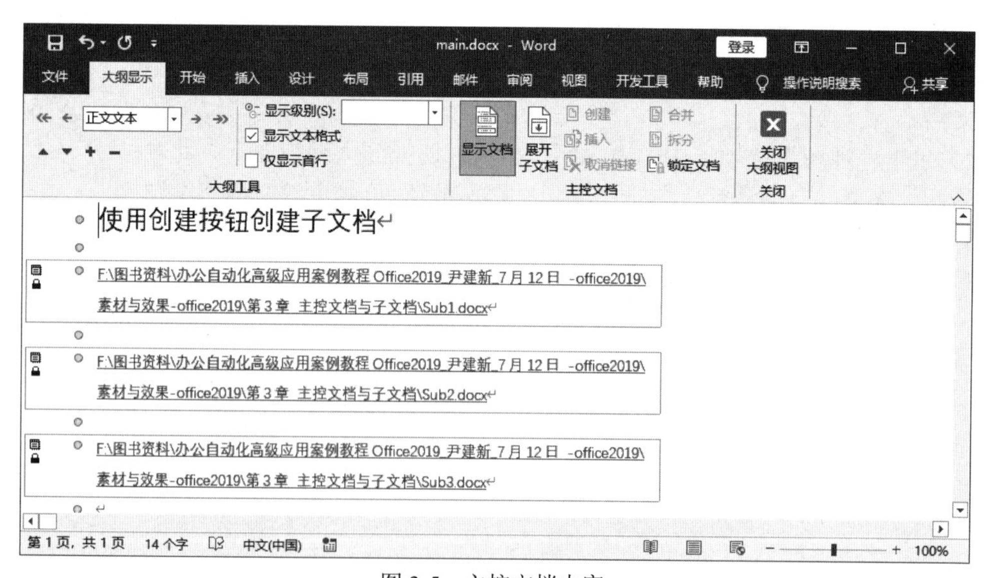

图 3-5　主控文档内容

提示：保存时，word 默认以第一行文字作为子文档文件名，若是第一行内容并非需要的文件名，创建子文档并保存后，可以再修改编辑文档内容。

2. 使用“插入”按钮创建子文档

使用插入按钮创建子文档

在 Word 中，不但可以新建主控文档、在主控文档窗口中创建子文档，还可以将已有文档插入主控文档中。以图 3-5 中所示文件为例，其创建方法如下：

（1）分别创建 Word 文档 main.docx、Sub1.docx、Sub2.docx、Sub3.docx，输入文档内容。

（2）打开 main.docx 文件。

（3）单击“视图”选项卡中的“大纲”按钮，切换到大纲视图。

（4）将光标插入点定位在要插入子文档的位置，单击“大纲显示”选项卡→“主控文档”组中的“展开子文档”按钮，以激活“插入”按钮，单击“插入”按钮，打开“插入子文档”对话框，选择子文档文件 Sub1.docx，单击“打开”按钮。

（5）重复（4）操作，依次插入子文档 Sub2.docx、Sub3.docx。

（6）至此，在 main.docx 文档中插入了 3 个子文档，main.docx 升级为主控文档，可以在 main.docx 文档窗口中实现对子文档的管理与编辑操作。

3.4　主控文档与子文档的基本操作

1. 重命名子文档

主控文档与子文档基本操作

使用“创建”按钮创建子文档时，Word 会自动为子文档命名。此外，当使用“插入”按钮把已有的文档作为子文档插入到主控文档中时，该子文档的名字就是文档原来的名字。如果用户为了便于记忆、管理，可以为该子文档重命名。

可以按如下步骤对子文档进行重命名：

（1）打开主控文档，并切换到主控文档显示状态。

（2）单击“折叠子文档”按钮折叠子文档。

（3）单击要重命名的子文档的超链接，打开该子文档。

（4）单击“文件”菜单中的“另存为”命令，打开“另存为”对话框。

（5）选择保存的目录，输入子文档的新文件名，单击“保存”按钮。

关闭该子文档并返回主控文档，此时会发现在主控文档中原子文档的文件名已经发生了改变，而且主控文档也可以保持对子文档的控制。注意：保存该主控文档即可完成对子文档的重命名。

2. 合并和拆分子文档

合并子文档就是将几个子文档合并为一个子文档。合并子文档的操作步骤如下：

（1）在主控文档中，将要合并的子文档移动到一块，使它们两两相邻。

（2）单击子文档前面的图标，选定第一个要合并的子文档。

（3）按住 Ctrl 键不放，单击下一个子文档图标，选定整个子文档。

（4）如果有多个要合并在一起的子文档，重复步骤（3）。

（5）单击“大纲显示”选项卡→“主控文档”组中的“合并”按钮 合并 即可将它们合并为一个子文档。在保存主文档时，合并后的子文档将以第一个子文档的文件名保存。

如果要把一个子文档拆分为两个子文档，具体步骤如下：

（1）在主控文档中展开子文档。

（2）如果文档处于折叠状态，首先将它展开；如果处于锁定状态，则首先解除锁定状态。

（3）在要拆分的子文档中选定要拆分的部分，也可以为其创建一个标题后再选定。

（4）单击“大纲显示”选项卡→“主控文档”组中的“拆分”按钮 拆分，被选定的部分将作为一个新的子文档从原来的子文档中分离出来。

该子文档将被拆分为两个子文档，子文档的文件名由Word自动生成。用户如果没有为拆分的子文档设置标题，可以在拆分后再设定新标题。

3. 锁定主控文档和子文档

在多用户协同工作时，主控文档可以建立在本机硬盘上，也可以建立在网盘上。合作编写时可以共用一台计算机，也可以通过网络连接起来。如果某个用户正在某个子文档上进行编辑，那么该文档应该对其他用户锁定，防止引起管理上的混乱，避免出现意外损失。这时其他用户只能以只读方式打开该子文档，其他用户只可以对其进行查看，修改后不能以原来的文件名保存，直到解除锁定后才可以。

锁定或解除锁定主控文档的步骤如下：

（1）打开主控文档。

（2）将光标移到主控文档中（注意不要移到子文档中）。

（3）单击“大纲显示”选项卡→“主控文档”组中的“锁定文档”按钮 锁定文档。

此时主控文档被自动设为只读，用户将不能对主控文档进行编辑，但可以对没有锁定的子文档进行编辑并保存。如果要解除主控文档的锁定，只需将光标移到主控文档中，再次单击“锁定文档”按钮即可。

要锁定子文档，同样要把光标移到该子文档中，然后单击“大纲显示”选项卡中的“锁定文档”按钮即可锁定该子文档。被锁定的子文档同样不可编辑，即它对键盘和鼠标的操作不反应，锁定后的子文档在标题栏中有“只读”两个字来标识。解除子文档的锁定与解除主控文档的锁定方法相同。

4. 重新排列子文档

在主控文档中，子文档是按次序排列的，而且这个次序也是整篇长文档中各部分内容的次序。如果要改变它们的次序，如要把第1节调整为第2节，原来的第2节作为第1节，可以按如下步骤进行。

（1）打开并显示主控文档。

（2）如果子文档处于折叠状态，则展开子文档。

（3）如果要重新排列的子文档处于锁定状态，则解除锁定。

（4）单击子文档图标，选定要移动的子文档，将子文档图标拖动到新的位置。在拖动过程中，Word将用一条带箭头的横线代表被拖动的子文档，这条横线所处的位置就是子文档拖动后的位置。将这条横线移到正确位置后松开鼠标键即可。

完成上述操作后，被选定的子文档就会移到新的位置，从而实现了子文档的重排。

5. 在主控文档中删除子文档

如果要在主控文档中删除某个子文档，可以先选定要删除的子文档，即单击该子文档前面的图标，然后按Delete键即可。

从主控文档删除的子文档，并没有真的在硬盘上被删除，只是从主控文档中删除了这种主从关系。该子文档仍保存在原来的磁盘位置上。

6. 将子文档转换为主控文档的一部分

当在主控文档中创建或插入了子文档之后，每个子文档都被保存在一个独立的文件中。如果想把某个子文档转换成主控文档的一部分，实现方法介绍如下。

（1）选定要转换的子文档。

（2）单击“大纲显示”选项卡→“主控文档”组中的“取消链接”按钮 取消链接。

（3）该子文档的外围虚线框和左上角的子文档图标消失，该子文档就变成主控文档的一部分了。

3.5　案例制作——多人协同完成年终总结报告

本节将通过各部门共同制作一份年度工作总结报告来详细了解主控文档、子文档及子文档的相关操作等。

案例　多人协同完成公司总结

【案例要求】

企业的年终报告通常要涉及多个部门而且篇幅比较长，因此往往需要由几个人共同编写才能完成。协同编写是一个相当复杂的工作，我们需要掌握可以轻松搞定重复拆分及合并主文档的技巧。

Word 大纲视图下的主控文档功能可以解决这个难题。下面就来讲解这个案例的具体操作步骤。总结报告包含开头总述、公司业绩、财务情况、消防安全、食堂卫生和 2018 年工作计划 6 个方面的内容。

【案例分析】

总结报告分为 6 个部分，每个部分由对应部门主任完成。我们可以应用上面介绍的两种方法来完成，其中由主控文档生成各子文档的操作流程如图 3-6 所示，在主控文档中插入子文档的操作流程如图 3-7 所示。

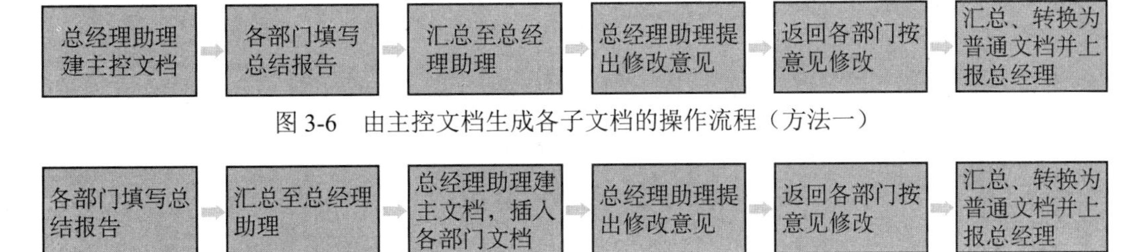

图 3-6　由主控文档生成各子文档的操作流程（方法一）

图 3-7　在主控文档中插入子文档的操作流程（方法二）

方法二相对简单，没有太多技术要点，但操作相对烦琐，下面来讲述方法一的技术要点。

【案例制作】

步骤 1，建文档：打开 Word，新建文档“主控文档.docx”，输入文档内容及子文档文件名标识符，并设置子文档标识符文本“开头总述”“公司业绩”“财务情况”“消防安全”“食堂卫生”“2018 年工作计划”，设置标题样式为“标题 1”，如图 3-8 所示。

2017 年度公司总结

·开头总述

.公司业绩

.财务情况

.消防安全

.食堂卫生

.2018 年工作计划

图 3-8　主控文档.docx

步骤 2，快速拆分：单击“视图”选项卡→“大纲”按钮，然后在“大纲显示”选项卡的“主控文档”组中单击“显示文档”展开“主控文档”区域。选定“开头总述”“公司业绩”“财务情况”“消防安全”“食堂卫生”“2018 年工作计划”文本字符，单击“创建”按钮，即可把文档拆分成 6 个子文档，系统会将拆分开的 6 个子文档内容分别用框线框起来，如图 3-9 所示，单击“保存”按钮，生成 6 个子文档，可以在每个子文档里书写内容要求，再将各子文档发送给部门负责人。

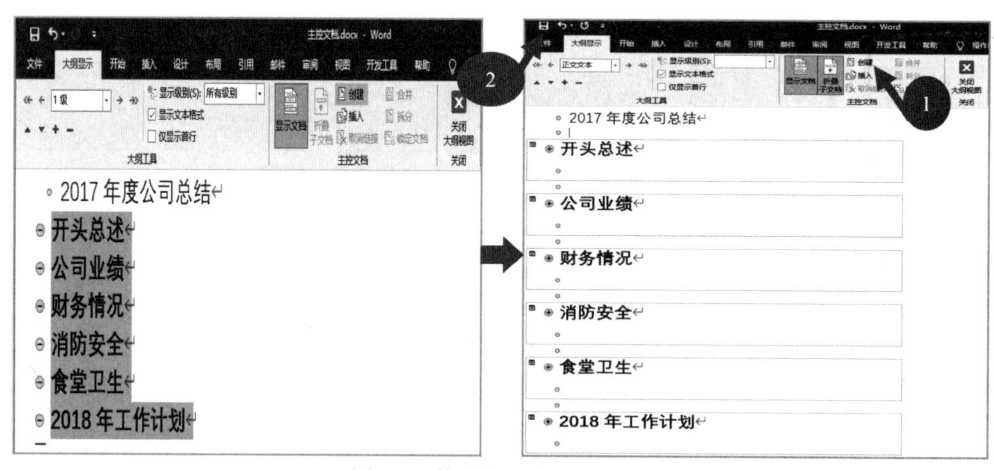

图 3-9　快速拆分生成子文档

步骤 3，各部门按要求填写总结，在此过程中，不要更改子文档文件名。

步骤 4，汇总各部门子文档，覆盖原有文件，打开主控文档，提出修改意见，保存文档。

步骤 5，生成的子文档可以重新发回对应的人，大家就可以按修订、批注内容进行修改了。

重复上面步骤直到总结报告最后完成。

步骤 6，转换成普通文档：打开主控文档，在大纲视图下，单击“大纲显示”选项卡→“主控文档”组中的“展开子文档”按钮，以显示所有子文档内容。逐一选中要转换的子文档左上角图标，单击“取消链接”按钮。最后单击“文件”菜单中的“另存为”命令将转换后的文档另存为“2017 年终总结.docx”。在此不要直接单击“保存”按钮，否则将修改原主控文档内容，主控文档可以保留供日后再次编辑使用。

3.6　练习

1. 在 D 盘下建立主控文档 Main.docx，按序创建子文档 Sub1.docx、Sub2.docx、Sub3.docx。其中，Sub1.docx 中第 1 行内容为 Sub^1，样式为“正文”；Sub2.doc 中第 1 行内容为“办公自动化高级应用”，样式为“正文”，将该文字设置为书签（名为 Mark），第 2 行为空白行，第 3 行插入书签 Mark 标记的文本；Sub3.docx 中的第 1 行使用域插入该文档创建时间（格式不限），第 2 行使用域插入该文档的存储大小。

2. 在 D 盘下新建文档 Sub1.docx、Sub2.docx、Sub3.docx，要求：Sub1.docx 中第 1 行内容为“Sub^1”，第 2 行内容为文档创建日期（使用域，格式不限），样式为“正文”；Sub2.docx 中第 1 行内容为“Sub^2”，第 2 行内容为“→”，样式均为“正文”；Sub3.docx 中第 1 行内容为“高级语言程序设计”，样式为“正文”，将该文字设置为书签（名为 Mark），第 2 行为空白行，第 3 行插入书签 Mark 标记的文本。

素材

第 4 章　长文档的制作

课件

在使用 Word 进行日常办公的过程中，长文档的制作是人们常常要面临的任务，比如编写教材、营销报告、毕业论文、项目策划书和宣传手册等。由于长文档的结构比较复杂，内容也较多，如果不注意使用正确的方法，整个工作过程不仅费时费力，还难以达到满意的效果。

制作长文档通常包括 5 个方面的内容，第 1 部分是制作长文档的纲目结构，第 2 部分是为长文档设置多级标题编号，第 3 部分是在文档中让插图自动编号及使用交叉引用题注，第 4 部分是为长文档编制目录和索引，第 5 部分是设置长文档的页眉和页脚。本章以本科学位论文规范排版为例，介绍长文档的制作。在制作过程中要认识及理解页面的初始规划、分节符的重要作用；学会利用样式建立标题及自动编号；利用“导航”窗格快速定位各标题级别文字位置；利用交叉引用自动生成目录、图目录及表目录；学习域的使用、不同节页眉和页脚的设置；利用批注与修订功能更改原文档。

什么是长文档

4.1　什么是长文档

长文档排版概述

长文档按字面理解就是长篇的文章，其内容多，章节量大，有图有表，整篇文档有不同的页眉、不同的页码格式等，如毕业论文，包括封面、目录、各章节、正文、图表和参考文献等，如图 4-1 所示。由于长文档往往不是一气呵成的，需要经过多次的修改、增删，如果章节编号、图表编号不使用自动编号方式，而是手动输入的，则增删一个图或表，需要人工逐一进行修改，导致工作量非常大，还容易出错。从长文档的结构上来说，正文前与正文后有不同的版面布局，包括不同的页眉页码格式，需要应用前面所学分节、分页和域的知识。

长文档在制作过程中，常见问题主要表现在：内容多，修改格式时，工作量太大，效率低；篇幅长，文档的浏览、定位不容易；页眉和页脚插入后难以做到不同的章节具有不同的页眉或页脚；删除或增加章节内容时不能整体联动修改等。通常，长文档在格式、图表上都有严格的要求，如毕业论文的格式要求如图 4-2 所示。因此，长文档的制作需要掌握一定的技巧，从而做到事半功倍，可以从如下几个方面进行设置。

（1）使用预设样式，方便格式的修改与风格的统一。

（2）使用文档结构图和目录，轻松实现定位浏览。

（3）使用多级编号，实现章节增删中的自动更新、修改。

（4）使用题注与交叉引用，实现图、表的自动编号与更新。

（5）使用分节符，实现不同页眉和页脚的设置。

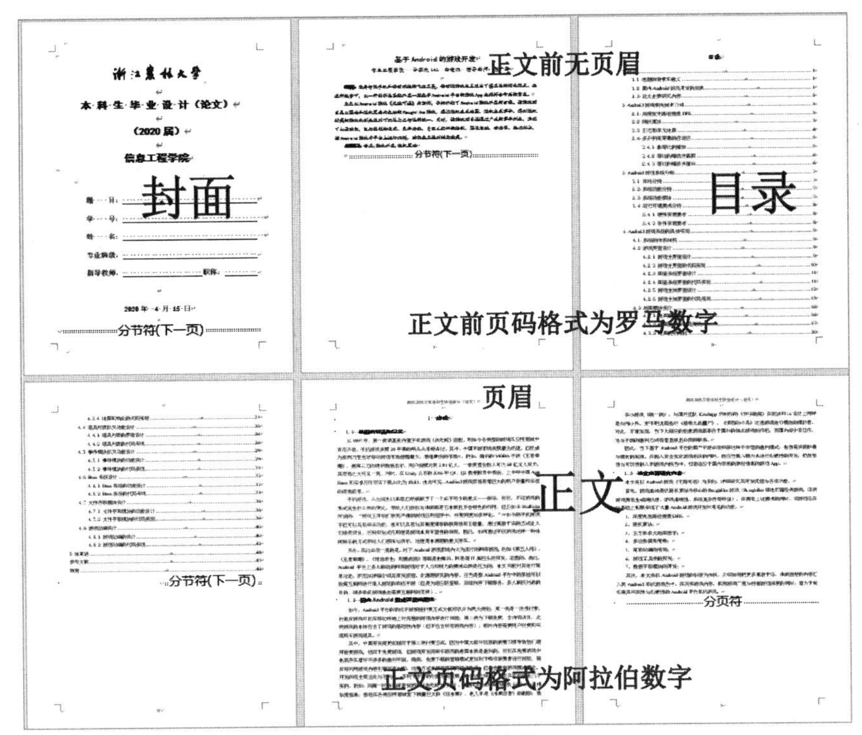

图 4-1　长文档结构

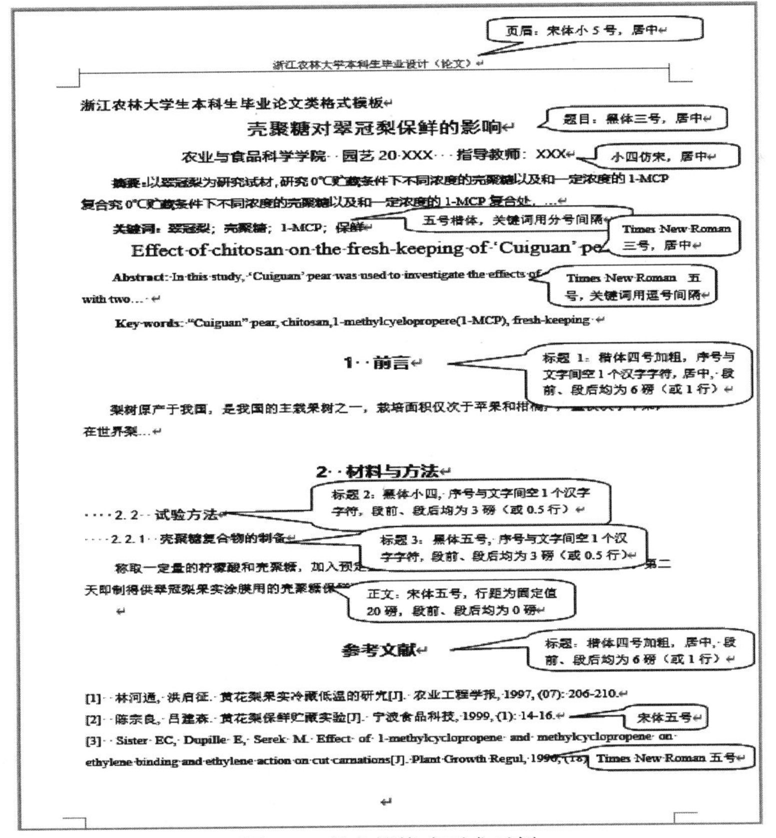

图 4-2　长文档格式要求示例

长文档纲目结构

4.2 长文档纲目结构

制作长文档，首先要有一个规划，也就是全文分几个部分来阐述，每一部分中又涉及哪些方面，这个规划的过程也就是纲目结构的编写过程，文档结构是否清晰，内容是否完整，通过纲目结构就会一览无余。制作长文档通常的流程是先建立好纲目结构，然后进行具体内容填充，不能想到哪里就写到哪里。

纲目结构的设计编写，即在大纲视图中列出文档提纲和各级标题。大纲视图中，每个标题的左边会显示一符号，如图 4-3（a）所示，⊕表示带有下一级标题，⊖表示没有下一级标题。在 Word 中单击“视图”选项卡→“视图”组中的“大纲”按钮，即可进入大纲视图的编辑状态。在大纲视图中组织、编辑文档的具体操作方法如下：

（1）新建 Word 空白文档，切换到大纲视图中。

（2）输入各个标题，刚开始输入的标题 Word 会自动设置为内置标题样式“标题 1”，即 1 级，输入完毕后，按 Enter 键再输入下一个标题。

（3）如果要将标题指定到别的级别并设置相应的标题样式，可以利用“大纲工具”组中的升降级按钮或者下拉列表选项设置，如图 4-3（b）所示。

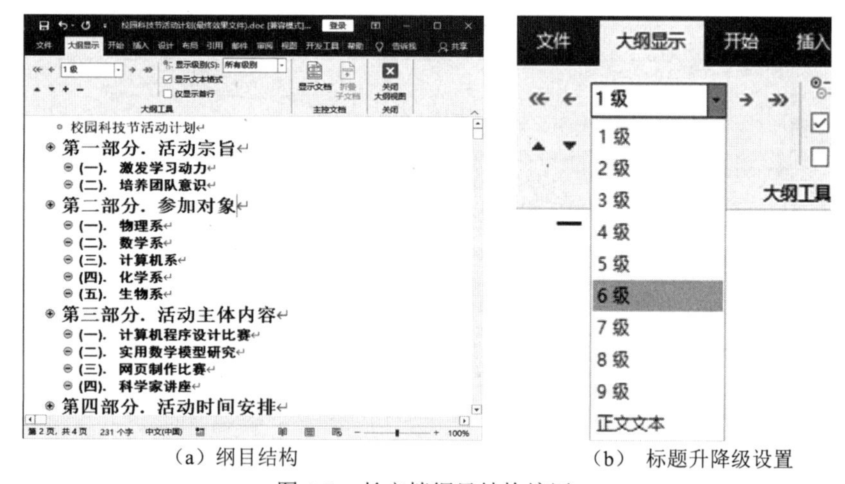

（a）纲目结构　　（b） 标题升降级设置

图 4-3　长文档纲目结构编写

（4）文档标题顺序的调整可以通过“大纲工具”组中的▲ ▼按钮实现。

（5）在建立满意的文档组织结构后，就可以切换到页面视图添加详细的正文内容了。

4.3 样式

样式是字体格式和段落格式特效的设置组合，在应用某个样式时，能够将样式的所有格式应用在所选定的对象上。在对文档进行排版处理时，使用样式不仅能够提高效率，而且能够方便地获得统一、规范的格式。

1. 内置样式

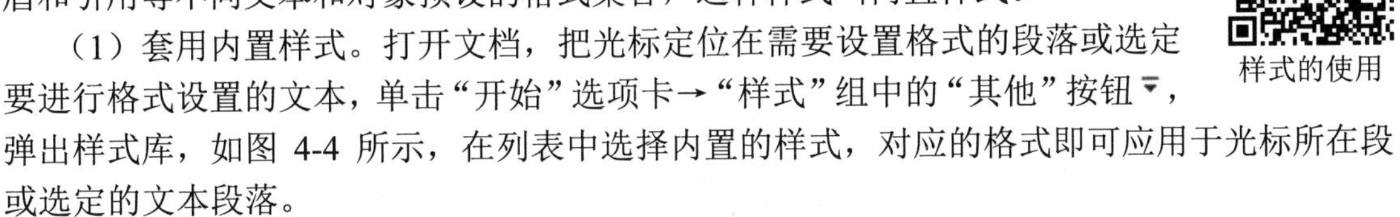

样式的使用

为了方便用户对文档样式的快捷使用，Word 提供了为文档标题、正文、页眉和引用等不同文本和对象预设的格式集合，这种样式叫内置样式。

（1）套用内置样式。打开文档，把光标定位在需要设置格式的段落或选定要进行格式设置的文本，单击“开始”选项卡→“样式”组中的“其他”按钮▾，弹出样式库，如图 4-4 所示，在列表中选择内置的样式，对应的格式即可应用于光标所在段或选定的文本段落。

图 4-4　样式库

（2）大纲级别与内置样式标题。Word 是使用层次结构来组织文档的，大纲级别是段落所处层次的级别编号。段落的大纲级别可以在大纲视图中设置，也可以按如下方法进行设置：选中相应文本内容，单击鼠标右键，在弹出的快捷菜单中选择“段落”命令，打开“段落”对话框，如图 4-5 所示，“大纲级别”列表中有“1 级”～“9 级”和“正文文本”10 个选项，默认选项为“正文文本”，可选择对应选项进行设置。样式库中的“标题 1”～“标题 9”分别默认对应大纲级别“1 级”～“9 级”。因此，样式“标题 1”～“标题 9”均是标题级别的。大纲级别是文档目录生成的基础，设置了标题级别的段落，在生成的目录中就会自动形成目录列表。若希望某一段落在字号、字体等格式上采用“标题 1”“标题 2”等外观，但又不需要在目录中出现，则将段落的“大纲级别”设置为“正文文本”即可。

2. 自定义样式

很多时候，内置的样式不能满足当前文档的需要，此时可以新建样式或修改内置样式。比如，对于毕业论文，每个学校都有格式的要求，虽然一级标题、二级标题等要求是“标题 1”“标题 2”，但具体的字体与段落格式又与内置的“标题 1”“标题 2”默认格式有所区别，此时，可以修改内置“标题 1”“标题 2”，使之与要求一致；或者可以分别对一级标题、二级标题、正文等新建样式，将格式要求以批命令集合的方式，以“样式名”为标识符保存下来。

图 4-5 段落的大纲级别设置

下面以毕业论文正文的格式要求“宋体五号、行距为固定值 20 磅、段前段后为 0 磅、首行缩进 2 字符”为例，新建样式“正文样式 2”，介绍自定义样式的方法。

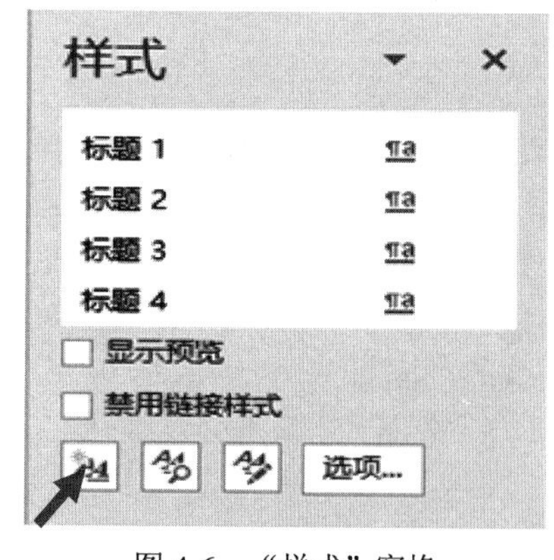

图 4-6 “样式”窗格

步骤 1，打开“样式”窗格：单击“开始”选项卡→“样式”组右下角的对话框启动器，打开“样式”窗格，如图 4-6 所示。

步骤 2，单击“样式”窗格左下角的“新建样式”按钮，打开“根据格式化创建新样式”对话框，在“名称”框中输入样式名“正文样式 2”，如图 4-7 所示。

步骤 3，设置字体格式与段落格式：单击“格式”→“字体…”选项，在打开的“字体”对话框中设置宋体、五号，关闭“字体”对话框；单击“格式”→“段落…”选项，打开“段落”对话框，按如图 4-8 所示进行设置，单击“确定”按钮关闭“段落”对话框。

步骤 4，关闭“根据格式化创建新样式”对话框：单击图 4-7 中的“确定”按钮关闭对话框，“正文样式 2”即创建完成。此时，光标所在段的文本格式为刚新建的“正文样式 2”的格式，同时，“正文样式 2”出现在“样式”窗格中，也会自动添加至图 4-4 所示 Word 的样式库中。

步骤 5，应用样式“正文样式 2”：选定要应用该样式的段落文本，单击“样式”窗格中的“正文样式 2”，即可将对应格式应用于选定的对象上。

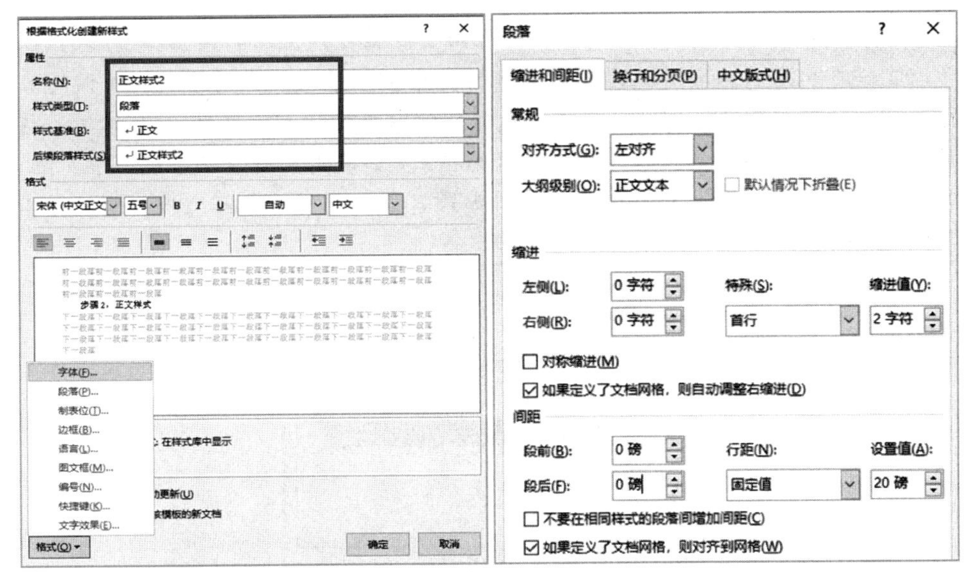

图 4-7　“根据格式化创建新样式”对话框　　　图 4-8　段落格式设置

3. 修改样式

对于 Word 样式库中的样式，用户可以随时对其进行修改，包括内置样式和自定义样式。打开“样式”窗格，将光标移到样式列表选项，会自动弹出信息框，列出该样式的字体和段落详细的格式信息，如图 4-9 所示。若要修改样式设置，单击该样式的下拉按钮 ▾，弹出的菜单如图 4-10 所示，单击“修改…”命令，打开“修改样式”对话框，对格式的修改与新建样式时的操作方法雷同，不再赘述。

若“样式”窗格只显示少量样式，如找不到需要的“标题 2”样式，可以单击图 4-10 中的“选项…”按钮，打开“样式窗格选项”对话框，如图 4-11 所示，在“选择要显示的样式”列表中选择“所有样式”选项。

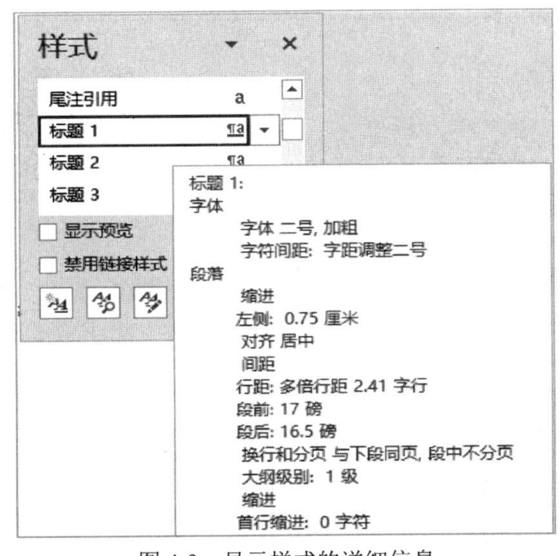

图 4-9　显示样式的详细信息

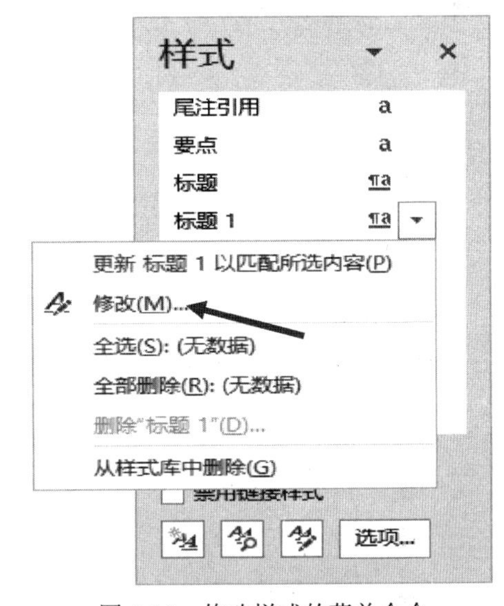

图 4-10　修改样式的菜单命令

提示： 在图 4-7 中，“样式类型”下拉列表用于设置样式使用的类型。“样式基准”下拉列表用于指定一个内置样式作为基准，即新建样式会继承基准样式的格式，默认的基准样式是当初光标所处段落的样式。因此，新建样式时要注意光标插入点位置。“后续段落样式”下拉列表用于设置应用该样式的段落的后续段落的样式。如果需要将该样式应用于其他文档中，可以选择“基于该模板的新文档”单选按钮；如果只需要应用于当前文档，可以选择“仅限此文档”单选按钮。

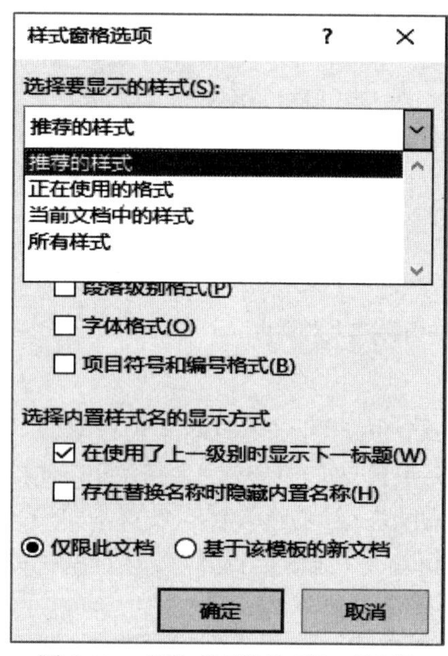

图 4-11　“样式窗格选项”对话框

提示： 样式被修改后，文档中所有应用了该样式的段落格式也会自动被修改过来，这也体现了使用样式的优越性。自定义样式可以被删除，内置样式不能被删除。

增加多级编号

4.4　列表项目

列表项目是 Word 文档中经常出现的项目，Word 提供了符号列表、编号列表和多级列表三种形式，该功能按钮排在“开始”选项卡下的“段落”组中，其形式如图 4-12 所示。

● 符号列表
◆ 符号列表
✚ 符号列表

（a）符号列表

1. 编号列表
2. 编号列表
3. 编号列表

（b）编号列表

1. 多级列表
1.1. 多级列表
1.1.1. 多级列表

（c）多级列表

图 4-12　Word 三种形式的列表

1. 项目符号和项目编号

项目符号和项目编号是以段落为单位的，添加在段落开始的符号标记。列表的使用可以使内容显得条理清晰，层次分明。用户在使用项目符号和项目编号时，既可以使用默认的符号和编号，也可以自定义项目和编号。

将光标定位在需要插入列表的段落中，单击“开始”选项卡→“段落”组中的“项目符号”或“编号”的下三角按钮，打开“项目符号”和“编号”列表，如图 4-13、图 4-14 所示，在其中单击需要使用的符号，选中的段落就被添加上了列表符号。如果没有适合的符号，则单击“定义新项目符号…”或“定义新编号格式…”命令，在打开的对话框中进行设置。

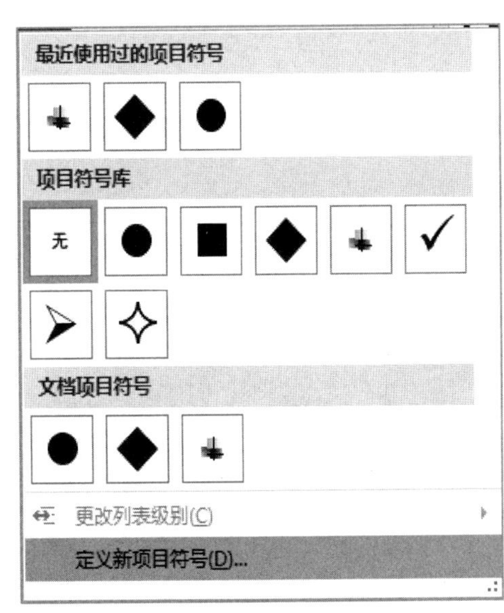

图 4-13　“项目符号”列表

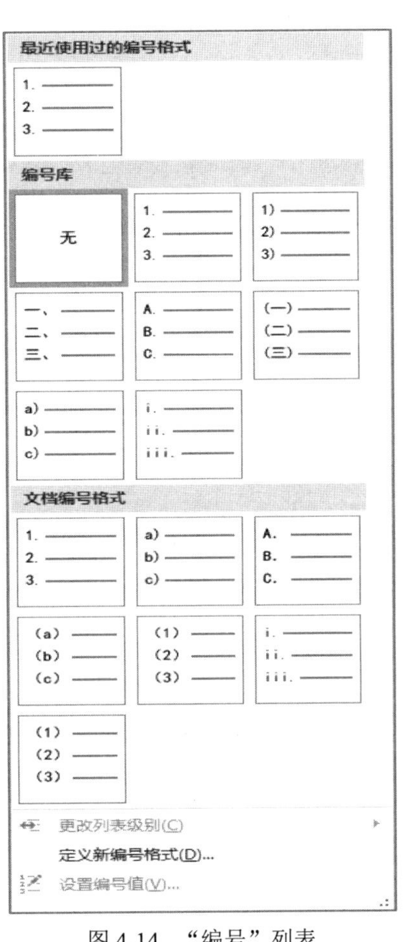

图 4-14　“编号”列表

2. 多级列表

当阐述的内容是并列关系时，可以使用符号列表或编号列表来表示，这两者的使用相对简单。多级列表是由多个编号列表组成的，它们之间有着级联关系，使用不熟练的话，会出现诸多意想不到的问题，很难做到得心应手。下面重点讲述多级列表的使用。

多级列表是指在文档中为使用列表或设置多级层次结构而创建的一种段落列表。Word 2019 为多级列表的创建提供了默认的结构，用户可以直接使用。同时，Word 也允许用户根据需要自己定义多级列表。

（1）添加多级列表。使用 Word 可以方便地为指定的段落添加多级列表，下面介绍具体的操作方法。

步骤 1，选择列表库中的列表格式：选定需要创建多级列表的段落，单击“开始”选项卡→“段落”组中的“多级列表”按钮，弹出“多级列表”列表，选择需要使用的列表样式选项，如图 4-15（a）所示。此时，选定的段落文本前添加了编号，编号格式与刚才选定的列表库样式一致，如图 4-15（b）所示。

步骤 2，修改编号级别：将光标插入点定位在当前段落的第一个字符前，按 Tab 键 1 次，当前段落降级为二级列表，再按 Tab 键 1 次，降级为三级列表，即每按一次 Tab 键，降一个级别，如图 4-16 所示。将光标定位在“杭州”前，按 Tab 键 1 次，分别定位在“西湖区”“临安区”“滨江区”前，按 Tab 键 2 次，获得如图 4-15（c）所示多级列表示例。

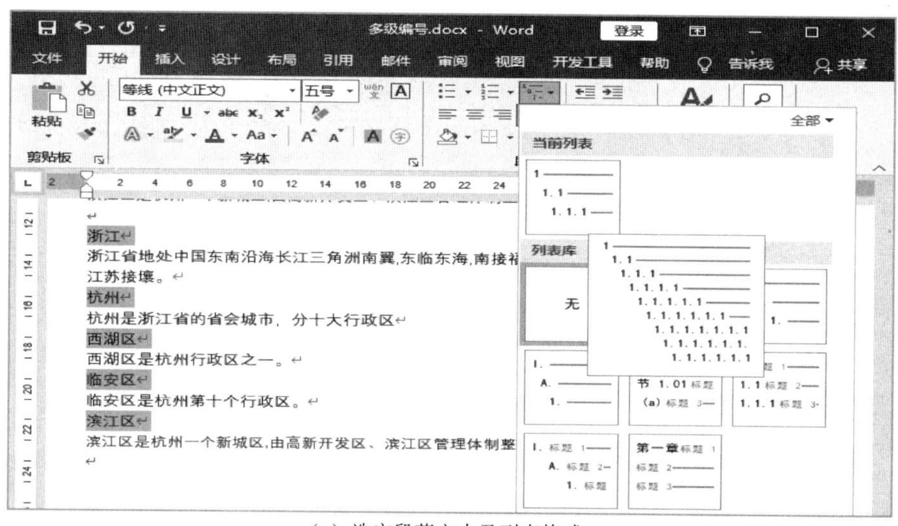

（a）选定段落文本及列表格式

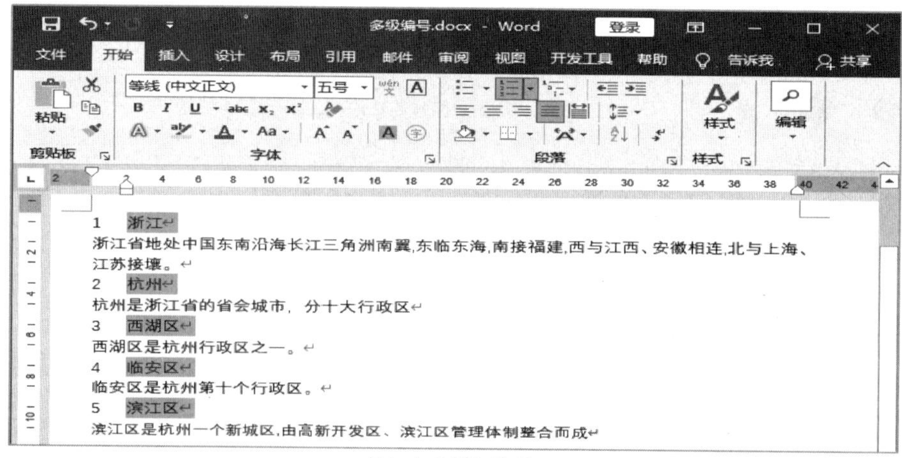

（b）自动添加编号

图 4-15　添加多级编号

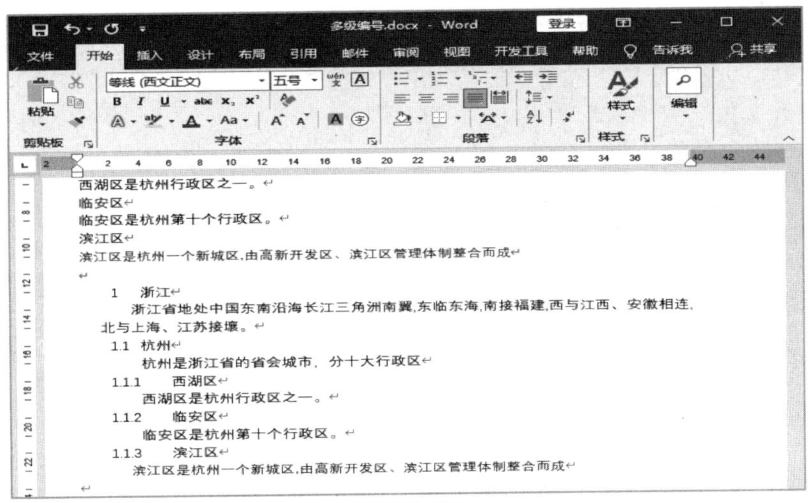

（c）修改编号

图 4-15　添加多级编号（续）

提示： 若不是同时选定多个段落应用多级列表，而是每段落分别设置，操作方法一致；对同级段落进行设置也可以使用格式刷。调整当前编号的级别，可以使用 Tab 键，或者单击“开始”选项卡→“段落”组中的“编号”→“更改列表级别”命令然后进行调整，也可以使用“多级列表”→“更改列表级别”命令来修改。

（2）自定义多级列表。多级列表除可以使用 Word 提供的默认样式外，用户还可以根据需要进行自定义，分为有样式链接的和无样式链接两大类。下面介绍有样式链接的自定义多级列表的方法。

在实际的应用中，多级列表往往与内置样式标题编号相联系，而标题一般也会有专门的默认样式，如“标题 1”“标题 2”都属于大纲标题级别，通常分别关联一级列表和二级列表。自定义有样式链接的多级编号，先要新建将要链接的样式，样式的字体和段落格式将会应用于多级编号的段落。下面介绍具体的操作方法。

步骤 1，选择“定义新的多级列表”命令：将光标插入点定位在需要创建多级列表的段落，在打开的“多级列表”列表中选择“定义新的多级列表”命令，如图 4-16 所示，打开“定义新多级列表”对话框。

步骤 2，创建一级编号：在“单击要修改的级别”下选定“1”，在“输入编号的格式”下输入编号格式，如“第章”，也可以单击“字体”按钮，在打开的对话框中进行字体格式的设置；将光标放在“第”和“章”之间，在“此级别的编号样式”下选择“1，2，3，…”选项，单击“更多”按钮，全面展开“定义新多级列表”对话框，在“将级别链接到样式”下选择“标题 1”，其他选项可不做修改，如图 4-17（a）所示，单击“确定”按钮。此时，一级编号已创建完成。

步骤 3，创建二级编号：光标插入点定位保持不变，重复步骤 1，再次打开“定义新多级列表”对话框，在“单击要修改的级别”下选定“2”，在“输入编号的格式”下输入编号格式，如“1.1”，单击“更多”按钮，全面展开“定义新多级列表”对话框，在“将级别链接到样式”下选择“标题 2”，其他选项可不做修改，如图 4-17（b）所示，单击“确定”按钮。此时，二级编号已创建完成。

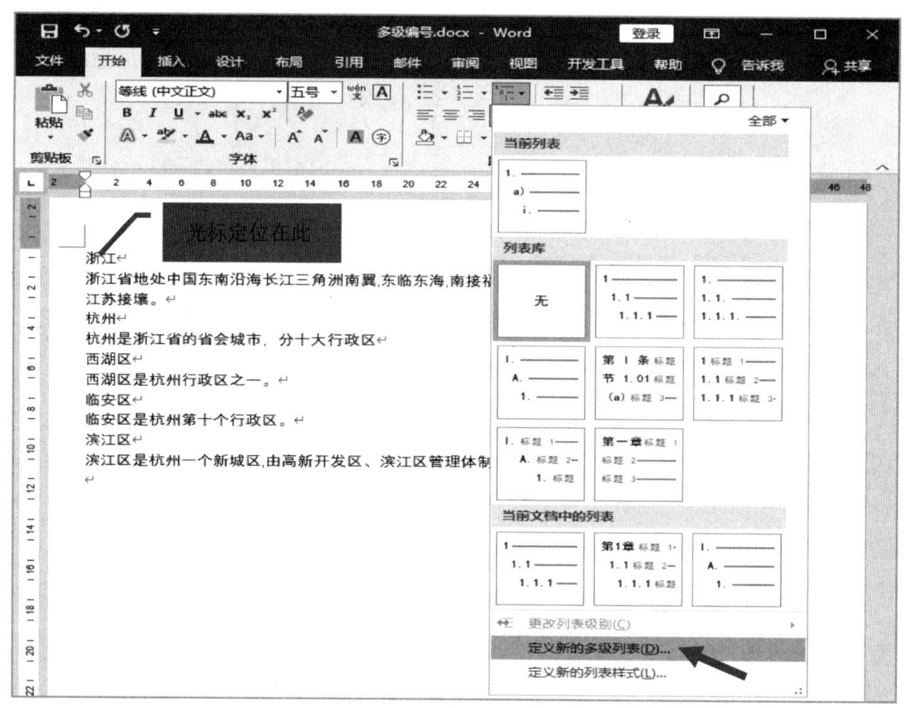

图 4-16　选择“定义新的多级列表”选项

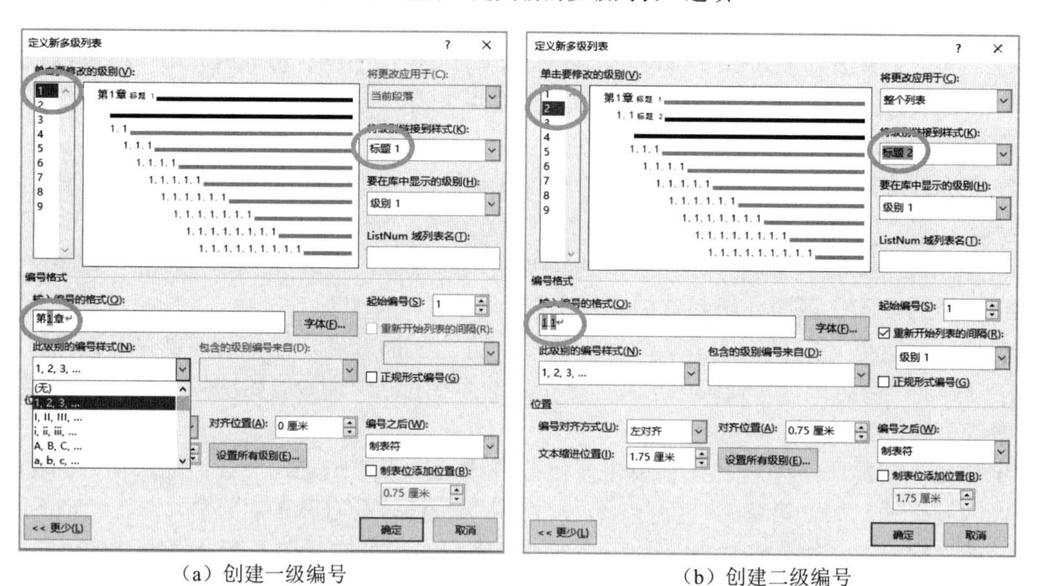

（a）创建一级编号　　　　（b）创建二级编号

图 4-17　创建成功的多级编号

提示：这里的二级编号是包含“级别 1”的，编号 1.1 中，第一个“1”表示级别 1，可以在“包含的级别编号来自”下拉选项中选择；第二个“1”是本级的编号，可以通过“此级别的编号样式”来选择，分隔点手动输入；当然二级编号也可以不包含“级别 1”。

步骤 4，创建更多级编号：按照步骤 3 的方法，可以创建三级、四级等更多级的编号。此时列表库中已列出了刚创建的多级列表，显示在“当前列表”中，如图 4-18 所示。

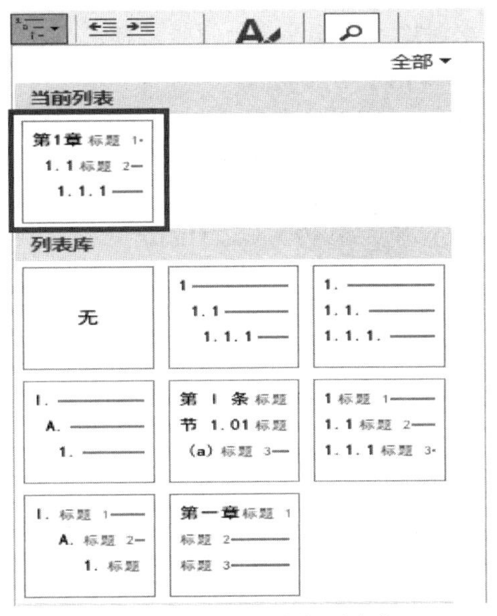

图 4-18　当前列表与列表库

步骤 5，应用自定义的“多级编号”列表至各段落：使用前面“添加多级列表”的方法将各段落的级别编号应用并调整，将光标插入点定位在需要设置多级编号的段落，如要将“杭州”所在段设置为二级编号，可以将光标定位在“杭州”段，选择“多级列表”库中刚建的“多级编号”选项，此时，“杭州”前已添加编号。若编号不是所需要的级别，可以使用 Tab 键，或者使用“多级列表”→“更改列表级别”命令来修改。要注意的是，使用 Tab 键时，光标要定位在段落的最前面，否则 Word 会插入 Tab 键代表的制表符至文档中。多级编号设置效果如图 4-19 所示，链接的样式“标题 1”“标题 2”等分别应用在对应的段落编号中。

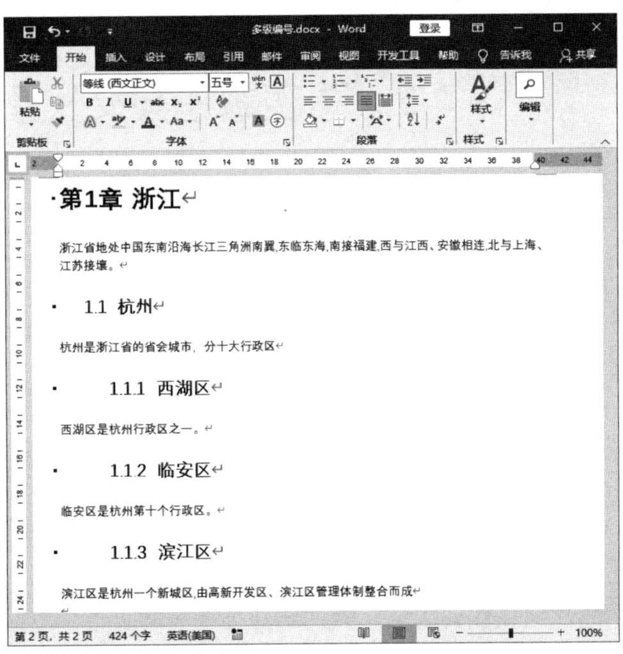

图 4-19　自定义多级编号应用效果

提示：步骤 1～步骤 4 中创建多级编号时，须将光标定位在一级编号所在段落保持不变，否则多级编号之间没有关联，必须手动关联。

若编号的序号不符合要求时，可以选定编号，单击鼠标右键，在弹出的快捷菜单中选择“设置编号值...”命令进行设置，如图 4-20 所示。

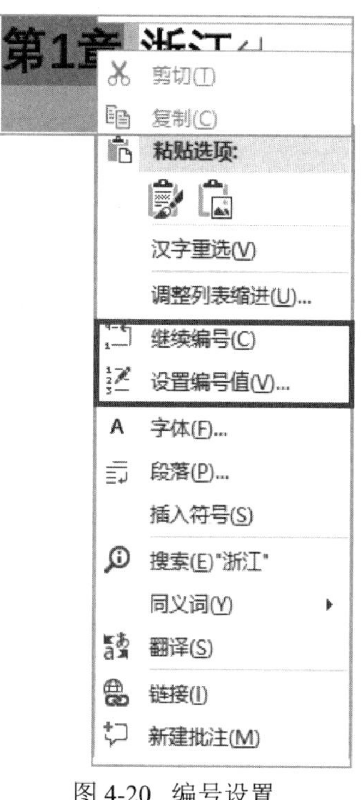

图 4-20 编号设置

题注与交叉引用

4.5 图表题注与交叉引用

1. 什么是题注

在 Word 文档中，为了丰富文档内容，使文档图文并茂，更具有吸引力，用户可以在文档中插入图片；也可以使用表格来组织数据，使数据表达简洁、清晰。插入图片和表格之后，随之而来的是要给图片、表格编号。这种针对 Word 中的图片、表格和公式等一类对象，创建的带有编号说明的文字，被称为题注。在文档中插入了大量的图片、表格等对象时，手动为这些对象编号是一件很麻烦的事情，特别是在需要对编号后的图表等对象进行增删时，手动编号将更加麻烦。充分利用 Word 的自动功能，实现图表对象的自动编号，是提高办公效率的有效方法。

题注由标签、编号、图表说明三部分组成，如题注“图 4-22‘自定义多级编号’应用效果”各部分组成如图 4-21 所示。其中，编号可以包含章节号，如编号“4-22”表示第 4 章的第 22 个图。通常图的题注插在图的下方，表的题注插在表的上方。下面以图片为例，介绍为文档中的插图进行自动编号的方法。

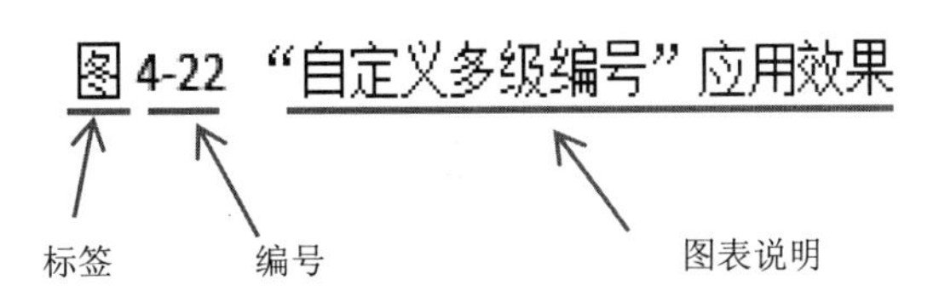

图 4-21　题注的组成

2. 插入题注

步骤 1，打开“题注”对话框：将光标定位在图片的下方（或表格的上方），单击“引用”选项卡→“题注”组中的“插入题注”按钮，打开“题注”对话框，如图 4-22 所示。

步骤 2，新建标签：在“标签”下拉列表中，默认包括“图”“公式”“表”“Figure”4 种标签选项，可以在列表中选择需要的选项，若不符合需要，则单击“新建标签”按钮，在打开的对话框中进行设置。本例选择“图”选项。

步骤 3，设置编号：单击“编号…”按钮，打开“题注编号”对话框。若按各章来编号，则勾选“包含章节号”复选框，“图 1-1”中的“1-1”不要输入，是自动生成的，表示第 1 章的第 1 个图。

步骤 4，关闭“题注”对话框：单击“确定”按钮关闭“题注”对话框，此时图片的下方被添加了设置的图片编号，如图 4-22 所示。

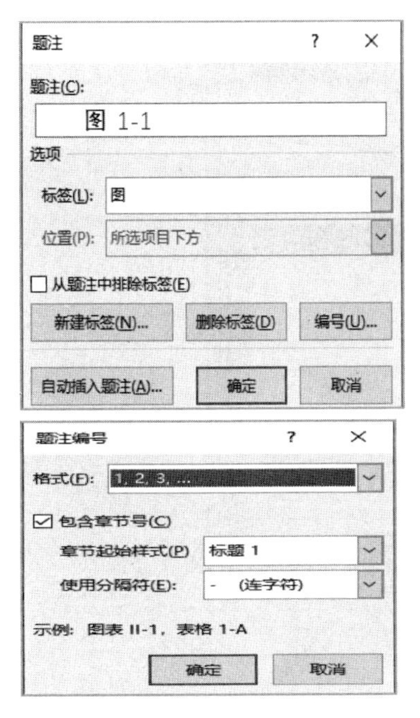

图 4-22　添加图的题注

3. 交叉引用

交叉引用就是在文档的一个位置引用文档另一个位置的内容，类似于超链接，不过交叉引用通常用于在同一文档中互相引用。如果两个文档是同一篇主控文档中的子文档，用户一样可以在一篇文档中引用另一篇文档中的内容。如书中的“如图 X 所示”，采用的就是交叉引用。交叉引用可以使读者能够尽快地找到想要找的内容，也能使整本书的结构更有条理，更加紧凑。在长文档处理中，如果靠人工来处理交叉引用的内容，既花费大量的时间，又容易出错。如果使用 Word 的交叉引用功能，Word 会自动确定引用的页码、编号等内容。如果以超链接形式插入交叉引用，则读者在阅读文档时，可以通过单击交叉引用直接查看所引用的项目。下面以交叉引用图表编号为例，介绍交叉引用的使用。

交叉引用图表编号的前提是文档中的图表已添加了自动编号，即已为图表插入题注，具体操作方法如下。

步骤 1，打开“交叉引用”对话框：将光标插入点定位在需要插入交叉引用的位置，单击“引用”选项卡→“题注”组中的“交叉引用”按钮，打开“交叉引用”对话框，如图 4-23 所示。

步骤 2，设置引用类型：在“引用类型”下拉列表中选择要引用的题注标签，如“图”，则以“图”为标签的题注均列举在“引用哪一个题注”框里，在列表中选择要引用的题注。

步骤 3，设置引用内容：在“引用内容”下拉列表中选择引用内容，如“仅标签和编号”，则“图 2-3”被插入在光标插入点位置。

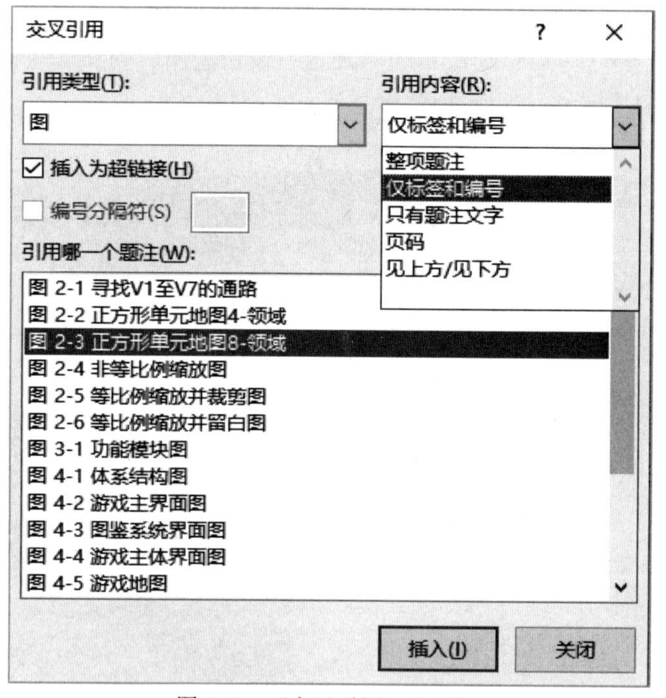

图 4-23 “交叉引用”对话框

使用导航窗格与目录抽取

4.6 “导航”窗格

1. 什么是“导航”窗格

“导航”窗格可用于显示文档标题大纲，方便用户轻松编辑长文档。通过“导航”窗格，可以快速查看各级标题的层次结构，易于厘清当前文档的整体结构。

提示： 如果取消对“插入为超链接”复选框的勾选，则插入的交叉引用不具有链接能力。另外，在单击“插入”按钮后，如果还需要创建其他的交叉引用，可不关闭对话框，使用文档窗口右边的滚动条进行定位，确定光标新的插入点后继续插入即可。此方式同样适用于进行多个题注的插入。

2. “导航”窗格在哪

在“视图”选项卡的“显示”组中勾选“导航窗格”复选框。此时，文档窗口左边出现“导航”窗格，如图 4-24 所示。

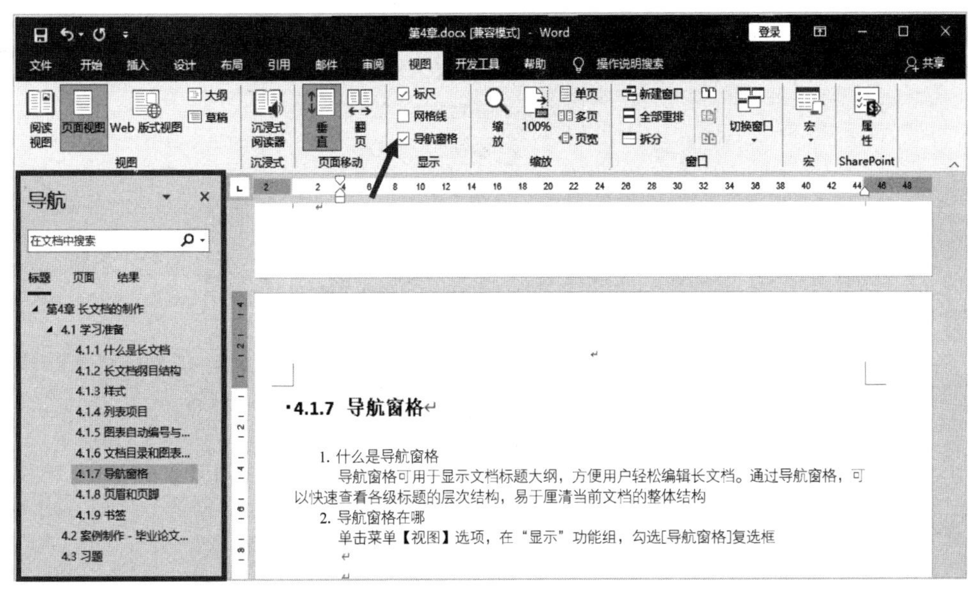

图 4-24　“导航”窗格

3. “导航”窗格的作用

（1）快速查看指定的文档内容。在查看长文档时，通常都要翻页，这时候如果拖曳右侧的滚动条或者滑动鼠标滚轮的话都比较低效。其原因一是滑动鼠标滚轮速度较慢，二是定位不够精确，此时即可使用“导航”窗格。

- 如果要查找某个词组或某段话，可以在“导航”窗格上部的“在文档中搜索”框中输入相应文本即可，查找到的内容将以黄色高亮显示。
- 如果需要快速地跳转到某标题的起始位置，只需要在“导航”窗格中单击相应的标题即可。

（2）快速调整文档内容的结构。如果希望调整某些标题的大纲结构，可以在该标题上右击，在弹出的快捷菜单中选择“升级”或“降级”命令，如图 4-25 所示。

（3）快速移动文本。当文档中某一部分内容需要整体向前或向后移动，以便调整大纲结构时，可以直接在“导航”窗格中，在要移动的节标题上单击，然后按住鼠标左键将它移动到适合位置即可，而无须进行选择、复制、剪切等操作。

（4）选定内容打印。当只需要打印文档中某章节的内容时，在“导航”窗格的某一节标题上单击鼠标右键，在弹出的快捷菜单中选择“选择标题和内容”命令将该标题下的内容全部选中，选择“打印标题和内容”命令可只将该标题及下方的内容打印出来，如图 4-25 所示。

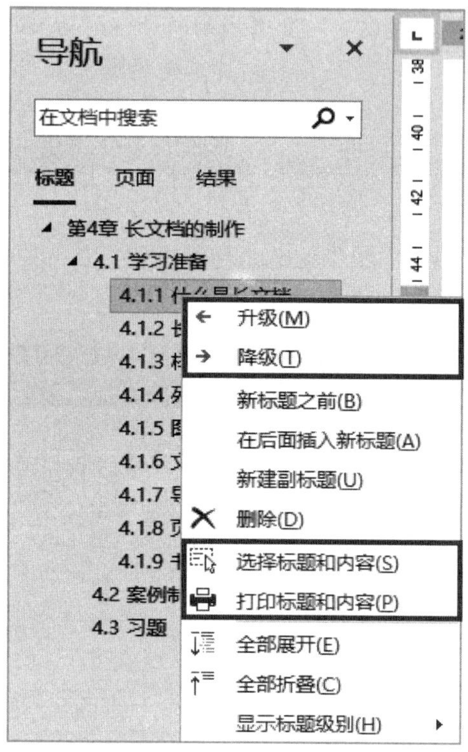

图 4-25 “导航”窗格中的快捷菜单

4.7 文档目录和图表目录

目录是文档中各级标题的列表，通常位于文章前言或扉页之后。目录的作用在于方便读者快速地查阅或定位到感兴趣的内容，同时比较容易了解文章的纲目结构。图表目录则是文档中图片和表格的索引目录，通常位于文档目录之后、正文之前，其作用与文档目录相同。

如果手动为长文档制作目录，工作量是相当大的，而且有很多弊端，比如当我们对文档的标题内容更改后，又得再次手动更改目录，因此必须使用 Word 的自动功能来实现。自动抽取文档目录的前提是确保章节标题段落是大纲级别的，即抽取目录之前要给各级标题添加带有链接内置标题的多级列表；自动抽取图表目录的前提是确保文档中的图片、表格等已加有题注，即要在生成索引目录前为文档的图和表添加题注。下面介绍如何生成文档目录和图表索引目录。

1. 文档目录的抽取

步骤 1，设置多级列表：为需要生成目录的段落文本设置多级列表，具体方法请参阅 4.4 节。

步骤 2，打开“目录”对话框：将光标插入点定位在插入目录的位置，单击“引用”选项卡→“目录”组中的“目录”按钮，在打开的下拉列表中选择需要的内置目录样式，如图 4-26 所示。如果没有适合的，选择“自定义目录”命令，打开“目录”对话框，如图 4-27

所示，在对话框中可以设置目录要显示的标题级别、制表符前导符等选项。

步骤 3，生成目录：单击“确定”按钮，关闭对话框，此时目录生成。

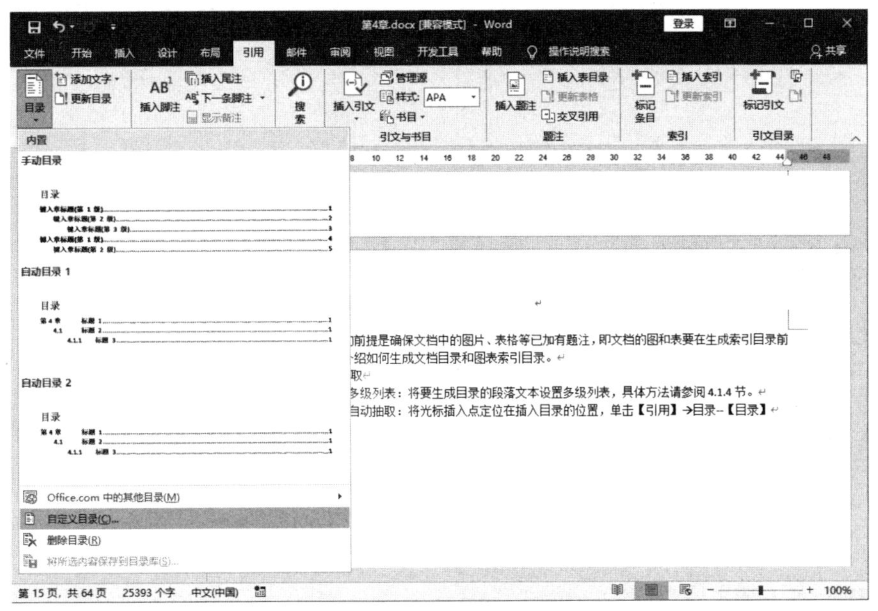

图 4-26　在文档中添加目录

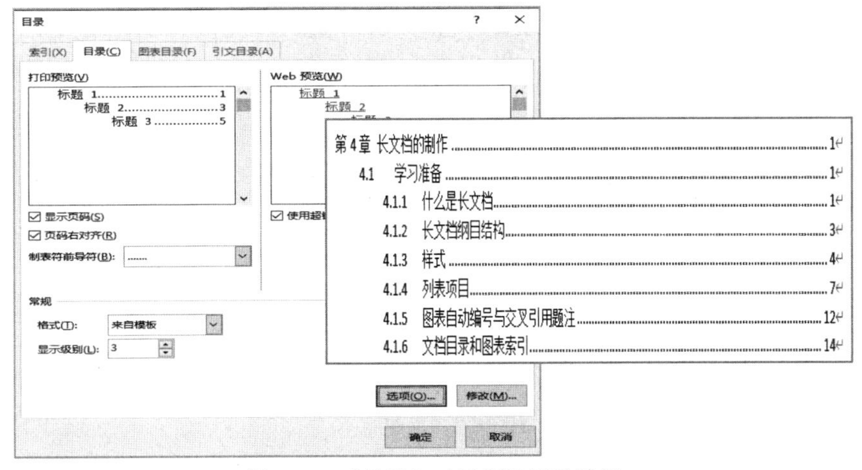

图 4-27　“目录”对话框及目录效果

2. 图表目录的抽取

步骤 1，为图表添加自动编号：给文档中的图、表格插入题注，即为图表添加自动编号，具体方法请参阅 4.5 节。

步骤 2，打开“图表目录”对话框：单击“引用”选项卡→“题注”组中的“插入表目录”按钮，打开“图表目录”对话框，如图 4-28 所示。

步骤 3，由题注标签生成目录类型：在“题注标签”下拉列表中选择步骤 1 中创建的题注标签。

步骤 4，图表目录生成：单击“确定”按钮，关闭对话框，此时，图表目录生成。

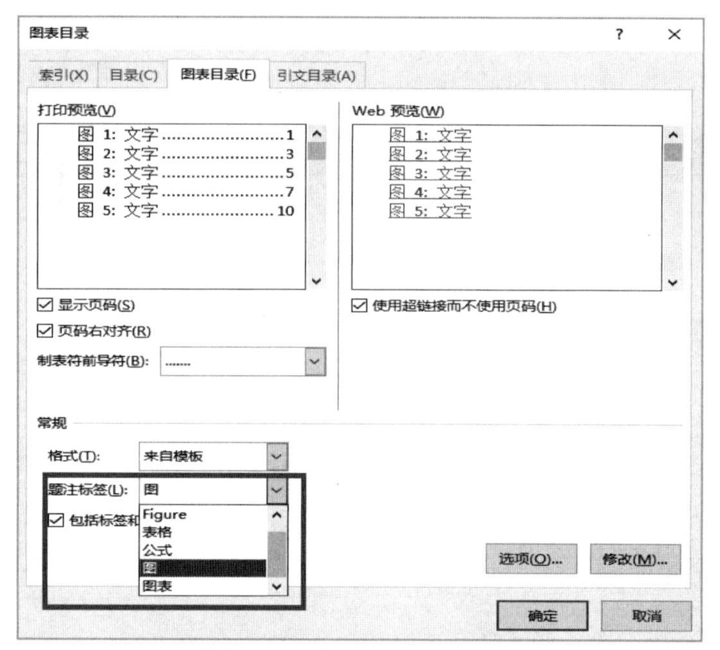

图 4-28 “图表目录”对话框

3. 目录更新

如果文档中的内容，包括页码等，发生了变化，则目录相应地也要进行修改。因此，要对目录进行更新。在目录处单击鼠标左键，此时目录底纹变成灰色，单击鼠标右键，在弹出的快捷菜单中选择“更新域…”命令，打开“更新目录”对话框，如图 4-29 示。选择“只更新页码”或“更新整个目录”单选按钮，单击“确定”按钮关闭对话框。此时，目录已更新。

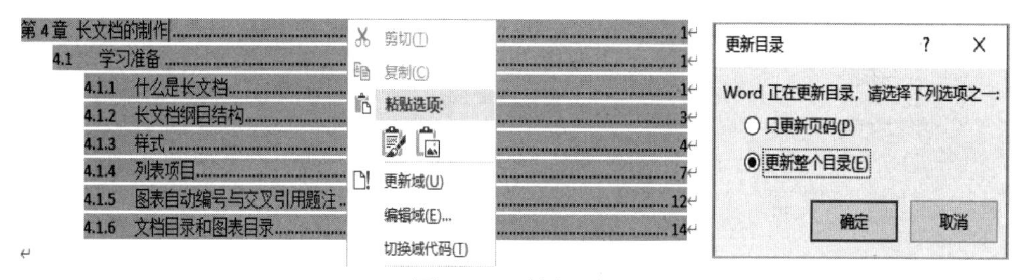

图 4-29 更新目录

案例 4-1

【例 4-1】建立文档“city.docx”，由两页组成，具体要求如下所述。

（1）第 1 页内容如下：

第一章　浙江

　第一节　杭州和宁波

第二章　福建

　第一节　福州和厦门

第三章　广东

　第一节　广州和深圳

要求：章和节的序号为自动编号（多级列表），分别使用样式“标题 1”和“标题 2”。

（2）新建样式“福建”，使其与样式“标题 1”在文字格式外观上完全一致，但不会自动添加到目录中，并应用于“第二章　福建”，在文档的第 2 页中自动生成目录。

具体操作方法介绍如下。

步骤 1，输入文档内容，如图 4-30 所示。

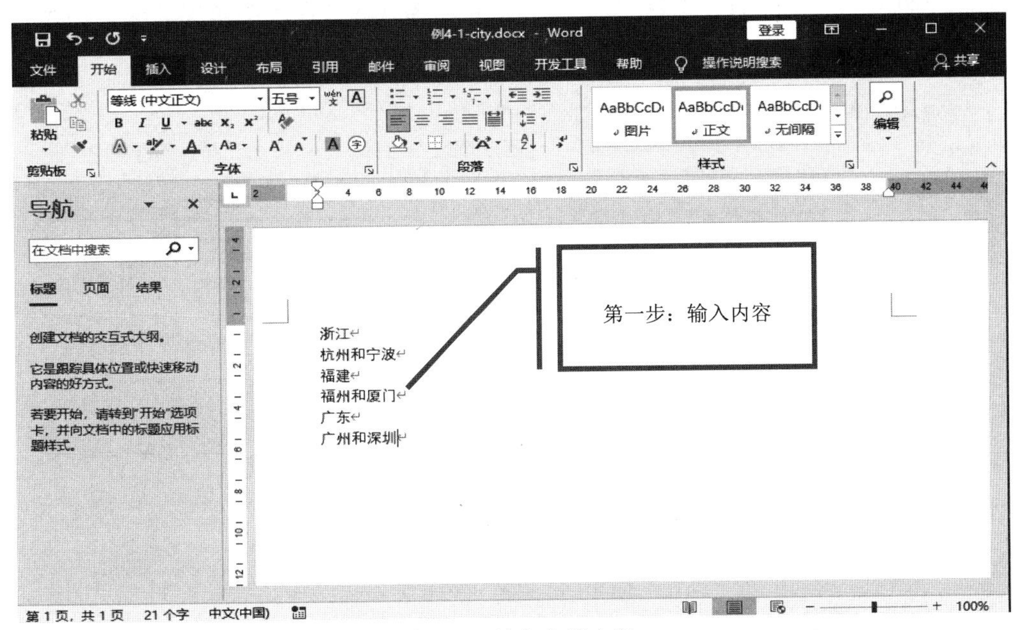

图 4-30　输入文档内容

步骤 2，创建多级列表的一级编号：将光标插入点定位在“浙江”段落，单击“开始”选项卡→“段落”组中的“多级列表”→“定义新的多级列表”命令，打开“定义新多级列表”对话框，设置一级编号格式，如图 4-31 所示。

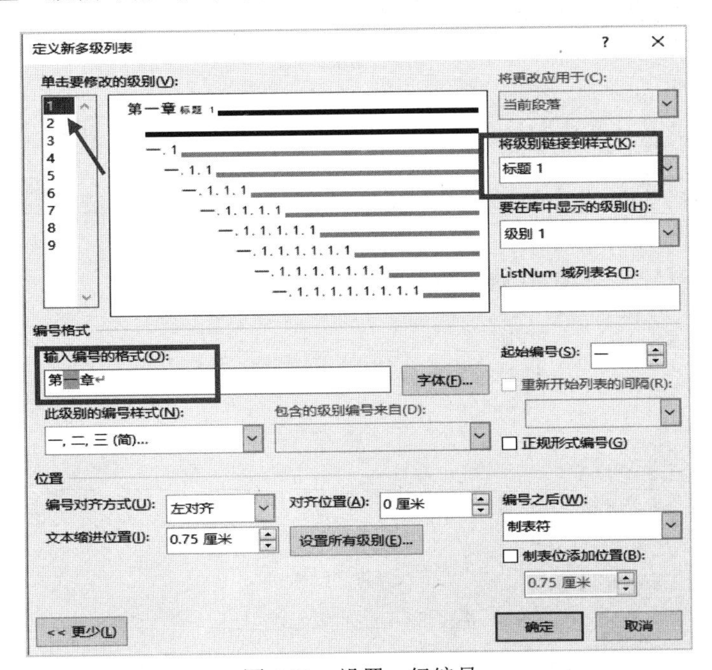

图 4-31　设置一级编号

步骤 3，创建多级列表的二级编号：光标插入点保持不动，还是定位在“浙江”段落，再次打开“定义新多级列表”对话框，如图 4-32（a）所示，因为默认二级编号中是包含一级编号的，本例的二级编号中不包含一级编号，所以将其修改为图 4-32（b）所示，可以先将文本框中的内容删除，输入字符“第节”，中间的编号样式在“此级别的编号样式”下拉列表中选择。

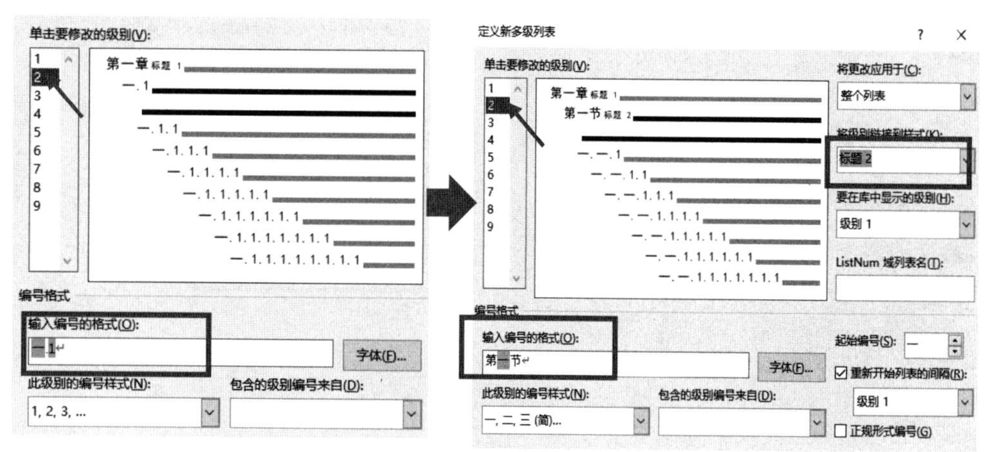

（a）打开时默认编号格式　　（b）修改默认编号格式

图 4-32　设置二级编号

步骤 4，添加多级编号：将步骤 2 和步骤 3 创建的多级编号应用于段落，创建时光标插入点所在段落“浙江”已自动添加了一级编号。将光标插入点定位在“杭州和宁波”所在段落，单击“多级列表”中刚才创建的多级编号，如图 4-33 所示。

图 4-33　添加多级编号

步骤 5，调整多级编号级别：步骤 4 执行完毕之后，也许没有获得正确的编号级别，如

图 4-34（a）所示，“福建”段落的编号为二级，需要上升为一级。调整编号级别有键盘快捷操作和菜单操作两种方式。将光标定位在“福建”段落，单击“多级列表”→“更改列表级别”→“第一章”，更改的效果如图 4-34（b）所示。

注：如采用键盘快捷操作，按 Tab 键降级，按 Tab+Shift 组合键升级。

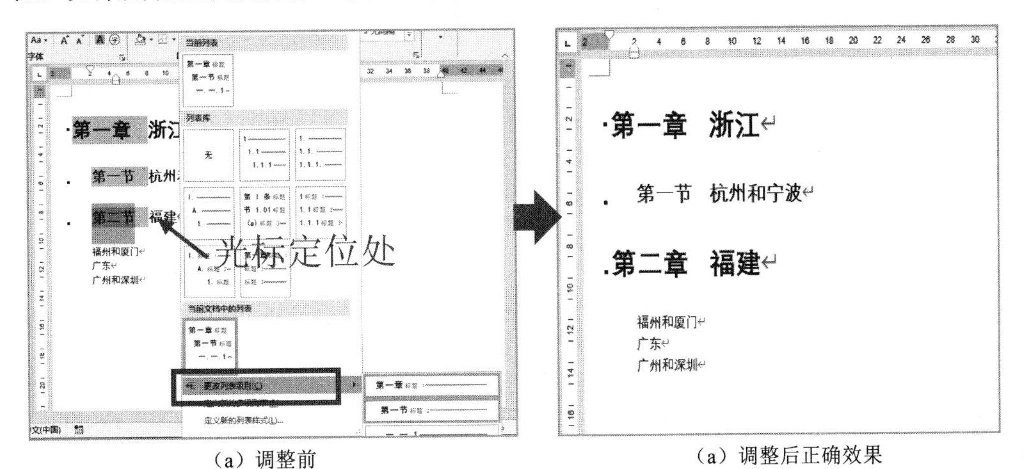

（a）调整前　　（a）调整后正确效果

图 4-34　调整多级编号级别

步骤 6，添加其他段落的多级编号：在其他段落中执行步骤 4 和步骤 5 同样的操作，添加多级编号的效果如图 4-35 所示。

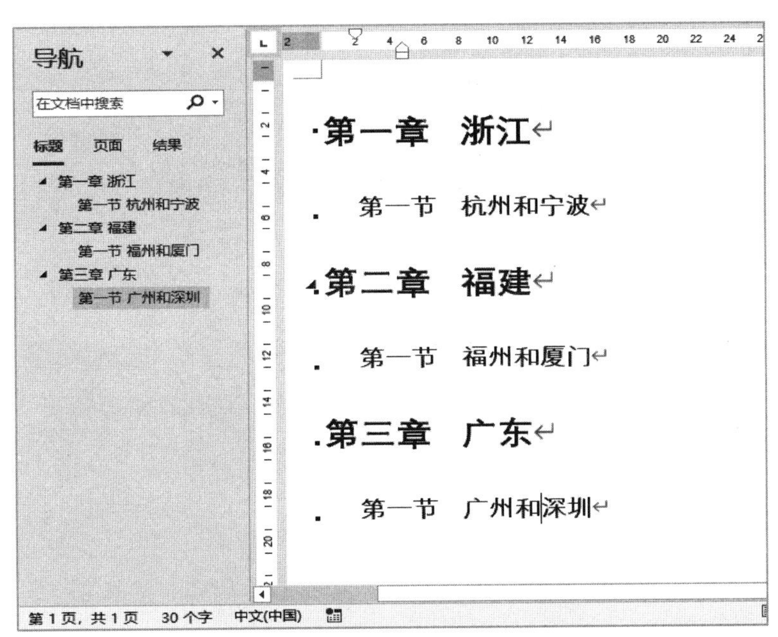

图 4-35　添加多级编号的效果

步骤 7，新建样式“福建”：将光标插入点定位在“第二章 福建”，打开“根据格式化创建新样式”对话框，按如图 4-36 所示进行设置，“样式基准”设为“标题 1”。如果不修改新建样式基准，则默认以光标所在段落的样式为基准样式。

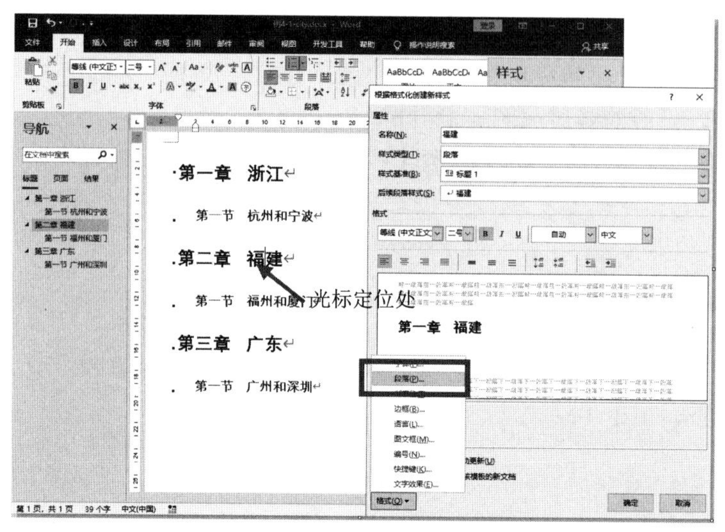

图 4-36　新建“福建”样式

步骤 8，修改“福建”样式的大纲级别：单击“格式”→“段落”按钮，打开“段落”对话框，修改“大纲级别”为“正文文本”，如图 4-37 所示，单击“确定”按钮关闭“段落”对话框。获得的文档效果如图 4-38 所示，此时“导航”窗格中的内容也发生了变化。

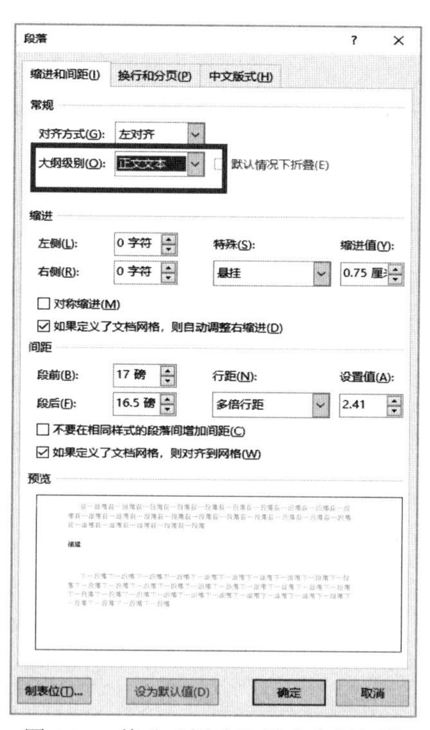

图 4-37　修改“福建”样式大纲级别

步骤 9，抽取目录：将光标插入点定位在文档末，单击“布局”选项卡→“页面设置”组中的“分隔符”→“分页符”命令，给文档增加一页。将光标插入点定位在文档第 2 页，单击“引用”选项卡→“目录”组中的“目录”→“自定义目录”命令，获得的文档效果如图 4-39 所示。

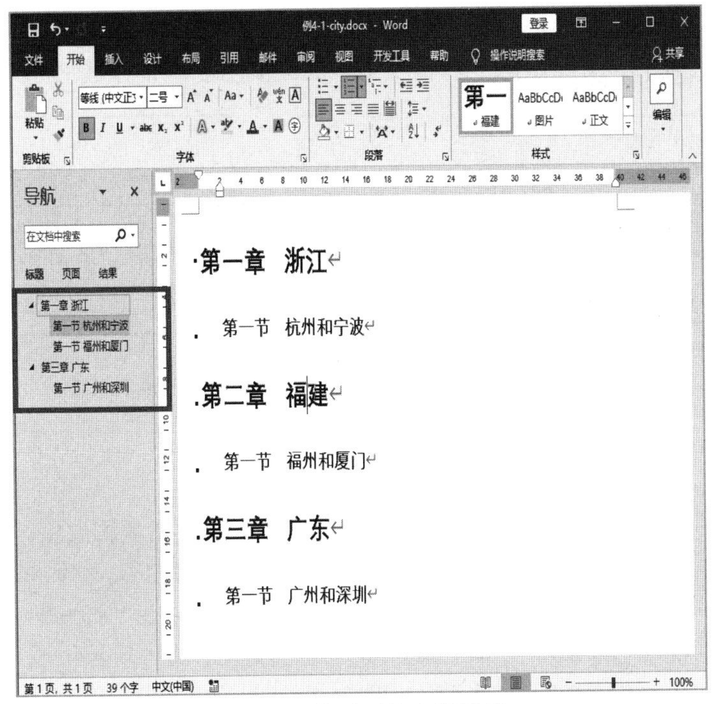

图 4-38　修改后的文档效果

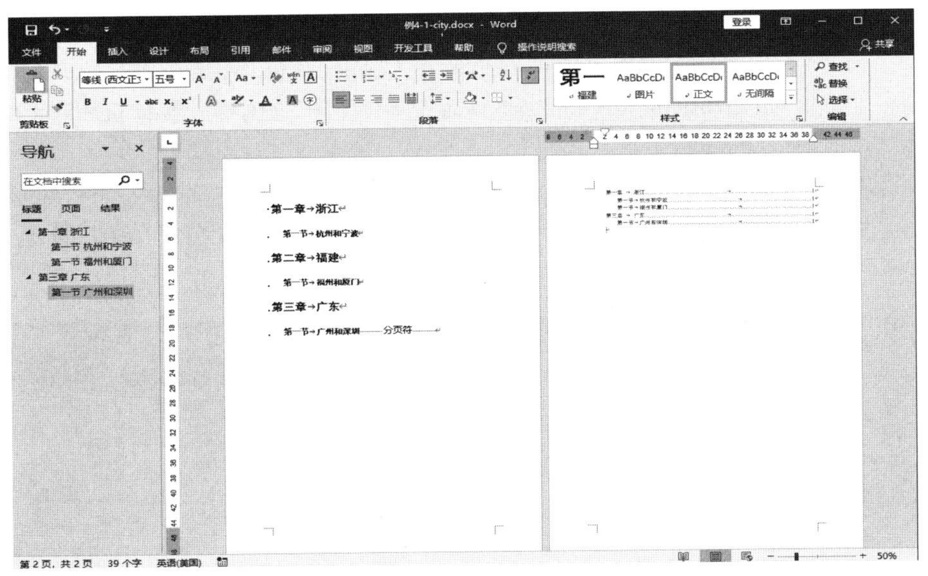

图 4-39　文档最终效果

不同页眉、页脚的设置

4.8　页眉、页脚和页码

对于长文档，页面的顶部或底部都会有一些特定的信息，在页眉和页脚中除了可以直接插入简单的文字和数字，还可以插入特定信息，如文档名、章名、时间日期或单位徽标图片。

通常页眉在页面的顶部，页脚在页面的底部。

通过设置页眉和页脚的操作，可以实现文档的诸多功能，整体概括起来如图 4-40 所示。

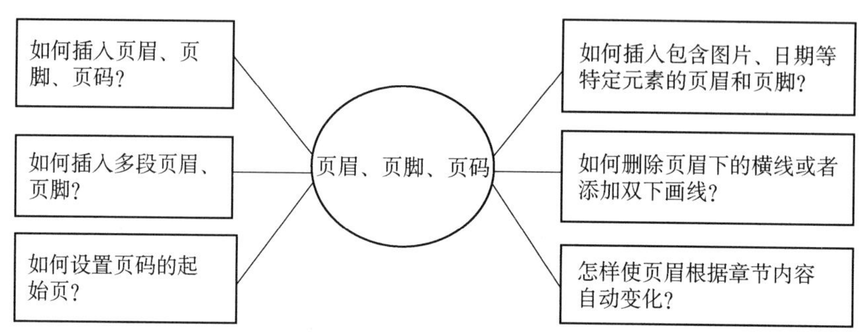

图 4-40　页眉、页脚、页码操作

1. 插入页眉、页脚和页码

步骤 1，进入页眉和页脚编辑状态：有两种方式进入页眉和页脚编辑状态。

方法一，双击页面顶端，进入页眉编辑状态，“页眉和页脚工具—设计”选项卡如图 4-41 所示，可以插入不同形式的页眉。同样，双击页面底部可以进入页脚编辑状态，插入不同形式的页脚。也可以单击“页眉和页脚工具—设计”选项卡中的“转至页眉”或“转至页脚”按钮在页眉编辑状态与页脚编辑状态之间切换。

方法二，单击“插入”选项卡“页眉和页脚”组中的“页眉”“页脚”“页码”按钮进行操作。

步骤 2，退出页眉和页脚编辑状态：有两种方式退出页眉和页脚编辑状态。

方法一，单击“页眉和页脚工具—设计”选项卡下“关闭”组中的“关闭页眉和页脚”按钮。

方法二，双击正文区域。

插入页眉和页脚后，我们可以在“页眉和页脚工具—设计”选项卡中通过“页眉顶端距离”或“页脚底端距离”数据框来调整页眉和页脚的位置，也可以在“开始”选项卡中对页眉和页脚所包含文字的字体、大小进行设置。

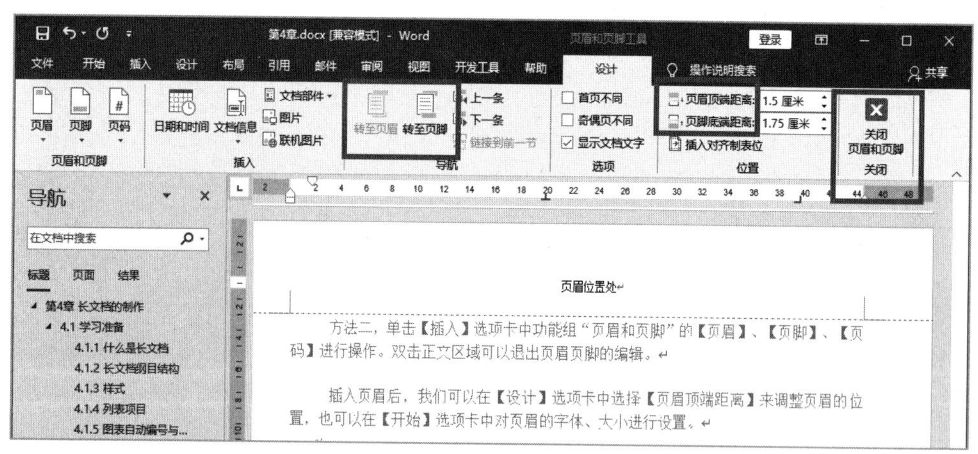

图 4-41　“页眉和页脚工具—设计”选项卡

2. 插入包含图片、日期等特定元素的页眉、页脚

在文档的页眉或页脚区域中可以添加当前的日期和时间信息，以标示文档创建和修改时

间等，具体方法如下。

（1）插入日期和时间：单击“页眉和页脚工具—设计”选项卡→“插入”组中的“日期和时间”按钮，打开“日期和时间”对话框，在列表中选择日期样式，单击“确定”按钮关闭对话框。

（2）插入文档信息：单击“页眉和页脚工具—设计”选项卡→“插入”组中的“文档信息”按钮，在弹出的“文档信息”下拉列表中选择相关选项，如图 4-42 所示。

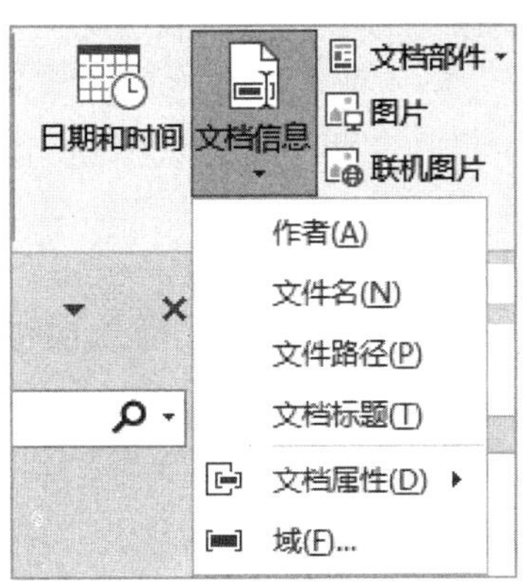

图 4-42　在页眉中插入特定元素

（3）插入图片：单击“页眉和页脚工具—设计”选项卡→“插入”组中的“图片”按钮，可以插入本机中的图片；单击“联机图片”按钮，可以插入网络上的联机图片。

3. 插入多段页眉和页脚

双击页面上方进入页眉编辑状态，在“页眉和页脚工具—设计”选项卡的“页眉和页脚”组的“页眉”下拉选项中可以选择不同风格、不同主题的页眉样式，比如选择“空白（三栏）”后，页眉如样式所示分成 3 部分，可以根据需要设置不同内容，如图 4-43 所示。多段页脚的插入方法与此相似。

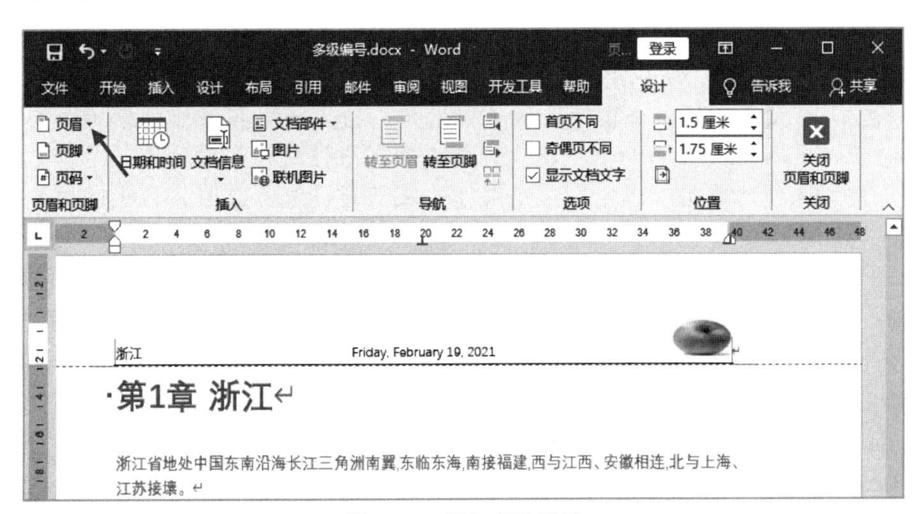

图 4-43　插入多段页眉

4. 删除或添加页眉下的横线

页眉下方的横线实质上是文字的边框，将边框取消即可删除页眉下的横线。双击页面上方进入页眉编辑状态，单击“开始”选项卡→“段落”组中的“边框”按钮，在下拉选项中选择 无框线(N)，页眉下方的横线就不见了。

插入双下画线的方法和在正文中插入双下画线的方法是一样的，选中页眉的内容后，再打开“边框和底纹”对话框，然后进行框线设置即可。

5. 使页眉内容根据章节内容自动变化

要使页眉内容根据章节内容自动变化，可以使用“StyleRef”域来实现，“StyleRef”域是指插入类似样式的段落中的文本。打开“域”对话框，在“域名”列表中选择“StyleRef”选项，如图 4-44 所示。这时，文档中所有已存在的样式将会列在“样式名”列表中，如“标题 1”“标题 2”“正文”等。现列举两个例子说明使用方法。

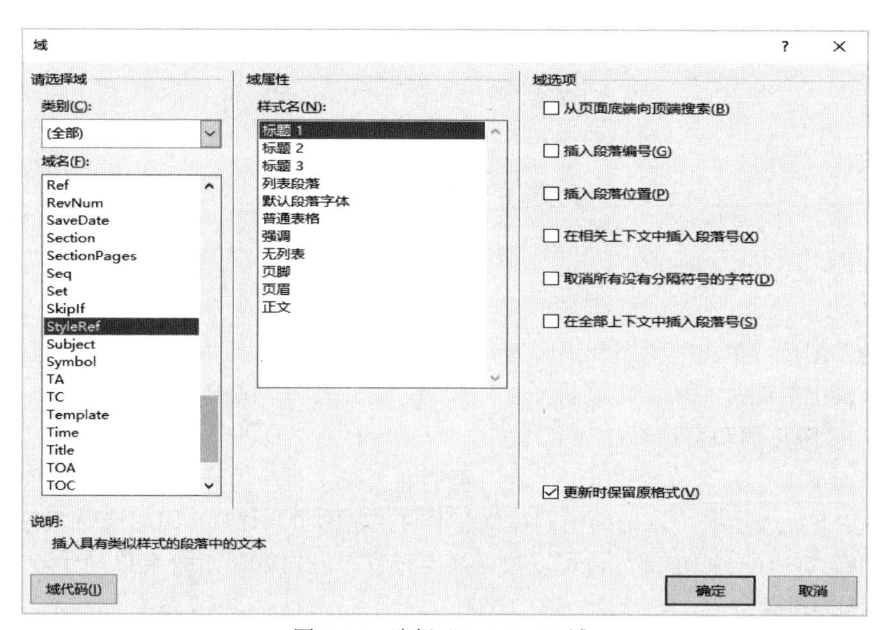

图 4-44　选择“StyleRef”域

【例 4-2】：打开文档“例 4-2-诗词四首.docx”，设置文档页眉为每一首诗词名。

操作方法：插入分页符，将文档分成 4 页，每首诗词占一页，确保诗词名称为每页的第一段；进入“页眉和页脚”编辑状态，打开“域”对话框，在对话框的“样式名”列表中选择“正文”选项，单击“确定”按钮关闭“域”对话框。此时，每页的页眉为正文的第一段落内容。

【例 4-3】：打开文档“例 4-3-校园科技节活动计划.docx”，设置文档奇数页页眉为“标题 1”，包括编号与“标题 1”文本内容，偶数页页眉为“标题 2”，包括编号与“标题 2”文本内容。

操作方法：

步骤 1，进入页眉和页脚编辑状态，勾选“页眉和页脚工具—设计”选项卡中的“奇偶页不同”复选框；将光标插入点定位在“奇数页页眉”位置处，打开“域”对话框。

步骤 2，插入“标题 1”编号：在“域名”列表中选择“StyleRef”选项，在“样式名”列表中选择“标题 1”选项，勾选“插入段落编号”复选框，单击“确定”按钮关闭“域”对话框。此时，奇数页标题编号已插入页眉位置。

步骤 3，插入“标题 1”的文本内容：再次打开“域”对话框，在“域名”列表中选择“StyleRef”选项，在“样式名”列表中选择“标题 1”选项，单击“确定”按钮关闭“域”对话框。此时，“标题 1”的编号和文本内容已插入在奇数页页眉处。

步骤 4，插入“标题 2”的编号与文本内容：将光标插入点定位在“偶数页页眉”位置处，打开“域”对话框，使用与步骤 2、步骤 3 相同的操作方法，插入“标题 2”的编号与文本内容。

6. 起始页码设置

页码编号默认是 Word 根据实际当前页由 Page 域自动生成的，若要改变页码的起始页，可以进入页眉和页脚编辑状态，单击“页眉和页脚工具—设计”选项卡中的“页码”→“设置页码格式”命令，打开“页码格式”对话框，设置页码编号，即续前节或者指定起始页码，如图 4-45 所示。

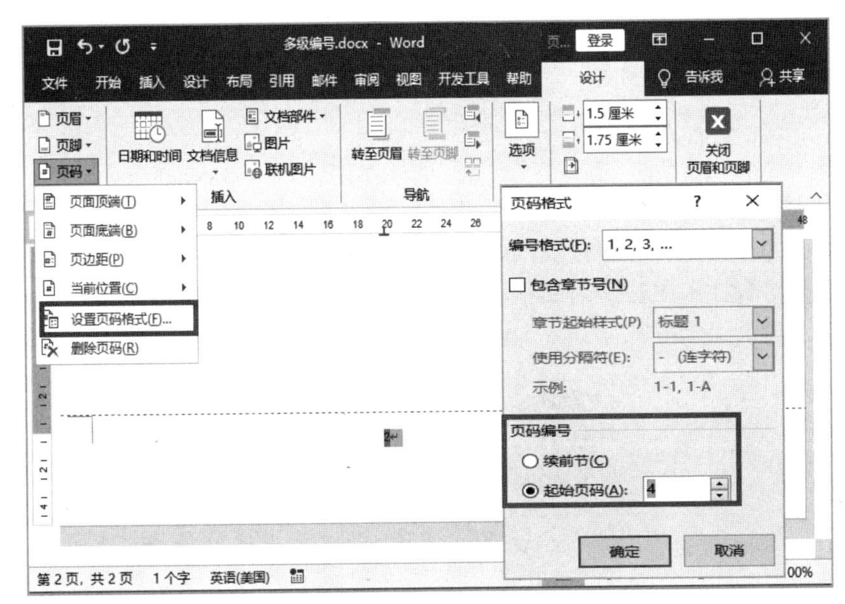

图 4-45　起始页码设置

4.9　脚注和尾注

脚注和尾注的使用

脚注和尾注是对文本的补充说明，脚注一般位于页面的底部，通常作为文档中某处内容的注释；尾注一般位于文档的末尾，用于列出引文的来源等。脚注和尾注由两个关联的部分组成，包括注释引用标记和其对应的注释文本。下面介绍脚注和尾注的使用。

1. 添加脚注和尾注

（1）插入脚注：将光标插入点定位在需要插入脚注的文本之后，单击“引用”选项卡→“脚注”组中的“插入脚注”按钮，光标插入点自动跳转至页面底部，并添加了直线和编号，此时输入脚注内容即可，如图 4-46 所示。添加脚注后，底部注释文本前会放置脚注序号，将鼠标指针移到正文的注释引用标记处时将会显示脚注内容。

（2）插入尾注：将光标插入点定位在需要插入尾注的文本之后，单击“引用”选项卡→

“脚注”组中的“插入尾注”按钮，光标插入点自动跳转至文档的末尾处，并添加了直线和编号，此时输入尾注内容即可，显示形式上与脚注相似。

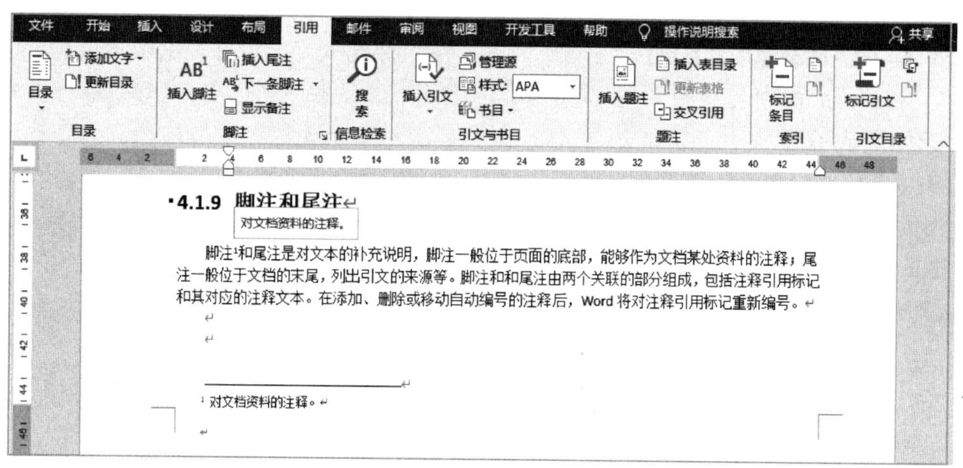

图 4-46　添加和显示脚注

2. 设置脚注和尾注

脚注和尾注的样式是可以自定义的，单击“引用”选项卡→“脚注”组右下角的对话框启动器，打开“脚注和尾注”对话框，可以对位置、脚注布局、编号格式、起始编号等进行设置，如图 4-47 所示。

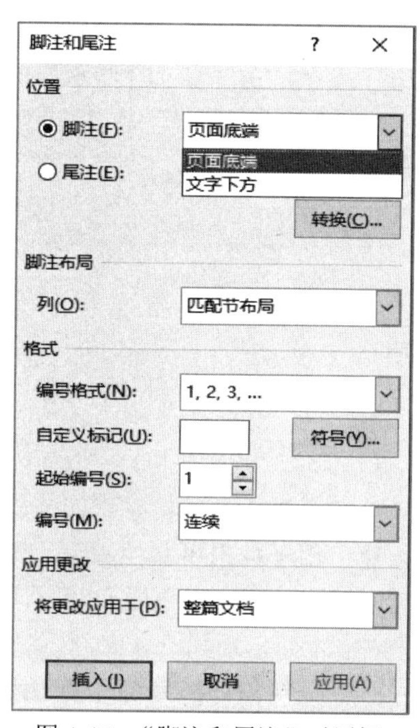

图 4-47　“脚注和尾注”对话框

3. 删除脚注和尾注

选定正文中脚注或尾注的标记，按 Delete 键，即可删除脚注或尾注，其注释也随之被删除；在添加、移动自动编号的注释时，Word 将对注释引用标记重新编号。

4.10　案例制作——长文档排版

【案例要求】

晓丽是公司办公室文员。为了更好地介绍公司业务知识，晓丽需要协助基金部门经理完成文档的规划与制作，并调整文档的外观与格式。打开素材文件“word-源.docx”，请按照如下要求，完成制作工作。

对正文进行排版，具体要求如下。

1. 使用多级符号对章名、小节名进行自动编号，替换原有的编号，要求：

（1）章号的自动编号格式为第 X 章，其中 X 为自动排序的阿拉伯数字序号，对应级别 1，居中显示。

（2）小节名自动编号格式为 X.Y，其中 X 为章数字序号，Y 为节数字序号（例：1.1），X、Y 均为阿位伯数字序号，对应级别 2，左对齐显示。

2. 新建样式，样式名为“样式 0000”，具体要求如下。

（1）字体：

- 中文字体为“楷体”；
- 西文字体为“Times New Roman”；
- 字号为“小四”。

（2）段落：

- 首行缩进 2 字符；
- 段前为 0.5 行，段后为 0.5 行，行距为 1.5 倍行距；
- 其余格式，保留默认设置。

3. 对正文中的图添加题注“图”，位于图下方，居中。要求：

（1）编号为“章序号”-“图在章中的序号”（例如，第 1 章第 1 幅图，题注编号为 1-1）。

（2）图的说明文字放在图下方，格式同编号。

（3）图居中显示。

4. 对正文中出现的“如下图所示”的“下图”，使用交叉引用，改成“图 X-Y”，其中“X-Y”为图题注的编号。

5. 对正文中的表添加题注“表”，位于表下方，居中。要求：

（1）编号为“章序号”-“表在章中的序号”（例如，第 1 章第 1 张表，题注编号为 1-1）。

（2）表的说明文字放在表上方，格式同编号。

（3）表居中显示，表内文字不要求居中。

6. 对正文中出现的“如下表所示”的“下表”，使用交叉引用，改成“表 X-Y”，其中“X-Y”为表题注的编号。

7. 在正文中首次出现“华盛顿”的地方插入脚注，添加文字“美国首都华盛顿，全称华盛顿哥伦比亚特区。”。

8. 将 2 中新建的样式应用到正文中无编号的文字，不包括章名、小节名、表文字、表和图的题注、脚注。

9. 在正文前按序插入节，使用 Word 提供的功能，自动生成如下内容。

（1）第 1 节：目录。

- “目录”使用样式“标题 1”，并居中；
- “目录”下为目录项。

（2）第 2 节：图索引。

- “图索引”使用样式“标题 1”，并居中；
- “图索引”下为图索引项。

（3）第 3 节：表索引。

- “表索引”使用样式“标题 1”，并居中；
- “表索引”下为表索引项。

10. 使用适合的分节符，对正文进行分节。添加页脚，使用域插入页码，居中显示，要求：

（1）正文前的节，页码采用“i，ii，iii，...”格式，页码连续；

（2）正文中的节，页码采用“1，2，3，...”格式，页码连续；

（3）正文中每章单独一节，页码总是从奇数页开始；

（4）更新目录、图索引和表索引。

11. 添加正文的页眉。使用域，按以下要求添加内容，居中显示，其中：

（1）对于奇数页，页眉中的文字为“章序号”+“章名”（例如，第 1 章 XXX）；

（2）对于偶数页，页眉中的文字为“节序号”+“节名”（例如，1.1XXX）。

【案例分析】

根据要求制作好的文档具有如下特征：

（1）在篇幅结构上，文档分正文前和正文后两部分，正文前是目录，正文后是各章节内容，正文前、后的页眉、页码格式不同。因此，文档要分节。

案例要求概述和排版前准备

（2）设置标题段落的大纲级别和给图表插入题注，是自动生成文档目录与图表目录的前提。

（3）使用样式来设置正文的字体和段落格式。

（4）正文后奇数、偶数页的页眉不同，正文前与正文后页码格式有区别，可以使用域来设置页眉和页码。

下面介绍具体的操作方法。

【案例制作】

排版前的准备：

（1）显示“导航”窗格：单击“视图”选项卡，勾选“显示”组中的“导航窗格”复选框，如图 4-48 所示。

（2）清除所有格式：按下 Ctrl+A 组合键，选定全部文档，单击“开始”选项卡→“字体”组中的“清除所有格式”按钮，如图 4-49 所示。此时，左边“导航”窗格的段落文字被移出了。这一步的操作不是必需的，但这样做可以方便后续的处理，文档结构清晰可读。

第 1 题　添加多级编号

第 1 题：

步骤 1，创建多级列表的一级编号：将光标定位在“第一章 国际货币基金组织概况”段落，单击“开始”选项卡→“段落”组中的“多级列表”→“定义新的多级列表”命令，打开“定义新多级列表”对话框，设置一级编号，如图 4-50（a）所示，注意格式链接到“标题 1”。

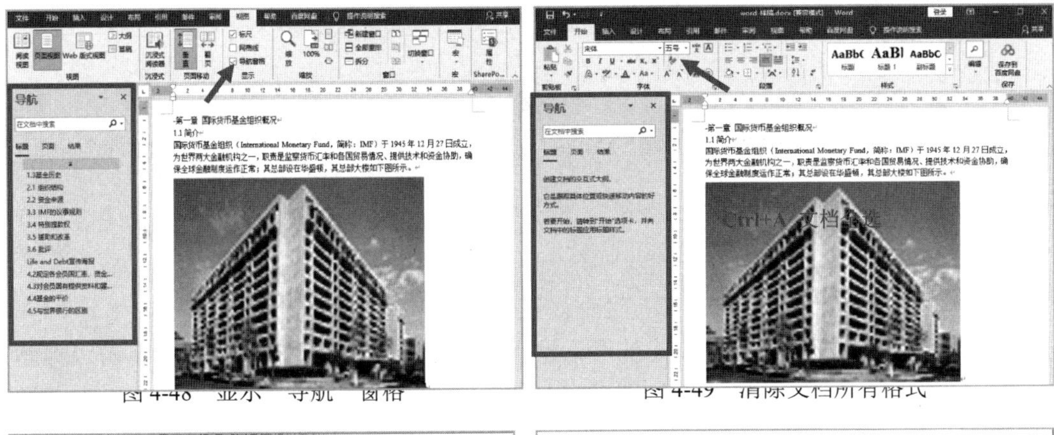

图 4-48　显示"导航"窗格　　　　图 4-49　清除文档所有格式

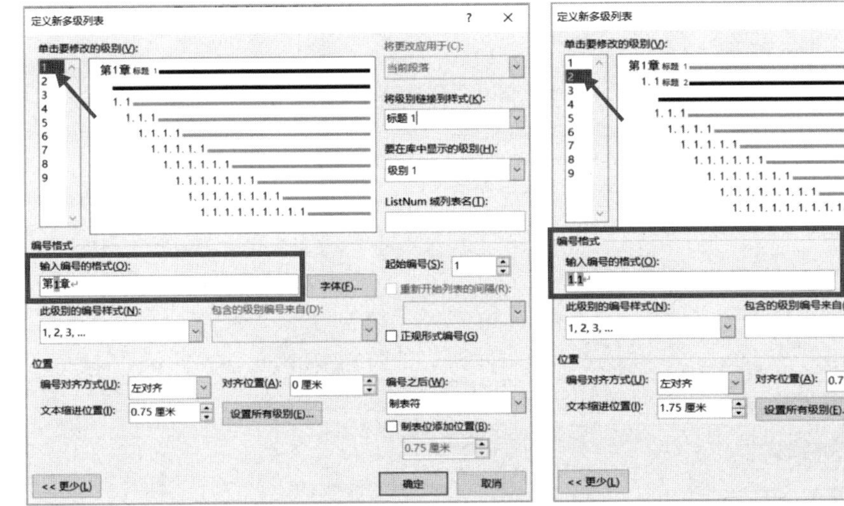

（a）设置一级编号

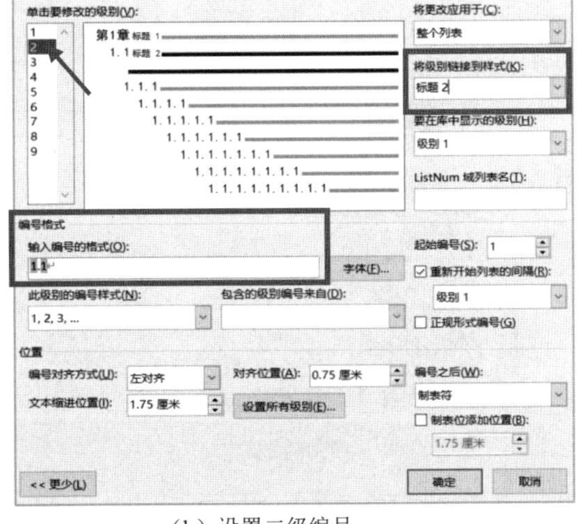

（b）设置二级编号

图 4-50　创建多级编号

提示：图中一级标题与二级标题前均有两个编号，这两个编号实质是不同的。第 1 个编号是 Word 自动编排的，选定时会出现灰色底纹；而第 2 个编号，光标插入点是可以定位在其中的，是文中原来存在的文本编号，用于使文档结构看起来更加清晰，在此需要删除第 2 个文本编号。这里，因为我们进行的是排版操作，若是一开始在文档制作过程中就添加多级编号，就不会出现这个情况。

步骤 2，创建多级列表的二级编号：光标插入点保持不动，还是在第一段，再次打开"定义新多级列表"对话框，按图 4-50（b）所示进行设置。这里默认的二级编号格式正好符合需要，就不需要修改了，注意格式要链接到"标题 2"。

步骤 3，添加二级编号：将光标定位在"1.1 简介"段落，单击"多级列表"下刚才创建的多级列表，此时若显示的是一级编号，如图 4-51 所示，则调整为二级编号（将光标插入点定位在"1.1 简介"前，按下 Tab 键，此时，段落前的编号被调整为二级编号 1.1，或者单击"多级列表"→"更改列表级别"→"1.1 标题 2"选项）。

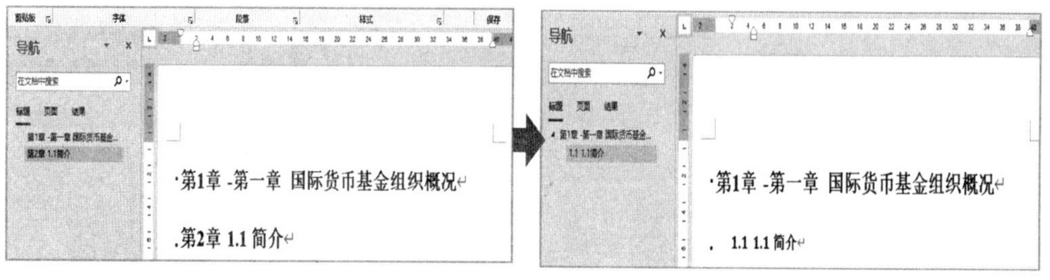

图 4-51　添加与调整二级编号

步骤 4，修改“标题 1”和“标题 2”样式的对齐方式：将光标定位在“第 1 章……”，单击“开始”选项卡→“样式”组中的对话框启动器，打开“样式”窗格。单击“标题 1”右边的倒三角，在弹出的菜单中选择“修改”命令，打开“修改样式”对话框。单击“居中”按钮，如图 4-52 所示，单击“确定”按钮关闭对话框。将光标定位在第 2 段落中，用同样的方法修改“标题 2”为“左对齐”。

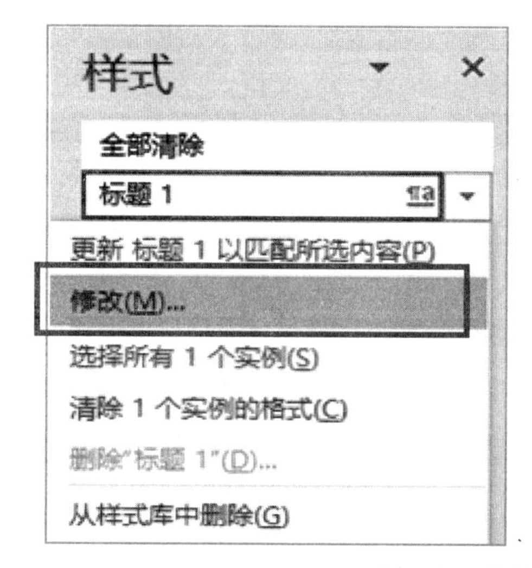

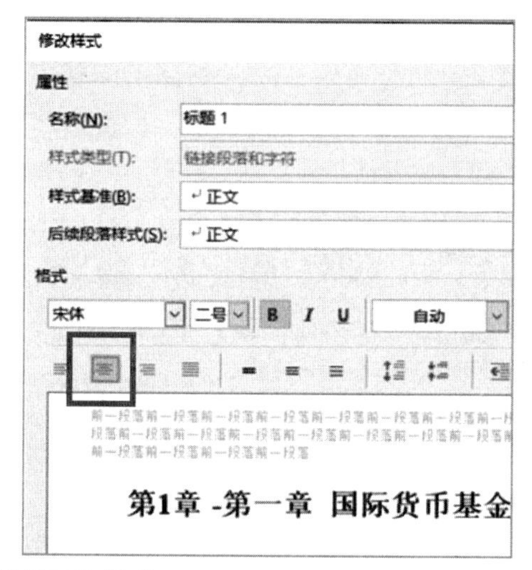

图 4-52　修改“标题 1”样式

步骤 5，给其他标题段落添加多级编号：这里，最快捷的方式是使用格式刷，先添加一级编号，然后添加二级编号。

（1）应用格式刷添加一级编号：将光标插入点定位在“第 1 章 第一章 国际货币……”段落中，双击格式刷，分别在“第二章……”“第三章……”“第四章……”所在段落单击，这时，用格式刷复制的“第 1 章 第一章 国际货币……”段落格式应用在其他段落了；单击格式刷，取消格式刷的选定状态。

（2）应用格式刷添加二级编号：将光标插入点定位在“1.1 1.1 简介”中，双击格式刷，然后分别单击二级标题所在段落；此时，用格式刷复制的“1.1 1.1 简介”段落格式应用在其他段落了；单击格式刷，取消格式刷的选定状态。

（3）此时，文档中所有的标题段落已添加一级和二级编号，为使文档更加美观，现在删除各标题段落中第 2 个文本形式的编号，效果如图 4-53 所示。

注：在步骤 5 中也可以使用步骤 2 中的方法来添加多级编号。

图 4-53　添加多级编号后的文档效果

第 2 题：

步骤 1，打开“根据格式化创建新样式”对话框：将光标插入点定位在正文段落中，单击“样式”窗格左下角的“新建样式”按钮，打开“根据格式化创建新样式”对话框，在“名称”框中输入“样式 0000”，如图 4-54 所示。

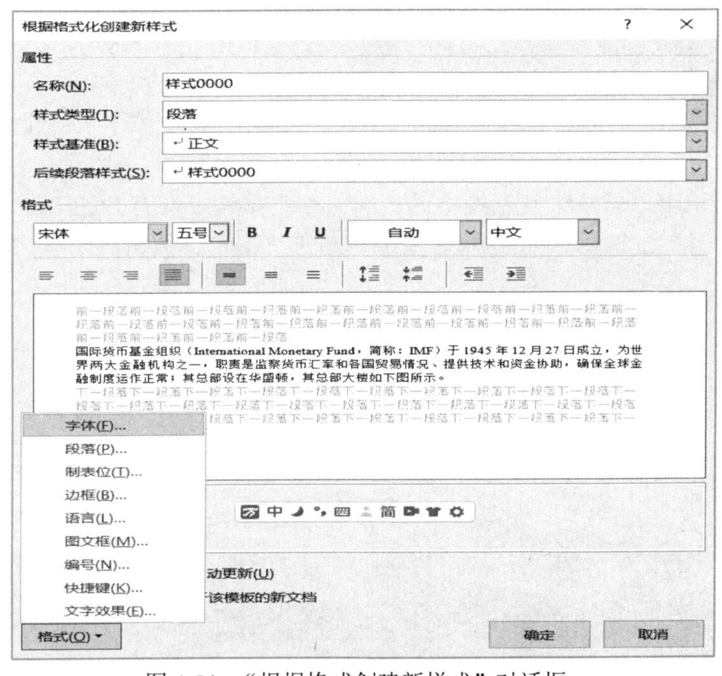

第 2、8 题　新建样式与应用样式

图 4-54　“根据格式创建新样式”对话框

步骤 2，设置字体格式：单击“格式”→“字体…”选项，打开“字体”对话框，设置中文字体格式为楷体、小四，西文字体为 Times New Roman，如图 4-55 所示，单击“确定”按钮。

步骤 3，设置段落格式：单击图 4-54 中的“格式”→“段落…”选项，打开“段落”对话框，设置段落格式为首行缩进 2 字符、段前 0.5 行、段后 0.5 行、行距为 1.5 倍行距，如图 4-56 所示，单击“确定”按钮。

步骤 4，关闭“根据格式化创建新样式”对话框：单击“确定”按钮关闭对话框。此时，光标所在段落已应用“样式 0000”格式。

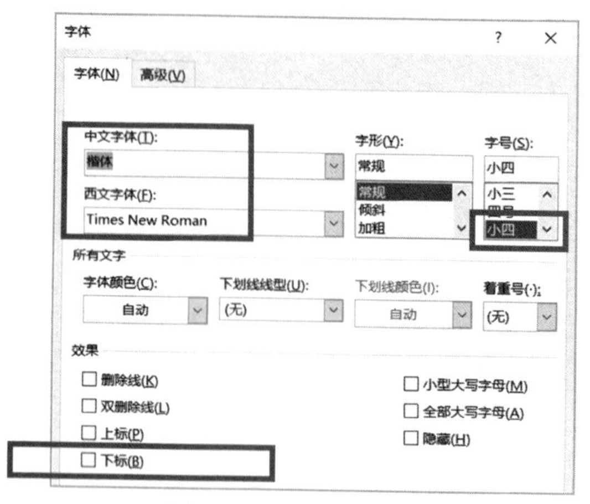

图 4-55　设置字体格式

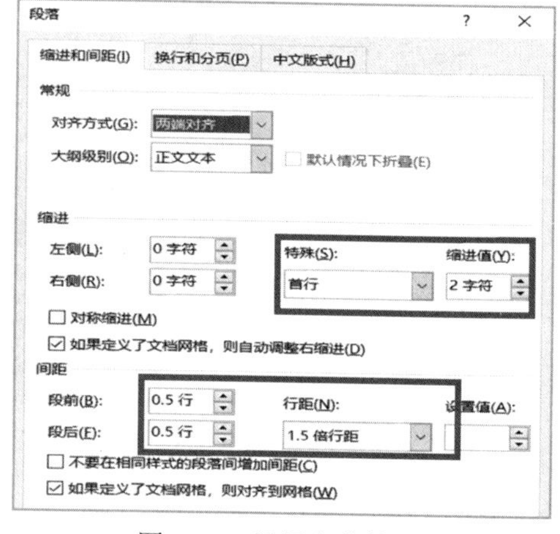

图 4-56　设置段落格式

第 3～6 题 添加题注与交叉引用

第 3 题：

步骤 1，打开“题注”对话框：将光标插入点定位在第 1 章第 1 张图下面文字“国际货币基金组织总部大楼”前面，单击“引用”选项卡→“题注”组中的“插入题注”命令，打开“题注”对话框，如图 4-57 所示。

步骤 2，新建标签“图”：单击“题注”对话框中的“新建标签…”按钮，在打开的“新建标签”对话框中输入标签文字“图”，单击“确定”按钮关闭对话框，返回“题注”对话框。

步骤 3，设置编号：单击“题注”对话框中的“编号…”按钮，在打开的“题注编号”对话框中勾选“包含章节号”复选框，如图 4-58 所示，单击“确定”按钮关闭对话框。

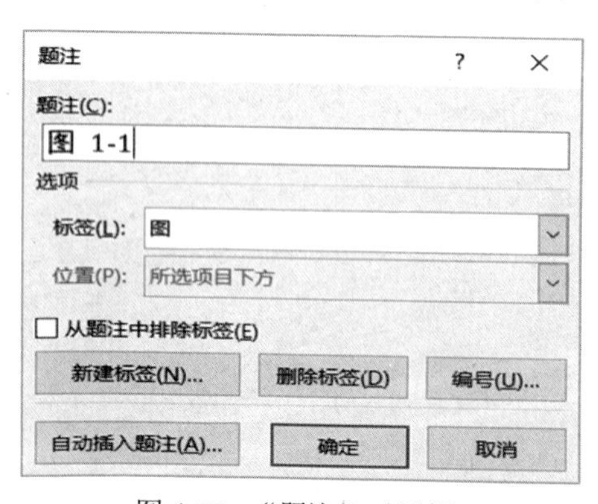

图 4-57　“题注”对话框

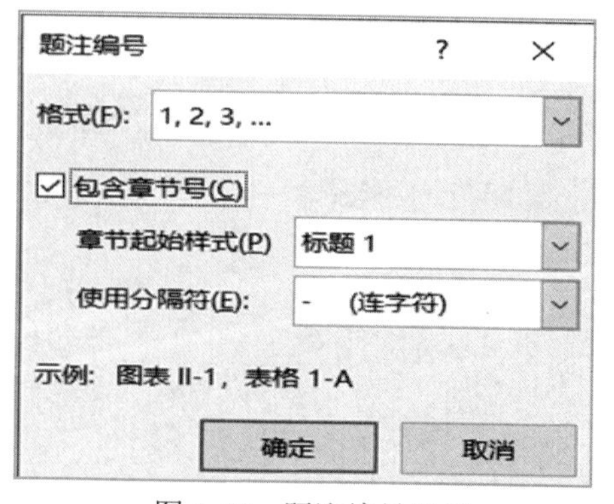

图 4-58　题注编号设置

步骤 4，设置题注居中：将光标定位在题注行，单击“开始”选项卡→“段落”组中的“居中”按钮☰。

步骤 5，设置图居中：选定图对象，单击“开始”选项卡→“段落”组中的“居中”按钮☰。

步骤 6，给文档中其他图插入题注，并设置为居中：将光标插入点分别定位在图的下一行文字前，单击“引用”选项卡→“题注”组中的“插入题注”按钮，此时，由于标签与编号均已设置好，关闭对话框即可；用同样的方法设置题注和图对象居中显示。

第 4 题：

步骤 1，交叉引用“图 1-1”：使用鼠标选定文本内容“下图”，单击“引用”选项卡→“题注”组中的“交叉引用”按钮，打开“交叉引用”对话框。设置“引用类型”为“图”，“引用内容”为“仅标签和编号”，“引用哪一个题注”为“图 1-1 国际货币基金组织总部大楼”，如图 4-59 所示，单击“插入”按钮。

步骤 2，交叉引用文档中其他图的题注：不要关闭对话框，滚动鼠标滑轮，选定要替换的交叉引用内容，在“交叉引用”对话框中选择要引用的题注，单击“插入”按钮即可，全部替换完成后再关闭对话框。

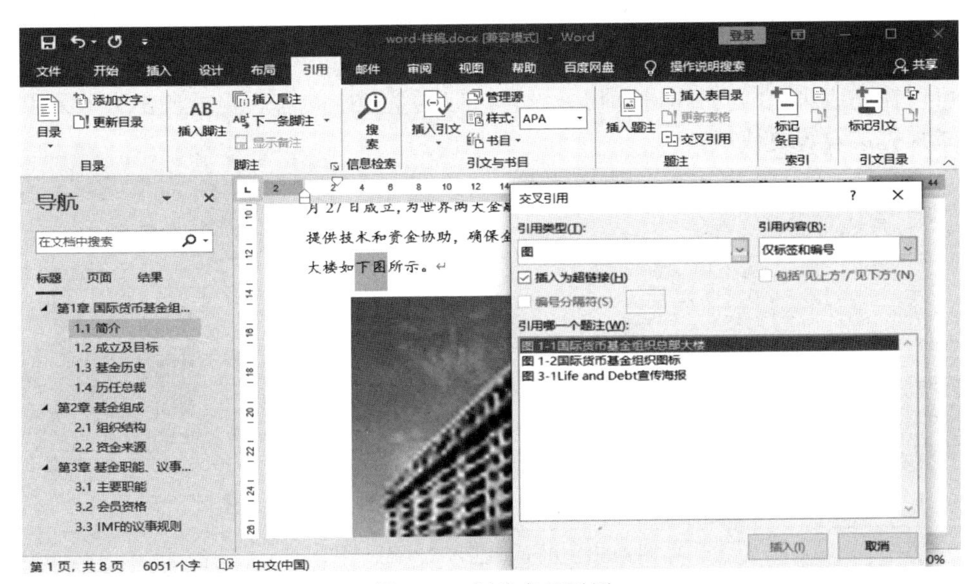

图 4-59　创建交叉引用

第 5 题：

本题操作方法与第 3 题相同，在此不再赘述。要注意的点有：①表的题注位置在表的上方；②设置表对象居中时，单击表左上方标记⊞，而不是用拖选方式选定表中内容，否则，设置的是表的单元格文字内容居中。

第 6 题：

本题操作方法与第 4 题相同，在此不再赘述。

第 7 题：

将光标插入点定位在正文第一段第三行“华盛顿”后，单击“引用”选项卡→“脚注”组中的“插入脚注”按钮，此时，光标插入点自动定位在页面底端，输入文字“美国首都华盛顿，全称华盛顿哥伦比亚特区。”。

第 7 题　插入脚注

第 8 题：

本题最快捷的解题方法是使用格式刷。

步骤 1，选取“样式 0000”的格式：将光标定位在已应用“样式 0000”格式的段落，如正文第一段，双击格式刷，这时，格式刷处于被选定状态。

步骤 2，应用“样式 0000”：用格式刷单击要应用“样式 0000”格式的段落。注意，一级标题、二级标题、题注和脚注这些不要应用此样式。

步骤 3，取消格式刷的选定状态：单击格式刷，取消格式刷的选定状态。

第 9 题　自动生成目录

第 9 题：

首先，单击“开始”选项卡→“段落”组中的“显示/隐藏编辑标记”按钮，显示编辑标记，方便我们清晰地看到插入的分节符。

步骤 1，插入分节符：单击“导航”窗格的一级标题“第 1 章国际货币基金组织概况”，即定位光标在标题内容前，单击“布局”选项卡→“页面设置”组中的“分隔符”→“下一页”命令，再次单击“分隔符”→“下一页”命令，再单击“分隔符”→“奇数页”命令，也就是在正文前插入的 3 个分节符分别是“下一页”“下一页”“奇数页”，如图 4-60 所示。第 3 个为什么插入的是“奇数页”呢？其原因是第 10 题的第（3）小题要求“正文中每章单独一节，页码总是从奇数页开始”，虽然也可以在完成第 10 题时再进行相关设置，但联系题中的前后要求，在这里采用一步到位的方式来完成设置更快捷。

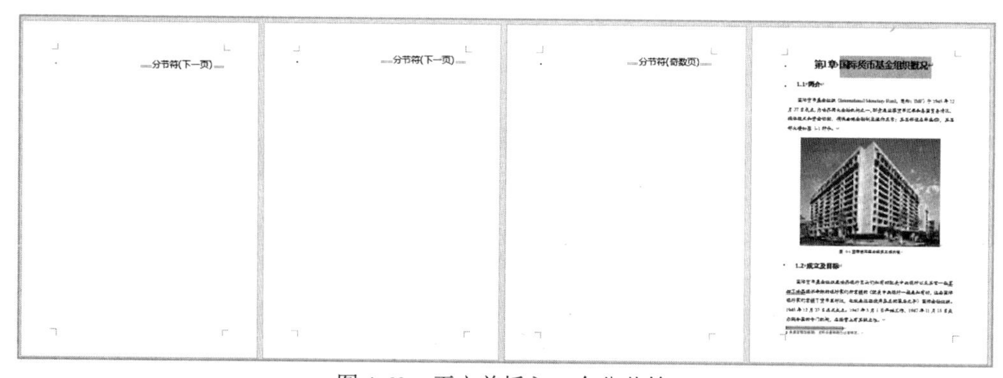

图 4-60　正文前插入 3 个分节符

步骤 2，生成文档目录：将光标定位在第 1 页的第 1 行中，输入字符“目录”，按下 Enter 键，将光标定位在回车符↵前，单击“引用”选项卡→“目录”组中的“目录”→“自定义目录”命令，在打开的对话框中单击“确定”按钮关闭对话框，此时文档目录已生成。如果在输入字符“目录”时，Word 自动添加了一级编号，则删除一级编号即可，如图 4-61 的第一张图所示。

步骤 3，生成图目录：将光标定位在第 2 页的第 1 行中，输入字符“图索引”，按下 Enter 键，将光标定位在回车符↵前，单击“引用”→“题注”组中的“插入表目录”按钮，打开“图表目录”对话框。在“题注标签”下拉列表中选择“图”选项，单击“确定”按钮关闭对话框，此时图目录已生成。如果在输入字符“图索引”时，Word 自动添加了一级编号，则删除一级编号即可，如图 4-61 的第二张图所示。

步骤 4，生成表目录：将光标定位在第 3 页的第 1 行，输入字符“表索引”，按下 Enter 键，将光标定位在回车符↵前，单击“引用”选项卡→“题注”组中的“插入表目录”按钮，打开“图表目录”对话框。在“题注标签”下拉列表中选择“表”选项，单击“确定”按钮关闭对话框，此时表目录已生成。如果在输入字符“表索引”时，Word 自动添加了一级编号，则删除一级编号即可，如图 4-61 的第三张图所示。

效果如图 4-60 所示。

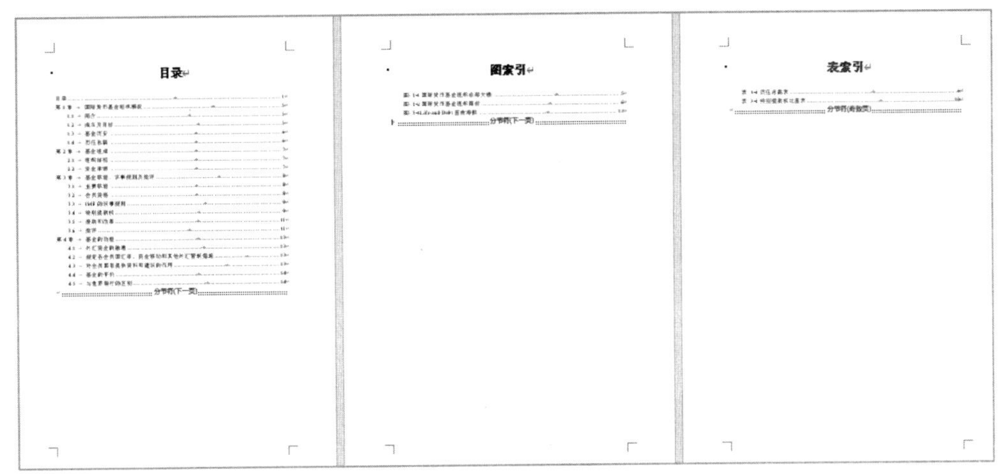

图 4-61　文档与图表目录

第 10 题：

第 10、11 题　分节与页眉、页脚设置

步骤 1，进入页眉和页脚编辑状态：在第 1 页的页面底端双击，进入页眉和页脚编辑状态，勾选“页眉和页脚工具—设计”选项卡下“选项”组中的“奇偶页不同”复选框。此时，文档就会显示“奇数页页脚/页眉”与“偶数页页脚/页眉”标记。

注：根据本题题意，事实上页脚设置不需要奇偶页不同，原因是第 11 题中的页眉有奇偶页不同的要求，若在完成第 11 题时再来做这个操作，将会导致已完成的第 10 题文档发生改变，需要重新设置。因为这里的“奇偶页不同”复选框是既作用于页眉又作用于页脚的。

步骤 2，设置正文前页脚：

（1）奇数页页脚：将光标插入点定位在第 1 节的页脚处，单击“页眉和页脚工具—设计”选项卡→“插入”组中的“文档部件”按钮→“域”命令，打开“域”对话框。在“域名”列表中选择“Page”选项，在“格式”列表中选择“i,ii,iii,...”选项，单击“确定”按钮关闭对话框。单击“段落”组的“居中”按钮，设置页脚居中显示。

（2）偶数页页脚：与奇数页页脚设置方法相同。将光标插入点定位在第 2 节的页脚处，单击“页眉和页脚工具—设计”选项卡→“插入”组中的“文档部件”按钮→“域”命令，打开“域”对话框。在“域名”列表中选择“Page”选项，在“格式”列表中选择“i,ii,iii,...”选项，单击“确定”按钮关闭对话框。单击“段落”组中的“居中”按钮，设置页脚居中。

步骤 3，设置正文后页脚：

（1）奇数页页脚：将光标插入点定位在“奇数页页脚第 4 节”（即正文第 1 页）的页脚处，单击“页眉和页脚工具—设计”选项卡→“导航”组中的“链接到前一节”按钮，取消链接；删除现有页脚；单击“页眉和页脚工具—设计”选项卡→“插入”组中的“文档部件”按钮→“域”命令，打开“域”对话框。在“域名”列表中选择“Page”选项，在“格式”列表中选择“1,2,3,...”选项，单击“确定”按钮关闭对话框。此时，页码数字为“5”。单击

“页眉和页脚工具—设计”选项卡→“页眉和页脚”组中的“页码”按钮→“页码格式”命令，打开“页码格式”对话框。设置“起始页码”数值框为“1”，如图 4-62 所示，单击“确定”按钮关闭对话框。

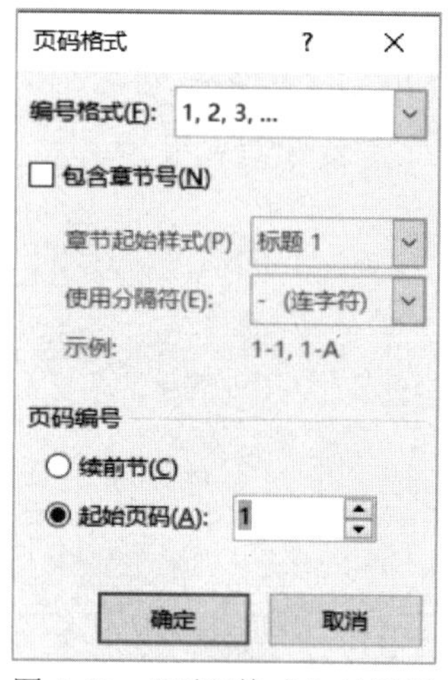

图 4-62 “页码格式”对话框

（2）偶数页页脚：将光标插入点定位在“偶数页页脚第 4 节”（即正文第 2 页）的页脚处，单击“页眉和页脚工具—设计”选项卡→“导航”组中的“链接到前一节”按钮，取消链接；删除现有页脚；单击“页眉和页脚工具—设计”选项卡→“插入”组中的“文档部件”按钮→“域”命令，打开“域”对话框。在“域名”列表中选择“Page”选项，在“格式”列表中选择“1,2,3,...”选项，如图 4-63 所示，单击“确定”按钮关闭对话框。

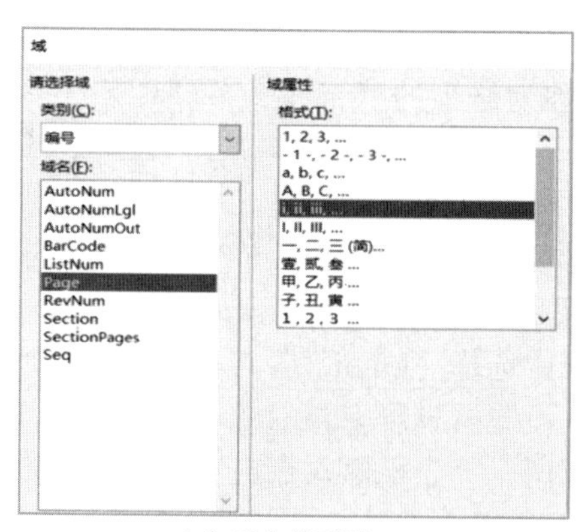

（a）正文前页码

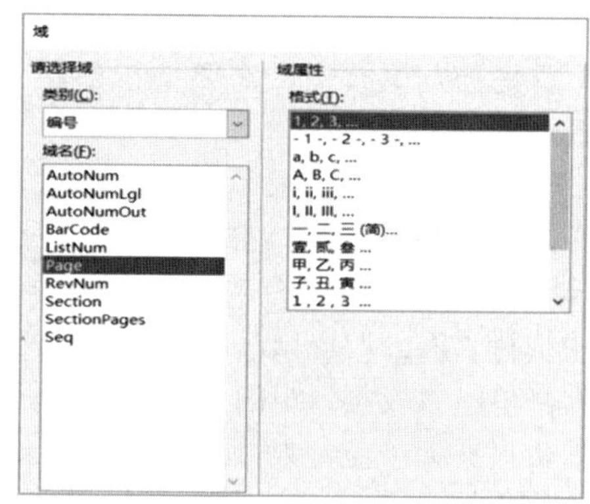

（b）正文后页码

图 4-63 页码设置

步骤 4，正文分节：使用鼠标选定“导航”窗格中的“第 2 章 基金组成”，单击“布局”选项卡→“页面设置”组中的“分隔符”按钮→“分节符”组中的“奇数页”命令；使用同样的操作方式，对“第 3 章……”“第 4 章……”进行分节。

注：步骤 4 也可以提前至步骤 2 之前完成。

步骤 5，更新目录、图索引和表索引：分别选定文档目录、图索引目录和表索引目录，单击鼠标右键，在弹出的快捷菜单中选择“更新域”命令，在打开的“更新目录”对话框中选择“更新整个目录”单选按钮，单击“确定”按钮关闭对话框。

这里值得注意的是，文档目录更新后，目录中正文前显示的页码格式是“1，2，3，…”，需要在页眉和页脚编辑状态下，打开图 4-62 所示的“页码格式”对话框，分别修改正文前 3 页页码格式为“i，ii，iii，...”，然后再次更新文档目录；若每章的页码均从“第 1 页”开始编号，则打开“页码格式”对话框，修改页码编号方式为“续前节”即可。

第 11 题：

（1）设置正文奇数页页眉。

步骤 1，进入页眉和页脚编辑状态：双击页面顶端处，进入页眉和页脚编辑状态，将光标插入点定位在正文第 1 页的页眉处。

步骤 2，取消链接到前一节：单击“页眉和页脚工具—设计”选项卡→“导航”组中的“链接到前一节”按钮，取消与前一节的链接。

步骤 3，插入章序号：单击“页眉和页脚工具—设计”选项卡→“插入”组中的“文档部件”按钮→“域”命令，打开“域”对话框。在“域名”列表中选择“StyleRef”选项，在“样式名”列表中选择“标题 1”选项，勾选“域选项”选区中的“插入段落编号”复选框，如图 4-64（a）所示，单击“确定”按钮，关闭对话框。此时，编号“第 1 章”已插入在页眉处。

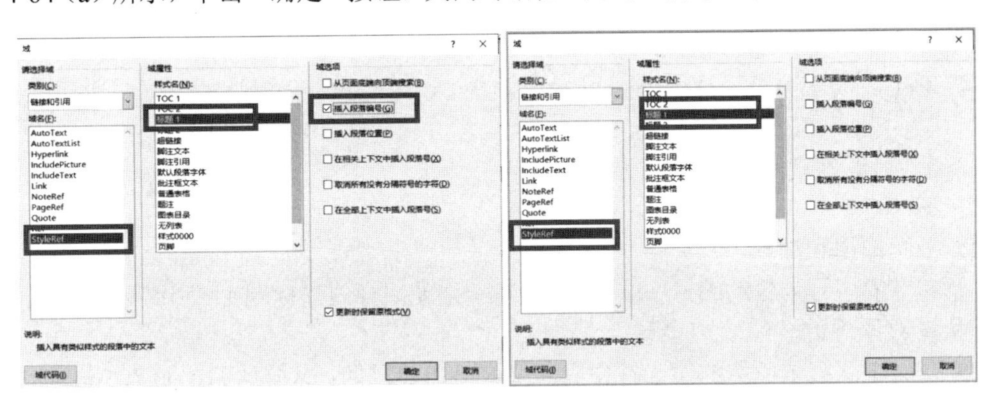

（a）章序号添加至页眉　　（b）章名添加至页眉

图 4-64　添加页眉

步骤 4，插入章名的文本：单击“页眉和页脚工具—设计”选项卡→“插入”组中的“文档部件”按钮→“域”命令，打开“域”对话框。在“域名”列表中选择“StyleRef”选项，在“样式名”列表中选择“标题 1”选项，如图 4-64（b）所示，单击“确定”按钮关闭对话框。此时，正文奇数页页眉已设置为“章序号+章名”，即“第 1 章国际货币基金组织概况”。

（2）添加偶数页页眉。

操作方法与（1）中“章序号+章名”添加方法相同。

步骤 1，取消链接到前一节：将光标插入点定位在正文第 2 页的页眉处，单击“页眉和页脚工具—设计”选项卡→“导航”组中的“链接到前一节”按钮，取消与前一节的链接。

步骤 2，插入节序号：单击“页眉和页脚工具—设计”选项卡→“插入”组中的“文档部件”按钮→“域”命令，打开“域”对话框。在“域名”列表中选择“StyleRef”选项，在

“样式名”列表中选择“标题 2”选项，勾选“域选项”选区中的“插入段落编号”复选框，单击“确定”按钮关闭对话框。此时，编号“1.3”已插入在页眉处。

步骤 3，插入节名的文本：单击“页眉和页脚工具—设计”选项卡→“插入”组中的“文档部件”按钮→“域”命令，打开“域”对话框。在“域名”列表中选择“StyleRef”选项，在“样式名”列表中选择“标题 2”选项，单击“确定”按钮关闭对话框。此时，偶数页页眉已设置为“节序号+节名”，即“1.3 基金历史”。

步骤 4，退出页眉和页脚编辑状态：单击“页眉和页脚工具—设计”选项卡→“关闭”组中的“关闭页眉和页脚”按钮，或在页眉和页脚编辑区域外双击，即可退出页眉和页脚编辑状态。此时，整篇文档的页眉和页脚已完全设置好了。

4.11 练习

练习 1

1. 建立文档“yu.docx”，请参阅样稿，具体要求如下。

（1）输入以下内容：

第一章　浙江

第一节　第一节　杭州和宁波

第二章　福建

第一节 福州和厦门

第三章　广东

第一节　广州和深圳

其中，章和节的序号为自动编号（多级编号），分别使用样式“标题 1”和“标题 2”，并设置每章均从奇数页开始。

（2）在第 1 章第 1 节下的第一行中写入文字“当前日期：×年×月×日”，其中“×年×月×日”为通过插入域自动生成的，并以中文数字的形式显示。

（3）将文档的作者设置为“张三”，并在第 2 章第 1 节下的第 1 行中写入文字“作者：x”，其中“x”为通过插入域自动生成的。

（4）在第 3 章第 1 节下的第 1 行中写入文字“总字数：x”，其中“x”为通过插入域自动生成的，并以中文数字的形式显示。

2. 打开素材文件“word1.docx”，参考效果文件“word1.pdf”，完成下列操作：

（1）将本题文件夹中的“word1-10.docx”文档内容插入到 word1.docx 文件的末尾，删除文档中所有制表符。

（2）设置全文字体加宽 1 磅，设置“西子湖”3 个汉字为带圈字符，并增大圈号，设置“A 大学历史悠久。”所在段落行距为 1.1 倍行距。

（3）设置多级列表（要求自动编号）。

- 在单行的“A 大学”“B 大学”“C 大学”前分别添加“第 1 章”“第 2 章”“第 3 章”。
- 在“A 大学”中的“办学历史”“学辽建设&学科设定”“办学理念”“师资力量”“硬件条件”前分别添加“1.1”“1.2”…“1.5”。
- 在“B 大学”中的“学校概况”“师资力量”“人才培养”前分别添加“2.1”“2.2”“2.3”。

（4）表格操作：对 C 大学中的表格，设置“根据内容自动调整表格”，然后按“课程名称”为第一关键字、“学生人数”为第二关键字排序，设置表格外框线为蓝色双线。

（5）将第一张图片放置于“A 大学历史悠久。”段落的右侧，并设置为四周型环绕；将第二张图放置于“B 大学坐落于历史文化名城”段落的右侧，同样设置为四周型环绕，并设置该图片的艺术效果为“铅笔灰度”。

第二篇　Excel 高级应用

Excel 是一种电子表格处理软件，是 Microsoft Office 套装办公软件的一个重要组件。它集数据统计、报表分析及图形分析三大功能于一身。由于具有强大的数据运算功能和丰富而实用的图形功能，所以被广泛用于财务、金融、经济、审计和统计等众多领域。

本篇共分为 4 章（第 5 章～第 8 章）

第 5 章 Excel 数据输入与基本操作，以“员工信息表”的完成介绍数据的输入、单元格数据验证设置、条件格式和表格格式套用及 Excel 环境中表格的制作等。.

第 6 章 Excel 公式和函数，应用两个教学案例来熟悉常见函数的运用。案例 1 中通过“对学生成绩表数据统计”来介绍常用函数的应用，如求和函数 SUM()、求平均值函数 AVERAGE()、成绩排名函数 RANK()、情况选择分支函数 IF()及 IF 函数的嵌套、计数函数 COUNTIF()等。案例 2 中通过“员工资料信息表”的完成来介绍日期时间函数、查找函数、文本处理函数、财务函数和数据库函数等函数的使用，如条件求和函数 SUMIF()、取字符串字串函数 MID()、查找函数 VLOOKUP()及数组公式的使用等。

第 7 章和第 8 章分别介绍了数据的管理与分析、双层饼图、双坐标轴图表、数据透视表和数据透视表虚拟字段的添加与字段计算等。

第 5 章　Excel 数据输入与基本操作

Excel 主要用于对数据进行处理、统计分析与计算，但对数据进行处理前，需先将其输入至 Excel 表格，本章通过“员工信息表”案例的制作，重点讲解 Excel 中的数据输入，包括填充输入、列表选择、分数的输入等，以及数据验证，包括单元格文本长度、单元格区域数值唯一性验证、条件格式的应用等操作。

素材

课件

5.1　认识 Excel 工作环境

启动 Excel 2019，我们将看到 Excel 的工作窗口，如图 5-1 所示，对此应该有点似曾相识的感觉，因为它们的菜单、工具栏、任务窗格和编辑窗口的布局与 Word 大体相同。Excel 以菜单选项、功能分组、命令按钮和对话框等方式布局工作环境，使用方便快捷。下面首先介绍 Excel 中的相关术语。

Excel 概述与工作环境认识

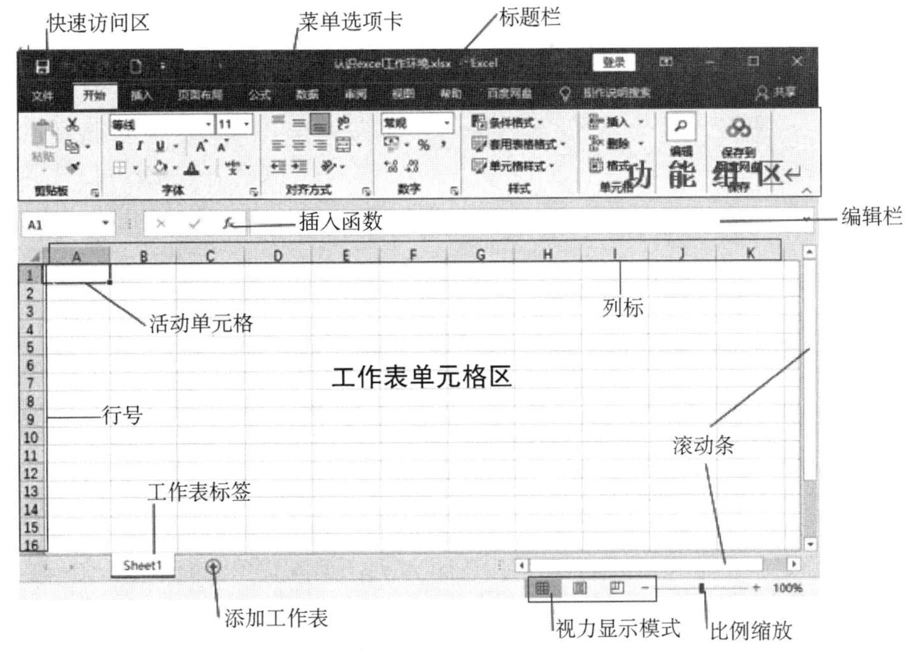

图 5-1　Excel 工作窗口

（1）标题栏：位于窗口的最上方，用于显示当前正在运行的应用程序名及文件名信息。

（2）功能组区：默认情况下，Excel 2019 的功能组区中的选项卡包括“文件”“开始”“插入”“页面布局”“公式”“数据”“审阅”“视图”等，每个选项卡下以功能分组的方式排列命令按钮。

（3）视图显示模式：Excel 2019 支持 3 种显示模式，分别是“普通”模式、“页面布局”模式和“分页预览”模式，单击不同的按钮可以在各模式间切换。

（4）工作簿：简单地说，一个工作簿就是一个 Excel 文档，是文件名的标识符，由若干工作表组成。打开一个工作簿文档，就是打开了一个 Excel 文档操作的窗口。

（5）工作表：工作表是工作簿中的表格，即工作簿中一张张的页面，是存储数据和对数据进行处理的场所，也是数据的载体，工作表由单元格构成。新建工作簿，默认生成工作表的个数可以通过“文件”选项卡→“选项”→“常规”选项下进行设置，如图 5-2 所示。

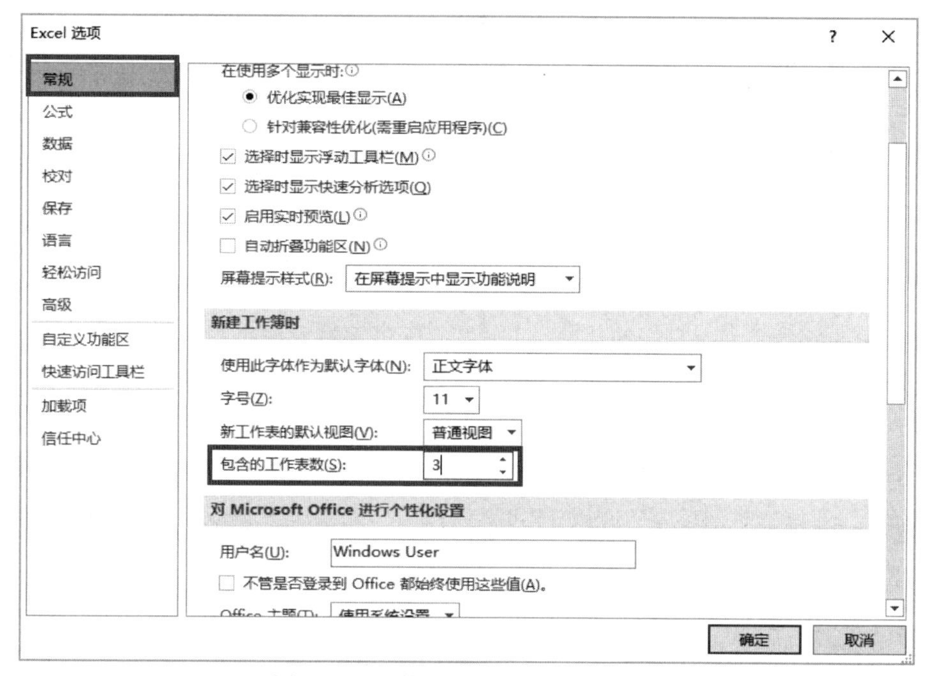

图 5-2 “文件”选项卡“选项”设置

（6）列标：从 A、B、…开始的 16384 个字母。每个字母代表工作表 16384 列中的一列，从英文字母顺序 A 开始到 Z，Z 之后是 AA、AB、AC，依此类推到 AZ。AZ 之后是 BA、BB、BC，依此类推到 BZ，单击列标题可以选中整列。

（7）行号：从 1 到 1048576 的数字，每个数字代表工作表中的一行，单击行标题可选中整行的单元格。

（8）单元格：是 Excel 中数据编辑的最小单位，由行和列交叉形成。Excel 工作表有 16384 列和 1048576 行，则 Excel 工作表的单元格总数为 1048576×16384＝17179869184 个，我们用列标题和行标题就可以确定一个单元格，如 A6，代表第 A 列，第 6 行单元格。

（9）活动单元格：当前被选中的单元格，即有亮色显示边框指示器的，代表当前活动的单元格。

（10）工作表标签：每个标签代表工作簿中不同的工作表，每个工作表的名称都显示在标签上，单击标签即可切换到相应工作表。一个工作簿有若干数量的工作表，通常为了方便管理，工作表数量最好不要太多。

5.2　管理工作表与工作簿

在利用 Excel 进行数据处理的过程中，经常需要对工作簿和工作表进行适当的处理，例如，插入和删除工作表、拆分与冻结窗口等。下面介绍工作簿和工作表的常用操作。

管理工作簿与工作表

5.2.1　拆分和冻结窗口

1. 拆分窗口

如果要独立地显示并滚动工作表中的不同部分，可以使用拆分窗口功能。拆分方法是：选定要拆分的单元格位置，单击“视图”选项卡→“窗口”组中的“拆分”按钮，这时 Excel 自动在选定单元格处将工作表拆分为 4 个独立的窗口。通过鼠标移动滚动框，可以调整数据的可见显示区域，也可以通过移动拆分框来调整各窗口的大小，如图 5-3 所示。再次单击“拆分”按钮，可以取消窗口的拆分。

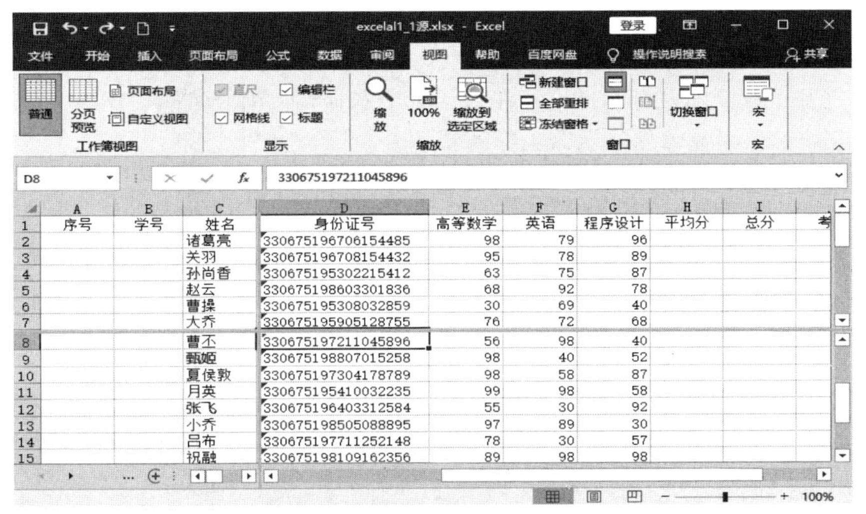

图 5-3　拆分窗口

2. 冻结窗口

在对数据较多的工作表进行编辑处理时，在滚屏过程中无法看到表头信息。如果要在滚动工作表时保持行列标志或其他数据可见，可以通过冻结窗口功能固定显示窗口的顶部和左侧区域。若要冻结顶部区域，则选定要冻结区域的下一行，单击“视图”选项卡→“窗口”组中的“冻结窗格”按钮，这时选定行以上的窗口被冻结；若要冻结左侧区域，操作方法相同，如图 5-4 所示。单击“取消冻结窗格”命令，则可以取消窗口的冻结。

5.2.2　显示或隐藏工作簿的元素

当隐藏工作簿的一部分时，可以将数据从视图中移走，但并不从工作簿中删除。在 Excel

2019 中可以隐藏的元素有工作簿、工作表、行列和窗口元素等。

图 5-4　冻结窗口

（1）隐藏/显示工作簿。打开需要隐藏的工作簿，单击“视图”选项卡→“窗口”组中的“隐藏”按钮，当前工作簿就被隐藏不见了；单击“视图”选项卡→“窗口”组中的“取消隐藏”按钮，打开“取消隐藏”对话框，在对话框中选择要取消隐藏的工作簿名称，单击“确定”按钮，在窗口中可以重新显示该工作簿。

（2）隐藏/显示工作表。一个工作簿往往包含多个工作表，若在发布工作簿时不希望某些工作表被看到，则可以将这些工作表隐藏起来。

选定需要隐藏的工作表，单击“开始”选项卡→“单元格”组中的“格式”→“隐藏和取消隐藏”→“隐藏工作表”命令，如图 5-5 所示。或者在工作表下端右击需要隐藏的工作表标签，在弹出的快捷菜单中选择“隐藏”命令，同样可以实现隐藏工作表。

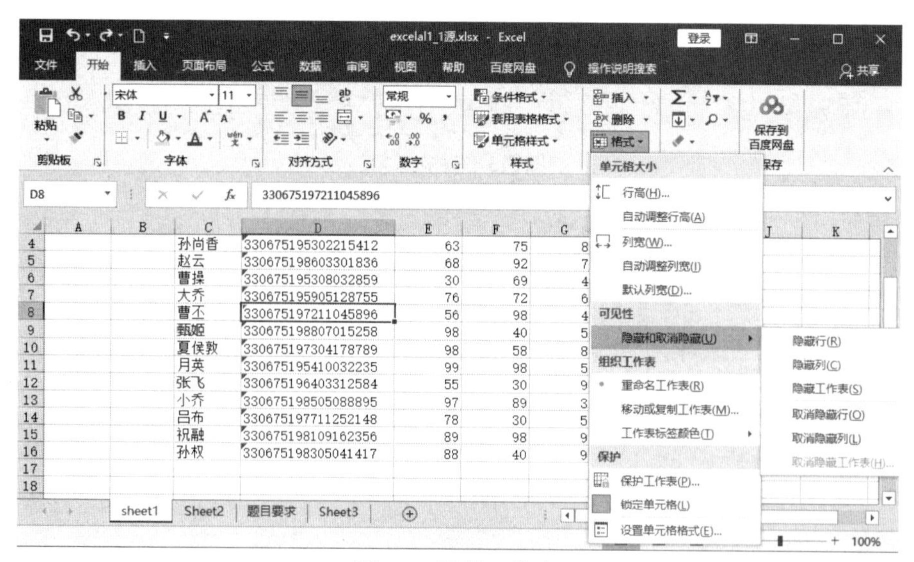

图 5-5　隐藏工作表

如果要使隐藏的工作表重新显示，可以单击“开始”选项卡→“单元格”组中的“格式”→“隐藏和取消隐藏”→“取消隐藏工作表”命令，打开“取消隐藏”对话框。在对话框列表中选择要取消隐藏的工作表，单击“确定”按钮，则该工作表将会显示出来。

5.2.3　工作表的基本操作

（1）插入工作表。一个工作簿包含多张工作表。新建工作簿时，Excel 通常默认建立了 3 张工作表，也可以在“文件”选项卡→“选项”→“常规”选项下进行设置，自定义默认新建的工作表个数（见图 5-2）。如果工作表个数不够，还可以插入新的工作表，单击工作表标签区最右侧的“插入工作表”按钮⊕；或在任意已有工作表标签上右击，在弹出的快捷菜单中选择“插入”命令，在打开的“插入”对话框中选择“工作表”，如图 5-6 所示，然后单击“确定”按钮即可。

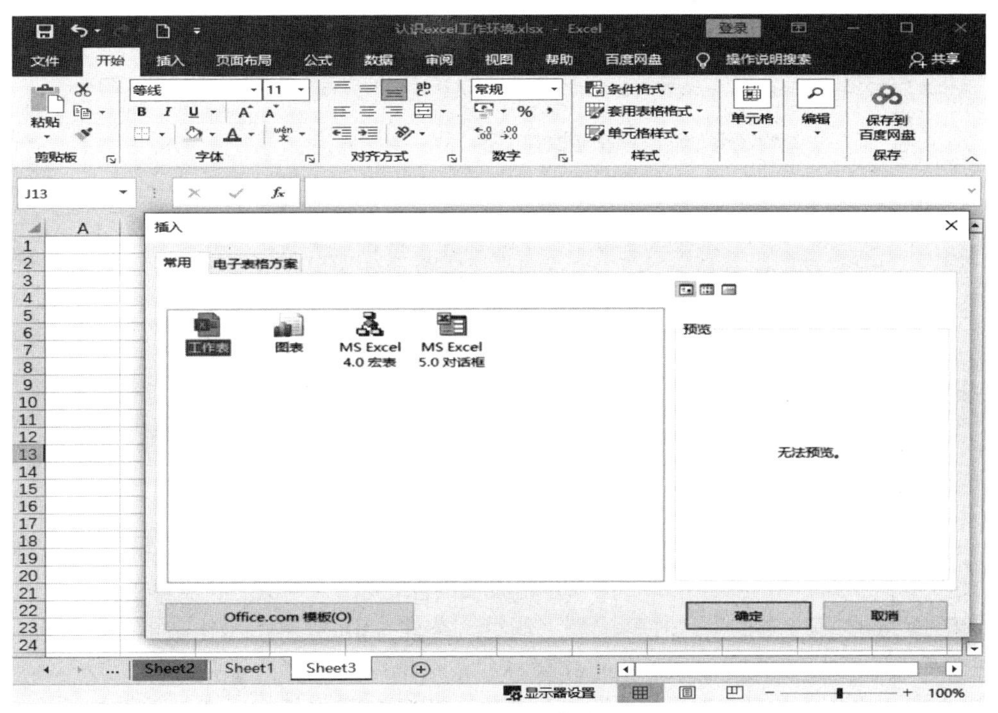

图 5-6　插入工作表

（2）重命名工作表。工作表的名称默认为 Sheet1、Sheet2 等，要为它改名，使之见名知意，可以右击相应的工作表标签，在弹出的快捷菜单中选择“重命名”命令，输入新名称即可。或者直接双击工作表标签，工作表名称会变为可编辑状态，输入新名称后按 Enter 键，也可以重命名工作表。

（3）用颜色标识工作表。想为工作表标签设置不同的颜色，则可以在要设置颜色的工作表标签上右击，在弹出的快捷菜单中选择“工作表标签颜色”命令，从弹出的下一级颜色列表中选择相应的颜色即可。

（4）移动和复制工作表。Excel 允许任意改变一个工作簿中多张工作表的先后顺序，使用鼠标直接拖动工作表标签，当小三角箭头到达新位置后，释放鼠标即可将工作表移动到新位置。

使用鼠标拖动的方法只能在同一个工作簿中移动工作表，如果要将工作表移动到另一个工作簿中，则要通过对话框来实现。在要移动的工作表标签上右击，在弹出的快捷菜单中选择“移动或复制”命令，打开“移动或复制工作表”对话框，如图 5-7 所示。在对话框的“工作簿”列表中选择要移动到的工作簿（如果要移动到另一个工作簿，则另一个工作簿文件也要处于打开状态，否则列表中不会出现那个工作簿）；在“下列选定工作表之前”列表中再选择在工作簿中该工作表要被移动到的位置，单击“确定”按钮关闭对话框。

图 5-7 “移动或复制工作表”对话框

（5）同时操作多张工作表。Excel 允许对多张工作表进行相同的操作，如输入数据、修改格式等，这为快速处理一组结构或布局相同或相似的工作表提供了方便，具体操作方法如下。

步骤 1，选中多个工作表，使其成为工作组：按住 Shift 键单击工作表标签，可选中连续的多张工作表；按住 Ctrl 键依次单击工作表标签，可选中不连续的多张工作表。

步骤 2，在其中一个工作表中进行相关操作：这时在其中任意一个工作表的操作都会同时作用到组中的所有工作表。如在某个工作表单元格中输入数据，组中所有工作表对应单元格中都输入同样的数据；行高或列宽调整等操作也一样可以作用到工作组其他工作表的对应行高与列宽。

要取消工作表的组合，只要单击非组合的其他任意一张工作表标签；或者在工作表标签上右击，在弹出的快捷菜单中选择“取消组合工作表”命令。

5.2.4 工作表中的行列操作

（1）选择行列。要对工作表的行列进行操作，首先需要选中行列。

● 选择整列或整行：将鼠标指针移动到行号上，当鼠标指针变成向右的箭头➔时，单击可以选定整行；将鼠标指针移动到列标上，当鼠标指针变成向下的箭头⬇时，单击可以选定整列；若按住 Ctrl 键，则同时选定整行和整列。

- 选择多列或多行：在工作表中，按上述方法，按住鼠标左键在行号或列标上移动，可以选定多个连续的行或列；按住 Ctrl 键，依次单击或者在行号、列标上移动，可以选择多个不连续的行和列。

（2）插入或删除行列。有时候我们需要在工作表中插入一行（列）或者多行（列），具体操作方法如下。

- 插入一行（列）：选定要插入行（列）的位置，单击鼠标右键，在弹出的快捷菜单中选择“插入”命令，这时在选定行的上方（列的左边）插入一个空白行（列）。
- 插入多行（列）：选定要插入行（列）的位置处的多行（列），单击鼠标右键，在弹出的快捷菜单中选择“插入”命令，这时在选定行的上方（列的左边）插入多行（列），选定几行（列）就会插入几行（列）。
- 删除行（列）：选定要删除的行，单击鼠标右键，在弹出的快捷菜单中选择“删除”命令，即可删除选定的行（列）。

（3）调整行高或列宽。在工作表中输入数据后，有时需要对行高和列宽进行调整，在 Excel 中调整行高或列宽的方法有很多，可以根据具体的情况进行操作。

- 使用鼠标调整行高和列宽：将光标放到两个行标签之间，当鼠标指针变为↕时，拖动鼠标可以调整行高至合适的高度；将光标放到两个列标签之间，当鼠标指针变为↔时，拖动鼠标可以调整列宽至合适的宽度。
- 精确调整行高和列宽：选定要调整的行（列），单击“开始”选项卡→“单元格”组中的“格式”按钮，如图 5-8 所示，选择“行高”或“列宽”命令，打开“行高”或“列宽”对话框，输入具体值可以对行高与列宽进行精确调整，如图 5-9 所示。另外，右击行标签或列标签，在弹出的快捷菜单中选择“行高”或“列宽”命令，同样可以打开如图 5-9 所示的对话框，进行具体值的设置。

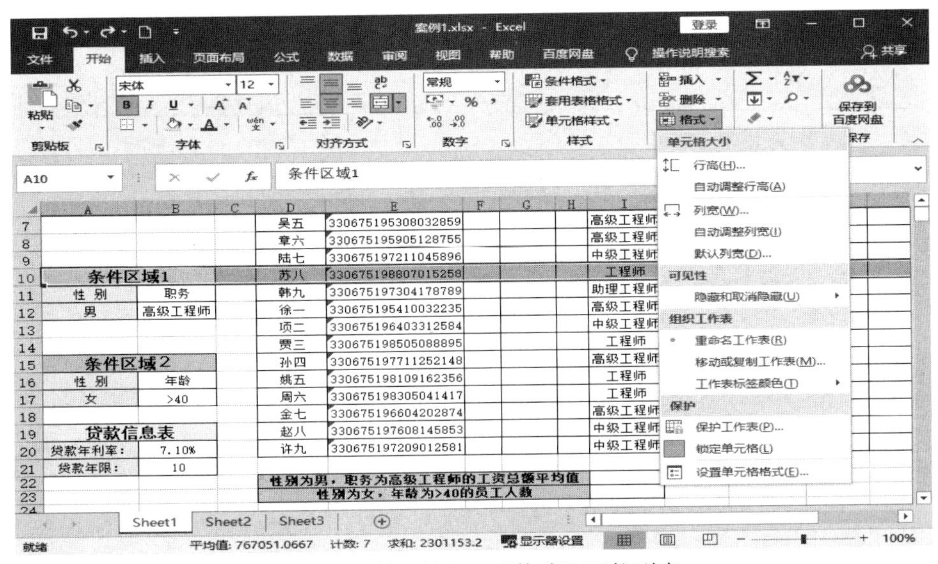

图 5-8 “单元格”→“格式”下拉列表

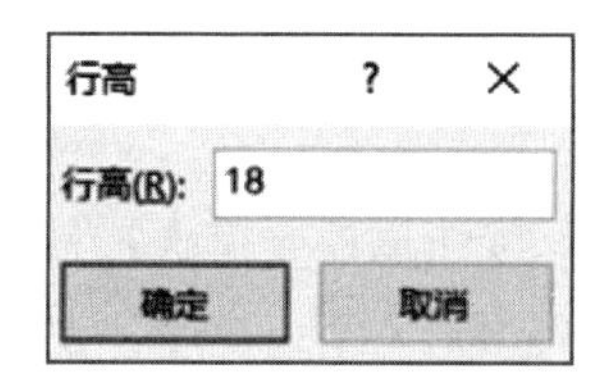

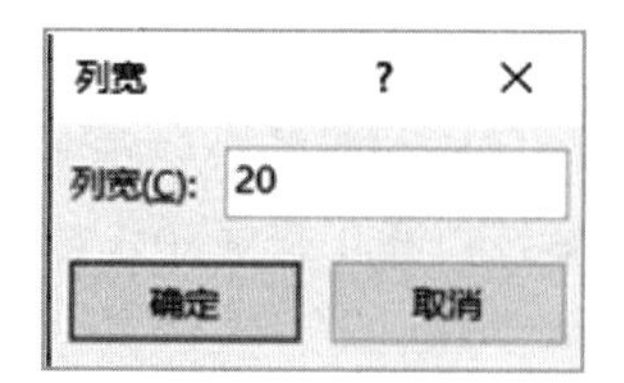

图 5-9　精确调整行高与列宽

● 自动调整行高和列宽。在工作表中选择需要调整列宽的列中的任意一个单元格，单击“开始”选项卡→“单元格”组中的“格式”按钮，如图 5-8 所示，选择“自动调整列宽”或“自动调整行高”命令，此时，选定的单元格列和行将根据输入的内容自动调整列宽或行高。

5.2.5　单元格和单元格区域操作

单元格是 Excel 数据存储的基本单位，与 Word 类似，Excel 也遵循“选中谁，操作谁”的原则，想要对单元格进行编辑，首先要选中单元格。

（1）选择单元格和单元格区域。

● 单击某个单元格，即可将其选中，该单元格被边框突出的粗边框框住，成为活动单元格。

● 按住鼠标左键拖动可选择一个单元格区域，被选区域以浅色底色显示。

● 选定一个单元格，按住 Shift 键，同时移动光标插入点，可选中光标移动过的单元格区域。

● 按住 Ctrl 键，单击或拖选单元格，可以选择多个不连续区域的单元格，如图 5-10 所示。

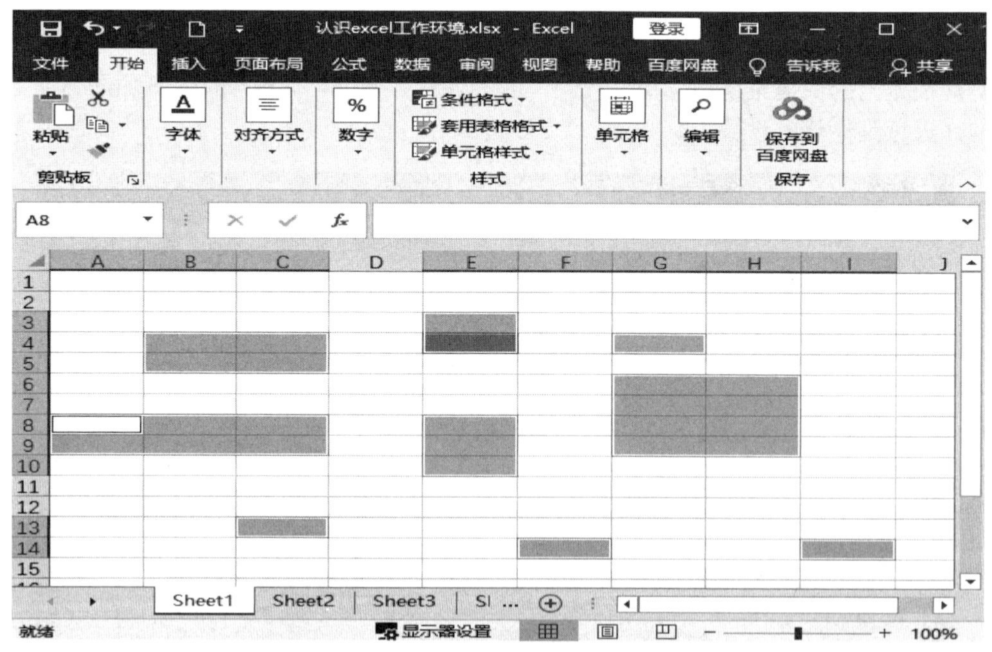

图 5-10　选择不连续的单元格区域

● 单击工作表左上角行列交界处的灰色方块，将选中本工作表中的所有单元格。

● 选择工作表中无数据的单元格，按 Ctrl+A 组合键将选择工作表中所有单元格；如果在选择包含数据的单元格后按 Ctrl+A 组合键，则只选择与该单元格连续的数据区域单元格。

（2）合并单元格。在制作工作表时，如一个表格的标题行，习惯上往往使之跨越多列并使内容居中显示。选择要合并的多个单元格，单击“开始”选项卡→“对齐方式”组中的“合并后居中”按钮即可合并选定的这些单元格，并让其内容居中对齐，如图 5-11 所示。

图 5-11　合并单元格

提示：如果选定的单元格包含多个单元格数据，可选择“合并后居中”命令，选定的单元格区域左上角的数据被保留并居中；“合并后居中”和“合并单元格”命令的合并效果类似，唯一不同的是“合并单元格”命令在合并单元格后数据不会居中放置；“跨越合并”命令可以实现“跨列合并，保持行数”的合并效果。

5.2.6　单元格区域自定义名称

单元格的名称由行与列组合而成，如 F3 表示第 3 行和第 F 列交叉处单元格，用户也可以给由多个单元格组成的区域命名。给单元格区域定义名称可以克服条件格式、数据有效性不能异表引用数据的限制，也可以马上跳转到命名区域所在的工作表并选中这个区域，在公式与函数计算中可以直接使用名称代替名称所代表的区域。如果不需要时，也可以将其删除。

单元格区域名称定义与使用

为单元格区域定义名称，可以根据不同的情况选择不同的命名方法，常用的命名方法包括使用名称框定义名称、使用对话框新建名称和根据选定内容快速创建名称三种方法，也可以使用“名称管理器”定义名称。

（1）使用名称框定义名称。选定需要进行名称定义的单元格区域 B5:B10，单击名称框，在名称框中输入“部门”，按 Enter 键，如图 5-12 所示。此时，单击名称框右侧的下三角，“部门”名称显示在列表中，当单击“部门”时，光标跳转到 B5:B10 区域。

（2）使用对话框新建名称。选定单元格区域，单击“公式”选项卡→“定义的名称”组中的“定义名称”按钮，打开“新建名称”对话框，如图 5-13 所示。在“名称”文本框中输入名称，在“范围”列表下可以选择名称的作用域范围，默认为整个工作簿，单击“引用位置”右侧的“单元格引用”按钮，可以设置名称定义的单元格，单击“确定”按钮，关闭对话框。

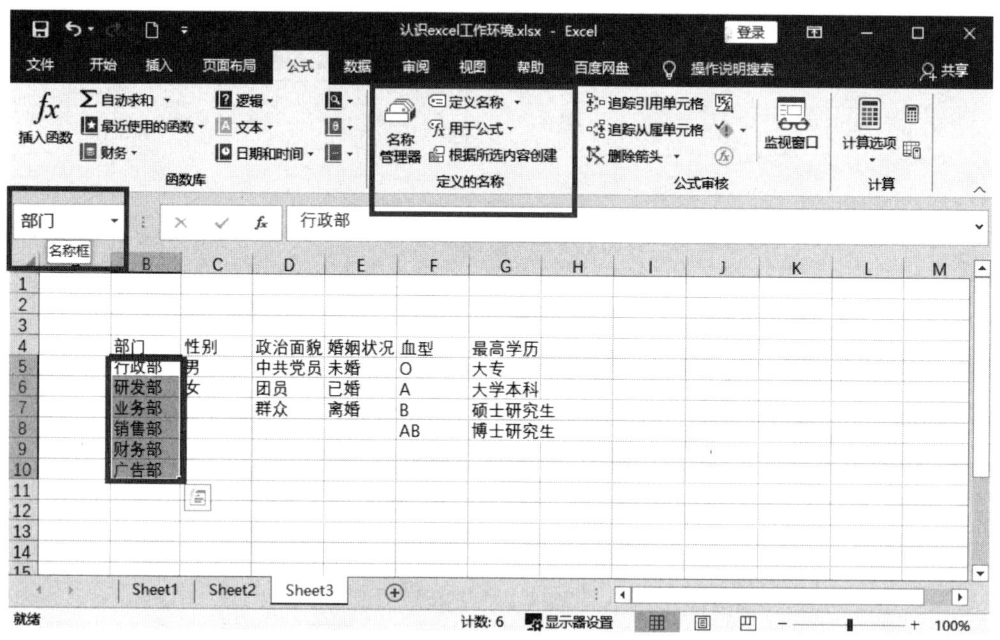

图 5-12　单元格区域名称定义

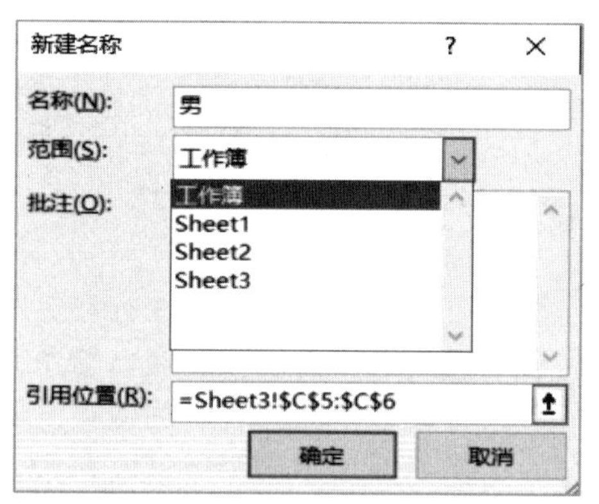

图 5-13　“新建名称”对话框

（3）根据选定内容快速创建名称。这种方式通常用于需要批量定义名称的情况下，操作方法如下：选定 D4:G7、E4:E7、F4:F8、G4:G8，单击“公式”选项卡→“定义的名称”组中的“根据所选内容创建”按钮，打开“根据所选内容创建名称”对话框，如图 5-14 所示，勾选“首行”复选框，单击“确定”按钮关闭对话框。此时，分别以选定区域的首行各单元格为标志定义了多个名称。

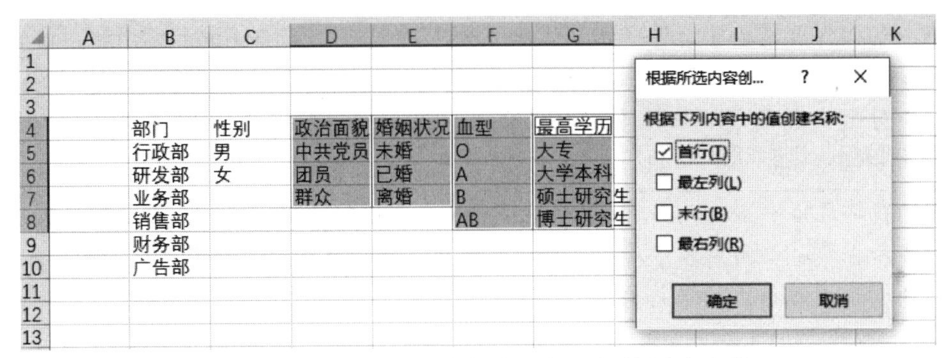

图 5-14　“根据所选内容创建名称”对话框定义名称

（4）名称管理器。单击“公式”选项卡→“定义的名称”组中的“名称管理器”按钮，打开“名称管理器”对话框，如图 5-15 所示。单击“新建”按钮可以定义单元格区域名称。在此对话框中可以编辑或删除已定义的名称。

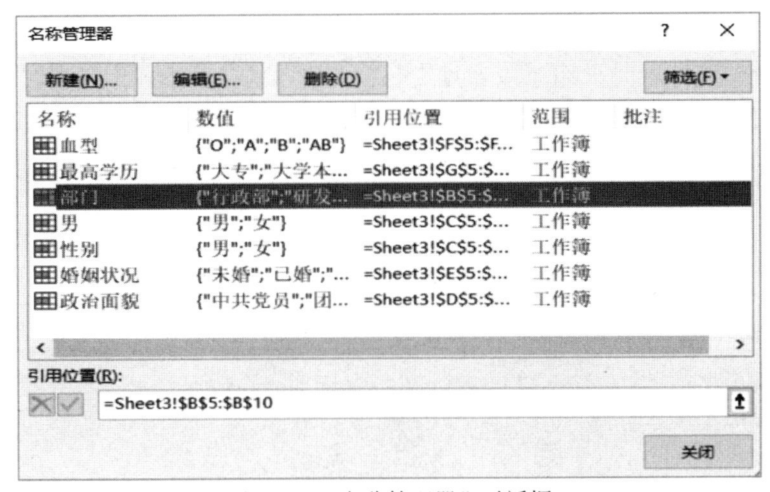

图 5-15　“名称管理器”对话框

5.3　输入工作表中的数据

单元格数据输入

5.3.1　常规数据的基本输入方法

在单元格中输入数据有 3 种方法：

（1）单击一个单元格使之成为活动单元格后，直接输入数据。

（2）单击一个单元格后，在工作表上方的编辑栏中将显示该单元格的内容，可以在编辑栏中输入或修改数据。

（3）双击一个单元格，光标插入点将被定位到该单元格中，直接输入或修改数据。

在输入数据时，编辑栏的按钮区将同时出现✕、✓、fx 3 个按钮：单击✓按钮表示确认输入；单击✕按钮表示取消输入，单击 fx 按钮表示打开“插入函数”对话框，插入函数。

Excel 还允许在多个单元格中同时输入相同的内容，方法是：选中多个单元格，输入内容，此时，内容暂时仅在活动单元格中显示，输入完毕后，按下 Ctrl+Enter 组合键，则选中的所有单元格都被同时输入了同样的内容。

在 Excel 中，如果在单元格中输入的是文本型数据，则默认左对齐；如果输入的是数值型、日期型数据，则默认的是右对齐。

提示： 在单元格中输入数据时，由于按 Enter 键表示确认输入，光标将会定位到下一个单元格，并不能在单元格的内容中换行。若要在单元格的内容中实现换行，则要按 Alt+Enter 组合键，从而实现单元格内的换行输入。

5.3.2 特殊内容的输入

（1）输入日期和时间。在输入日期时，使用“/”或“-”分隔日期数据中的年、月、日；在输入时间时，使用“：”分隔时间数据中的时、分、秒，所有的分隔符均必须是英文半角符号。

（2）输入分数。在 Excel 的单元格内，如果输入形如 1/3 的分数，将被 Excel 认为是日期，当确认输入后将被格式化为日期，即 1 月 3 日；若输入的分数形式不符合作为日期的月、日的合法数据，则不转换。如果希望输入分数，可用下列两种方法实现。

- 方法 1：在分数前加上 0 和空格，如输入“0 1/3”，确认输入后，单元格中的数据则是分数 1/3。
- 方法 2：选定单元格，打开“设置单元格格式”对话框，设置“分类”为“分数”，如图 5-16 所示，单击“确定”按钮关闭对话框，再在单元格中输入分数。

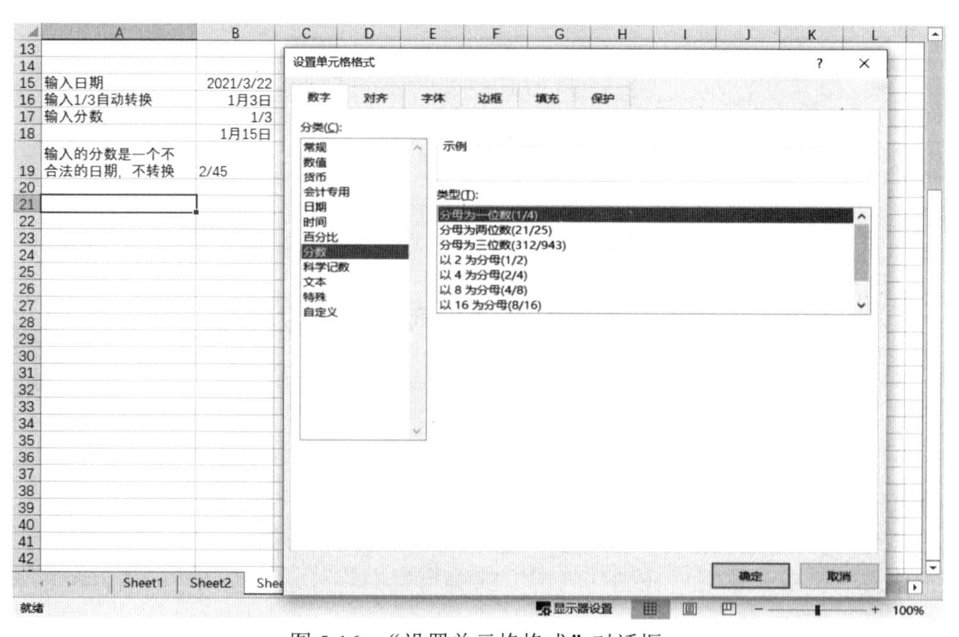

图 5-16 “设置单元格格式”对话框

（3）输入数字编号。在输入多位数字的编号，如以 0 开始的编号（001、002、…）、身份证号、电话号码等时，要设置单元格的格式为文本类型，否则输入不成功。例如，输入身份证号，会被 Excel 认为是一个数字，并且 15 位以后的数字会变为 0。例如，输入

330222198005238134 将被 Excel 认为是数字并被格式化为 330222198005238000，单元格中的数据用科学记数法显示为 3.30222E+17。因此，输入这样的数字编号，应让 Excel 将所输入的数字编号作为“文本”处理，而不是作为“数字”处理，有以下两种实现方法。

- 方法一：在单元格中首先输入一个英文半角状态下的单引号“'”，再输入数字编号，确认输入后可以看到单元格的左上角会出现一个绿色的标记，说明单元格中的数据是文本类型的。
- 方法二：选定单元格，打开“设置单元格格式”对话框，如图 5-16 所示，设置“分类”为“文本”，单击“确定”按钮关闭对话框。然后再在此单元格中输入数字编号，则数字编号就不会被当作数字来处理了。

5.3.3　自动填充数据

如果要在连续的单元格中依次输入有规律的序列，比如“1、2、3…”“一月、二月、三月…”等，可以使用 Excel 的自动填充功能实现快速输入。被框住的活动单元格右下角有一个小的正方形方块，即填充柄，当鼠标指针移到填充柄上时，鼠标指针变为✚形。填充柄是一个强大的工具，使用鼠标对填充柄进行拖曳或双击操作，可自动填充数字序列、时间序列、文本编号及公式等，大大提高了输入效率。

（1）自动填充复制单元格。将鼠标指针放置到单元格右下角的填充柄上，鼠标指针变成✚形。此时按住鼠标左键，向下、向上、向左或向右拖动，即可在鼠标拖动过的单元格中填充数据。

（2）自动填充序列。在相邻的上、下（或左右）两个单元格中分别输入序列的两个初始值，如 1 和 4，以便让 Excel 判断等差序列的间距；然后同时选中这两个单元格，将鼠标指针放置到单元格右下角的填充柄上，鼠标指针变成✚形；此时按住鼠标左键，向下拖动，则拖动过的单元格将被自动填充为等差序列“1、4、7、11、…”。

如果要填充的数据区域较大，拖动鼠标填充不是很方便，这时可双击填充柄，Excel 以序列方式自动填充到数据区的最后一行。也可以在单元格中输入序列的第一个值，单击“开始”选项卡→“编辑”组中的“填充”按钮，在下拉菜单中选择“序列”命令，打开“序列”对话框。在对话框中直接输入要填充到的“终止值”，并设置序列产生在“列”或“行”，以及序列“类型”，单击“确定”按钮完成填充，如图 5-17 所示。

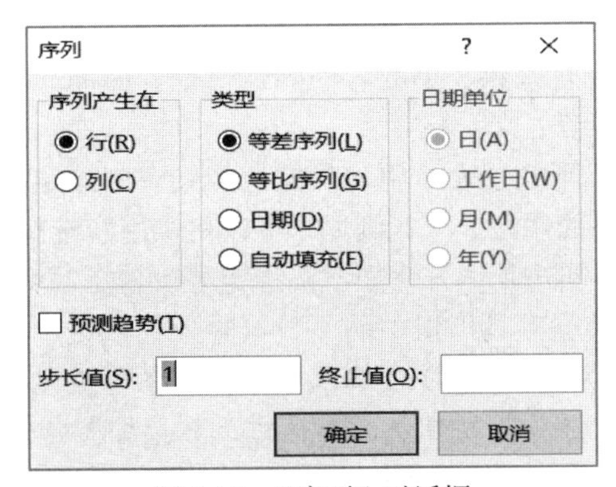

图 5-17　“序列”对话框

（3）自动填充有规律的文本序列。诸如“星期一”“星期二”……或“一月”“二月”……这些有规律的文本序列，也可以利用填充柄自动填充。在起始单元格中输入起始值，如“星期一”，然后向下拖动填充柄，则拖过的单元格将依次被填充“星期二”“星期三”……。Excel之所以能填充这些有规律的序列，是因为Excel系统已预先设置了这些序列，这使Excel有自动填充这些序列的能力。如果系统中没有预先设置这些序列，Excel就不能自动填充。但Excel允许用户自定义序列，让Excel“认识”新序列，定义后就能自动填充这一序列。其方法是单击“文件”选项卡→“选项”→“高级”，拖动垂直滚动条到比较靠下的位置，单击右侧的“编辑自定义列表”按钮，打开“自定义序列”对话框，如图5-18所示。在“输入序列”文本框中依次输入序列中的各项，然后单击“添加”按钮即可添加该序列。这样，Excel就拥有了自动填充此序列的能力。

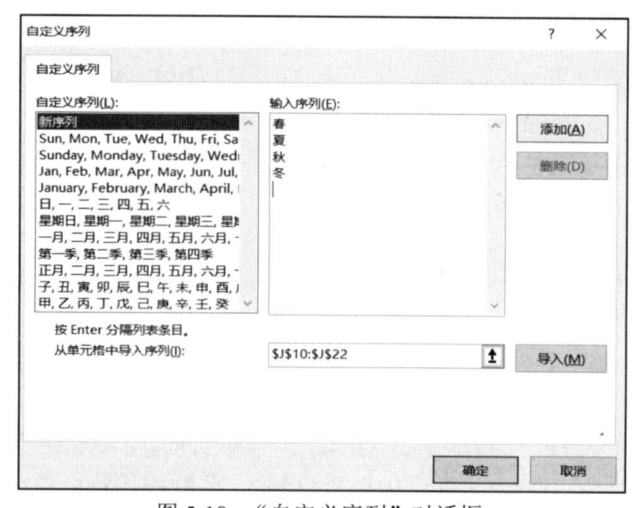

图5-18 “自定义序列”对话框

数据验证

5.4 数据验证

使用数据验证，可以限制在单元格中输入的数据内容及其类型。单击“数据”选项卡→“数据工具”组中的“数据验证”按钮，打开“数据验证”对话框，如图5-19所示。

数据验证中的限定条件有整数、小数、序列、日期、时间、文本长度、自定义等。使用数据验证，可以执行下列操作：

（1）限制条目，即创建下拉列表，用户只能选择列表中预定义的项目，它可以规范数据输入，这是数据验证最常见的用法之一。例如，可以将供用户选择的血型限制为O型、A型、B型、AB型。下拉列表的创建具体方法如下：选定要创建下拉列表的单元格，如C4:C17，单击“数据”选项卡→“数据工具”组中的“数据验证”按钮，打开“数据验证”对话框。参数设置如图5-20（a）所示，“来源”文本框中输入“O型,A型,B型,AB型”，各选项以英文半角逗号相分隔，单击“确定”按钮关闭对话框，效果如图5-21所示。

（2）限制数字，避免选择指定范围之外的数字。例如，可以将单元格输入数字限制在50～100之间的整数，参数设置如图5-20（b）所示。

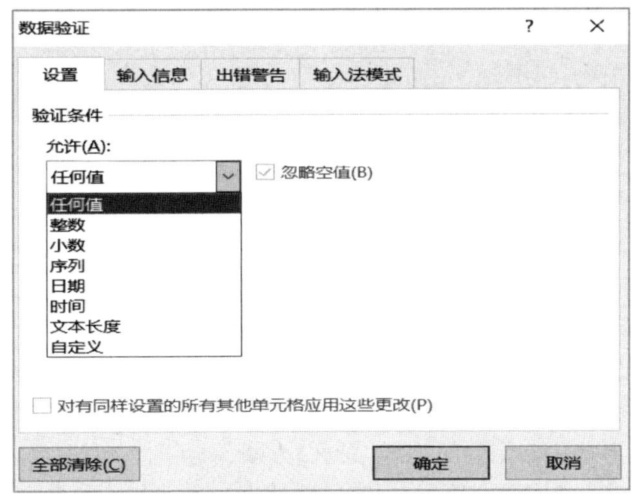

图 5-19　“数据验证”对话框

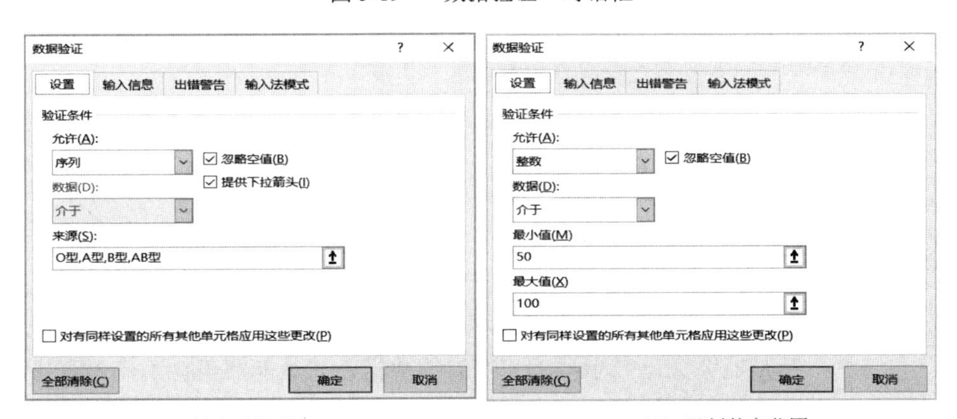

（a）创建下拉列表　　　　　（b）限制数字范围

图 5-20　“数据验证”设置

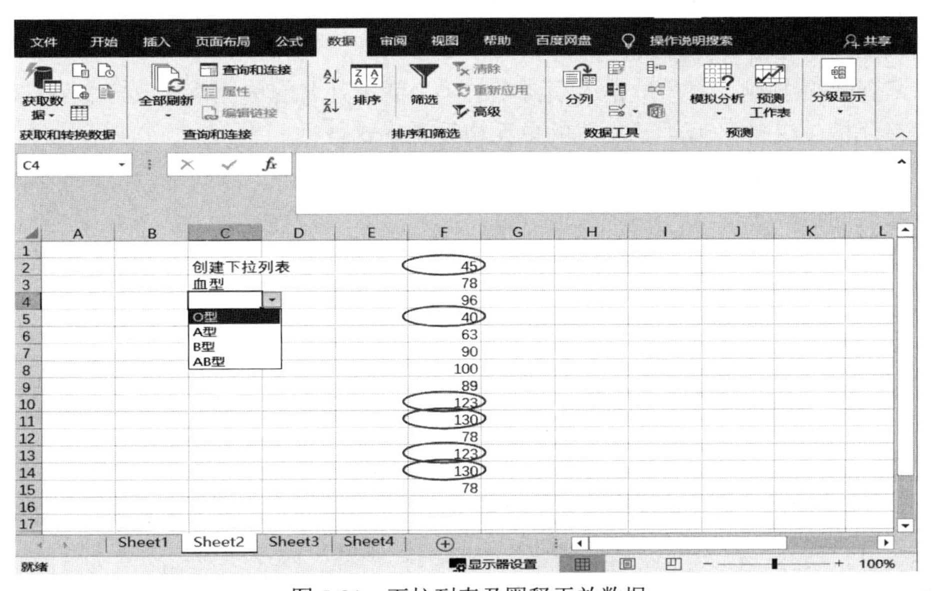

图 5-21　下拉列表及圈释无效数据

（3）限制日期，避免选择特定日期范围之外的日期。例如，在员工的休假申请中，可以避免员工选择今天之前的日期。

（4）限制时间，避免选择特定时间范围之外的时间。例如，可以将会议安排在早上 8:00 到下午 5:00 之间。

（5）限制文本字符数。例如，可以将单元格中的身份证号码文本长度限制为 18 位。

（6）编写公式来限定单元格内容的填定。例如，输入公式“=COUNTIF (31:31,A1)=1”来限定第 31 行不允许输入重复值。

设置数据有效性后，若输入无效数据，Excel 将自动拒绝，同时弹出拒绝输入提示框。但是，在设置数据有效性之前，已经被输入到单元格中的那些无效数据，Excel 不会将它们删除，这些数据在单元格中会保持原状。若选定这些数据，单击“数据”选项卡→“数据工具”组中的“圈释无效数据”按钮，则会对无效数据做出圈释标记，如图 5-21 所示。

数据验证并不能完全制止他人录入规定外的数据，比如将额外数据复制粘贴进来，设置的数据验证就会被破坏。

5.5 条件格式

条件格式设置

条件格式就是给满足条件的单元格，套用一种格式设置。Excel 条件格式内置了多种规则，比如突出显示单元格规则、最前/最后规则、数据条、色阶和图标集等，还支持自定义规则。给单元格设置条件格式，通常有两方面的作用：一是能够突出显示我们想要看的数据，二是能够美化工作表表格。

单击“开始”选项卡→“样式”组中的“条件格式”按钮，弹出“条件格式”下拉列表，如图 5-22 所示，有 5 种规则类型。

（1）突出显示单元格规则：通过大于、小于、等于、介于等条件限定数据范围，对于属于该数据范围的单元格设置格式。

（2）最前/最后规则：将按数据大小排名的第 1 或前几名的单元格，或排名为最后 1 名或最后几名单元格，或高于/低于平均值的单元格设置格式。

（3）数据条：用不同长度的数据条表示单元格中值的大小，有助于查看该单元格与其他单元格相比值的相对大小。

（4）色阶：使用两种或三种颜色的渐变效果表示单元格的数据，颜色深浅表示值的高低。

（5）图标集：使用图标集表示数据，每个图标代表一个值范围。例如，在三色交通灯图标集中，绿色的圆圈代表较高值，黄色的圆圈代表中间值，红色的圆圈代表较低值。

对同一个单元格区域，可以设置多个条件格式规则。如果各规则彼此不冲突，各规则将被同时应用；如果规则冲突，将只应用优先级高的规则，优先级低的规则被覆盖，不起作用。越晚设置的条件格式，规则的优先级越高，覆盖其他规则。要清除条件格式，可以单击“开始”选项卡→“样式”组中的“条件格式”→“清除规则”命令即可。

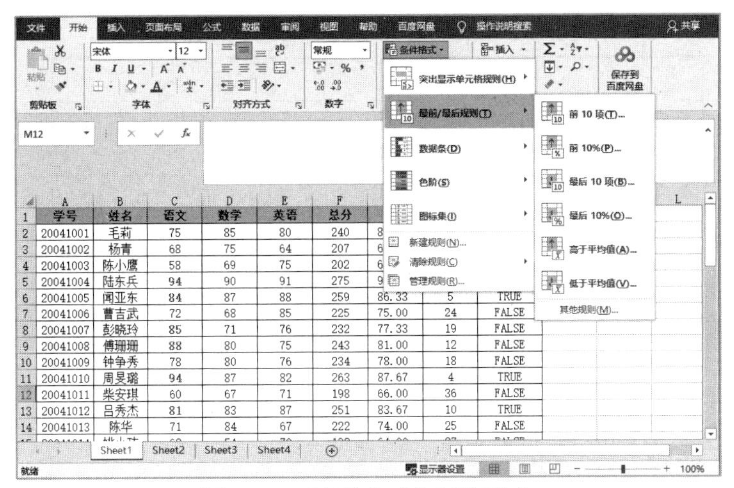

图 5-22　“条件格式”下拉列表

5.6　格式化工作表

5.6.1　设置单元格数据格式

（1）使用内置数字格式。在单元格中输入数据后，Excel 会使用默认的格式显示数据。通常，用户需要重新对数据的格式进行设置，诸如四舍五入保留若干位小数、添加%和人民币符号￥，或将日期数据改为“×年×月×日”等形式，使其符合数据表的要求。这些操作不需逐个修改单元格，只要统一设置单元格格式就可以了。

单元格数据格式设置

选中要设置格式的单元格，右击或单击“开始”选项卡→“单元格”组中的“格式”→“单元格格式”命令，打开“设置单元格格式”对话框，如图 5-23 所示。Excel 系统给出了 11 种内置的数据格式，如表 5-1 所示。

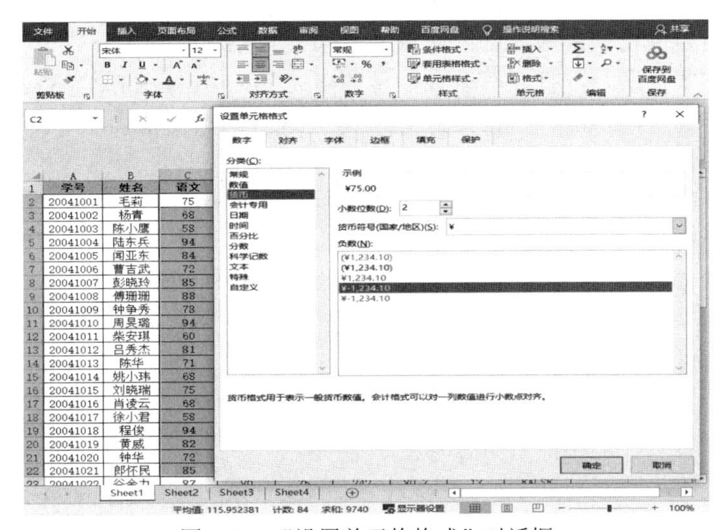

图 5-23　“设置单元格格式”对话框

表 5-1　Excel 单元格内置数据格式

数据格式	功能说明
常规	默认格式，一般显示为所键入数据的原貌，但若单元格宽度不够，会适当四舍五入保留部分小数位，或对较大的数字（12 位及以上）采用科学记数法形式显示
数值	用于数字的一般显示，可指定四舍五入要保留到的小数位数、是否使用千位分隔符(,)及如何显示负数
货币	用于表示货币值，并总带有千位分隔符（,），或带有某种货币符号（如￥）或无货币符号，可指定四舍五入要保留到的小数位，以及如何显示负数
会计专用	也用于表示货币值，并总带有千位分隔符（,），或带有某种货币符号（如￥）或无货币符号，可指定四舍五入要保留到的小数位。与“货币”格式的区别是，“会计专用”会对齐货币符号和小数点，而“货币”格式则不对齐。另外，对 0 值，“货币”格式显示为 0，而“会计专用”格式则显示一个连字符“-”
日期	可选择多种日期显示格式，如“2021 年 3 月 27 日”“2021/3/27”等，其中以星号（*）开头的日期格式受系统“控制面板”中区域和日期时间设置的影响，不带星号（*）的格式不受“控制面板”设置的影响
时间	可选择多种时间显示格式，如“14:30”“2:30 PM”等，其中以星号（*）开头的含义同上
百分比	将单元格原数值乘以 100，并总显示百分号（%），可指定四舍五入保留至的小数位数
分数	可进一步设置分母为 2 位或 3 位数，或以 2、4、6、8、10、16 等为分母显示分数
科学记数	以科学记数法的形式显示数字，用 E 表示“乘以 10 的次幂”，如 1.25E+5 表示 1.25×10^5，可指定 E 的左边小数四舍五入要保留的小数位数
文本	将单元格的内容视为文本，即使键入数字，也视为文本，如输入 001、002，则可原样显示 001、002；如果不设置为“文本”格式，则将视为数字，并显示为 1、2
特殊	将数字显示为邮政编码、中文小写数字、中文大写数字等

（2）自定义数据格式。单元格的格式实际是由一段代码控制的，在“设置单元格格式”对话框的“数字”选项卡中，当选择了一种内置格式时，实际是应用了这一格式对应的、事先已由 Excel 系统编写好的代码，因此可直接使用这些内置格式，而不需要关心代码是什么。但如果这些内置格式都不能满足需要，就要自己编写代码自定义格式。

选中要设置自定义格式的单元格或区域，单击“开始”选项卡→“单元格”组中的“格式”→“单元格格式”命令，打开“设置单元格格式”对话框，如图 5-23 所示，在“分类”列表中选择“自定义”，即可在下面的列表框内选择现有的数据格式，或者在“类型”框中输入要定义的一个数据格式。

自定义格式代码结构组成分为 4 个部分，中间用“;”号分隔，具体如下：

正数格式；负数格式；零格式；文本格式

即单元格的内容若是正数，就自动按第 1 段代码格式设置；若是负数，就自动按第 2 段代码设置格式；若是 0，就自动按第 3 段代码格式；若是文本，就自动按第 4 段代码格式。代码也可以少于 4 段，此时几种情况共用 1 段代码；如果只有 2 段代码，则第 1 段代码用于正数和 0，第 2 段代码用于负数；如果只有 1 段代码，则用于所有数字；某段代码也可以保持空白，表示使用默认设置，但不能省略分号。

正数的格式代码为“#,##0.00”，格式中“#”代表数字点位符，表示只显示有意义的零（其他数字原样显示），逗号为千分位分隔符，“0”代表数字占位符，且该数位不能省略，表示按照输入结果显示零，其中“0.00”小数点后的“0”的个数表示小数位数；负数的格式代码为“[Red]-#，##0.00”。其中“-”表示负数，可选项[Red]用于定义负数的颜色，可以输入“黑色”“蓝色”“青色”“绿色”“洋红”“红色”“白色”“黄色”，其他字符的意义和正数相同；零的格式代码为“0.00”，其中小数点后面的“0”的个数表示小数位数；文本的格式代码为“"TEXT"@”（或“@"TEXT"”），@为文本占位符，TEXT 为文本字符串，@的位置决定 TEXT 在前面还是在后面显示。

例如，为单元格编写格式代码“###0.00;[红色]"不合格";"-";@"!"”，将对正数显示两位小数，对负数显示红色的“不合格”；对 0 值显示一个“-”；对文本则显示单元格的原文内容再加一个感叹号（!）。“不合格”“-”“!”都是希望直接显示在单元格中的内容，不属于控制代码，因此要用英文双引号引起来。

5.6.2　设置单元格边框与底纹

默认情况下，工作表中的表格是浅灰色的，这些浅灰色的表格线在打印时是不会被打印出来的。要打印表格线，需为单元格设置某种线型的边框。

单元格边框设置与自动套用表格样式

选定要设置边框的单元格区域，单击“开始”选项卡→“字体”组中的“边框”按钮，在弹出的下拉列表中选择边框样式，如图 5-24 所示。也可以选择“其他边框”命令，打开“设置单元格格式”对话框，切换到“边框”选项卡。首先设置框线的线型、颜色，然后再单击“预置”或边框下面的按钮，将对应位置的边框设置为设定好的线型与颜色，如图 5-25 所示。

图 5-24　“边框”按钮下拉列表

默认情况下，单元格中的内容是白色的。在制作工作表时，用户可以根据需要改变单元格的填充颜色，使单元格的数据得以突出。同时，借助于改变单元格的填充色，可以美化表格或满足特殊要求。要改变底纹颜色，可以单击“开始”选项卡→“字体”组中的“填充颜色”按钮，选择所需颜色。也可在“设置单元格格式”对话框中的“填充”选项卡的“背景色”列表中选择颜色，如图 5-26 所示。

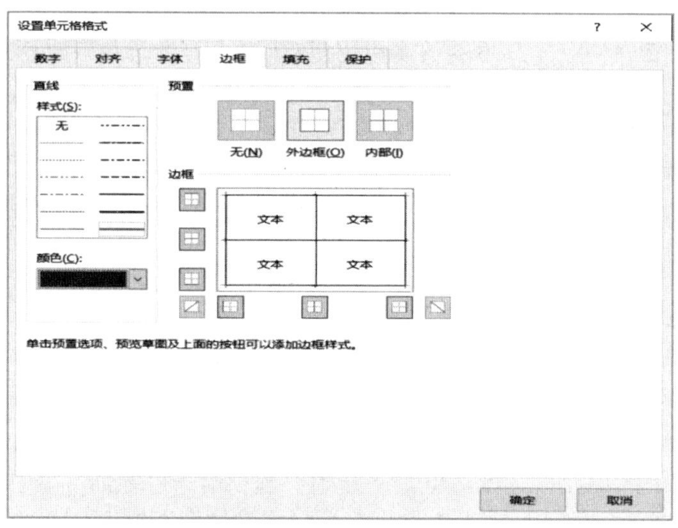

图 5-25　设置单元格边框

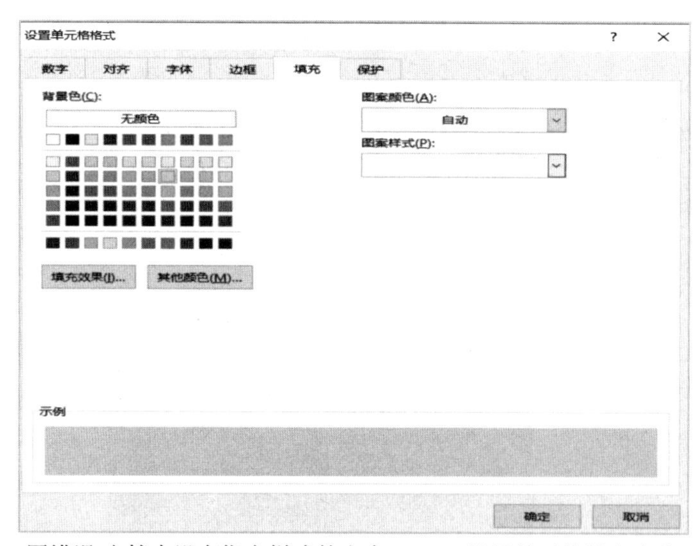

图错误!文档中没有指定样式的文字。-26　设置单元格填充底纹

5.6.3　自动套用样式

Excel 系统提供了多种内置的表格格式，其中包括预定义的边框和底纹、文字格式、颜色、对齐方式等，可用于快速美化表格。

（1）套用单元格样式。选定需要设置格式的单元格，单击“开始”选项卡→“样式”组中的“单元格样式”按钮，如图 5-27 所示，在弹出的下拉列表中选择预设的样式选项，即可以将该样式应用在选定的单元格区域中。

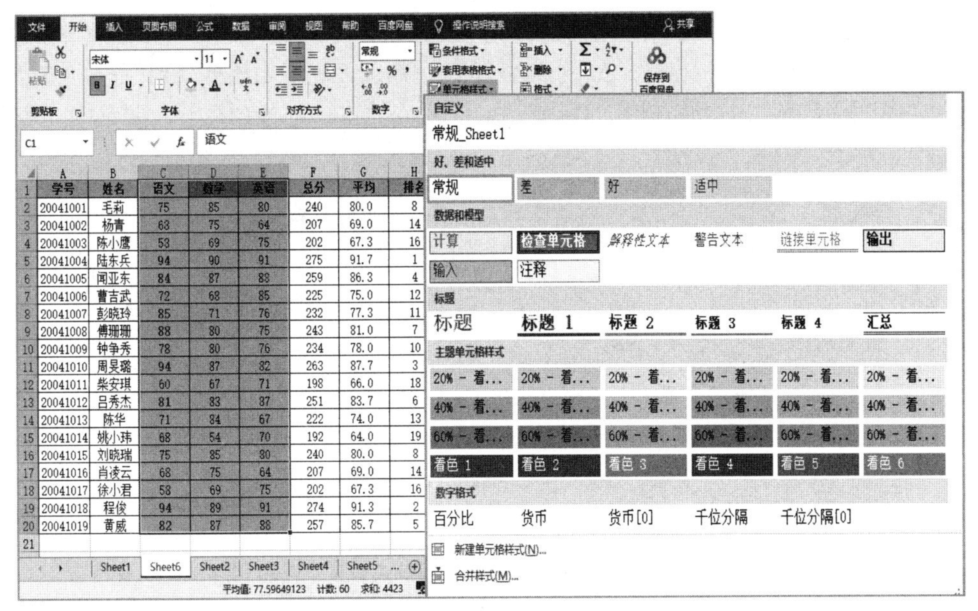

图 5-27　应用单元格样式

在使用单元格样式过程中不仅可以套用系统预设的样式，还可以根据需要自定义单元格样式，然后保存这种样式，以后即可作为可以套用的单元格样式来使用。单击图 5-27 所示下拉列表中的“新建单元格样式”命令，打开“样式”对话框。输入样式名，单击“格式”按钮，打开“设置单元格格式”对话框，如图 5-28 所示。使用该对话框可以对数字、对齐、边框及填充效果进行设置，分别单击“确定”按钮关闭对话框。此时，创建的样式就会列在“单元格样式”下拉列表中，可以像套用系统的预设样式一样应用自定义样式。

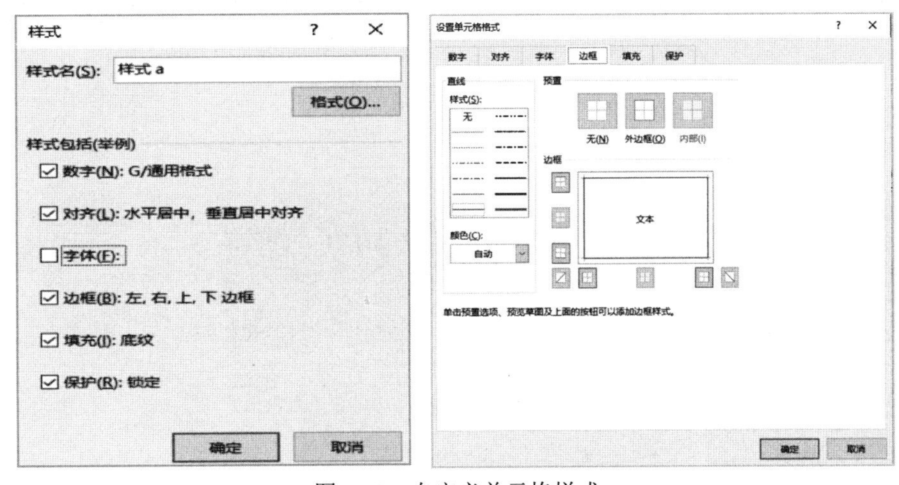

图 5-28　自定义单元格样式

提示： 在工作表中使用单元格样式可以快速使单元格区域的样式统一。不同工作簿之间的单元格样式是独立的，也就是说在某个工作簿中删除某个单元格样式，不会影响另一个工作簿的单元格样式。在工作簿中，“常规”单元格样式是不能被删除的。

（2）自动套用表格格式。套用表格格式是将系统预定义的格式集合应用到数据区域。选定

要套用表格格式的单元格区域，单击“开始”选项卡→“样式”组中的“套用表格格式”按钮，在弹出的下拉列表中选择一种格式，如图 5-29 所示，弹出“套用表格式”对话框。在“表数据的来源”框中确认要套用的表格样式的区域，如果区域的首行为各列标题，要选中“表包含标题”复选框，单击“确定”按钮。

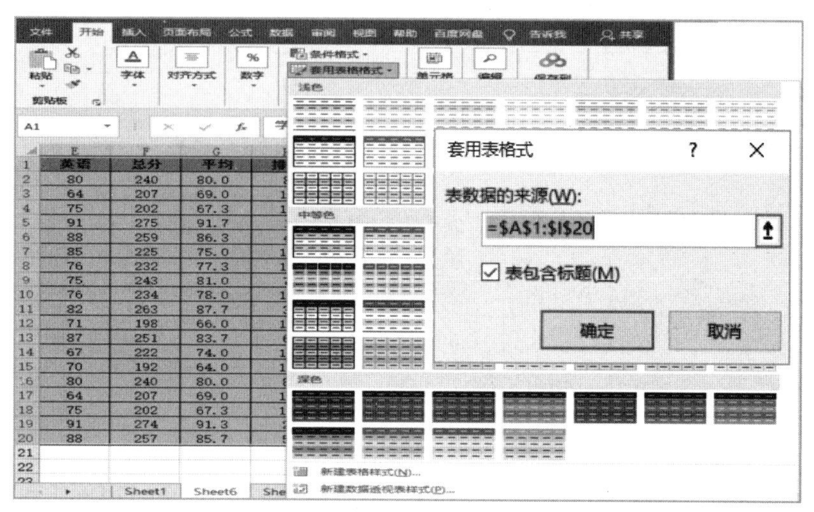

图 5-29　套用表格格式

数据区域在被套用表格格式后，会同时被创建为“表格”对象（或称为“表”），被创建为“表格”对象的一个明显标志是：选中数据区的任意单元格后，功能区会出现“表格工具—设计”选项卡，如图 5-30 所示。

学号	姓名	语文	数学	英语	总分	平均分	排名
20041001	毛莉	75	85	80	240	80.0	15
20041002	杨青	68	75	64	207	69.0	29
20041003	陈小鹰	58	69	75	202	67.3	32
20041004	陆东兵	94	90	91	275	91.7	1
20041005	闻亚东	84	87	88	259	86.3	5
20041006	曹吉武	72	68	85	225	75.0	24
20041007	彭晓玲	85	71	76	232	77.3	19
20041008	傅珊珊	88	80	75	243	81.0	12
20041009	钟争秀	78	80	76	234	78.0	18
20041010	周旻璐	94	87	82	263	87.7	4
20041011	柴安琪	60	67	71	198	66.0	36
20041012	吕秀杰	81	83	87	251	83.7	10
20041013	陈华	71	84	67	222	74.0	25
20041014	姚小玮	68	54	70	192	64.0	37
20041015	刘晓瑞	75	85	80	240	80.0	15
20041016	肖凌云	68	75	64	207	69.0	29

图 5-30　数据区域套用表格格式转换为表格对象及表格对象特征

“表格”对象并不是工作表，而是工作表中一部分单元格区域，独立于工作表中普通的单元格区域，具有方便数据查看、编辑、格式控制和数据分析的功能，很多功能是普通单元格区域中所没有的。例如，勾选“表格样式选项”组中“汇总行”前的复选框，将在该表格对象下方自动添加一行“汇总行”，方便数据汇总，而不像普通单元格区域的编辑方式，需要添加汇总行，再通过函数公式加以计算等。

被创建“表格”对象后，在数据区域的列标题旁边还会出现“自动筛选”按钮，以方便对数据区域进行筛选，如图 5-30 所示。如不需要筛选，可在“选据”选项卡“排序和筛选”组中单击“筛选”按钮，使按钮成为非高亮状态即可取消筛选状态。

套用表格格式和创建表格对象，这两个操作是同时一步完成的，即对数据区域套用了表格格式，就会创建“表格”对象。如果在使用过程中有些具体的需求，可通过额外的操作实现。

情况 1：如希望仅创建“表格”对象，而不套用格式，可在套用格式时，单击“表格工具—设计”选项卡“表格样式”组右下角的“其他”按钮，从列表中选择“清除”命令即可。

情况 2：如希望仅套用表格格式，而不希望 Excel 将数据区域创建为“表格”对象，可在被创建“表格”对象后，单击“表格工具—设计”选项卡下“工具”组中的“转换为区域”按钮，如图 5-30 所示。这时，“表格”对象被取消，“表格工具—设计”选项卡消失，数据区域被转换回工作表中的普通区域，但区域中被套用样式后的字体、颜色、边框等格式都被保留下来。

提示： 套用表格格式只能用在不包含合并单元格的数据区域中。若在套用表格格式后，发现第一行出现“列 1”“列 2”的列标题，则是不正确的，其原因是所选数据区域不正确。选中任意一个单元格套用表格格式，只限于无合并单元格的规则数据区域。如果第一行中有被合并的单元格，则要选中除第一行外的其他正确的数据区域再套用表格格式。

5.7　案例制作——制作员工信息表

5.7.1　案例要求

晓丽是公司办公室文员，需要为公司制作员工花名册和员工个人信息填写表。打开素材文件“案例 1-员工信息表.xlsx”，请按如下要求，帮助晓丽完成员工信息表的制作。

1. 将工作表 Sheet1 更名为“员工名册”，在“员工名册”工作表中完成下列操作：

（1）在“工号”列前插入列“序号”，输入序号 0001、0002、0003、……

（2）设置“员工名册”工作表的“工号”列不可以输入重复值，“出错警告”为“警告”样式，“出错信息”提示“工号不能输入重复值！”。

（3）在“学历”列后插入一列，在 H1 单元格中输入“部门”，设置 H 列（不包括 H2）单元格下拉列表，下拉列表选项包括“广告部、研发部、销售部、行政部、财务部”5 个部门。

（4）设置“身份证号码”列单元格文本长度为 18 位，显示输入信息“只能录入 18 位数字或文本。”。

（5）在“员工名册”数据区第 18 行插入一行，添加一行数据“20200001，周子叶，江苏，男，360124199803248135，本科，销售部，职员，2020-12-13，87586231，文三路 116 号”。

（6）给“备注”单元格添加批注“一年在岗时间”，将“兼职”单元格内容修改为“7/12”。

（7）对入职时间为“2005-01-01”前（包括）的单元格字体、字形设为“红色、加粗”。

（8）将数据区域套用表格格式“冰蓝 表样式浅色 2”，并取消创建的“表格”对象，即仅套用表格格式。

2. 将工作表 Sheet2 更名为“个人信息”表，在“个人信息”表中制作个人信息表格，具体要求如下：

（1）输入表格文字内容，设置表格效果如图 5-31 所示。

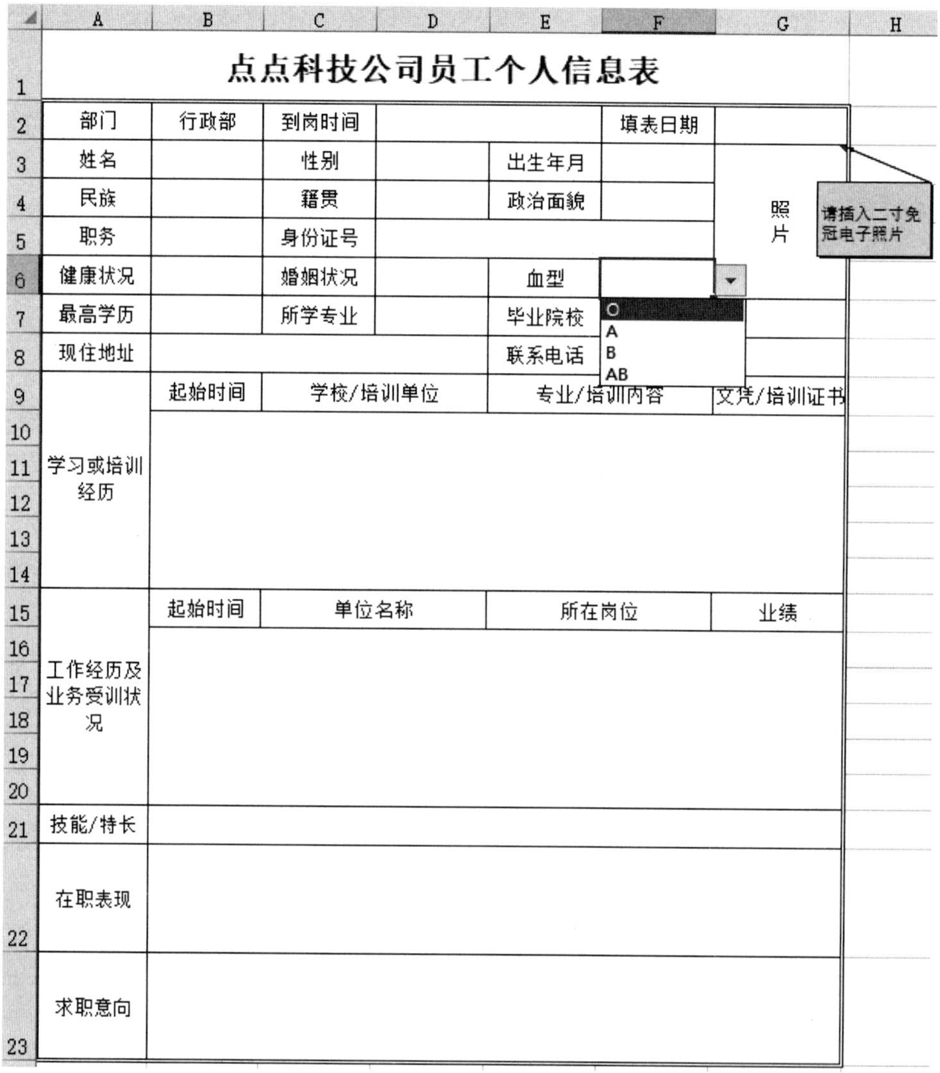

	A	B	C	D	E	F	G
1	点点科技公司员工个人信息表						
2	部门	行政部	到岗时间			填表日期	
3	姓名		性别		出生年月		照片
4	民族		籍贯		政治面貌		
5	职务		身份证号				
6	健康状况		婚姻状况		血型		
7	最高学历		所学专业		毕业院校		
8	现住地址				联系电话		
9	学习或培训经历	起始时间	学校/培训单位		专业/培训内容		文凭/培训证书
10–14							
15	工作经历及业务受训状况	起始时间	单位名称		所在岗位		业绩
16–20							
21	技能/特长						
22	在职表现						
23	求职意向						

请插入二寸免冠电子照片

O
A
B
AB

图 5-31 “个人信息”表

（2）设置“部门”“性别”“政治面貌”“婚姻状况”“血型”“最高学历”输入单元格为下拉列表选择输入，各列表选项如表 5-2 所示。

表 5-2　下拉列表选项

部门	性别	政治面貌	婚姻状况	血型	最高学历
行政部	男	中共党员	未婚	O	大专
研发部	女	团员	已婚	A	大学本科
业务部		群众	离婚	B	硕士研究生
销售部				AB	博士研究生
财务部					

（3）合并单元格 G3 中输入竖排文字“照片”，给单元格添加批注“请插入二寸免冠电子照片”，显示批注。

（4）给表格设置“深蓝色”的双实线外框，单实线内框。

序列填充输入

5.7.2　案例制作

同列不能输入重复值

第一部分：

第（1）题：

步骤 1，插入列：单击 B 列标签，选定 B 列，单击鼠标右键，在弹出的快捷菜单中选择“插入”命令，这时在选定列前插入了一列。

步骤 2，设置 A 列单元格格式为“文本”：选定 A 列，单击鼠标右键，在弹出的快捷菜单中选择“设置单元格格式”命令，打开“设置单元格格式”对话框，“分类”选择“文本”，单击“确定”按钮关闭对话框。

步骤 3，填充输入：在 A1、A2、A3 单元格中分别输入文字“序号”“0001”“0002”，选定 A2:A3 单元格，如图 5-32 所示，双击右下角的填充柄，这时“序号”列数据已填充输入完成。

	A	B	C	D	E	F	G	H
1	序号	工号	姓名	籍贯	性别	身份证号码	学历	部门
2	0001	20130002	茹　芳	湖北	男	440923198504014038	本科	广告部
3	0002	20080015	蒲海娟	河北	女	360723198809072027	博士	研发部
4		20120004	宋沛徽	安徽	男	320481198504256212	硕士	销售部
5		20000017	赵利军	广东	女	320223197901203561	本科	行政部
6		[illegible]	杨　斐	湖北	女	320106197910190465	博士	销售部
7		[illegible]	[illegible]继芹	河南	女	321323198506030024	硕士	销售部
8		[illegible]	[illegible]远锋	河南	男	321302198502058810	博士	研发部
9		[illegible]	[illegible]旭东	河北	女	321324198601180107	本科	行政部
10		20110158	王兴华	辽宁	女	321323198809105003	本科	财务部
11		20080003	冯　丽	辽西	女	420117198608090022	本科	销售部
12		20100112	旦艳丽	广东	女	321324198401130041	硕士	销售部
13		20130045	苏晓强	安徽	男	320402198502073732	本科	财务部
14		20070089	王　辉	山东	女	320402198304303429	博士	行政部

双击填充柄

图 5-32　填充输入“序号”列

第（2）题：

步骤 1，打开“数据验证”对话框：单击 B 列标签，选定“工号”列，单击“数据”选项卡→“数据工具”组中的“数据验证”按钮，打开“数据验证”对话框。

步骤 2，设置对话框“设置”选项卡：在“允许”下拉列表中选择“自定义”，在“公式”文本框中输入“=COUNTIF(B:B,B1)=1”，如图 5-33（a）所示。

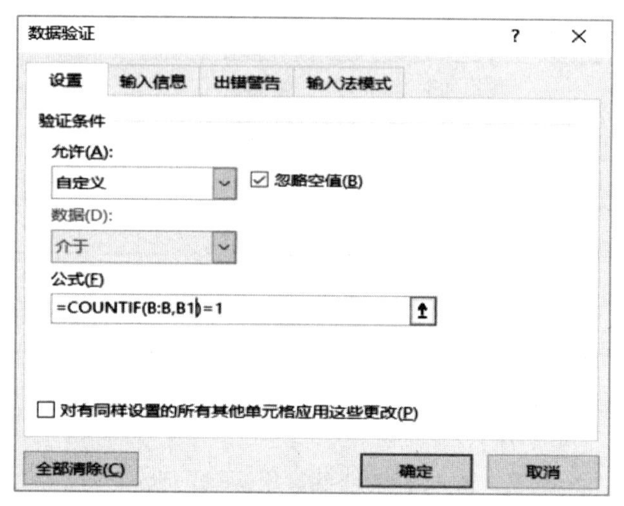

（a）“设置”选项卡

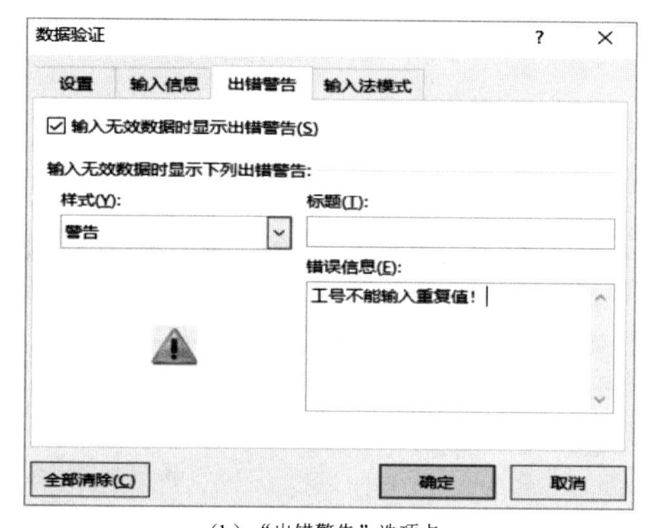

（b）“出错警告”选项卡

图 5-33　“工号”列数据验证设置

单元格下拉列表设置

步骤 3，设置对话框“出错警告”选项卡：单击“出错警告”选项卡，设置“样式”为“警告”，在“错误信息”文本框中输入“工号不能输入重复值！”，如图 5-33（b）所示，单击“确定”按钮关闭对话框。

第（3）题：

步骤 1，插入列：单击 H 列标签，选定“职务”列，单击鼠标右键，在弹出的快捷菜单中选择“插入”命令，这时在选定列前插入了新的一列。

步骤 2，设置单元格下拉列表：单击 H 列标签，选定 H 列，按住 Ctrl 键，单击 H1 单元格，即取消 H1 单元格的选定状态；单击“数据”选项卡→“数据工具”组中的“数据验证”按钮，打开“数据验证”对话框。

步骤 3，设置对话框“设置”选项卡：在“允许”下拉列表中选择“序列”，在“来源”文本框中输入“广告部,研发部,销售部,行政部,财务部”，以英文半角状态下的“,”逗号分隔选项，如图 5-34（a）所示。

04～06 题

步骤 4，选择“部门”列单元格的值：单击“部门”列单元格，此时，单元格右侧会有一个下拉列表，从下拉列表的选项中选择各单元值，如图 5-34（b）所示。

第（4）题：

步骤 1，打开“数据验证”对话框：单击 F 列标签，选定“身份证号码”列，单击“数据”选项卡→“数据工具”组中的“数据验证”按钮，打开“数据验证”对话框。

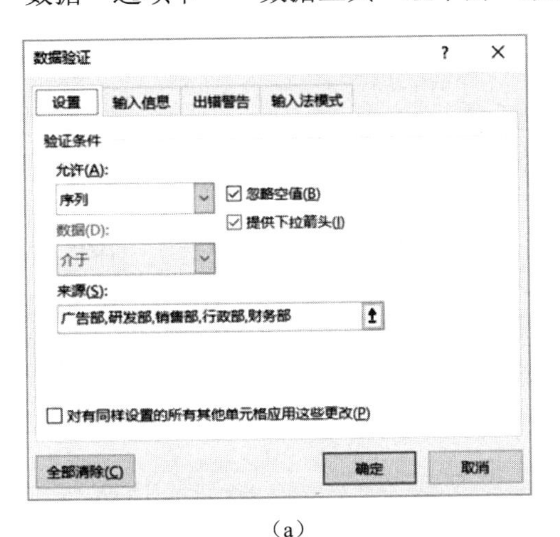

（a）

F	G	H	I
身份证号码	学历	部门	职务
440923198504014038	本科	广告部	职员
360723198809072027	博士	研发部	职员
320481198504256212	硕士	销售部	总经理
320223197901203561	本科	行政部	职员
320106197910190465	博士	销售部	经理助理
321323198506030024	硕士	销售部	副总经理
321302198502058810	博士		职员
321324198601180107	本科	广告部	职员
321323198809105003	本科	研发部	职员
420117198608090022	本科	销售部	理助理
321324198401130041	硕士	行政部	职员
320402198502073732	本科	财务部	职员
320402198304303429	博士		职员
320401198607152529	本科		职员
320723198204021422	本科		经理助理
320404198012084458	本科		职员
360121197207216417	硕士		经理助理

（b）

图 5-34　创建“部门”列单元格选择输入的下拉列表

步骤 2，设置对话框“设置”选项卡：在“允许”下拉列表中选择“文本长度”，在“长度”文本框中输入“18”，如图 5-35（a）所示。

步骤 3，设置对话框“输入信息”选项卡：单击“输入信息”选项卡，在“输入信息”文本框中输入文字“只能录入 18 位数字或文本。”，如图 5-35（b）所示。单击“确定”按钮关闭对话框。

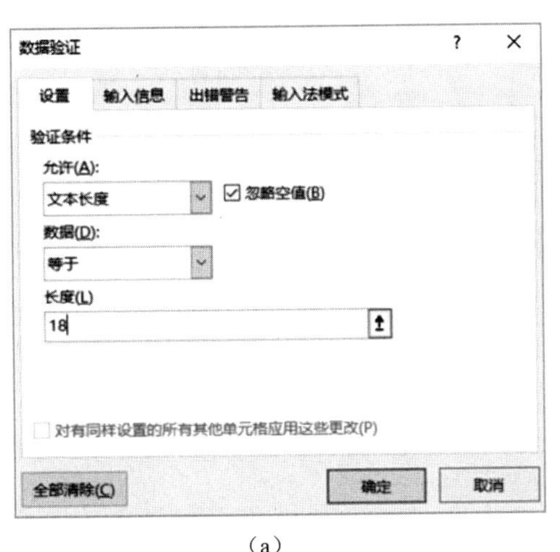

（a）

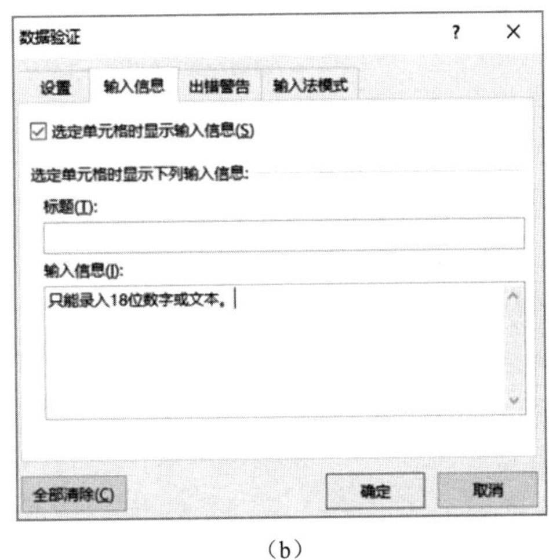

（b）

图 5-35　设置单元格文本长度为 18

第（5）题：

步骤 1，插入一行：单击行标签“18”，单击鼠标右键，在弹出的快捷菜单中选择“插入”

命令，这时在选定行前插入了一行。

步骤 2，输入数据：输入第 18 行单元格数据，A18 单元格不需要输入数据。特别注意身份证号码的输入，若直接输入“360124199803248135”，系统将当作数值处理，以科学记数方式显示3.60124E+17，若希望单元格数字以文本方式来处理，可以先设置单元格的“数字”格式为“文本”，也可以快捷地按“’360124199803248135”输入，即在数字前输入一个英文半角状态下的单引号。

步骤 3，修改第 17 行后的“序号”值：选定单元格 A16:A17，拖曳右下角的填充柄至 A27 单元格。

第（6）题：

步骤 1，给单元格添加批注：选定 M1 单元格，单击“审阅”选项卡的“批注”组中的“新建批注”按钮，在批注框中输入文字内容“一年在岗时间”。

步骤 2，查找和替换操作：选定 M 列，单击“开始”选项卡→“编辑”组中的“查找和替换”→“替换”命令，打开“查找和替换”对话框。在“查找内容”框中输入“兼职”，在“替换为”框中输入“0 7/12”，即零+空格+7/12，如图 5-36 所示。这是单元格分数输入的快捷方式，也可以通过设置单元格格式的方式来输入分数。

步骤 3，单击“确定”及“关闭”按钮，关闭对话框。

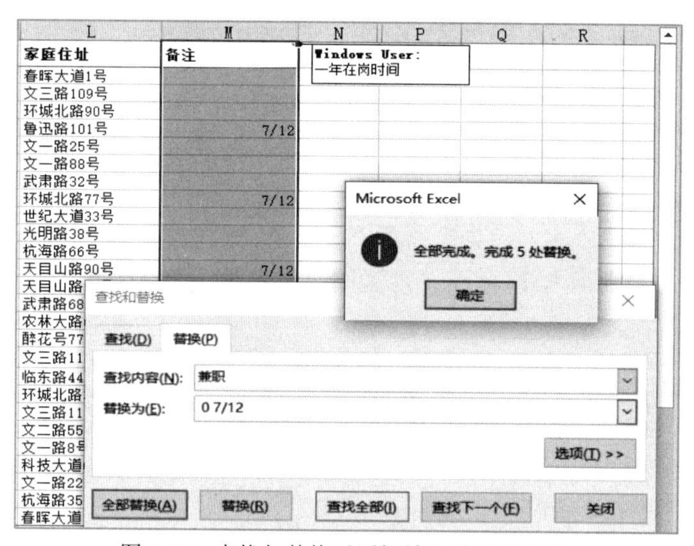

图 5-36　查找与替换对话框输入单元格分数

07 与 08 题

第（7）题：

步骤 1，打开“新建格式规则”对话框：选定单元格 J2:J27，单击“开始”选项卡→“样式”组中的“条件格式”→“突出显示单元格规则”→“其他规则”命令，如图 5-37（a）所示，打开“新建格式规则”对话框，如图 5-37（b）所示。

步骤 2，设置编辑规则，如图 5-37（b）所示，单击“格式”按钮，打开“设置单元格格式”对话框。

步骤 3，设置“设置单元格格式”对话框中的字体颜色为红色，字形为加粗，如图 5-37（c）所示。分别单击“确定”按钮，关闭对话框。

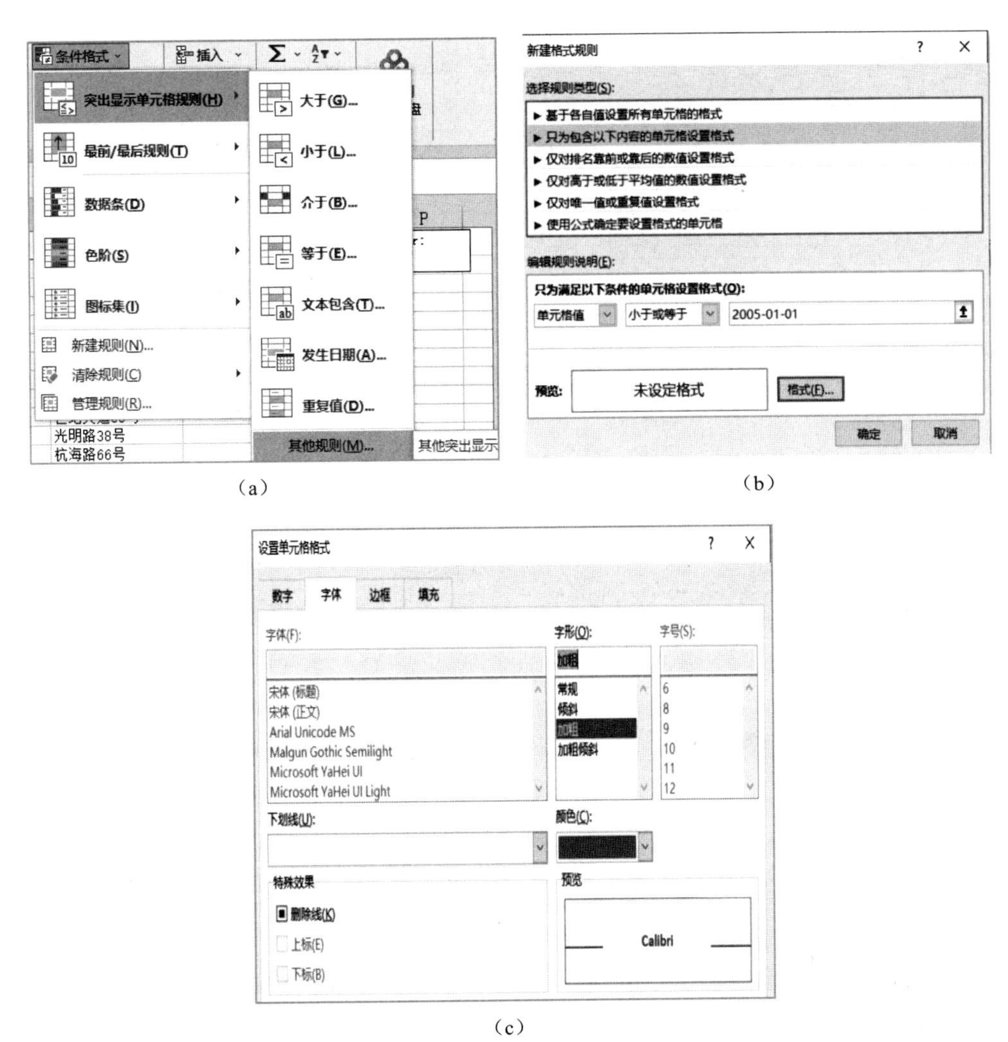

（a）　（b）　（c）

图 5-37　设置“入职时间”列的单元格格式

第（8）题：

步骤 1，打开“创建表”对话框：选定数据区中的任一单元格，单击“开始”选项卡→“样式”组中的“套用表格样式”→“浅色”→“冰蓝 表样式浅色 2”，打开“创建表”对话框，如图 5-38（a）所示，设置“表数据的来源”为“$A$1:$M$27”，单击“确定”按钮，关闭对话框。这时数据表标题行右侧显示倒三角筛选按钮，创建了数据表对象。

步骤 2，取消“数据区”表对象：单击“表格工具—设计”选项卡→“工具”组中的“转换为区域”按钮，弹出“是否将表转换为普通区域？”的信息提示，如图 5-38（b）所示，单击“是”按钮关闭提示框。这时，表对象转换为保留套用样式的普通区域，“表格工具”选项卡消失。

个人信息表制作

第二部分：

第（1）题：

步骤 1，输入文字信息：单击“个人信息”表标签，在工作表中输入如图 5-39 所示的文字内容。参考效果，合并后使单元格居中显示，调整单元格的行高与列宽。

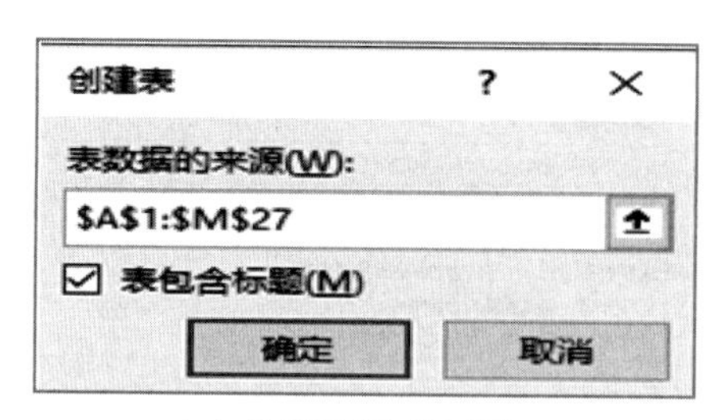

（a）设置表对象数据源

（b）表对象转换为普通区

图 5-38　套用表格格式及转换表对象为普通区

	A	B	C	D	E	F	G	H
1	点点科技公司员工个人信息表							
2	部门		到岗时间			填表日期		
3	姓名		性别		出生年月		照片	
4	民族		籍贯		政治面貌			
5	职务		身份证号					
6	健康状况		婚姻状况		血型			
7	最高学历		所学专业		毕业院校			
8	现住地址				联系电话			
9	学习或培训	起始时间	学校/培训单位		专业/培训内容		文凭/培训证书	
10								
11								
12								
13								
14								
15	工作经历	起始时间	单位名称		所在岗位		业绩	
16								
17								
18								
19								
20								
21	技能/特长							
22	在职表现							
23	求职意向							

图 5-39　输入文字内容

步骤 2，设置表格标题：选定单元格 A1:G1，单击“开始”选项卡→“对齐方式”组中的“合并后居中”按钮，设置适合的字体、字号大小（随自己定）。

第（2）题：

由于表格中要创建的单元格下拉列表较多，可以将下拉列表选项的数据来源定义为名称区域，方便引用。因此，先借助辅助工作表 Sheet3 来输入选项的文本内容。

步骤 1，输入各下拉列表选项内容：在 Sheet3 中输入文本内容，如图 5-40 所示。

	A	B	C	D	E	F
1	部门	性别	政治面貌	婚姻状况	血型	最高学历
2	行政部	男	中共党员	未婚	O	大专
3	研发部	女	团员	已婚	A	大学本科
4	业务部		群众	离婚	B	硕士研究生
5	销售部				AB	博士研究生
6	财务部					

图 5-40　在 Sheet3 表中输入文本内容

步骤 2，定义单元格区域的名称：按住 Ctrl 键，分别选定区域 A1:A6、B1:B3、C1:C4、D1:D4、E1:E5、F1:F5，单击“公式”选项卡→“定义的名称”组中的“根据所选内容创建”按钮，打开“所选内容创建名称”对话框，如图 5-41 所示，勾选“首行”前的复选框，单击

“确定”按钮关闭对话框。

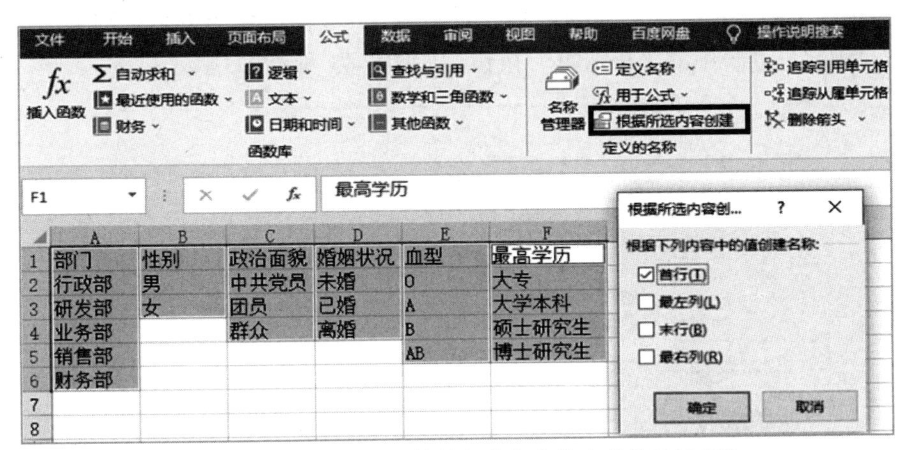

图 5-41　以选定数据区的首行为名称批定义单元格名称

步骤 3，分别设置相应单元格的下拉列表，即设置单元格的“数据验证”参数：例如，选定 B2 单元格，单击“数据”选项卡→“数据工具”组中的“数据验证”按钮，打开“数据验证”对话框。在“允许”下拉列表中选择“序列”，“来源”文本框中输入“=部门”，如图 5-42 所示，单击“确定”按钮，关闭对话框。这时，B2 单元格下拉列表设置完成。

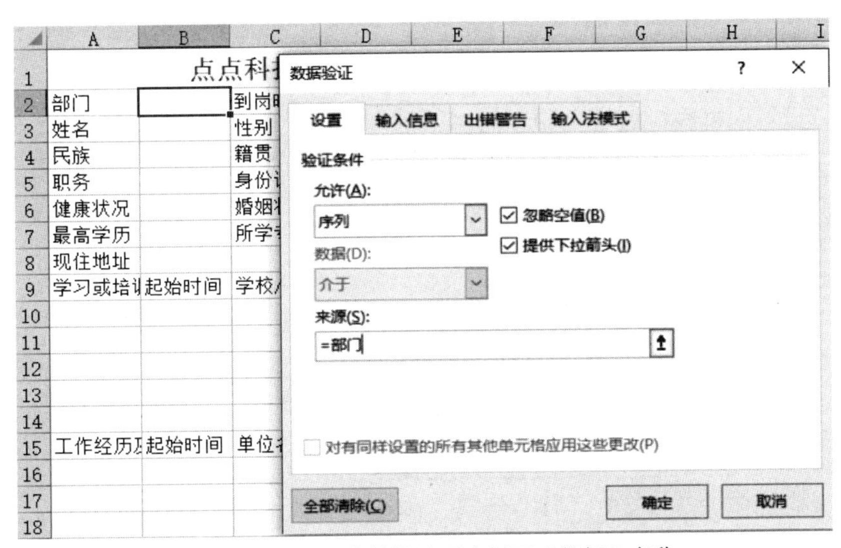

图 5-42　下拉列表数据选项来源于“部门”名称

以同样的方法创建其他单元格的下拉列表。

第（3）题：

步骤 1，单元格内换行：输入文字“照”，然后按 Alt+Enter 组合键，再输入文字“片”。

步骤 2，插入批注：选定合并的单元格，单击“审阅”选项卡→“批注”组中的“新建批注”按钮，在批注框中输入文字“请插入二寸免冠电子照片”。

步骤 3，显示批注：单击“审阅”选项卡→“批注”组中的“显示/隐藏批注”按钮。

第（4）题：

步骤 1，设置外框线：选定单元格区域 A2:G23，单击“开始”选项卡→“字体”组中的

“边框”按钮田，在其下拉列表中选择“其他边框”命令，打开“设置单元格格式”对话框。在“边框”选项卡的“样式”列表中选择“━━”双实线，在“颜色”列表中选择“深蓝色”，单击“预置”列表中的“外边框”按钮，如图5-43所示。

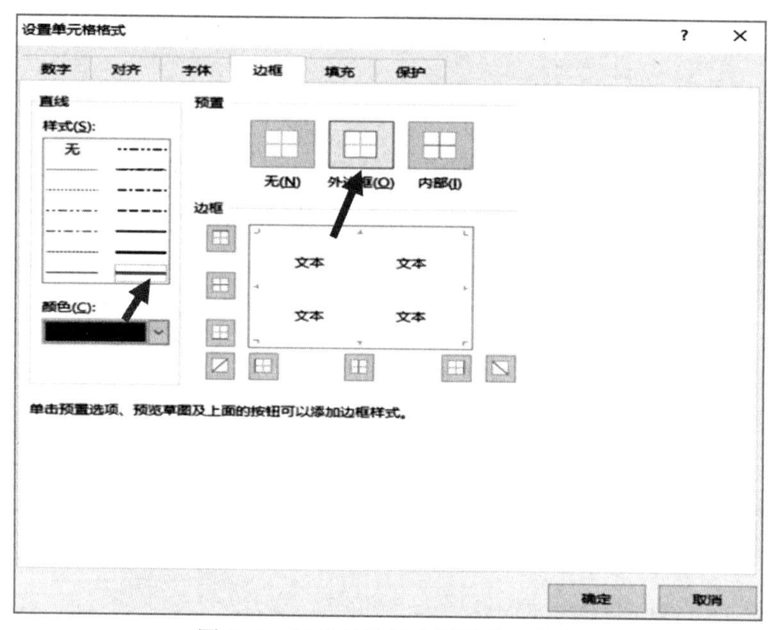

图5-43　设置外边框为深蓝色双实线

步骤2，设置内框线：还是上一步的对话框“边框”选项卡中，将“样式”列表切换为“——”单实线，单击“预置”列表中的“内部”按钮，如图5-44所示。单击“确定”按钮关闭对话框。

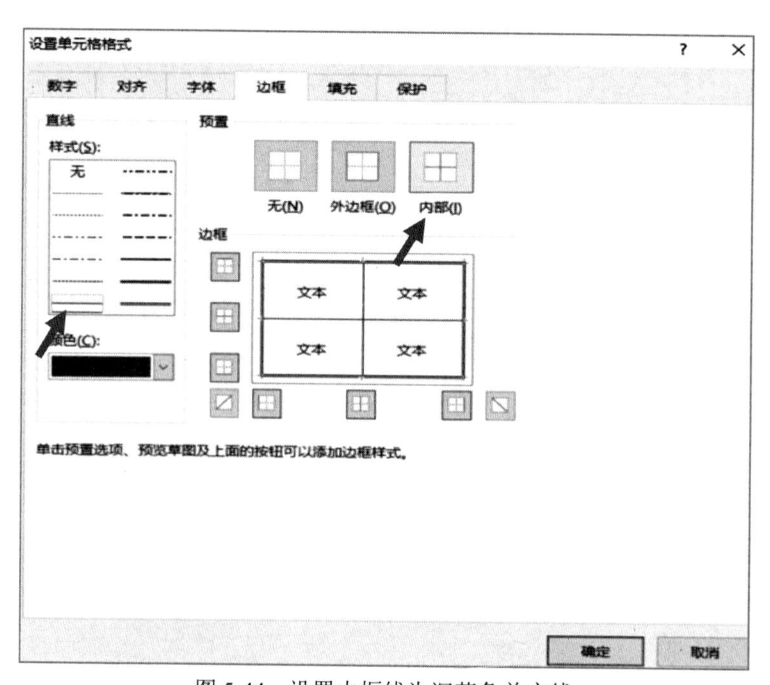

图5-44　设置内框线为深蓝色单实线

第 6 章　Excel 公式和函数

素材

Excel 是一款具有强大功能的电子表格程序，内置了数百个函数，这些函数可以直接在工作表中使用。使用 Excel 公式和函数，用户可以完成许多复杂的数据运算，还可以对数据进行汇总求和、实现数据的筛选和查找、对文本进行各种处理，从而实现提高工作效率、准确分析数据。

课件

6.1　使用公式

使用公式

6.1.1　公式的概念

Excel 中的公式是为解决问题而编写的、对数据进行计算和操作的式子，一般以“=”开始。通常一个公式包含运算符、单元格引用、值、常量、相关参数及括号等元素，运算符用来阐述运算对象进行什么操作，并对公式中的数据进行特定类型的计算。运算符一般包括算术运算符、比较运算符、连接运算符和引用运算符。

Excel 公式与函数概述

（1）算术运算符。算术运算符用于进行基本的算术运算，包括加（+）、减（–）、乘（*）、除（/）和幂运算（^）。其中幂运算的优先级最高，其次是乘或除，再次是加或减。

（2）比较运算符。比较运算符用于比较两个数值，其运算结果是逻辑值，即 True 和 False。比较运算符包括等于（=）、大于（>）、大于等于（>=）、小于（<）、小于等于（<=）和不等于（<>）。各运算符具有相同的优先级，按从左至右的方向计算。

（3）连接运算符。连接运算符“&”可以加入或者连接一个或多个文本字符串，使它们形成一个字符串。“&”连接运算符两边的文本须用英文双引号引起来。如果使用了连接运算符，单元格中的数据将按照文本型数据进行处理。

（4）引用运算符。引用运算符用于表示单元格在工作表中的位置区域，用于为计算公式指明引用单元格在工作表中所在的位置，包括区域引用冒号（：）、联合引用逗号（，）和交叉引用空格。

当公式中有多种类型运算符时，Excel 将按照运算符的优先级进行计算，优先级高的先计算，优先级低的后计算，优先级顺序是算术运算符>连接运算符>比较运算符。若要改变运算次序，可以使用小括号“( )”，来改变优先级。

6.1.2　公式输入

在单元格中输入公式时，先选定要输入公式的单元格，如 F2 单元格，开头部分必须输入一个等于号（=），然后再输入带有对数据所在单元格的引用和运算符的公式。完成公式的输入后，按 Enter 键或单击编辑栏中的✔按钮后，即可获得需要的计算结果。

在公式输入的过程中，若引用了单元格，则使用鼠标直接单击数据所在单元格，获得单元格地址，如图 6-1 所示。这种引用单元格的方式比用键盘输入更方便。

MID　=C2+D2+E2

	A	B	C	D	E	F
1	学号	姓名	语文	数学	英语	总分
2	20041001	毛莉	75	85	80	+E2
3	20041002	杨青	68	75	64	
4	20041003	陈小鹰	58	69	75	

图 6-1　在单元格中输入公式

6.1.3　复制和自动填充公式

普通数据可以复制、粘贴，公式也可以复制、粘贴。在图 6-1 所示表格中，F2 单元格已输入公式，按 Enter 键即可获得计算结果，此外还需要分别计算“总分”列其他单元格数据。这时，不需要再一一编写公式，只需将 F2 单元格中的公式复制并粘贴至需计算的单元格即可。操作方法是：选定 F2 单元格，按 Ctrl+C 组合键复制，再选定 F3 及以下的各单元格，按下 Ctrl+V 组合键粘贴，从而完成其他单元格的计算。

虽然进行的是复制、粘贴操作，然而计算的均是分别各自行的数据“总分”，如我们把光标定位在 F4 单元格中，其公式相应地变为“=C4+D4+E4”，如图 6-2 所示。这称为公式的复制，而非数据的简单复制。公式被复制到不同的单元格后，都会跟随着“智能”地发生变化。

F4　=C4+D4+E4

	A	B	C	D	E	F
1	学号	姓名	语文	数学	英语	总分
2	20041001	毛莉	75	85	80	240
3	20041002	杨青	68	75	64	207
4	20041003	陈小鹰	58	69	75	202
5	20041004	陆东兵	94	90	91	275
6	20041005	闻亚东	84	87	88	259
7	20041006	曹吉武	72	68	85	225
8	20041007	彭晓玲	85	71	76	232
9	20041008	傅珊珊	88	80	75	243
10	20041009	钟争秀	78	80	76	234

图 6-2　复制粘贴公式

复制公式，除了复制粘贴方法外，还可使用自动填充的方式。在 F2 单元格中输入公式后，选中 F2 单元格，其右下角的正方形小方块，即填充柄，当鼠标指针变形十字形时按住左键不放往下拖，如图 6-3 所示，一直拖到需要计算的单元格为止，松开鼠标完成计算。

自动填充可以通过双击填充柄完成，这可自动填充数据至最后一行，填充效果与拖动填充柄相同。特别是在数据行较多的情况下，使用双击填充柄方式更方便快捷。

F2　=C2+D2+E2

	A	B	C	D	E	F	G	H	I
1	学号	姓名	语文	数学	英语	总分	平均	排名	优等生
2	20041001	毛莉	75	85	80	240			
3	20041002	杨青	68	75	64	207			
4	20041003	陈小鹰	58	69	75	202			
5	20041004	陆东兵	94	90	91	275			
6	20041005	闻亚东	84	87	88				
7	20041006	曹吉武	72	68	85				
8	20041007	彭晓玲	85	71	76				
9	20041008	傅珊珊	88	80	75				
10	20041009	钟争秀	78	80	76				
11	20041010	周旻璐	94	87	82				
12	20041011	柴安琪	60	67	71				

复制单元格(C)
仅填充格式(F)
不带格式填充(O)
快速填充(F)

图 6-3　使用填充柄复制公式

6.2　单元格的引用

单元格地址由该单元格位置所在的行号和列标组合而成，指示单元格在工作表中的位置，如 D3 单元格，表示第 3 行第 4 列单元格，在 Excel 中利用地址来获得单元格中的数据进行计算。对单元格地址的引用包括相对引用、绝对引用、混合引用。

引用单元格

6.2.1　相对引用

在输入公式时，Excel 默认的单元格引用方式是相对引用，采用相对引用后，公式会因所在单元格的不同而自动发生变化，如将 C1 单元格中的“=A1”复制到 C2 单元格，公式将自动地变成“=A2”。如图 6-2 和图 6-3 中公式的复制粘贴，采用的即是相对引用。

6.2.2　绝对引用

如果希望单元格地址不随公式的移动而改变，就要用到绝对引用。绝对引用是指无论公式在哪个单元格，公式中的单元格引用都不会变化，将始终引用固定位置的单元格，即在单元格行或列的标志前加一个美元符号“$”，如$A$5。

例如，图 6-4 中要求工作表中“排名”列每位同学的总分在班级中的排名情况，H2 单元格中的公式为“=RANK(F2,F2:F20)”，可以求得 240 分在“总分”列的 19 个数据的集合中其相对排序为第 8 位，若求 H3～H20 单元格的值，则使用填充柄填充公式时，公式中的 Ref 参数，即这一数据的集合是不变的，因此需将该参数的行列前加“$”符号，即$F$2:$F$20，而 Number 参数则要变成相对应行的单元格。因此，将 H2 单元格公式修改为“=RANK(F2,$F$2:$F$20)”，再填充公式至 H3～H20 单元格，求得 H3～H20 各单元格的值。此时，若将光标定位在 H5 单元格中，其计算公式为“=RANK(F5,$F$2:$F$20)”，Number 参数随着单元格地址的变化而变化，而 Ref 参数固定不变。

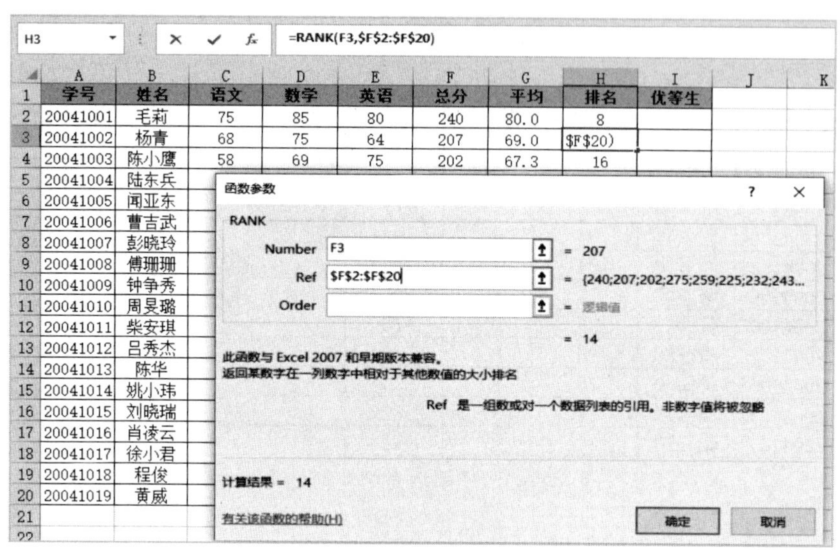

图 6-4　公式中使用绝对引用

6.2.3　混合引用

绝对引用是在列标或行号前加$，而若列标和行号二者中只有一个加$，另一个不加，则构成混合引用，如 A$1、$B2，其中加$的部分（行或列）被“冻结”不会改变，而没有加$符号的部分在复制公式时按照相对引用的规则发生变化。

例如，图 6-5 中，两次填充生成九九乘法表：第 1 次水平方向填充公式，第 2 次垂直方向以行为整体，向下填充柄，该如何设置公式呢？

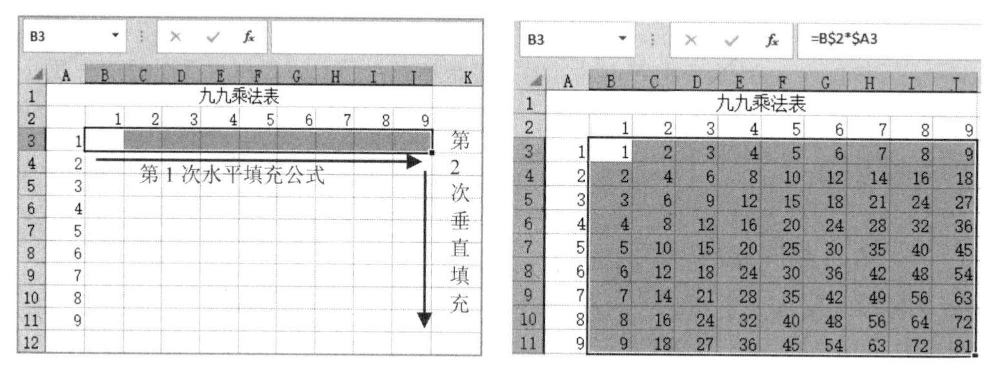

图 6-5　两次公式填充生成九九乘法表（混合引用）

具体方法如下：将光标定位在 B3 单元格中，第 1 次水平填充公式时，由于列标“A”要保持不变，所以单元格 A3 前的 A 列加$符号，即$A3，第 2 次垂直填充公式时，第 2 行要保持不变，所以单元格 B2 的行号 2 前加$符号，即 B$2。因此，B3 单元格的公式为“=B$2*$A3”，然后两次填充即可生成图 6-5 所示的九九乘法表。

6.2.4　引用其他工作表中的单元格

前面介绍的在公式中直接输入单元格地址所引用的单元格，是与公式位于同一工作表中的单元格。若要在公式中引用其他工作表中的单元格，只要在单元格地址前加上“工作表名+叹号(!)”。快捷的操作方式是：在输入“=”后的公式输入状态中，单击要引用的单元格所在的工作表标签，视图会暂时切换到被单击的工作表，然后单击其工作表中的单元格，则 Excel 会自动在公式中输入“工作表名!单元格地址”。

6.3　使用名称

引用单元格或单元格区域时，除了使用 A1、B5 这样的地址，Excel 还允许定义名称，如“性别”“部门”等，在公式中使用名称引用单元格，也许会更直观、清晰。下拉列表的创建若使用名称定义方式，下拉列表的各选项来源引用名称会更便捷高效。单元格或单元格区域的名称定义在第 5 章中已有详细介绍，在此不再赘述。

命名后，就可以在公式中使用这个名称来代表单元格或单元格区域了，且名称的引用采用的总是绝对引用。例如，图 6-6 中，G21 单元格定义名称为“班级平均分”，在计算 I2 单元格的值时，可以使用函数公式“=IF(G2>=班级平均分,″是″,″″)”，拖动 I2 单元格左下角的填充柄，就可以获得 I3:I20 单元格的值。因此，名称引用采用的总是绝对引用，这里的“班级平均分”等同于$G$21。

若要编辑或删除定义的名称，则通过“名称管理器”对话框来实现。单击 “公式”选项卡→“定义的名称”组中的“名称管理器”按钮，打开“名称管理器”对话框。在列表中选中定义的名称，单击“编辑”或“删除”按钮即可实现对名称的管理。

在使用名称时，名称不得与单元格地址相同，如不能命名为 A1、B2C3 等，名称中不能有空格，也不能以数字开头。通常名称需要简洁并便于记忆，同时尽量直观反映其代表的含意，避免与其他函数或数据混淆。

班级平均... =AVERAGE(G2:G20)

	E	F	G	H	I
1	英语	总分	平均	排名	优等生
2	80	240	80.0	8	
3	64	207	69.0	14	
4	75	202	67.3	16	
5	91	275	91.7	1	
6	88	259	86.3	4	
7	85	225	75.0	12	
8	76	232	77.3	11	
9	75	243	81.0	7	
10	76	234	78.0	10	
11	82	263	87.7	3	
12	71	198	66.0	18	
13	87	251	83.7	6	
14	67	222	74.0	13	
15	70	192	64.0	19	
16	80	240	80.0	8	
17	64	207	69.0	14	
18	75	202	67.3	16	
19	91	274	91.3	2	
20	88	257	85.7	5	
21			77.6		

I6 =IF(G6>=班级平均分,"是","")

	E	F	G	H	I	J
1	英语	总分	平均	排名	优等生	
2	80	240	80.0	8	是	
3	64	207	69.0	14		
4	75	202	67.3	16		
5	91	275	91.7	1	是	
6	88	259	86.3	4	是	
7	85	225	75.0	12		
8	76	232	77.3	11		
9	75	243	81.0	7	是	
10	76	234	78.0	10	是	
11	82	263	87.7	3	是	
12	71	198	66.0	18		
13	87	251	83.7	6	是	
14	67	222	74.0	13		
15	70	192	64.0	19		
16	80	240	80.0	8	是	
17	64	207	69.0	14		
18	75	202	67.3	16		
19	91	274	91.3	2	是	
20	88	257	85.7	5	是	
21			77.6			

图 6-6　公式中引用定义的单元格名称

6.4 使用数组公式

数组公式

数组公式是功能强大的公式，使用数组公式可以实现需要分别使用多个公式分步才能实现的功能，它能够有效地简化工作表。数组公式的特点是所引用的参数是数组参数，包括区域数组和常量数组。Excel 提供两种类型的数组公式：执行多个计算以生成单个结果的数组公式和用于计算多个结果的数组公式。

输入数组公式首先必须选择用来存放结果的单元格区域，在编辑栏中输入公式，然后按 Ctrl+Shift+Enter 组合键锁定数组公式，Excel 将在公式两边自动加上花括号“{}”。值得注意的是，不能直接键入键盘上的花括号，否则，Excel 认为输入的是一个正文标签。

6.4.1 创建计算单结果的数组公式

这种类型的数组公式可用单个数组公式替换多个不同的公式，从而简化了计算过程。在图 6-7 中，需要在 C5 单元格中计算水果总价，如果使用普通公式，先得求出每种水果的费用（相应单价×重量），再将每一种水果的费用加起来，需要经过两个步骤才能计算出结果。使用数组公式，则可以单次计算出结果：将光标定位在 C5 单元格中，输入公式“=SUM(B2:B4*C2:C4)”，按下 Ctrl+Shift+Enter 组合键，确认公式的输入，此时，公式自动用花括号括起来，同时单元格获得计算结果。

C5　{=SUM(B2:B4*C2:C4)}

	A	B	C	D	E
1	水果	单价(元)	重量(KG)		
2	苹果	12.6	3.8		
3	香焦	8.9	2.5		
4	葡萄	9	5.4		
5		合计：	118.73	元	
6					

图 6-7　创建计算单结果数组公式

6.4.2 创建计算多结果的数组公式

若要使用数组公式计算多个结果，结果单元格的行数或列数与在数组参数中使用的行数或列数完全相同。如图 6-8 所示，用数组公式求“总分”列，先选定存放结果的单元格区域 E2:E15，在编辑栏中输入“=”，使用鼠标分别拖选 C2:C15、D2:D15、E2:E15，中间输入“+”号，如图 6-8（a）所示；然后按 Ctrl+Shift+Enter 组合键进行确认，Excel 将使用花括号将公式括起来，同时单元格获得计算结果，如图 6-8（b）所示。

E2 =C2:C15+D2:D15+E2:E15

	A	B	C	D	E	F
1	学号	姓名	语文	数学	英语	总分
2	20041001	毛莉	75	85	80	+E2:E15
3	20041002	杨青	68	75	64	
4	20041003	陈小鹰	58	69	75	
5	20041004	陆东兵	94	90	91	
6	20041005	闻亚东	84	87	88	
7	20041006	曹吉武	72	68	85	
8	20041007	彭晓玲	85	71	76	
9	20041008	傅珊珊	88	80	75	
10	20041009	钟争秀	78	80	76	
11	20041010	周旻璐	94	87	82	
12	20041011	柴安琪	60	67	71	
13	20041012	吕秀杰	81	83	87	
14	20041013	陈华	71	84	67	
15	20041014	姚小玮	68	54	70	

（a）

F2 {=C2:C15+D2:D15+E2:E15}

	A	B	C	D	E	F
1	学号	姓名	语文	数学	英语	总分
2	20041001	毛莉	75	85	80	240
3	20041002	杨青	68	75	64	207
4	20041003	陈小鹰	58	69	75	202
5	20041004	陆东兵	94	90	91	275
6	20041005	闻亚东	84	87	88	259
7	20041006	曹吉武	72	68	85	225
8	20041007	彭晓玲	85	71	76	232
9	20041008	傅珊珊	88	80	75	243
10	20041009	钟争秀	78	80	76	234
11	20041010	周旻璐	94	87	82	263
12	20041011	柴安琪	60	67	71	198
13	20041012	吕秀杰	81	83	87	251
14	20041013	陈华	71	84	67	222
15	20041014	姚小玮	68	54	70	192

（b）

图 6-8　创建计算多结果的数组公式

6.4.3　数组公式的编辑

数组公式是一个整体，不能单独修改某一单元格或部分单元格。

- 不能移动包含数组公式的单个单元格，但可以将所有单元格作为一个组移动，公式中的单元格引用将随单元格一起更改。若要移动它们，可选择所有单元格，使用剪切与粘贴方式：先按 Ctrl+X 组合键，再选择新位置，然后按 Ctrl+V 组合键。
- 不能删除数组公式中的单元格，如按 Delete 键，将会弹出“无法更改部分数组”的错误提示，如图 6-9 所示，但可以删除整个公式并重新开始。

图 6-9　删除数组公式单元格的错误提示

- 重新编辑：先单击数组公式单元格，再单击编辑栏，此时花括号消失，进行更改后，按 Ctrl+Shift+Enter 组合键确认。

6.5　使用函数

Excel 函数实际是为方便用户计算而预先编写好的公式，可以直接拿来用，这使很多计算不必再输入烦琐的加、减、乘、除运算式，大大简化了公式的编写与输入，提高了工作效率。例如，计算 A1～A5 单元格的和，可以直接写成“=SUM(A1:A5)”，而不必写为“=A1+A2+A3+A4+A5”。

函数概述

函数一般都有参数和返回值，如 SUM(A1:A5)中，括号中的 A1:A5 是参数，这 5 个单元格的和即是返回值。小括号“( )”是函数的特征，参数须放在括号中，即使这个函数没有参数，括号也不能省略，如“=TODAY()”函数，不需要参数，但括号不能省，否则就不是系统的 TODAY()函数了。

6.5.1 使用函数向导输入函数

对于一些比较复杂的函数或参数比较多的函数，特别是多个函数嵌套的情况下，若手动输入函数表达式，容易造成错乱，此时可以通过函数的向导来完成函数的输入。函数向导会引导用户，打开函数参数对话框，根据函数各参数的含义说明，一步一步完成函数的输入。

例如，图 6-10 中，在 B2 单元格中要求出 A2 单元格的身份证号码中出生日期子串，使用函数向导来完成的方法如下。

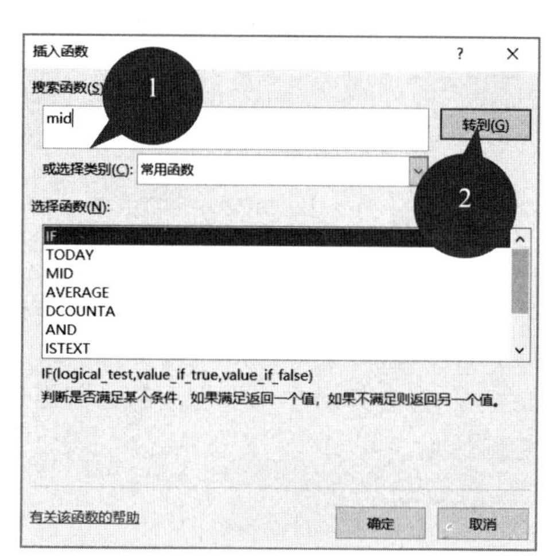

（a）输入函数

（b）搜索函数

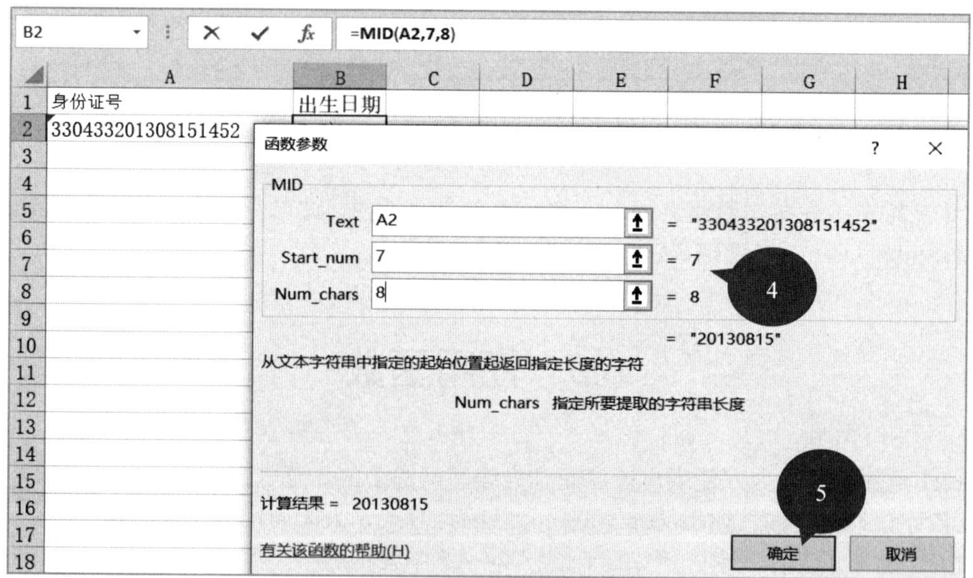

（c）函数参数设置

图 6-10 使用函数向导输入函数

步骤 1，将光标定位在 B2 单元格中，单击编辑栏左侧的“插入函数”按钮 f_x，打开如图 6-10（a）所示的对话框。

步骤 2，在“搜索函数”文本框中输入“mid”，单击“转到”按钮，打开如图 6-10（b）所示的对话框。

步骤 3，在“选择函数”列表中选择“MID”，单击“确定”按钮，打开如图 6-10（c）所示的对话框。

步骤 4，将光标定位在每一个参数设置的文本框中，其下方显示该参数的含义描述，根据描述完成对话框参数的设置。

步骤 5，单击“确定”按钮，此时，B2 单元格显示函数的计算结果。

6.5.2　手动输入函数

对于熟悉 Excel 函数的用户，可以直接在单元格中手动输入函数。同时，为了方便不熟悉函数的用户能手动输入函数，Excel 提供了较好的函数输入提示，根据提示即可完成函数的输入，如图 6-11 所示。

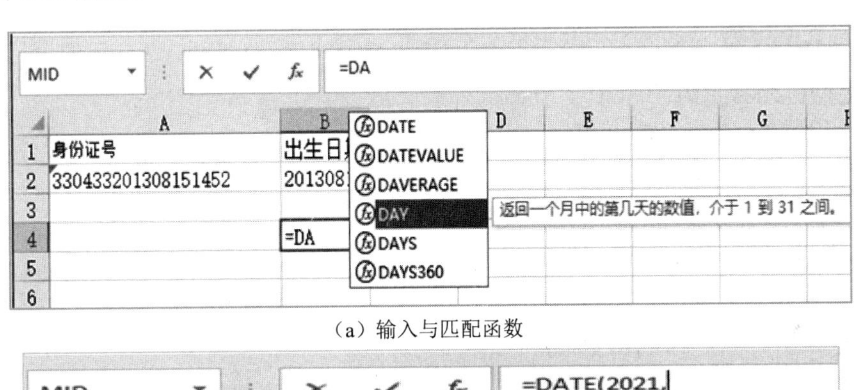

（a）输入与匹配函数

（b）输入函数参数

图 6-11　手动输入函数

步骤 1，将光标定位在需要插入函数的单元格中，再在编辑框中输入“=”，然后开始输入函数。从输入第一个字符开始，Excel 将会给出可能匹配的函数列表，将光标放在列表中某个函数选项上可以获得该函数的功能描述，如图 6-11（a）所示。

步骤 2，在列表中双击需要使用的函数，函数被插入到单元格中。此时，Excel 将给出该函数的参数提示，当前需要输入的参数会加粗显示，可以根据提示依次输入需要的参数，如图 6-11（b）所示。

步骤 3，完成函数及其参数的输入后，按 Enter 键即可获得需要的计算结果。

6.6 Excel常用函数

Excel内置了大量的函数，这些函数按照功能的不同可以分为财务函数、日期和时间函数、数学与三角函数、统计函数、查找与引用函数、数据库函数、文本函数和逻辑函数等，本节将对常用的函数在数据处理和分析中的应用进行介绍。

6.6.1 统计函数

1. 求和函数SUM()

功能：将参数中所有数值相加求和，其中每个参数既可以是一个单元格或单元格区域的引用或名称，也可以是一个常量、公式或函数。

使用格式：SUM(number1,number2,…)

参数说明：number1是必须要给出的参数，number2及以后的参数可有可无。

例如，A1～A5区域的数值分别为1,2,3,4,5，则公式“=SUM(A1:A5)”的返回值为15。

2. 求平均值函数AVERAGE()

功能：计算所有参数的算术平均值。

使用格式：AVERAGE(number1,number2,…)

参数说明：参数含义与SUM()函数相同。

例如，A1～A5区域的数值分别为1,2,3,4,5，则公式“=AVERAGE(A1:A2,A5)”的返回值为2.6667。

排名函数RANK

3. 排名函数RANK()

功能：返回一个数值在一组数值中的排位。

使用格式：RANK(number,ref,order)

参数说明：number指一个数值，ref指数据区域，为一组数值，order为排序的方式，如果order为0或者省略，则按降序排序，如果order不为0，则按升序排序。

例如，A1～A5区域的数值分别为9,3,6,8,5，则公式“=RANK(A5,A1:A5,1)”的返回值为2。

注意：函数RANK()对重复数的排名相同，但重复数的存在将影响后续数值的排名。例如，在一列整数里，如果整数10出现两次，其排名为5，则11的排名为7（没有排名为6的数值）。

4. 求最大/最小值函数MAX()/MIN()

功能：返回数据集中的最大值/最小值。

条件求和函数SUMIF

使用格式：MAX(number1,number2,...)/ MIN(number1,number2,…)

参数说明：number1,number2，…是需要找出最大/最小的数值。

5. 条件求和函数SUMIF()

功能：根据指定条件对单元格区域求和。

使用格式：SUMIF(range,criteria,sum_range)

参数说明：range为用于条件判断的单元格区域，criteria为求和条件，

sum_range 为可选参数，表示实际求和区域。如果省略 sum_range 参数，Excel 会对在范围参数中指定的单元格（即应用条件的单元格）求和。

例如，A1～A5 区域的数值分别为 9,3,6,8,5，则公式“=SUMIF(A1:A5,">6")”的返回值为 17。

6. 计数函数 COUNT()和 COUNTA()

单元格个数统计函数 COUNT

功能：统计某单元格区域中的单元格个数。COUNT()只统计内容为数字的单元格个数，COUNTA()统计内容为非空的单元格个数，对内容为数字或文本或日期等均进行统计。两个函数均不统计内容为空的单元格。

使用格式：COUNT(value1,value2,…)/ COUNTA(value1,value2,…)

参数说明：value1,value2,…表示包含和引用各种类型数字的参数。

例如，A1～A5 区域的数值分别为 9,"",'6',8,5，则公式“= COUNT(A1:A5)”的返回值为 3。而公式“= COUNTA(A1:A5)”的返回值为 4。

7. 条件计数函数 COUNTIF()

单元格条件统计函数 COUNTIF

功能：计算区域中满足给定条件的单元格的个数。

使用格式：COUNTIF(range, criteria)

参数说明：range 表示要对其进行统计的单元格区域。criteria 表示以数字、表达式或文本形式定义的条件，只支持一个条件。

例如，A1～A5 区域的数值分别为 9,3,6,8,5，则公式“=COUNTIF(A1:A5,">=6")”的返回值为 3。

数组或数组区域乘积求和函数 SUMPRODUCT

注意：条件可以使用通配符，即问号“?”和星号“*”。问号表示匹配任意单个字符，星号表示匹配任意一系列字符。若要查找实际的问号或星号，需要在该字符前键入波形符“～”。条件不区分大小写。

8. 求乘积之和函数 SUMPRODUCT()

功能：对数据集先乘积再求和。

使用格式：SUMPRODUCT(array1,array2,…)

参数说明：array1,array2,…为数组的相应元素。

例如，A1～A3 区域的数值分别为 1,2,3，B1～B3 区域的数值分别为 4,5,6，则公式“=SUMPRODUCT(A1:A3,B1:B3)”的返回值为 32。

文本连接 CONCATENATE()与连接运算符

6.6.2　文本函数

1. 文本连接函数 CONCATENATE

功能：将多个文本连接在一起，构成一个较长的文本，类似连接运算符“&”的功能。

使用格式：CONCATENATE（text1,text2,…）

参数说明：text1,text2,…为各个要连接的文本，至少给出一个参数。

例如，A1～A3 区域的数值分别为“浙江”“@”“杭州”，则公式“= CONCATENATE（A1,A2,A3）”的返回值为“浙江@杭州”。

2. 文本按位置替换函数 REPLACE()

文本函数 REPLACE

功能：使用其他文本字符串并根据所指定的字符数替换某文本字符串中的部分文本。

使用格式：REPLACE (old_text,start_num,num_chars,new_text)

参数说明：old_text 为原文本。start_num 为想要替换原文本的起始位置。num_chars 为想要替换原文本的字符个数。new_text 为想要替换原文本的新文本。

文本函数 MID

例如，公式“=REPLACE("abcdefg",2,5,"123")”的返回值为“a123g”，含义是指将文本“abcdefg”从第 2 个开始的连续 5 个字符替换为“123”。

3. 中间截取字符串函数 MID()

功能：从一个文本字符串的中间任意位置起，截取若干个字符组成一个新的文本字符串。

使用格式：MID(text,start_num,num_chars)

参数说明：text 是包含要提取字符的文本串，start_num 是要提取的第 1 个字符的起始位置，num_chars 指从文本中返回字符的个数。

例如，单元格 A1="330433201308151452"，则公式“=MID(A1,7,8)”的返回值为“20130815”。

4. 左侧（右侧）截取字符串函数 LEFT()、IRIGHT()

功能：从一个文本字符串的最左或右边起截取若干个字符。

使用格式：LEFT(text,num_chars)、RIGHT(text,num_chars)

参数说明：text 指包含要提取字符的文本串，num_nums 用于指定函数要提取的字符数，其值必须大于等于 0。

例如，单元格 A1="330433201308151452"，则公式“=LEFT(A1,4)”的返回值为“3304”；公式“=RIGHT(A1,4)”的返回值为“1452”。

5. 字符串比较函数 EXACT()

功能：判断两个字符串是否完全相同。如果完全相同，则返回 TRUE，否则返回 FALSE。

使用格式：EXACT(text1,text2)

参数说明：text1 指待比较的第一个字符串。text2 指待比较的第二个字符串。

注意：EXACT 函数区分大小写，但忽略格式上的不同。

例如，公式“=EXACT("abc","Abc")”的值为“FALSE”，公式“=EXACT(″Abc″,″Abc″)”的值为“TRUE”。

6. 求字符串的长度函数 LEN()

功能：统计文本字符串中的字符个数，无论是全角字符，还是半角字符，每个字符均计为 1。

使用格式：LEN(文本字符串)

例如，单元格 A1="330433201308151452"，则公式“=LEN(A1)”的返回值为 18。

7. 字符小写转换函数 LOWER()

功能：将参数文本内容转换为小写，不改变文本中的非字母的字符。

使用格式：LOWER(text)

参数说明：要转换为小写字母的文本。

例如，公式“=LOWER("A12bCDE")”的值为“a12bcde”。

8. 字符大写转换函数 UPPER()

主要功能：将参数文本内容转换为大写，不改变文本中的非字母的字符。

使用格式：UPPER(text)

参数说明：要转换为小写字母的文本。

例如，公式“=LOWER("A12bCDE")”的值为“A12BCDE”。

9．中文数字转换函数 NUMBERSTRING()

文本函数 NUMBERSTRING

功能：将阿拉伯数字转换为中文数字。

使用格式：NUMBERSTRING(value,type)

参数说明：value 指要转换的大于 0 的数字，如果数字为小数，则转换为四舍五入的正整数；type 指返回结果的类型，有 1、2、3 三种。

例如，A4 单元格的值为 20210405，则

公式“=NUMBERSTRING(A4,1)”的返回值为“二千〇二十一万〇四百〇五”。

公式“=NUMBERSTRING(A4,2)”的返回值为“贰仟零贰拾壹万零肆佰零伍”。

公式“=NUMBERSTRING(A4,3)”的返回值为“二〇二一〇四〇五”。

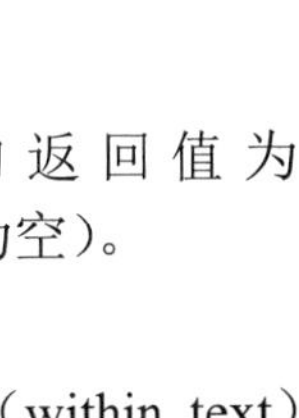
文本类型判断与转换 ISTEXT

10．文本转换函数 TEXT()

功能：根据指定的格式把数字转换为文本。

使用格式：TEXT(data,format)

参数说明：data 为被转换的数字，format 为数字要转换的文本格式类型。

例如，单元格 A1="2021/4/5"，则公式“=TEXT(A1,"yyyymmdd")”的返回值为“20210405”。

11．文本检测函数 T()

功能：检测给定值是否为文本，如果是文本按原样返回，如果不是则返回双引号（空文本）。

使用格式：T(value)

参数说明：value 指要检测的值。

例如，单元格 A1="330433201308151452"，则公式“=T(A1)”的返回值为“330433201308151452”。单元格 B1=123，则公式“=T(B2)”的返回值为“”（为空）。

12．文本查找函数 FIND()

功能：查找一个文本在另一个文本字符中出现的位置，用于查找其他文本串（within_text）内的文本串（find_text），并从 within_text 的首字符开始返回 find_text 的起始位置编号。此函数适用于双字节字符，它区分大小写但不允许使用通配符。

使用格式：FIND(find_text,within_text,start_num)

参数说明：find_text 指待查找的目标文本；within_text 指包含待查找文本的源文本；start_num 指定从其开始进行查找的字符。如果忽略 start_num，则假设其为 1，即 within_text 中编号为 1 的字符。

例如，单元格 A1="大学计算机"，则公式“=FIND("计算机",A1,1)”的返回值为 3。

6.6.3　逻辑函数

逻辑函数 IF

1．条件判断函数 IF()

功能：根据一个条件表达式的真假，分别获得两种内容中的一种。

使用格式：IF(logical_test, value_if_true, value_if_false)

参数说明： logical_test 代表逻辑判断表达式；value_if_true 表示当判断条件为逻辑“真（TRUE）”时的显示内容，如果忽略返回“TRUE”，也可以嵌套公式；value_if_false 表示当判断条件为逻辑“假（FALSE）”时的显示内容，如果忽略返回“FALSE”， 也可以嵌套公式。

例 1：单元格 A1=85，公式=IF(A>=60,"通过","不合格")的返回值为“通过”。

例 2：单元格 C2=78，则公式=IF(C2>=85，"A"，IF(C2>=70，"B"，IF(C2>=60，"C"，IF(C2<60，"D"))))，其中第 2 个 IF 语句同时也是第 1 个 IF 语句的参数，即嵌套函数。同样地，第 3 个 IF 语句是第 2 个 IF 语句的参数，以此类推。执行过程是：若第 1 个逻辑判断表达式“C2>=85”成立，则函数返回值为“A”；如果第 1 个逻辑判断表达式“C2>=85”不成立，则计算第 2 个 IF 语句“IF(C2>=70”；以此类推直至计算结束。因此，该函数返回值为“B”。

逻辑函数 AND-OR-IF-判断闰年

2. 逻辑与函数 AND()

功能：所有参数的逻辑值为真时返回 TRUE（真）；只要有一个参数的逻辑值为假，则返回 FALSE（假）。

使用格式：AND(logical1,logical2,⋯)

参数说明：logical1,logical2,⋯为待检验的逻辑表达式，它们的结论或为 TRUE（真）或为 FALSE（假）。参数必须是逻辑值或者包含逻辑值的数组或引用，如果数组或引用内含有文字或空白单元格，则忽略它的值。如果指定的单元格区域内包括非逻辑值，则 AND()将返回错误值“#VALUE！”。

例如，如果单元格 A1=2、A2=6，那么公式“=AND(A1>0,A2)”的返回值为 TRUE。

3. 逻辑或函数 OR()

功能：所有参数中的任意一个逻辑值为真时即返回 TRUE（真）。

使用格式：OR(logical1,logical2,⋯)

参数说明：logical1,logical2,⋯为待检验的逻辑表达式，其结论分别为 TRUE 或 FALSE。如果数组或引用的参数包含文本、数字或空白单元格，它们将被忽略。

例如，如果 A1=6、A2=8，则公式“=OR(A1+A2>A2,A1=A2)”的返回值为 TRUE；而公式“=OR(A1>A2,A1=A2)”的返回值为 FALSE。

4. 逻辑非函数 NOT()

功能：求出一个逻辑值或逻辑表达式的相反值。

使用格式：NOT(logical)

参数说明：logical 是一个可以得出 TRUE 或 FALSE 结论的逻辑值或逻辑表达式。如果逻辑值或表达式的结果为 FALSE，则 NOT() 函数返回 TRUE；如果逻辑值或表达式的结果为 TRUE，那么 NOT() 函数返回的结果为 FALSE。

注意：Excel 中，数值数据可自动转换为逻辑数据，数值数据中的 0 自动转换为逻辑值 FALSE，非 0 数字自动转换为 TRUE。

例如，公式“=NOT(TRUE)”的值为 FALSE。公式“=NOT(1-1)”的值为 TRUE。公式“=NOT(1)”的值为 FALSE。公式“=NOT(0.1)”的值为 FALSE。

6.6.4 数学和三角函数

1. 向下取整函数 INT()

功能：将任意实数向下取整为最接近的整数（不四舍五入），结果总小于等于原值。

使用格式：INT(number)

参数说明：Number 为需要取整的任意实数。

例如，公式“=INT(13.6)”的返回值为 13。公式“= INT(−13.6)”的返回值为−14。

2. 除法取余数函数 MOD()

数学函数 MOD-由身份证号判断性别

功能：返回两数相除的余数，其结果的正负号与除数相同。

使用格式：MOD(number,divisor)

参数说明：number 为被除数，divisor 为除数（不能为零）。

注意：如果 divisor 为零，则函数 MOD()返回错误值“#DIV/0!”。

例如，公式“=MOD(13,6)”的返回值为 1。

3. 求绝对值函数 ABS()

功能：返回某一参数的绝对值。

使用格式：ABS(number)

参数：number 是需要计算其绝对值的一个实数。

例如，如果单元格 A1=−16，则公式“=ABS(A1)”的返回值为 16。

数学函数 -ROUND-MROUND-CEILING-FLOOR-INT

4. 四舍五入函数 ROUND()

功能：按指定位数四舍五入某个数字。

使用格式：ROUND(number,num_digits)

参数说明：number 指需要四舍五入的数字；num_digits 为指定的位数，number 按此位数进行处理。注意：如果 num_digits 大于 0，则四舍五入到指定的小数位；如果 num_digits 等于 0，则四舍五入到最接近的整数；如果 num_digits 小于 0，则在小数点左侧按指定位数四舍五入。

例如，如果单元格 A1=65.25，则公式“=ROUND(A1,1)”的返回值为 65.3；公式“=ROUND(82.149,2)”的返回值为 82.15；公式“=ROUND(21.5,-1)”的返回值为 20。

5. 求算术平方根函数 SQRT()

功能：返回某一正数的算术平方根。

使用格式：SQRT(number)

参数说明：number 为需要求平方根的一个正数，若 number 为负数将得到错误值#NUM!。

例如，如果单元格 A1=81，则公式“=SQRT(A1)”的返回值为 9；公式“=SQRT(4+12)”的返回值为 4。

6. 舍入所需基数倍数函数 MROUND()

功能：返回参数按指定基数舍入后的数值。

使用格式：MROUND(number,significance)

参数说明：number 指将要舍入的数值，significance 指要对参数 number 进行舍入运算的基数。注意：如果参数 number 除以基数 significance 的余数大于或等于基数 significance 的一半，则函数 MROUND() 向远离零的方向舍入。

例如，单元格 A1=6.6876，则公式“=MROUND(A1,4)”的返回值为 8。

7. 随机函数 RAND()

功能：返回一个大于等于 0 且小于 1 的随机数，每次计算（按 F9 键）后将返回一个新的数值。

使用格式：RAND()

参数说明：无。

注意：如果要生成 a，b 之间的随机实数，那么可以使用公式“=RAND()*(b-a)+a”。

6.6.5 时间和日期函数

1. 构造日期函数 DATE()

日期与时间函数-年龄计算与停车收费计算

功能：给出指定数值的日期。

使用格式：DATE(year,month,day)

参数说明：year 为指定的年份数值（小于 9999）；month 为指定的月份数值（可以大于 12）；day 为指定的天数。

例如，在单元格中输入公式“=DATE(2013,9,5)”，确认后，值为“2013/9/5”。

注意：

若参数 year 范围在[0,1899]内，则 Excel 会将该值与 1900 相加来计算年份。如输入公式“=DATE(112,9,5)”，确认后，显示值为“2023/9/5”。

若参数 year 小于 0 或者大于等于 10000，则返回错误值“#NUM!”。如输入公式“=DATE(−1,9,5)”，确认后，显示值为“#NUM!”。

若参数 month 大于 12，则 month 从指定年份的 1 月份开始累加该月份数。如输入公式“=DATE(2012,21,5)” 确认后，显示值为“2013/9/5”。

若参数 month 小于 1，则 month 从指定年份的 1 月份开始递减该月份数，然后再加上 1 个月。如输入公式“=DATE(2014,−3,5)”，确认后，显示值为“2013/9/5”。

若参数 day 大于指定月份的天数，则 day 从指定月份的第一天开始累加该天数。如输入公式“=DATE(2013,8,36)”，确认后，显示值为“2013/9/5”。

若参数 day 小于 1，则 day 从指定月份的第一天开始递减该天数，然后再加上 1 天。如输入公式“=DATE(2013,10,−25)”，确认后，显示值为“2013/9/5”。

2. 提取日期各部分的函数 YEAR()、MONTH()、DAY()

功能：分别提取某日期的年、月、日。

使用格式：YEAR(Serial_number)、MONTH(Serial_number)、DAY(Serial_number)

参数说明：Serial_number 是一个日期值，包含要查找的年、月份等信息。日期的输入方式同上。

例如，A1=2021/4/6，则公式“= YEAR(A1)”的返回值为 2021；“= MONTH(A1)”的返回值为 4；“= DAY(A1)”的返回值为 6。

3. 获得系统当前日期时间函数 TODAY()、NOW()

功能：TODAY()函数用于获得系统当前的日期；NOW()函数用于获得系统当前的日期和时间。

使用格式：TODAY( )和 NOW()

参数说明：无参数，但括号不能省略。

例如，公式“=TODAY()”返回“2021-4-5”（执行函数时的系统时间），公式“=NOW()”返回“2021-4-5 22:23”。

4. 提取时间各部分的函数 HOUR()、MINUTE()、SECOND()

功能：HOUR()返回时间值中的小时数，即介于 0(12:00 A.M.)到 23(11:00 P.M.) 之间的一个整数；MINUTE()返回时间值中的分钟，即介于 0 到 59 之间的一个整数；SECOND()返回时间值中的秒数（为 0 至 59 之间的一个整数）。

使用格式：HOUR(Serial_number)、MINUTE(Serial_number)、SECOND(Serial_ number)

参数说明：Serial_number 表示一个时间值，分别包含要返回的小时数、分钟数和秒数。可采用多种输入方式：带引号的文本串（如"6:45 PM"）、十进制数（如 0.78125 表示 6:45PM）或其他公式或函数的结果（如 NOW()）。

例如，公式“=HOUR("3:30:30 PM")”的返回值为 15，“=HOUR(0.5)”的返回值为 12，即 12:00:00 AM，“=HOUR(29747.7)”的返回值为 16。

注意：时间值为日期值的一部分，并用十进制数表示（如 12:00PM 可表示为 0.5，因为此时是一天的一半）。

6.6.6 查找函数

1. 垂直查找函数 VLOOKUP()

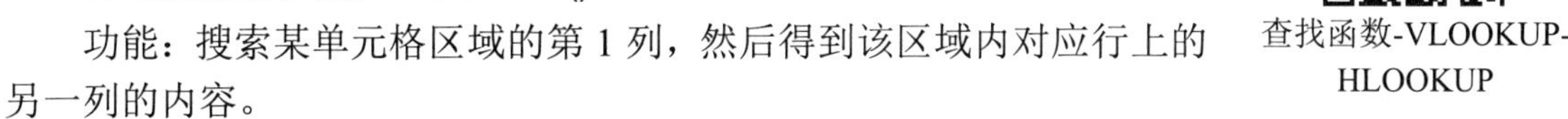

查找函数-VLOOKUP-HLOOKUP

功能：搜索某单元格区域的第 1 列，然后得到该区域内对应行上的另一列的内容。

使用格式：VLOOKUP(lookup_value,table_array,col_index_num,range_lookup)

参数说明：lookup_value 为需要在 table_array 第 1 列中查找的数值，它可以是数值、引用或文本串；table_array 为需要在其中查找数据的数据表，可以使用对区域或区域名称的引用；col_index_num 为 table_array 中待返回的匹配值的列序号。当 col_index_num 为 1 时，返回 table_array 第 1 列中的数值；col_index_num 为 2，返回 table_array 第 2 列中的数值，以此类推。range_lookup 为一逻辑值，用于指明函数 VLOOKUP()的返回值是精确匹配还是近似匹配的。如果为 TRUE 或省略，则返回近似匹配值，也就是说，如果找不到精确匹配值，则返回小于 lookup_value 的最大数值；如果 range_value 为 FALSE，则函数 VLOOKUP() 将返回精确匹配值。如果找不到，则返回错误值#N/A。

例如，如果单元格 A1=23、A2=45、A3=50、A4=65，则公式“=VLOOKUP(50,A1:A4,1,TRUE)”的返回值为 50。

例如，图 6-12 中，根据给定的优惠打折信息表 K2:L5，在 O4 单元格中求出编号为 D300 的优惠幅度，则在 O12 单元格中输入公式“=VLOOKUP(N4,K2:L5,2,FALSE)”，返回值为 0.72。

O4 =VLOOKUP(N4,K2:L5,2,false)

	K	L	M	N	O
1	优惠打折信息表				
2	A100	0.9			
3	B50	0.75		商品类别编号	优惠幅度
4	D300	0.72		D300	2, false)
5	F40	0.85			

函数参数

VLOOKUP

Lookup_value N4 = "D300"

Table_array K2:L5 = {"A100",0.9;"B50",0.75;"D300",0.72;"

Col_index_num 2 = 2

Range_lookup false = FALSE

= 0.72

图 6-12 VLOOKUP()函数的使用

2. 水平查找函数 HLOOKUP()

功能：搜索某单元格区域的第 1 行，然后得到该区域内对应列上的另一行的内容。该函数的使用与 VLOOKUP()类似。

使用格式：HLOOKUP(lookup_value,table_array,row_index_num,range_lookup)

参数说明：lookup_value 表示需要在数据表第 1 行中查找的数值，它可以是数值、引用或文本串；table_array 表示需要在其中查找数据的数据表，可以使用对区域或区域名称的引用，table_array 的第 1 行的数值可以是文本、数字或逻辑值。row_index_num 为 table_array 中待返回的匹配值的行序号。range_lookup 为一逻辑值，指明函数 HLOOKUP()查找时是精确匹配，还是近似匹配的。

例如，如果 A1:B3 区域存放的数据为 34、23、68、69、92、36，则公式“=HLOOKUP(34,A1:B3,1,FALSE)”的返回值为 34。

3. 获得单元格的行号和列号的函数 ROW()和 COLUMN()

功能：ROW()用于获得单元格所在的行号，COLUMN()用于获得单元格所在的列号。

使用格式：ROW(reference)，COLUMN(reference)

参数说明：reference 为需要得到其行号或列标的单元格或单元格区域，reference 参数可以省略，如果省略，将获得函数所在的单元格的行号（列号）。

例如，ROW(A5)的返回值为 5，COLUMN(B4)的返回值为 2，ROW(C4:D6)的返回值为 4，若在 A2 单元格中输入公式“=ROW()”，则返回值为 2。

提示： VLOOKUP()函数与 HLOOKUP()函数在使用方法上是类似的，取决于给定的 table_array 信息表的排列形式。在上例中，若给定的信息表如图 6-13 所示，则可以使用 HLOOKUP()函数来获得编号为 D300 的优惠幅度。

	A	B	C	D
1	优惠打折的图书类别			
2	A100	B50	D300	F40
3	0.9	0.75	0.72	0.85

图 6-13　HLOOKUP()函数的 table_array 表形式

6.6.7　数据库函数

数据库函数 DSUM-DAVERAGE-DGET

数据库函数用于通过分析数据清单中的数值是否符合特定条件，对符合条件的数据进行操作。一般地，数据库函数参数相似，包括 3 个，即 Database、Field、Criteria，统一说明如下。

- Database 指构成列表或数据库的单元格区域。数据库是包含一组相关数据的列表，其中包含相关信息的“行”为记录，而包含数据的“列”为字段。列表的第 1 行包含着每一列的标志。
- Field 指函数所使用的列。输入两端带双引号的列标签，或代表列表中列位置的数字（没有引号）。
- Criteria 指包含所指定条件的单元格区域。此区域一般包含至少一个列标签及列标签下方用于设定条件的单元格区域。

常用数据库函数包括求平均值函数 DAVERAGE()、求和函数 DSUM()、获得符合条件的某个值函数 DGET()、计数函数 DCOUNT()和 DCOUNTA()等，这里仅以 DAVERAGE()、求和函数 DSUM()的使用为例，讲述数据库函数的使用方法。

例如，数据表如图 6-14 所示。

问题 1：计算商标为上海，瓦数小于 100 的白炽灯的平均单价。

问题 2：产品为白炽灯，其瓦数大于等于 80 且小于等于 100 的盒数。

操作方法：

步骤 1，分别创建问题 1、2 的条件区域，如图 6-14 中“条件区域 1”“条件区域 2”所示（条件写在同一行，表示各列条件之间是逻辑与的关系）。

G64　=DAVERAGE(A46:H61,E46,J47:L48)

	A	B	C	D	E	F	G	H
46	产品	瓦数	寿命（小时	商标	单价	每盒数量	采购盒数	价值
47	白炽灯	200	3000	上海	4.50	4	3	
48	氖管	100	2000	上海	2.00	15	2	
49	其他	10	8000	北京	0.80	25	6	
50	白炽灯	80	1000	上海	0.20	40	3	
51	日光灯	100	未知	上海	1.25	10	4	
52	日光灯	200	3000	上海	2.50	15	0	
53	其他	25	未知	北京	0.50	10	3	
54	白炽灯	200	3000	北京	5.00	3	2	
55	氖管	100	2000	北京	1.80	20	5	
56	白炽灯	100	未知	北京	0.25	10	5	
57	白炽灯	10	800	上海	0.20	25	2	
58	白炽灯	60	1000	北京	0.15	25	0	
59	白炽灯	80	1000	北京	0.20	30	2	
60	白炽灯	100	2000	上海	0.80	10	5	
61	白炽灯	40	1000	上海	0.10	20	5	
62								
63	情况						计算结果	
64	商标为上海，瓦数小于100的白炽灯的平均单价：						0.166666667	
65	产品为白炽灯，其瓦数大于等于80且小于等于100的盒数：						15	

条件区域1：

商标	产品	瓦数
上海	白炽灯	<100

条件区域2：

产品	瓦数	瓦数
白炽灯	>=80	<=100

图 6-14　数据库函数 DAVERAGE()和 DSUM()的使用

步骤 2，将光标放在 G64 单元格中，打开 DAVERAGE()函数参数对话框，设置参数如图 6-15（a）所示，即 G64 单元格公式为“=DAVERAGE(A46:H61,E46, J47:L48)”。单击“确定”按钮关闭对话框。这里因为要求满足条件的平均单价，因此，“Field”参数为 E46 单元格，即“单价”字段。

步骤 3，将光标放在 G65 单元格中，打开 DSUM()函数参数对话框，设置参数如图 6-15（b）所示，即 G65 单元格公式为“=DSUM(A46:H61,G46,J51:L52)”。单击“确定”按钮关闭对话框。这里因为要求满足条件的盒数，因此，“Field”参数为 G46 单元格，即“采购盒数”字段。

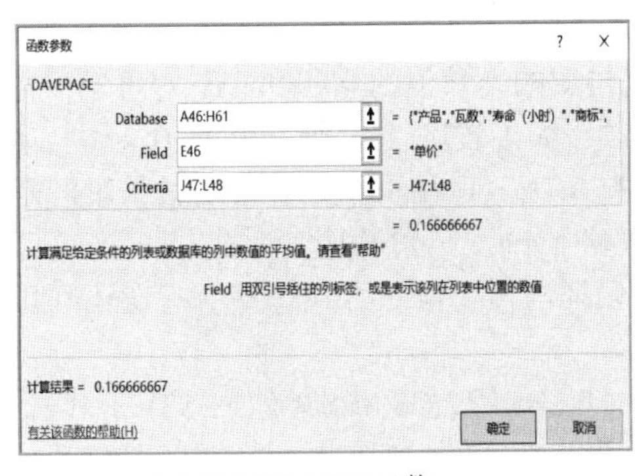

（a）DAVERAGE()函数

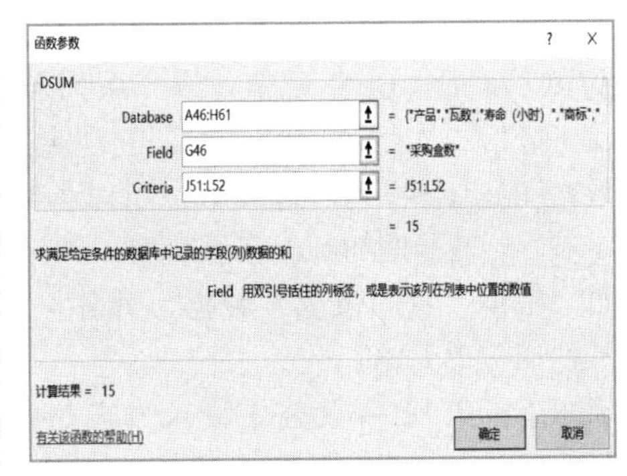

（b）DAVERAGE()函数

图 6-15　数据库函数“函数参数”对话框设置

6.6.8　财务函数

财务函数

1．贷款分期偿还计算函数 PMT()

功能：计算在固定利率下，按等额分期付款方式下每期偿还额。

使用格式：PMT(rate, nper, pv, [fv], [type])

参数说明：rate 指各期利率。nper 指付款总期数。pv 指现值，或一系列未来付款的当前值的累积和，也称为本金。fv 为可选参数，是未来值，或在最后一次付款后获得的一次金额。如果省略 fv，则其值为 0。type 为可选参数，可以为数字 0 或 1，用来指定各期的付款时间是在期初还是在期末，1 表示期初、0 表示期末。如果省略 type，则假设其值为零。

注意：在使用 PMT 函数时，一定要将所有参数的单位转换为计算目标单位。

例如，根据“贷款情况”数据，计算不同偿还方式每期所需偿还的贷款金额。

在 E2 单元格中输入公式“=PMT(B4,B3,B2,,1)”后确认，在 E3 单元格中输入公式“=PMT(B4,B3,B2,,0)”后确认，在 E4 单元格中输入公式“=PMT(B4/12,B3* 12,B2,,1)”后确认，在 E5 单元格中输入公式“=PMT(B4/12,B3*12,B2)”后确认，结果如图 6-16 所示。

	A	B	C	D	E
1	贷款情况			偿还方式	偿还金额(元)
2	贷款金额(元)	50000		按年偿还(年初)	¥-25,728.16
3	贷款年限	2		按年偿还(年末)	¥-27,271.84
4	年利息	6%		按月偿还(月初)	¥-2,205.01
5				按月偿还(月末)	¥-2,216.03

图 6-16　PMT 函数应用

提示： 财务函数用来进行一般的财务计算，使用时要注意：指定的 rate 和 nper 单位必须一致。如三年期年利率为 12% 的贷款，若按月支付，rate 应为 12%/12，nper 应为 3*12；若按年支付，rate 应为 12%，nper 为 3。对于所有参数，支出的款项，如银行贷款，表示为负数；收入的款项，如股息收入，表示为正数。

2. 利息偿还计算函数 IPMT()

功能：计算在固定利率下，按等额分期付款方式，每期贷款的利息偿还额。

使用格式：IPMT(rate, per, nper, pv, [fv], [type])

参数说明：rate 指各期利率。per 指用于计算其利息数额的期数，必须在 1 到 nper 之间。nper 指付款总期数。pv 指现值，或一系列未来付款的当前值的累积和。fv 为可选参数，是未来值，或在最后一次付款后希望得到的现金余额。如果省略 fv，则其值为 0（如一笔贷款的未来值即为 0）。type 为可选参数，可以为数字 0 或 1，用来指定各期的付款时间是在期初还是在期末，1 表示期初、0 表示期末。如果省略 type，则假设其值为零。

例如，根据“贷款情况”数据，计算按月偿还与按年偿还方式每期所需偿还利息额并将结果填入到相应单元格。

步骤如下：在 H3 单元格中输入公式“=IPMT($B$4/12,G3,$B$3*12,$B$2)”并确认，将公式复制至 H3:H26 中；在 J3 单元格中输入公式“IPMT($B$4,I3,$B$3, $B$2)”并确认，将公式复制至 J4 单元格中，结果如图 6-17 所示。

3. 投资现值计算函数 PV()

功能：计算某项投资的一系列将来偿还额的当前总值（或者一次性偿还的现值）。

使用格式：PV(rate, nper, pmt, [fv], [type])

参数说明：rate 指各期利率。nper 指付款总期数。pmt 指各期所支付的金额，此值在整个投资期内是不变的。fv 为可选参数，是未来值，或在最后一次付款后获得的一次现金余额。

	A	B	C	G	H	I	J
1	货款情况			每月利息偿还		按年利息偿还	
2	货款金额(元)	50000		月份	偿还额(元)	年份	偿还额(元)
3	贷款年限	2		1	¥-250.00	1	¥-3,000.00
4	年利息	6%		2	¥-240.17	2	¥-1,543.69
5				3	¥-230.29		
6				4	¥-220.36		
7				5	¥-210.38		
8				6	¥-200.36		
9				7	¥-190.28		
10				8	¥-180.15		
11				9	¥-169.97		
12				10	¥-159.74		
13				11	¥-149.46		
14				12	¥-139.12		
15				…	…		

图 6-17　IPMT 函数应用

如果省略 fv，则其值为 0。type 为可选参数，可以为数字 0 或 1，用来指定各期的付款时间是在期初还是在期末，1 表示期初、0 表示期末。如果省略 type，则假设其值为零。

例如，根据“投资情况表 2”数据，计算预计投资金额，并将结果填入到相应单元格。

步骤如下：在 B5 单元格中输入公式“=PV(B3,B4,B2)”后确认，结果如图 6-18 所示。

	A	B
1	投资情况表2	
2	每年投资金额:	-1500000
3	年利率:	10%
4	年限:	20
5	预计投资金额:	¥12,770,345.58

图 6-18　PV()函数应用

4. 投资未来值计算函数 FV()

功能：　在固定利率和等额分期付款方式前提下，计算某项投资的未来值。

使用格式：FV(rate,nper,pmt,[pv],[type])

参数说明：rate 指各期利率。nper 指付款总期数。pmt 指各期所支出的金额，此值在整个投资期内是不变的。pv 为可选参数，是未来值，从该项投资开始计算时已经入账的款项，或者一系列未来付款当前值的累积和，如果省略 pv，则假设其值为 0。type 为可选参数，可以为数字 0 或 1，用来指定各期的付款时间是在期初还是在期末，1 表示期初、0 表示期末。如果省略 type，则假设其值为零。

例如，根据“投资情况表 2”数据，计算 10 年后得到的金额，并将结果填入到 B47 单元格，B47 单元格公式为“=FV(B44,B46,B45,B43)”，结果如图 6-19 所示。

5. 固定资产折旧费计算函数 SLN()

功能：计算固定资产的每期线性折旧费。

使用格式：SLN(cost, salvage, life)

参数说明：cost 指固定资产的原值。salvage 指固定资产使用 life 周期后的估计残值。life 指固定资产进行折旧计算的周期总数，也叫固定资产的生命周期。

B47 =FV(B44,B46,B45,B43)

	A	B	C
42	投资情况表2		
43	先投资金额：	-1000000	
44	年利率：	5%	
45	每年再投资金额	-10000	
46	再投资年限	10	
47	10年以后得到的金额	¥1,754,673.55	

图 6-19　FV()函数应用

例如，根据以下数据，计算每天的折旧值、每月的折旧值、每年的折旧值。在 B3 单元格中输入公式“=SLN(A2,B2,C2*365)”并确认，B4 单元格中输入公式“=SLN(A2,B2, C2*12)”并确认，B5 单元格中输入公式“=SLN(A2,B2,C2)”并确认。结果如图 6-20 所示。

	A	B	C
1	固定资产金额	资产残值	使用年限
2	50000	800	10
3	每天的折旧值	¥13.48	
4	每月的折旧值	¥410.00	
5	每年的折旧值	¥4,920.00	

图 6-20　SLN 函数应用

6.7　在条件格式中使用公式和函数

在条件格式与数据验证设置中使用公式与函数

第 5 章介绍了使用条件格式，可以通过对突出显示单元格规则的设置，来突出单元格数据的显示效果。通常条件格式设置有突出规则、色阶、图标集、数据条等多种形式，也可以通过公式或函数确定较复杂的条件。例如，要设置如图 6-21 所示单元格数据区域效果：

（1）奇数行填充“橄榄色-个性 3-淡色 80%”。

（2）上边框、下边框为虚线。

具体方法如下：

步骤 1，选中 A2:K16 数据区域，单击“开始”选项卡→“样式”组中的“条件格式”按钮→“新建规则”命令，打开“新建格式规则”对话框。在“选择规则类型”列表中选择“使用公式确定要设置格式的单元格”，然后在“为符合此公式的值设置格式”文本框中输入公式“=MOD(ROW(),2)=1”，如图 6-21 所示，公式表达的含义即为单元格的行号是否满足为奇数（注：图中函数采用小写，在 Excel 中不区分大小写）。

步骤 2，单击“格式”按钮，打开“设置单元格格式”对话框。在“填充”选项卡中选择“橄榄色-个性 3-淡色 80%”，如图 6-22（a）所示。

步骤 3，单击“边框”选项卡，选择直线样式为虚线“-------”，单击“边框”列表下的“上边框”和“下边框”，如图 6-22（b）所示。

步骤 4，单击“确定”按钮关闭对话框即可。

图 6-21　条件格式设置中使用公式与函数

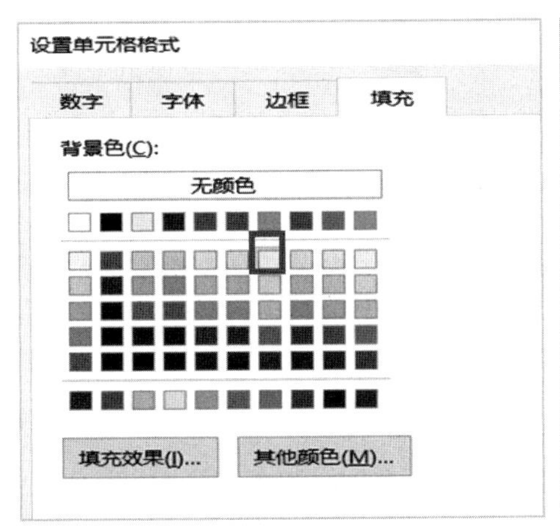

（a）单元格底纹设置

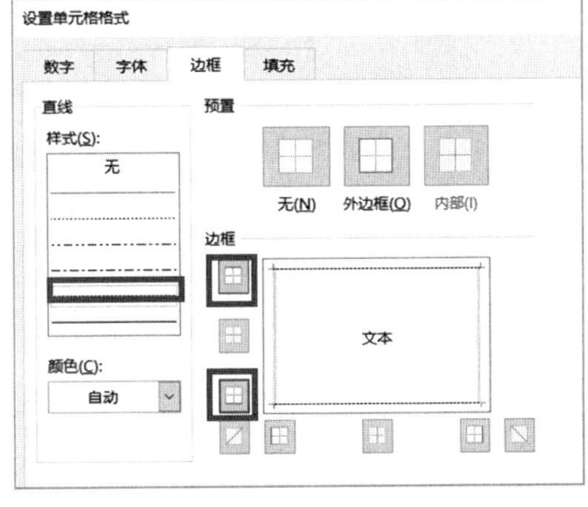

（b）单元格边框设置

图 6-22　单元格格式设置

6.8　在数据有效性中使用公式和函数

第 5 章介绍了数据验证的使用，我们可以限制在单元格中输入的数据内容及其类型。如果限制条件比较复杂，就要通过使用公式来创建条件。例如，在图 6-23 中，每个学生的学号都是唯一的，不能输入重复值，其操作方法如下。

步骤 1，单击列标签，选定 A 列。

步骤 2，单击“数据”选项卡→“数据工具”组中的“数据验证”按钮，打开“数据验证”对话框。设置“允许”为“自定义”，然后在“公式”框中输入公式“=COUNTIF(A:A,A1)=1”，如图 6-23 所示（注：图中函数采用小写，Excel 对于函数不区分大小写，以下类同），单击“确定”按钮关闭对话框。其中 COUNTIF()函数的第 1 个参数 Range 为 A:A，表示整个 A 列单元格区域；第 2 个参数 Criteria 为 A1，表示 A1 单元格的值在 A 列区域中只能有一个这样的值。公式 COUNTIF(A:A,A1)=1 是一个条件判断式，结果为 TRUE

或 FALSE 两种值，如果为 TRUE，符合数据验证规则，允许输入；如果为 FALSE，则表示违反了数据的验证规则，拒绝输入。比如在 A21 单元格中输入 123，然后在 A22 单元格中再输入 123，按 Enter 键，就会弹出警示框，如图 6-23 所示。公式中的 Criteria 参数 A1 采用相对引用，在不同的单元格中就会发生相应的改变，如 A5 单元格，则公式变化为“COUNTIF(A:A,A5)=1”。

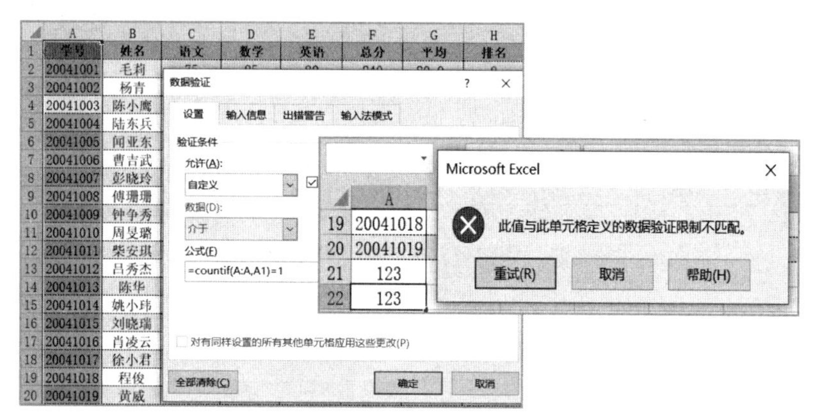

图 6-23　使用公式构建数据验证条件

6.9　案例制作——学生成绩表数据统计

【案例要求】

打开素材文件“案例 6.2-源.xlsx”，在工作表 Sheet1 中完成如下操作：

1. 设置“学号”列不能输入重复值，否则弹出“出错警告”提示框，样式为“警告”，信息提示为“学号不能输入重复值”，然后输入学生的学号 0130001～0130015。

2. 设置三门课程分数区域的突出显示：若成绩低于 60 分，字体设置为红色、倾斜，若成绩大于等于 90 分，则字体设置为蓝色、加粗。

3. 计算每位学生的平均分和总分，平均分显示 2 位小数。

4. 根据平均分给出每位学生的考评并填入 J3:J17 单元格中，若平均分>=60，则考评为“及格”，否则为“不及格”。

5. 应用 AND()和 AVERAGE()函数，完成“是否全优”列数据的填入：若该位学生三门课程分数均大于等于班级该课程的平均分，则结果为 TRUE，否则为 FALSE。

6. 根据总分计算每位学生的等级并填入 K2:K29 单元格中。若总分>=240，则等级为“良好”，否则总分>=180，则等级为“及格”，否则等级为“不合格”。

7. 在等级后增加一列“排名”，根据总分降序方式进行排名。

8. 将单元格数据区域的非空且偶数行填充“橄榄色-个性 3-淡色 80%”，设置其上边框、下边框为虚线。

9. 工作表打印设置：设置单元格的行高为 17，工作表数据区域的上、下边框设为双线，纸张方向为“横向”，页面为水平居中显示，第一行为顶端标题行。

10. 在工作表“各科成绩统计表”中完成如下操作：

（1）在 B2:D2 单元格中统计并显示每门课程的最高分。

（2）在 B3:D3 单元格中统计并显示每门课程的最低分。

（3）在 B4:D4 单元格中统计并显示每门课程的不及格学生人数。

（4）在 B5:D5 单元格中统计并显示每门课程 60～79 分学生人数，即[60,79)。

（5）在 B6:D6 单元格中统计并显示每门课程 80～89 分学生人数，即[80,89)。

（6）在 B7:D7 单元格中统计并显示每门课程 90 分以上学生人数，即[90,100]。

【案例制作】

第 1 题：

第 1、2 题

步骤 1，打开“数据验证”对话框：单击“A”列标签，选定“学号”列，单击“数据”选项卡→“数据工具”组中的“数据验证”按钮，打开“数据验证”对话框。

步骤 2，设置对话框“设置”选项卡：设置“允许”为“自定义”，在“公式”框中输入“=COUNTIF(A:A,A1)=1”，如图 6-24（a）所示。

步骤 3，设置对话框“出错警告”选项卡：单击“出错警告”选项卡，设置“样式”为“警告”，在“错误信息”文本框中输入“学号不能输入重复值”，如图 6-24（b）所示，单击“确定”按钮关闭对话框。

步骤 4，输入 A2、A3 单元格学号：分别在 A2、A3 单元格中输入“'0130001”“'0130002”（数字前输入英文半角状态下的单引号）。

步骤 5，填充输入 A4:A29 单元格学号：选定 A2:A3，双击右下角的填充柄。

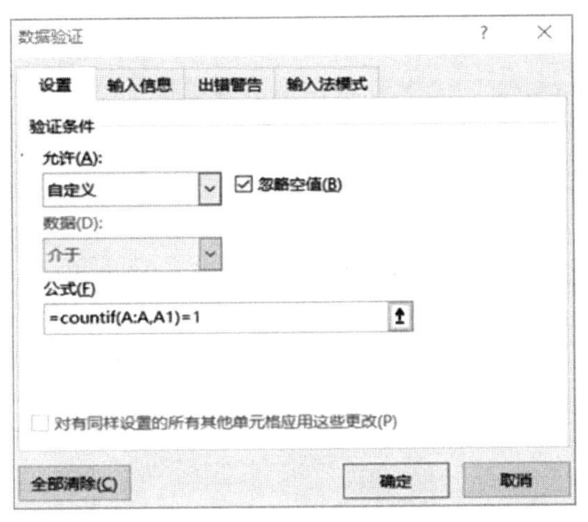

（a）“设置”选项卡

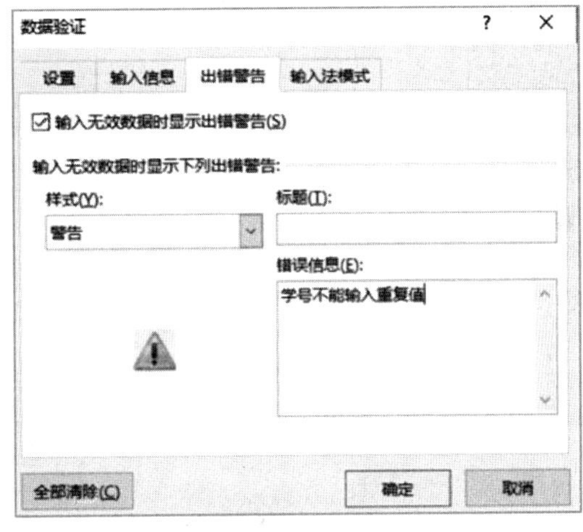

（b）“出错警告”选项卡

图 6-24　“学号”列数据验证设置

第 2 题：

步骤 1，低于 60 分条件格式设置：选定单元格区域 D2:F29，单击“开始”选项卡→“样式”组中的“条件格式”→“突出显示单元格规则”→“小于”命令，打开“小于”对话框。在文本框中输入数值“60”，在“设置为”下拉列表中选择“自定义格式”，如图 6-25 所示。打开“设置单元格格式”对话框，在“字体”选项卡中设置字体颜色为红色，字形为倾斜。单击“确定”按钮关闭对话框。

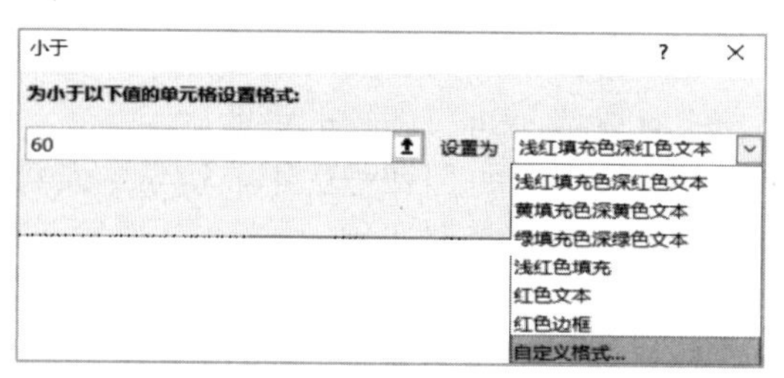

图 6-25　小于 60 分单元格格式设置

步骤 2，大于等于 90 分条件格式设置：再次单击“样式”组中的“条件格式”→“突出显示单元格规则”→“其他规则”，打开“编辑规则说明”对话框，按如图 6-26 所示进行设置，然后单击“格式”按钮，打开“设置单元格格式”对话框，在“字体”选项卡中设置字体颜色为蓝色，字形为加粗。

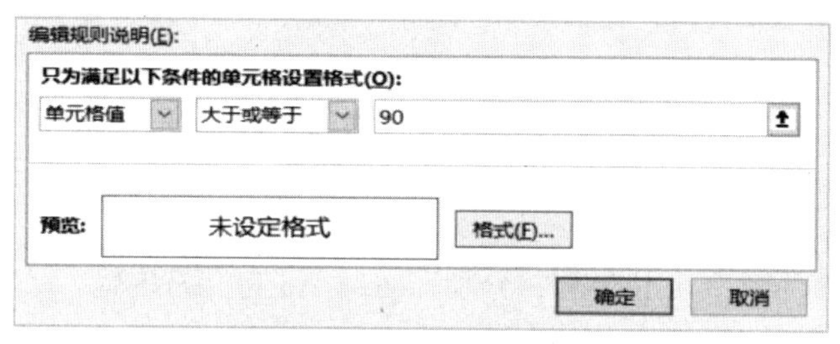

图 6-26　大于等于 90 分编辑规则

第 3、4 题

步骤 3，关闭对话框：逐次单击“确定”按钮，关闭对话框。

第 3 题：

步骤 1，求 G2 单元格平均分：选定 A2 单元格，单击编辑栏左侧的“插入函数”按钮f_x，打开“插入函数”对话框。在“搜索函数”文本框中输入求平均值函数“average”，单击“转到”按扭，这时 AVERAGE 突出显示在“选择函数”列表中，如图 6-27 所示；单击“确定”按钮，打开“函数参数”对话框。将光标插入点定位在“Number1”文本框中，用鼠标拖选单元格区域 D2:F2，如图 6-28 所示，单击“确定”按钮关闭对话框。

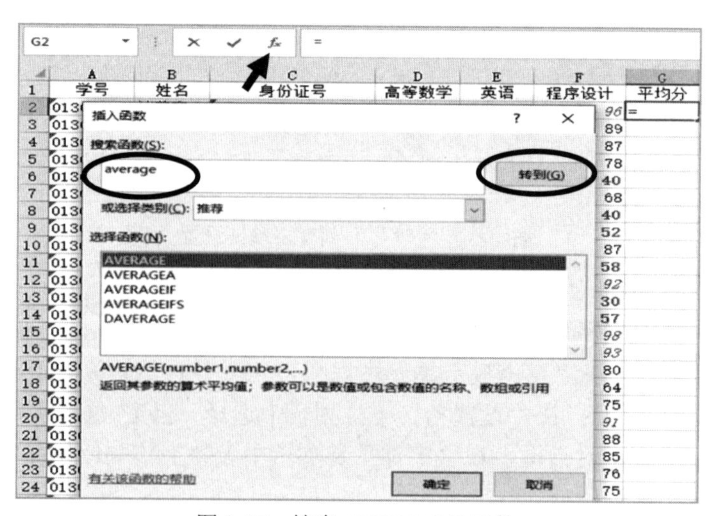

图 6-27　搜索 AVERAGE()函数

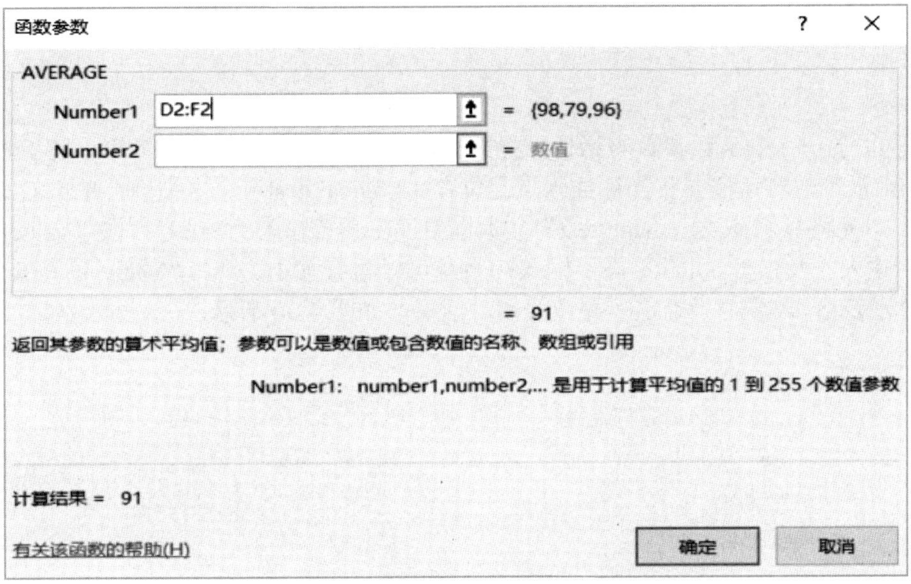

函数参数
AVERAGE
Number1 D2:F2 = {98,79,96}
Number2 = 数值
= 91
返回其参数的算术平均值；参数可以是数值或包含数值的名称、数组或引用
Number1: number1,number2,... 是用于计算平均值的 1 到 255 个数值参数
计算结果 = 91
有关该函数的帮助(H)
确定
取消

图 6-28　设置 AVERAGE()函数的参数

步骤 2，显示两位小数：选定 A2 单元格，单击鼠标右键，在弹出的快捷菜单中选择“设置单元格格式”命令，打开“设置单元格格式”对话框，如图 6-29 所示。设置“分类”为“数值”，“小数位数”为 2，单击“确定”按钮关闭对话框。

设置单元格格式
数字
对齐
字体
边框
填充
保护
分类(C):
常规
数值
货币
会计专用
日期
时间
百分比
分数
科学记数
文本
特殊
自定义
示例
91.00
小数位数(D): 2
使用千位分隔符(,)(U)
负数(N):
(1234.10)
(1234.10)
1234.10
-1234.10
-1234.10
数值格式用于一般数字的表示。货币和会计格式则提供货币值计算的专用格式。
确定
取消

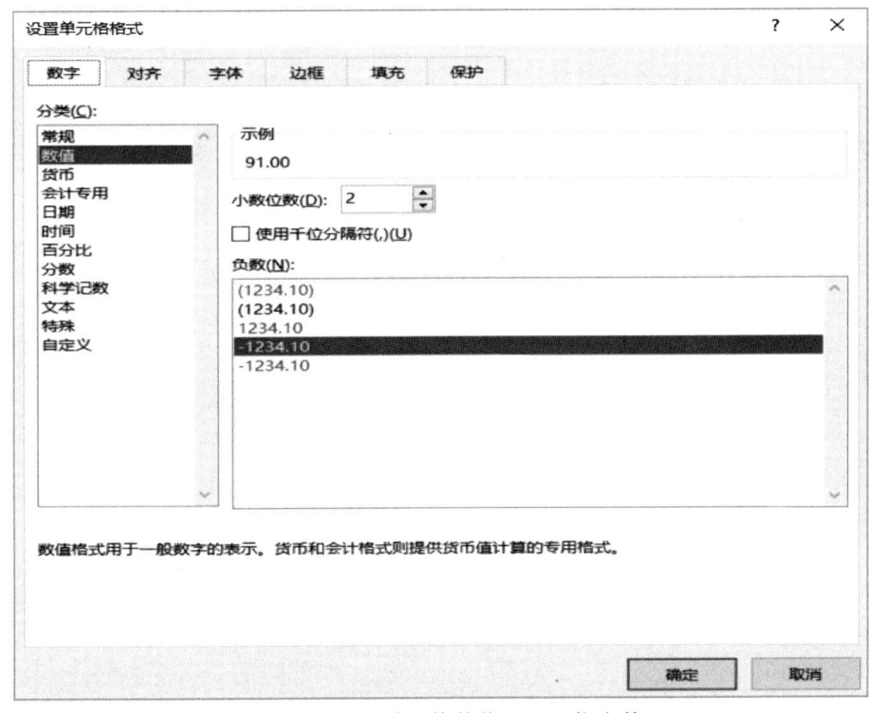

图 6-29　设置单元格数值显示 2 位小数

步骤 3：填充输入 G3:G29 单元格平均分：选定 G2 单元格，双击其右下角的填充柄。这时 G3:G29 单元格“平均分”完成填充输入。

步骤 4：求 H 列总分值：使用 SUM()函数求各单元格总分，方法与步骤 1～步骤 3 一致，在此不再赘述。

第 4 题：

步骤 1，打开 IF()函数参数对话框：将光标定位在 I2 单元格中，参考第 3 题步骤 1 方法，打开 IF()函数参数对话框。将光标插入点定位在“Logical_test”文本框中，单击 G2 单元格，这时 G2 单元格显示在“Logical_test”文本框中，在其后输入“>=60”；在“Value_if_true”文本框中输入“及格”（引号不需要输入，系统可以自行加上），在“Value_if_false”文本框中输入“不及格”，单击“确定”按钮关闭对话框，如图 6-30 所示。

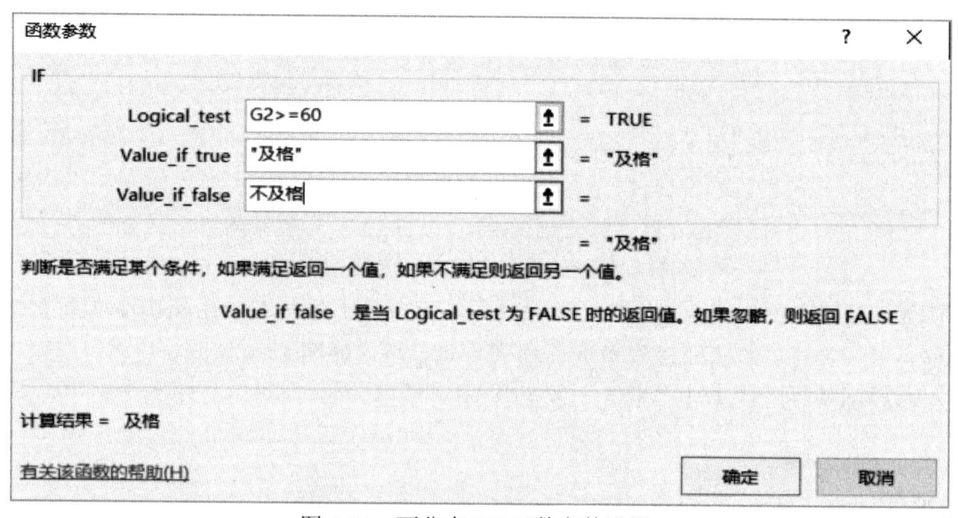

图 6-30 两分支 IF()函数参数设置

第 5 题

步骤 2，填充输入 I3:I29 单元格的值：选定 I2 单元格，双击其右下角的填充柄。这时 I3:I29 单元格“考评”结果已填充输入。

第 5 题：

步骤 1，打开 AND()函数参数对话框：将光标定位在 J2 单元格中，参考第 3 题步骤 1 的方法，打开 AND()函数参数对话框。

步骤 2，求 J2 单元格值：这里 AND()的函数参数“Logical”中需嵌套 AVERAGE()函数，其参数设置如图 6-31（a）所示，单击“确定”按钮关闭对话框。

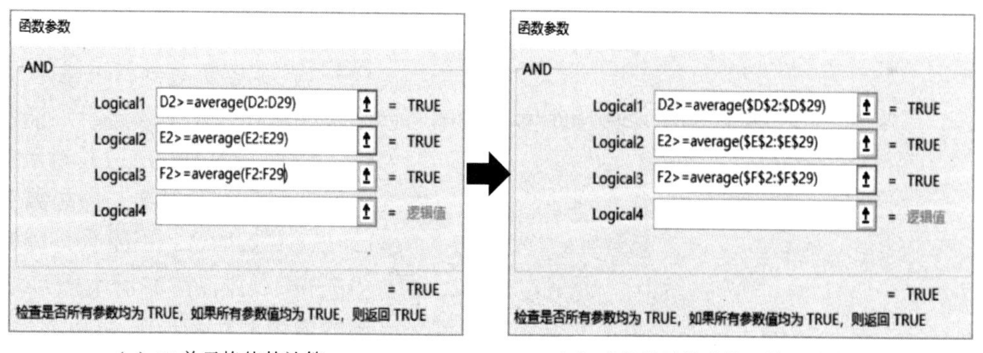

（a）J2 单元格值的计算 （b）求各科平均分单元格区域为绝对引用

图 6-31 AND()和 AVERAGE()函数嵌套求值

步骤 3：修改求各科平均分单元格区域引用为绝对引用：为了在下一步中填充输入 J3:J29 的值，因为填充过程中求各课程平均分的单元格区域是保持不变的，因此，在单元格行、列前加“$”符号，实现绝对引用，可以直接在编辑栏中或者再次打开对话框修改即可，如图 6-31（b）所示。

步骤 4：填充输入 J3:J29 单元格的值：选定 J2 单元格，双击其右下角的填充柄。这时 J3:J29 单元格“是否全优”结果已填充输入。

第 6 题：

第 6、7 题

步骤 1，打开 AND()函数参数对话框：将光标定位在 K2 单元格中，参考第 3 题步骤 1 方法，打开 IF()函数参数对话框，设置 Logical_test、Value_if_true 参数如图 6-32（a）所示。

步骤 2，在 IF()函数的“Value_if_false”参数中插入嵌套函数 IF()：将光标插入点定位在图 6-32（a）中的“Value_if_false”文本框中，单击名称框列表中的 IF 选项，再次打开“函数参数”对话框，参数设置如图 6-32（b）所示，单击“确定”按钮关闭对话框。

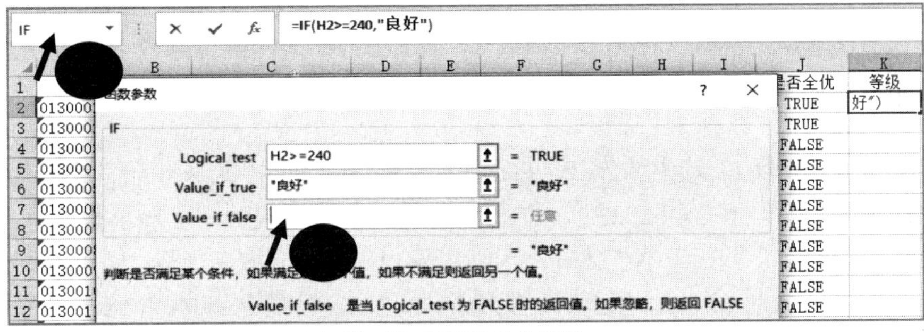

（a）第一层 IF()函数参数设置

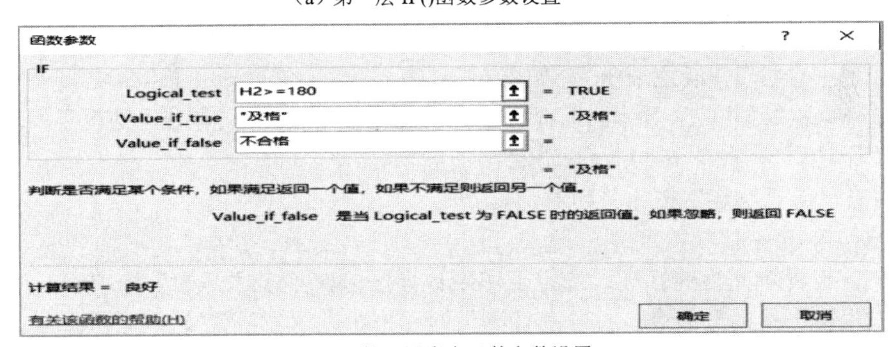

（b）IF()第二层嵌套函数参数设置

图 6-32　IF()函数二层嵌套

步骤 3，填充输入 K3:K29 单元格的值：选定 K2 单元格，双击其右下角的填充柄。这时 K3:K29 单元格“等级”结果已填充输入。

第 7 题：

步骤 1，求 L2 单元格值：将光标定位在 L2 单元格中，参考第 3 题步骤 1 方法，打开 RANK()函数参数对话框，参数设置如图 6-33 所示，单击“确定”按钮关闭对话框。

步骤 2，修改 RANK()函数的 Ref 参数为绝对引用：在编辑栏中修改公式，将 Ref 参数修改为“H$2:H$29”，这时 L2 单元格公式为“=RANK(H2,H$2:H$29)”。

函数参数 ? ×

RANK

Number H2 = 273

Ref H2:H29 = {273;262;225;238;139;216;194;190;2·

Order = 逻辑值

= 3

此函数与 Excel 2007 和早期版本兼容。

返回某数字在一列数字中相对于其他数值的大小排名

Order 是在列表中排名的数字。如果为 0 或忽略，降序；非零值，升序

计算结果 = 3

有关该函数的帮助(H) 确定 取消

图 6-33 按“总分”降序方式排名

步骤 3，填充输入 L3:L29 单元格的值：选定 L2 单元格，双击其右下角的填充柄。这时 L3:L29 单元格“排名”列已填充输入。

第 8、9 题

第 8 题：

步骤 1，选中 A1:K29 数据区域，单击“开始”选项卡→“样式”组中的“条件格式”→“新建规则”命令，打开“新建格式规则”对话框。在“选择规则类型”列表中选择“使用公式确定要设置格式的单元格”，如图 6-34（a）所示，在“为符合此公式的值设置格式”文本框中输入公式“=AND(A1<>"", MOD(ROW(),2)=0”（注，图中输入的函数采用小写形式，不影响结果）。

步骤 2，单击“格式…”按钮，打开“设置单元格格式”对话框。在“填充”选项卡中选择“橄榄色—个性 3—淡色 80%”，如图 6-34（b）所示。

步骤 3，单击“边框”选项卡，选择直线样式为虚线“-------”，单击“边框”列表下的“上边框”和“下边框”，如图 6-34（c）所示。

步骤 4，单击“确定”按钮关闭对话框。

第 9 题：

步骤 1，设置单元格的行高：选定工作表数据区域，单击“开始”选项卡→“样式”组中的“格式”→“行高”命令，打开“行高”对话框，在“行高”文本框中输入 17。

步骤 2，设置数据区域上、下双线边框：选定工作表数据区域，单击“开始”选项卡→“字体”组中的“边框”→“其他边框”命令，打开“设置单元格格式”对话框，参考第 8 题步骤 3，设置单元格的上、下框线为双线。

步骤 3，设置页面布局：单击“页面布局”选项卡→“页面设置”组右下角的对话框启动器，打开“页面设置”对话框。在“页面”选项卡中设置纸张方向为“横向”，在“页边距”选项卡中设置居中方式为水平，在“工作表”选项卡中设置“顶端标题行”为“$1:$1”（用鼠标单击第一行的行标签即可），单击“确定”按钮关闭对话框。效果如图 6-35 所示。

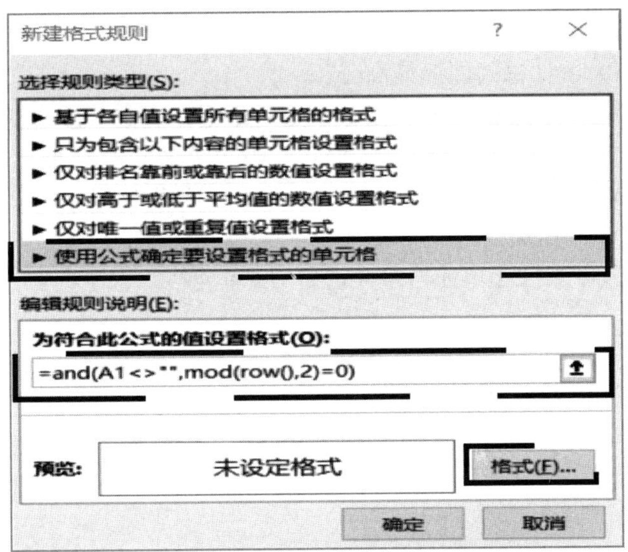

（a）输入格式设置的公式

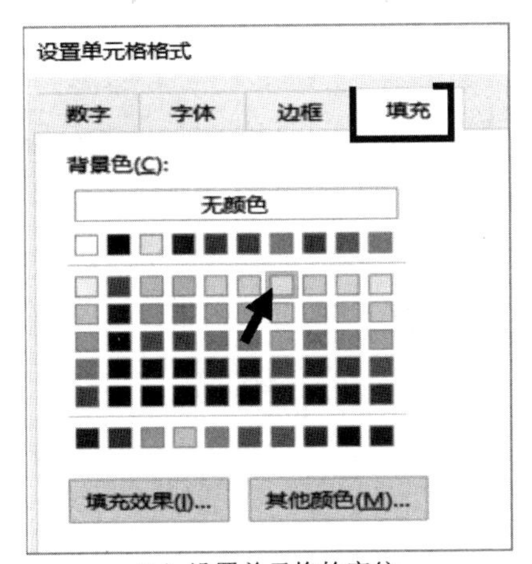

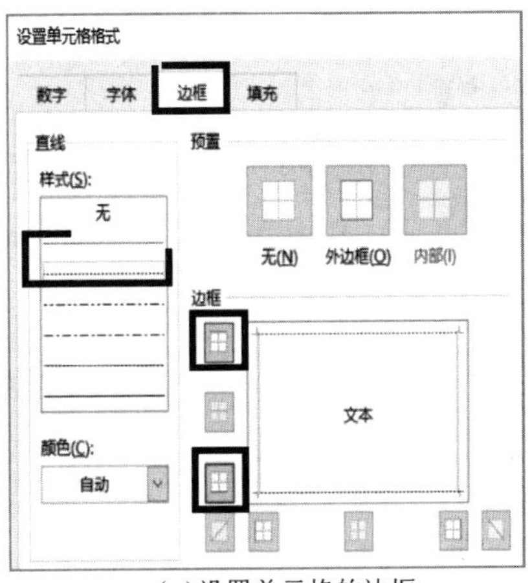

（b）设置单元格的底纹　　　　　　　　（c）设置单元格的边框

图 6-34　条件格式设置中使用公式与函数

学号	姓名	身份证号	高等数学	英语	程序设计	平均分	总分	考评	是否全优	等级	排名
0130001	诸葛亮	330675196706154435	98	79	96	91.00	273	及格	TRUE	良好	3
0130002	关羽	330675196708154432	95	78	89	87.33	262	及格	TRUE	良好	5
0130003	孙尚香	330675195302215412	63	75	87	75.00	225	及格	FALSE	及格	15
0130004	赵云	330675198603301836	68	92	78	79.33	238	及格	FALSE	及格	12
0130005	曹操	330675195308032859	30	69	40	46.33	139	不及格	FALSE	不合格	28
0130006	大乔	330675195905128755	76	72	68	72.00	216	及格	FALSE	及格	19
0130007	曹丕	330675197211045896	56	98	40	64.67	194	及格	FALSE	及格	24
0130008	甄姬	330675198807015258	98	40	52	63.33	190	及格	FALSE	及格	25
0130009	夏侯敦	330675197304178789	98	58	87	81.00	243	及格	FALSE	良好	9
0130010	月英	330675195410022235	99	98	58	85.00	255	及格	FALSE	良好	7
0130011	张飞	330675196403312584	55	30	92	59.00	177	不及格	FALSE	不合格	26
0130012	小乔	330675198505088896	97	89	30	72.00	216	及格	FALSE	及格	19
0130013	吕布	330675198711252148	78	30	57	55.00	165	不及格	FALSE	不合格	27
0130014	祝融	330675198109162256	89	98	98	95.00	285	及格	TRUE	良好	1
0130015	孙权	330675198205041417	88	40	93	73.67	221	及格	FALSE	及格	18
0130016	毛莉	330675198601452375	75	85	80	80.00	240	及格	FALSE	良好	11
0130017	杨青	330675198912056732	68	75	64	69.00	207	及格	FALSE	及格	21
0130018	陈小娟	330675198508078564	58	69	75	67.33	202	及格	FALSE	及格	22
0130019	陆东兵	330675198712153711	94	90	91	91.67	275	及格	TRUE	良好	2
0130020	闻亚东	330675198905023334	84	87	88	86.33	259	及格	TRUE	良好	6
0130021	曹吉武	330675198108509238	72	68	85	75.00	225	及格	FALSE	及格	15
0130022	彭晓玲	330675198506256342	85	71	76	77.33	232	及格	FALSE	及格	14
0130023	傅珊珊	330675198905163214	88	80	75	81.00	243	及格	TRUE	良好	9
0130024	钟争秀	330675198112087562	78	80	76	78.00	234	及格	FALSE	及格	13
0130025	周旻璐	330675199007408919	94	87	82	87.67	263	及格	TRUE	良好	4
0130026	柴安琪	330675199112057663	60	67	71	66.00	198	及格	FALSE	及格	23
0130027	吕秀杰	330675198102087867	81	83	87	83.67	251	及格	TRUE	良好	8
0130028	陈华	330675198812096354	71	84	67	74.00	222	及格	FALSE	及格	17

图 6-35　工作表打印效果

第 10 题

第 10 题：

（1）统计每门课的最高分。

步骤 1，打开 MAX()函数参数对话框：选定 Sheet2 表的 B2 单元格，参考第 3 题的步骤 1，打开 MAX()“函数参数”对话框。将光标插入点定位在“Number1”文本框中，单击“Sheet1”工作表标签，用鼠标拖选 D2:D29 单元格区域，单击“确定”按钮关闭对话框。

步骤 2，填充输入 C2、D2 单元格值：选定 B3 单元格，水平向右拖曳其填充柄至 D2 单元格。

（2）统计每门课最低分。参考（1）中求最高分的方法，在此不再赘述。

（3）统计各课程不及格学生人数。

步骤 1，统计数学成绩不及格人数：选定 Sheet2 的 B4 单元格，参考第 3 题的步骤 1，打开 COUNTIF()“函数参数”对话框，参数设置如图 6-36 所示，单击“确定”按钮关闭对话框。

函数参数 ? ×
COUNTIF
Range sheet1!D2:D29 = {98;95;63;68;30;76;56;98;98;99;55
Criteria <60 =
=
计算某个区域中满足给定条件的单元格数目
Criteria 以数字、表达式或文本形式定义的条件
计算结果 =
有关该函数的帮助(H) 确定 取消

图 6-36 统计数学成绩不及格人数

步骤 2，填充输入 C4、D4 的值：选定 B4 单元格，水平向右拖曳其填充柄至 D4 单元格。

（4）统计各课程成绩在 60～79 分之间的学生人数。

步骤 1，统计数学成绩大于等于 60 分的学生人数：选定 Sheet2 的 B5 单元格，参考第 3 题的步骤 1，打开 COUNTIF()“函数参数”对话框，参数设置如图 6-37（a）所示，单击“确定”按钮关闭对话框，此时编辑栏公式为“=COUNTIF(Sheet1! D2:D29,">=60")”。

步骤 2，统计数学成绩大于 79 分的学生人数：在编辑栏的公式后输入减号“-”，单击名称框中的“COUNTIF”函数选项，再次打开 COUNTIF()“函数参数”对话框，参数设置如图 6-37（b）所示，单击“确定”按钮关闭对话框，此时编辑栏公式为“=COUNTIF(Sheet1!D2:D29,">=60")-COUNTIF(Sheet1!D2:D29,">79")”。

步骤 3，填充输入 C5、D5 的值：选定 B5 单元格，水平向右拖曳其填充柄至 D5 单元格。

（5）统计各课程 80～89 分的学生人数。请参考第 10 题（4），方法一致，在此不再赘述。

（6）统计各课程 90 分以上的学生人数。请参考第 10 题（4），方法一致，在此不再赘述。

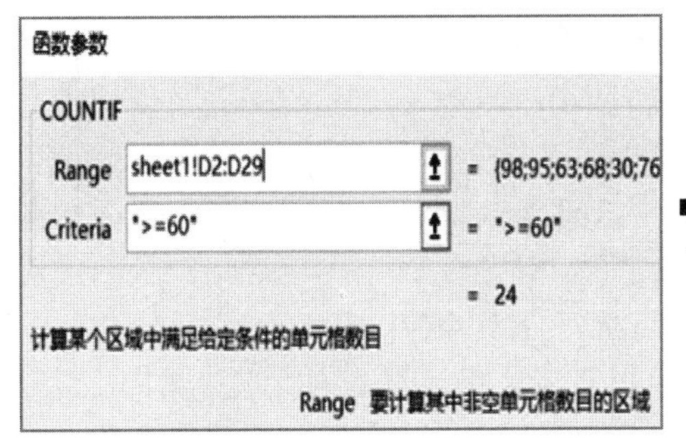

减

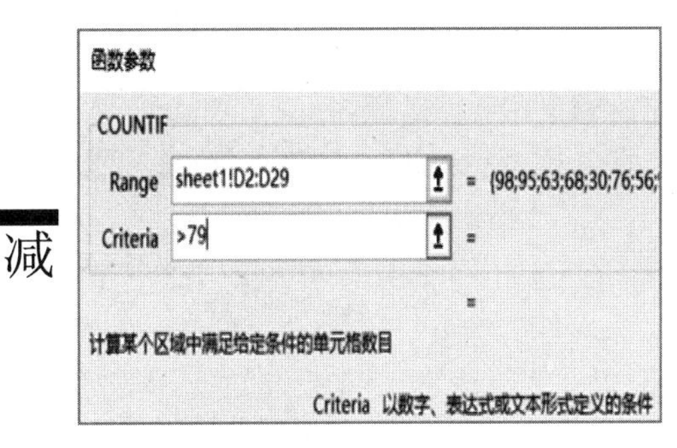

（a）数学成绩大于等于 60 分人数　　（b）数学成绩大于 79 分人数

图 6-37　统计数学成绩在 60～79 分之间的学生人数

6.10　案例制作——员工资料表制作

【案例要求】

打开本章素材文件“案例 6.3-员工资料表.xlsx”，完成如下操作：

1. 根据身份证号码，对 Sheet1 中员工资料表的“性别”列进行填充。说明：身份证号码中倒数第二位数字表示性别：奇数表示男性，偶数表示女性。

2. 应用 DATE()和 MID()函数，根据身份证号码，对 Sheet1 中员工资料表的“出生日期”列进行填充。说明：身份证号码中第 7～10 位数字表示出生年份；第 11～12 位数字表示出生月份；第 13～14 位数字表示出生日；填充结果格式为****年**月**日。

3. 根据出生日期和当前系统日期计算员工年龄，对 Sheet1 中员工资料表的“年龄”列进行填充。

4. 根据 Sheet1 中的“职务补贴率表”的数据，使用 VLOOKUP()函数，对员工资料表中的“职务补贴率”列进行自动填充。

5. 使用数组公式，在 Sheet1 中对员工资料表的“工资总额”列进行计算，并将结果保存在“工资总额”列。计算方法为工资总额=基本工资×（1+职务补贴）

6. 求出 H27:H30 单元格区域中各类职务发放的工资总和。

7. 每个业主将总房价的 70%金额按照利率向银行贷款，若每月（月末）应向银行还款，计算还款金额并填入相应单元格。

8. 根据给定条件区域 1，计算性别为“男”，职务为“高级工程师”的工资总额平均值，将结果填入 I22 单元格。

9. 根据给定条件区域 2，计算性别为“女”，年龄为“>40”的员工人数，将结果填入 I22 单元格。

【案例制作】

第 1 题

第 1 题：

步骤 1，求 F3 单元格的值：选定 F3 单元格，单击编辑栏上的fx按钮，弹出函数向导，搜索并找到“IF”函数，单击“确定”按钮，打开 IF()“函数参数”对话框。参数设置如图 6-38 所示，“Logical_test”文本框公式为“MOD(MID(E3,LEN

(E3)-1,1),2)=1”（图中函数名采用小写），其中 MID()函数求得身份证号码的倒数第二位。单击“确定”按钮关闭对话框。

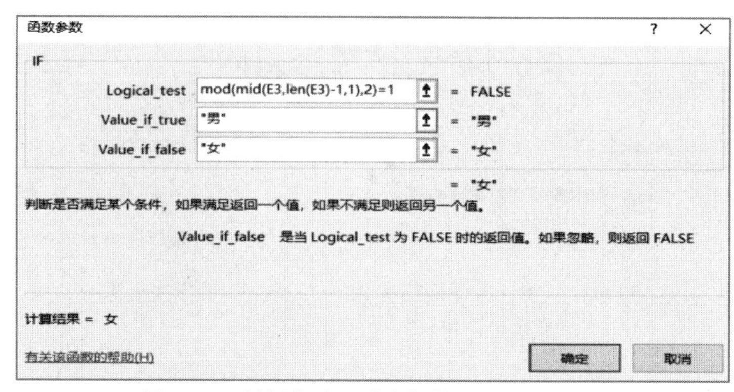

图 6-38　判断身份证号中倒数第二位奇偶性

第 2～3 题

步骤 2，填充输入 F4:F20 单元格的值：选定 F3 单元格，双击其右下角的填充柄。这时 F4:F20 单元格“性别”列已填充输入。

第 2 题：

步骤 1，求 G3 单元格的值：选定 G3 单元格，单击编辑栏上的fx按钮，弹出函数向导，搜索并找到“DATE”函数，单击“确定”按钮，打开 DATE()“函数参数”对话框，参数设置如图 6-39 所示，单击“确定”按钮关闭对话框。

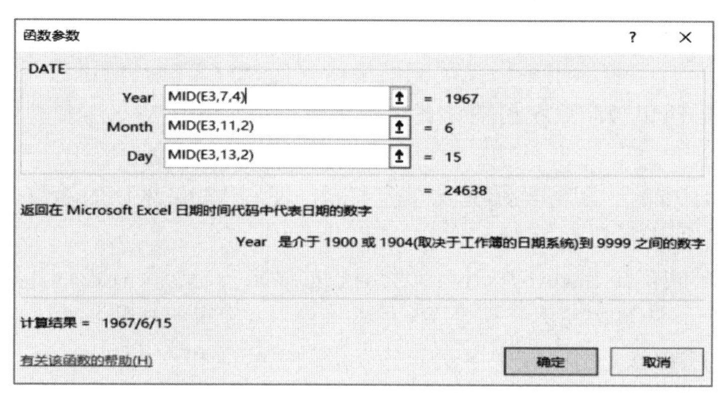

图 6-39　从身份证号码中求得出生日期

步骤 2，设置 G3 单元格日期格式：选定 G3 单元格，单击鼠标右键，在弹出的快捷菜单中选择“设置单元格格式”命令，打开“设置单元格格式”对话框。在“数字”选项卡的“类型”列表中选择“2012 年 3 月 14 日”，如图 6-40 所示，单击“确定”按钮关闭对话框。

步骤 3，填充输入 G4:G20 单元格的值：选定 G3 单元格，双击其右下角的填充柄。这时 G4:G20 单元格“出生日期”列已填充输入。

第 3 题：

步骤 1，求得系统当前日期年份：选定 H4 单元格，单击编辑栏上的fx按钮，弹出函数向导，搜索并找到“YEAR”函数，单击“确定”按钮，打开 YEAR()“函数参数”对话框，参数设置如图 6-41（a）所示，单击“确定”按钮关闭对话框（注：H3 单元格显示结果是日期型的，则修改单元格格式为“常规”型）。

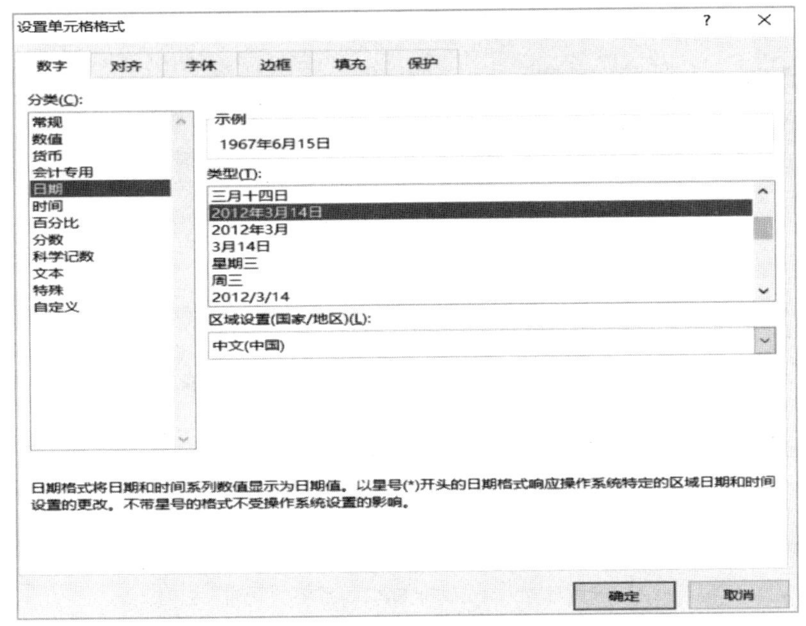

图 6-40　设置单元格日期格式为×年×月×日

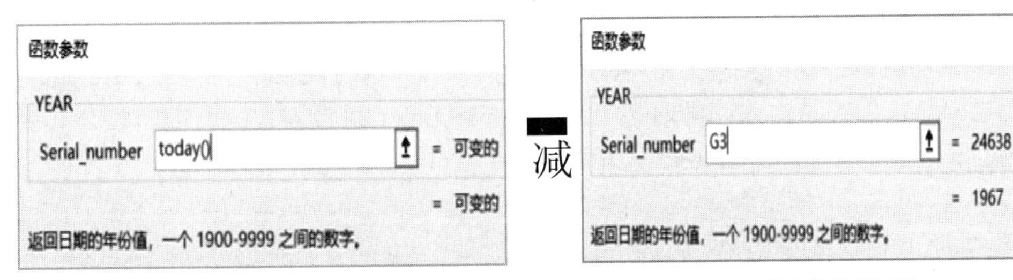

（a）求系统当前日期年份　　　　（b）求出生日期年份

图 6-41　求员工年龄

步骤 2，求年龄：在编辑栏中的公式的后面输入减号“-”，单击名称框中 YEAR()函数，再次打开 YEAR()“函数参数”对话框，参数设置如图 6-41（b）所示，单击“确定”按钮关闭对话框。这时，H3 单元格公式为“=YEAR(TODAY())-YEAR(G3)”（注：H3 单元格显示结果是日期型的，则修改单元格格式为“常规”型）。

步骤 3，填充输入 H4:H20 单元格的值：选定 H3 单元格，双击其右下角的填充柄。这时 H4:H20 单元格“年龄”列已填充输入。

第 4 题：

第 4～5 题

步骤 1，求 K3 单元格值：选定 K3 单元格，单击编辑栏上的 fx 按钮，弹出函数向导，搜索并找到“VLOOKUP”函数，单击“确定”按钮，打开 VLOOKUP()“函数参数”对话框，参数设置如图 6-42 所示，单击“确定”按钮关闭对话框。

步骤 2，修改 K3 单元格公式：为了能填充输入求得 K4:K20 的值，将步骤 1 中“Table_array”参数引用修改为绝对引用，即在行、列前加“$”符号。这时 K3 单元格公式为“=VLOOKUP(I3,$A$2:$B$6,2,FALSE)”，直接在编辑栏中修改即可。

步骤 3，填充输入 K4:K20 单元格的值：选定 K3 单元格，双击其右下角的填充柄。这时 K4:K20 单元格“职务职贴率”列已填充输入。

函数参数 ? ×

VLOOKUP

Lookup_value I3 = "高级工程师"

Table_array A2:B6 = {"职务","增幅百分比";"高级工程师",0....

Col_index_num 2 = 2

Range_lookup FALSE = FALSE

= 0.8

搜索表区域首列满足条件的元素，确定待检索单元格在区域中的行序号，再进一步返回选定单元格的值。默认情况下，表是以升序排序的

Range_lookup 逻辑值：若要在第一列中查找大致匹配，请使用 TRUE 或省略；若要查找精确匹配，请使用 FALSE

计算结果 = 0.8

有关该函数的帮助(H) 确定 取消

图 6-42 VLOOKUP()函数参数设置

第 5 题：

步骤 1，输入数组公式：先选定 L3:L20 单元格，在编辑栏中输入等号“=”，用鼠标拖选 J3:J20，再输入“*(1+”，用鼠标拖选 K3:K20，然后输入“)”，这时，公式为“=J3:J20*(1+K3:K20)”。

步骤 2，确认公式的输入：同时按下 Ctrl+Shift+Enter 组合键，这时编辑栏公式用大括号“{}”括起来了，获得结果如图 6-43 所示。

L3 名称框 {=J3:J20*(1+K3:K20)}

	A	B	C	D	E	F	G	H	I	J	K	L	
1	职务补贴率表			员工资料表									
2	职务	增幅百分比		姓 名	身份证号码	性 别	出生日期	年龄	职务	基本工资	职务补贴率	工资总额	预定
3	高级工程师	80%		王一	330675196706154485	女	1967年6月15日	54	高级工程师	3000	0.8	5400	
4	中级工程师	60%		张二	330675196708154432	男	1967年8月15日	54	中级工程师	3000	0.6	4800	
5	工程师	40%		林三	330675195302215412	男	1953年2月21日	68	高级工程师	3000	0.8	5400	
6	助理工程师	20%		胡四	330675198603301836	男	1986年3月30日	35	助理工程师	3000	0.2	3600	
7				吴五	330675195308032859	男	1953年8月3日	68	高级工程师	3000	0.8	5400	
8				章六	330675195905128755	男	1959年5月12日	62	高级工程师	3000	0.8	5400	
9				陆七	330675197211045896	男	1972年11月4日	49	中级工程师	3000	0.6	4800	
10	条件区域1			苏八	330675198807015258	男	1988年7月1日	33	工程师	3000	0.4	4200	
11	性 别	职务		韩九	330675197304178789	女	1973年4月17日	48	助理工程师	3000	0.2	3600	
12	男	高级工程师		徐一	330675195410032235	男	1954年10月3日	67	高级工程师	3000	0.8	5400	
13				项二	330675196403312584	女	1964年3月31日	57	中级工程师	3000	0.6	4800	
14				贾三	330675198505088895	男	1985年5月8日	36	工程师	3000	0.4	4200	
15	条件区域2			孙四	330675197711252148	女	1977年11月25日	44	高级工程师	3000	0.8	5400	
16	性 别	年龄		姚五	330675198109162356	男	1981年9月16日	40	工程师	3000	0.4	4200	
17	女	>40		周六	330675198305041417	男	1983年5月4日	38	工程师	3000	0.4	4200	
18				金七	330675196604202874	男	1966年4月20日	55	高级工程师	3000	0.8	5400	
19	贷款信息表			赵八	330675197608145853	男	1976年8月14日	45	中级工程师	3000	0.6	4800	
20	贷款年利率：	7.10%		许九	330675197209012581	女	1972年9月1日	49	中级工程师	3000	0.6	4800	
21	贷款年限：	10											
22				性别为男，职务为高级工程师的工资总额平均值									
23				性别为女，年龄为>40的员工人数									

图 6-43 数组公式求工资总额

第 6 题

第 6 题：

步骤 1，求 H26 单元格值：选定 H27 单元格，单击编辑栏上的 f_x 按钮，弹出函数向导，搜索并找到“SUMIF”函数，单击“确定”按钮，打开 SUMIF()“函数参数”对话框，参数设置如图 6-44 所示，单击“确定”按钮关闭对话框。这时，H27 单元格的公式为“=SUMIF(I3:I20,G27,L3:L20)”。

函数参数
SUMIF
Range　I3:I20　= {"高级工程师";"中级工程师";"高级工程
Criteria　G27　= "高级工程师"
Sum_range　L3:L20　= {5400;4800;5400;3600;5400;5400;...
= 37800
对满足条件的单元格求和
Sum_range　用于求和计算的实际单元格。如果省略，将使用区域中的单元格
计算结果 = 37800
有关该函数的帮助(H)　确定　取消

图 6-44　SUMIF()函数求高级工程师发放的工资总和

步骤 2，修改 H27 单元格公式：为了能填充输入求得 H28:H30 的值，将步骤 1 中 Range 参数和 Sum_range 参数引用修改为绝对引用，即在行、列前加“$”符号，直接在编辑栏中修改即可。这时 H27 单元格公式为“=SUMIF($I$3:$I$20,G27,$L$3:$L$20)”，I 列和 L 列前的“$”符号也可以不加，不影响结果值的正确。

步骤 3，填充输入 H28:H30 单元格的值：选定 H27 单元格，双击其右下角的填充柄。这时 H28:H30 单元格“工资总和”列已填充输入。

第 7 题：

第 7 题

步骤 1，求 O3 单元格的值：选定 O3 单元格，单击编辑栏上的 f_x 按钮，弹出函数向导，搜索并找到“PMT”函数，单击“确定”按钮，打开 PMT()“函数参数”对话框，设置参数后，单击“确定”按钮关闭对话框。这时，O3 单元格的公式为“=PMT(B20/12,B21*12,N3*0.7,,0)”，如图 6-45 所示。

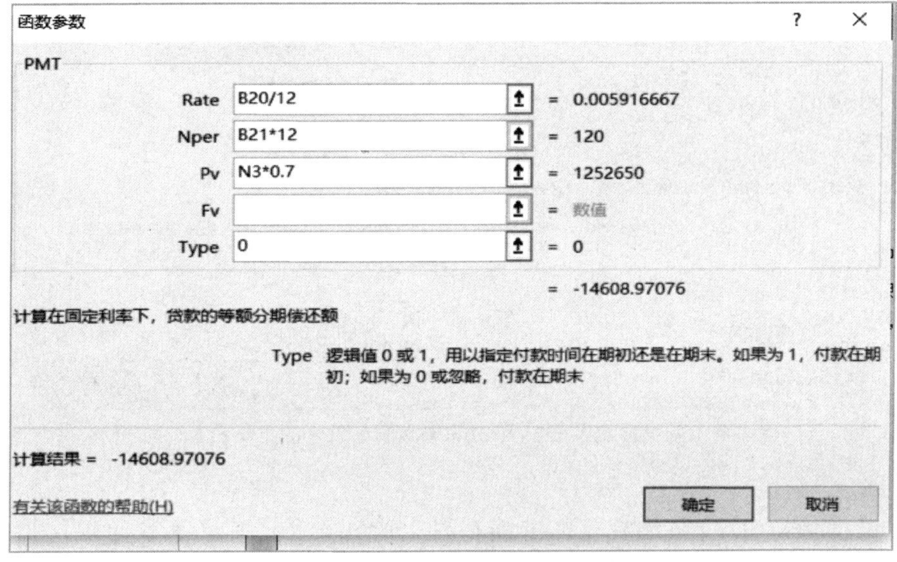

图 6-45　PMT 函数求贷款每月还款额

步骤 2，修改 O3 单元格公式：为了能填充输入求得 O4:O20 的值，将步骤 1 中 Rate 参数和 Nper 参数引用修改为绝对引用，即在行、列前加“$”符号，直接在编辑栏中修改即可。这时 H27 单元格公式为“=PMT($B$20/12,$B$21*12,N3*0.7,,0)”，B 列前的“$”符号也可以不加，不影响结果值的正确。

步骤 3，填充输入 O4:O20 单元格的值：选定 O3 单元格，双击其右下角的填充柄。这时 O4:O20 单元格“每月（月末）还款”列已填充输入，结果如图 6-46 所示。

O3 =PMT($B$20/12,$B$21*12,N3*0.7,,0)

职务补贴率表	
职务	增幅百分比
高级工程师	80%
中级工程师	60%
工程师	40%
助理工程师	20%

条件区域1	
性 别	职务
男	高级工程师

条件区域2	
性 别	年龄
女	>40

贷款信息表	
贷款年利率：	7.10%
贷款年限：	10

员工资料表											
姓 名	身份证号码	性 别	出生日期	年龄	职务	基本工资	职务补贴率	工资总额	预定房屋面积	预定房屋价格	每月（月末）还款
王一	330675196706154485	女	1967年6月15日	54	高级工程师	3000	0.8	5400	119.3	1789500	¥-14,608.97
张二	330675196708154432	男	1967年8月15日	54	中级工程师	3000	0.6	4800	150.2	2253000	¥-16,392.85
林三	330675195302215412	男	1953年2月21日	68	高级工程师	3000	0.8	5400	113	1695000	¥-13,837.50
胡四	330675198603301836	男	1986年3月30日	35	助理工程师	3000	0.2	3600	142.5	2137500	¥-17,449.94
吴五	330675195308032859	男	1953年8月3日	68	高级工程师	3000	0.8	5400	153.2	2298000	¥-18,760.22
章六	330675195905128755	男	1959年5月12日	62	高级工程师	3000	0.8	5400	119.3	1789500	¥-14,608.97
陆七	330675197211045896	男	1972年11月4日	49	中级工程师	3000	0.6	4800	113	1695000	¥-13,837.50
苏八	330675198807015258	男	1988年7月1日	33	工程师	3000	0.4	4200	153.2	2298000	¥-18,760.22
韩九	330675197304178789	女	1973年4月17日	48	助理工程师	3000	0.2	3600	119.3	1789500	¥-14,608.97
徐一	330675195410032235	男	1954年10月3日	67	高级工程师	3000	0.8	5400	113	1695000	¥-13,837.50
项二	330675196403312584	女	1964年3月31日	57	中级工程师	3000	0.6	4800	153.2	2298000	¥-18,760.22
贾三	330675198505088895	男	1985年5月8日	36	工程师	3000	0.4	4200	113	1695000	¥-13,837.50
孙四	330675197711252148	女	1977年11月25日	44	高级工程师	3000	0.8	5400	119.3	1789500	¥-14,608.97
姚五	330675198109162356	男	1981年9月16日	40	工程师	3000	0.4	4200	153.2	2298000	¥-18,760.22
周六	330675198305041417	男	1983年5月4日	38	工程师	3000	0.4	4200	150.2	2253000	¥-18,392.85
金七	330675196604202874	男	1966年4月20日	55	高级工程师	3000	0.8	5400	153.2	2298000	¥-18,760.22
赵八	330675197608145853	男	1976年8月14日	45	中级工程师	3000	0.6	4800	150.2	2253000	¥-16,392.85
许九	330675197209012581	女	1972年9月1日	49	中级工程师	3000	0.6	4800	119.3	1789500	¥-14,608.97

性别为男，职务为高级工程师的工资总额平均值	
性别为女，年龄为>40的员工人数	

图 6-46　填充输入 O3:O20 的值

第 8～9 题

第 8 题：

使用鼠标选定 I22 单元格，单击编辑栏上的 f_x 按钮，弹出函数向导，搜索并找到“DAVERAGE”函数，单击“确定”按钮，打开 DAVERAGE()“函数参数”对话框，参数设置如图 6-47 所示，单击“确定”按钮关闭对话框。

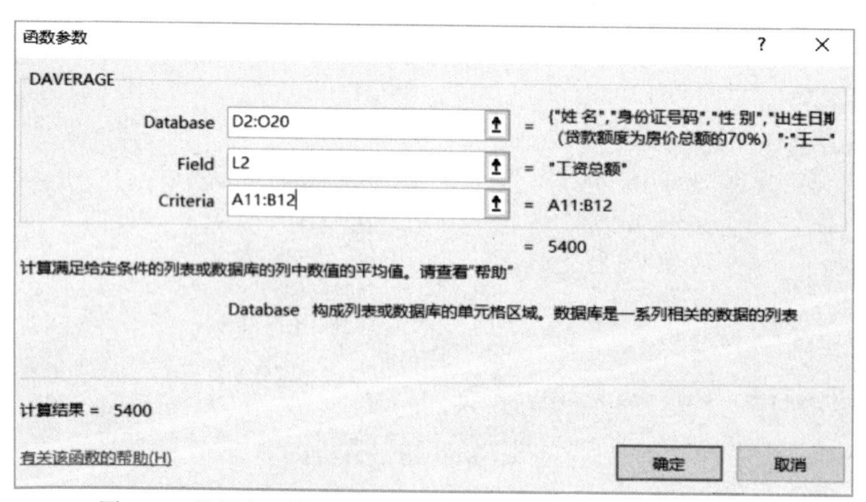

图 6-47　数据库函数 DAVERAGE()求满足条件的工资总额平均值

第 9 题：

使用鼠标选定 I23 单元格，单击编辑栏上的 f_x 按钮，弹出函数向导，搜索并找到“DCOUNTA”函数，单击“确定”按钮，打开 DCOUNTA ()“函数参数”对话框，参数设置如图 6-48 所示，单击“确定”按钮关闭对话框。

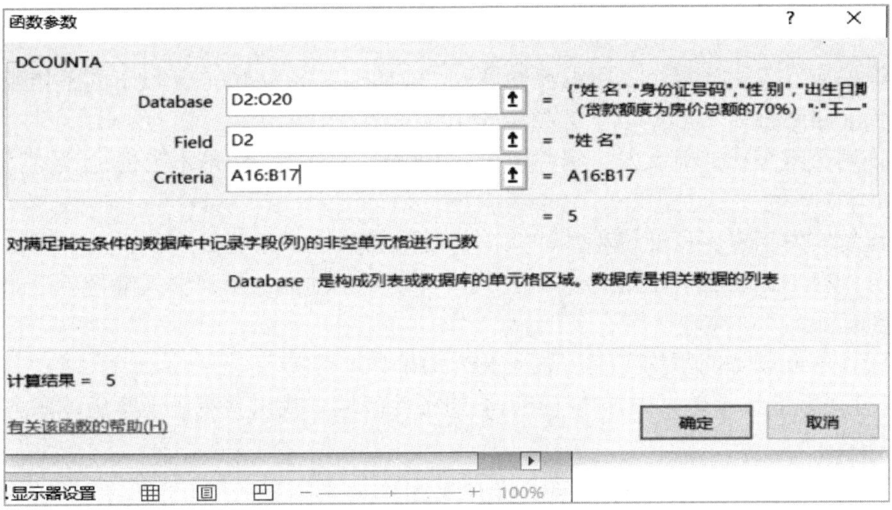

图 6-48　数据库函数 DCOUNTA ()求满足条件的非空单元格个数

6.11　练习

练习 1：参考“\素材\Excel\练习 1\练习 1 结果.xlsx”，完成如下操作：

（1）新建 Excel 文档，将“st.txt”文本文件中的数据导入 Excel 中。

（2）在第 B 列前插入“编号”列，并将 B3～B18 单元格内容分别填充为“B001”～“B018”。

（3）在第 E 列前插入“是否闰年”列，并根据出生年份判断是否为闰年，将结果填充至 E3～E18 单元格中（闰年条件为：能被 400 整除；能被 4 整除但不能被 100 整除）。

（4）在第 F 列前插入“级别”列，使用 MID 函数，利用“学号”列的数据，计算考生所属级别，将结果填入 F3:F18 单元格中（学号中第 8 位指示考生级别，如“085200711030041”中的“1”标志该考生考试级别为一级）。

（5）使用数组公式计算总分，将结果填入 M3:M18 单元格中（计算方法：总分=单选题+判断题+Windows+Excel+PowerPoint+IE）。

（6）根据总分计算学生成绩等级，总分>=80 分的其等级为优秀，其他为一般。

（7）将 M3:M18 单元格中值最大的 10%项设置为蓝色、加粗字体。

（8）在第 1 行前插入 1 行，合并及居中 A1:N1，输入内容为“学生成绩表”，并设置字体为宋体，10 号。

（9）为 A1:N18 单元格设置蓝色细田字边框。

练习 2：参考“\素材\Excel\练习 2\练习 2 结果.xlsx”，打开“\素材\Excel\练习 2\练习 2.xlsx”，完成如下操作：

（1）将新编号填入 B3:B18，方法为将 A3:A18 的编号中的字母改为大写。

（2）计算每位员工的工龄，并将其填入 E3:E18 中，计算方法为当前年份—入职年份。

（3）根据 M3:Q4 中的“职务补贴率表”的数据，使用 HLOOKUP()函数，计算“公司员工人事信息表”中的“基本工资”列，并填入 G3:G18。

（4）使用数组公式计算每位员工的工龄工资并填入 H3:H18，计算方法为工龄工资=工龄×10。

（5）根据应发工资计算个人所得税并填入 J3:J18。工资为 4000 元以下的不扣税，4000～4500 元之间的扣税 3%，4500 以上的扣税 5%。

（6）使用数组公式计算实发工资并填入 K3:K18，实发工资=基本工资+工龄工资+其他津贴−个人所得税

（7）设置实发工资保留 2 位小数，并在其后添加单位“元”。

（8）分别在 B22:K22 单元格中填入公式，实现如下功能：用户输入编号后，即能显示该员工的完整信息。

（9）统计不同职务的平均工资，填入 M7:N10 单元格中。

（10）使用数据库函数，根据 M13:N14 的条件区域，找出具有硕士学历，职务为经理助理的员工姓名。

练习 3：参考“\素材\Excel\练习 3\练习 3 结果.xlsx”，打开“\素材\Excel\练习 3\练习 3.xlsx”，完成如下操作：

1. 根据“固定资产情况表”，使用财务函数，对以下条件进行计算：

（1）计算“每天折旧值”，将结果填入 B8 单元格中。

（2）计算“每月折旧值”，将结果填入 B9 单元格中。

（3）计算“每年折旧值”，将结果填入 B10 单元格中。

2. 根据“贷款信息表”，使用财务函数对贷款偿还金额进行计算：

（1）计算“等额还款金额表”中每月月初还款金额，将结果填入 E8 单元格中。

（2）计算“等额还款本金、利息表”中每月月初还款利息，将结果填入 H3:H14 单元格中。

（3）计算“等额还款本金、利息表”中每月月初还款本金，将结果填入 I3:I14 单元格中。

（4）计算“等额还款本金、利息表”中支付利息金额总和，将结果填入 H14 单元格中。

（5）计算“等额还款本金、利息表”中支付本金金额总和，将结果填入 I14 单元格中。

3. 根据“投资情况表 1”中的数据，计算 10 年以后得到的金额，将结果填入 L7 单元格中。

4. 根据“投资情况表 2”中的数据，计算预计投资金额，将结果填入 O7 单元格中。

第 7 章　Excel 数据处理和统计分析

课件

素材

Excel 具有强大的数据分析和处理能力，使用 Excel 来对各种数据进行分析，能够快捷高效地获得需要的结果。Excel 是专业的数据处理软件，数据排序、数据筛选和对数据进行分类汇总等是常用的分析和管理数据的方法。

在 Excel 中进行数据分析，通常数据区域需具备以下特征：

（1）第一行必须是列标题。

（2）每列的所有数据类型必须相同。

（3）数据区域内不要有合并的单元格，最好不要有空行或空列。

（4）各单元格内的数据开头不要加空格。

（5）一张工作表内如果包含多个数据表，多个数据表之间需间隔两个以上的空行或空列，这样才能告之 Excel，虽然同在一个工作表中，但它们是不同的数据表。

本章通过“员工工资表”数据分析案例，讲解日常工作中 Excel 的常用数据处理与统计分析功能，如排序、筛选、分类汇总等。通过本案例的学习，要求掌握 Excel 对不同类型数据的排序规则，掌握单列排序与多列排序的使用方法，重点掌握自动筛选与高级筛选的区别和联系，以及分类汇总方法的使用。

7.1　数据排序

数据处理分析概述与单列排序

数据排序可以使工作表中的数据按照某种规则进行顺序排序，从而使工作表更加清晰，满足用户的需求。Excel 中对数据的排序有以下几种。

1. 单列排序

如果是按某一列数据对整表数据进行排序，即单关键字排序，操作非常简单，只要选中该列中的任意一个单元格，然后在“数据”选项卡→“排序和筛选”组中单击“降序”按钮 Z↓A 或“升序” A↓Z 按钮即可对整表进行排序。例如，如图 7-1 所示，欲按“数学”成绩从高到低顺序对整表进行排序，选中 G 列的任一单元格，如 G3 单元格，然后单击“降序” Z↓A 按钮，即实现了整表数据按“数学”成绩从高到低的排序。

对不同类型的数据，Excel 的排序规则不同，其排序规则如表 7-1 所示。

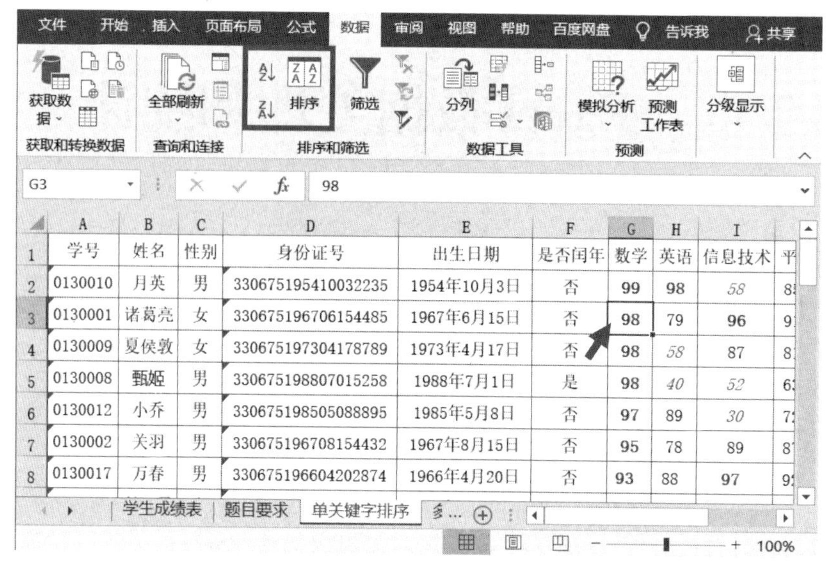

图 7-1　单列排序

表 7-1　Excel 对各种类型数据的排序规则

内容	排序规则
数字	按数值的大小进行排序
文本	按字母排序或按笔画排序。若按字母排序，则按照字符的 ASCII 码值的大小排序，字符串按从左至右逐个字符进行比较排序
逻辑值	逻辑值 True 和 False，按 True>False 的规则排序
空格	空格始终排在最后
错误值	所有错误值的排序优先级相同

提示：单列排序时，也可选中待排序关键字所在的整列，再单击“排序”按钮，然后在弹出的下拉列表中选择“扩展选定区域”命令，但这种做法是不好的，徒增麻烦；只选中该列的某个单元格再单击“升序”或“降序”按钮的方式，则快速有效，但若数据区域有不参加排序的行或有合并单元格在内，则不适合使用该方式了，需要先选中待排序的数据区域，然后在打开的“排序”对话框中进行设置。

另外，隐藏的行、列不参与排序，如有隐藏的行（列），在排序前一般应先取消隐藏。

多关键字排序与自定义排序

2. 多关键字排序

多关键字排序是指对选定的数据按照两个或两个以上的关键字按行或按列进行排序。例如，在高考分数排名中，先按考生总分排名，在总分相同的情况下，再按照数学—英语—语文的优先级关系来排序，即总分为第一关键字，数学、英语、语文分别为第二、三、四关键字，构成多列排序方式。

选定待排序的数据区域，单击“数据”选项卡→“排序和筛选”组中的“排序”按钮，打开“排序”对话框，如图 7-2 所示。在该对话框中，通常首先选中右上角的“数据包含标题”复选框，否则关键字的下拉列表框中不能正确显示列字段，而且数据表的标题行也会跟随一起排序。

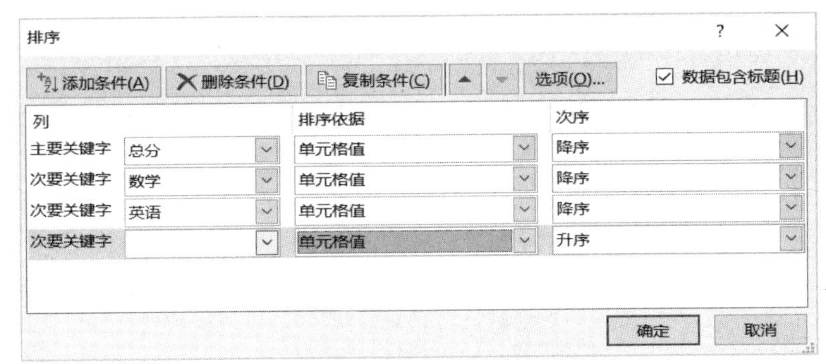

图 7-2　“排序”对话框

单击“添加条件”按钮即增加一项排序关键字设置行，包括关键字添加、设置排序依据和排序方式设置，在主（次）要关键字下拉列表框中选择关键字列字段。若要删除排序关键字设置行，则选定该行，单击“删除条件”按钮，即可删除该行。

数据排序不仅可以按列排序，还可以按行排序。单击“排序”对话框中的“选项”按钮，打开“排序选项”对话框，如图 7-3 所示。可以设置按行排序或按列排序，对于文本型数据，可以选择按“字母排序”或者“笔划排序”方法。

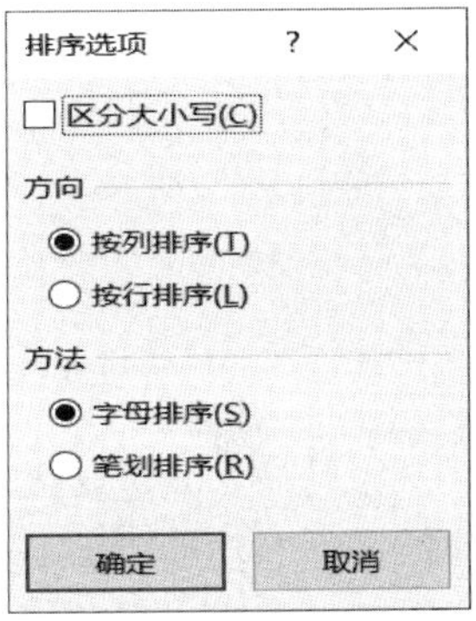

图 7-3　“排序选项”对话框

3. 自定义排序

如果对排序顺序有特殊要求，可自定义排序。例如，要将学位按“博士→硕士→学士→无”顺序排序。具体方法如下：单击“数据”选项卡→“排序和筛选”组中的“排序”按钮，打开“排序”对话框，如图 7-4 所示。设置“主要关键字”为“学位”，“排序依据”为“单元格值”，“次序”为“自定义序列…”，这时在弹出的“自定义序列”对话框中输入学位的名称（博士、硕士、学士、无），输入每个名称后按 Enter 键，如图 7-4（b）所示。单击“添加”按钮添加这一序列，再单击“确定”按钮关闭“自定义序列”对话框。

（a）次序的“自定义序列”选项

图 7-4　自定义序列排序

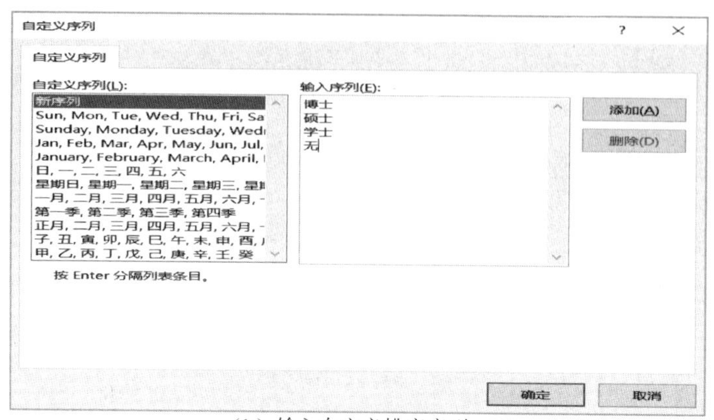

（b）输入自定义排序序列

图 7-4　自定义序列排序（续）

7.2　数据筛选

如果工作表包含大量数据，而实际只需要查看、使用其中一部分数据，此时可以使用 Excel 的数据筛选功能将不需要的行暂时隐藏起来。可以对数值或文本值进行筛选，也可以对具有背景或文本应用颜色格式的单元格按颜色进行筛选。在筛选数据时，如果一个或多个列中的数值不能满足筛选条件，整行数据都会被隐藏起来。数据筛选包括自动筛选和高级筛选。

自动筛选

7.2.1　自动筛选

自动筛选用于通过简单的筛选规则来筛选数据。

选中数据区域中的任意一个单元格，在“数据”选项卡→“排序和筛选”组中单击“筛选”按钮，使该按钮成为高亮状态。这时表格进入筛选状态，在各列的标题旁边分别显示一个下拉按钮，如图 7-5 所示，单击列标题中的箭头 ，可以显示想要筛选选择的列表。

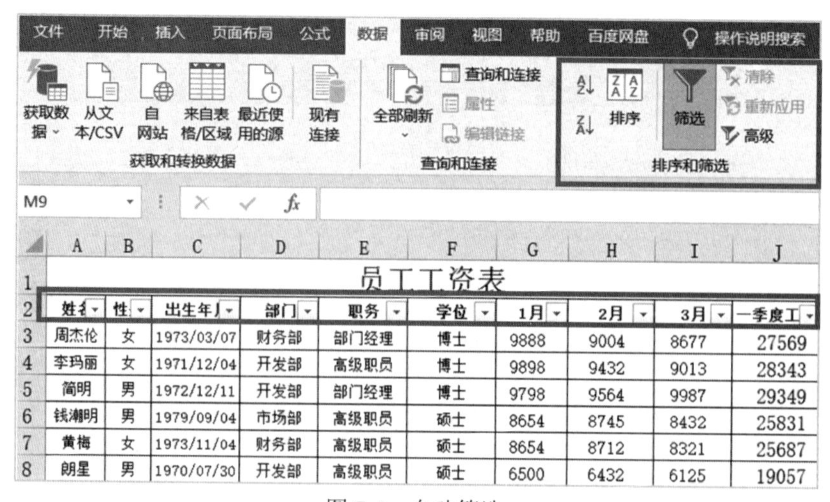

姓名	性	出生年月	部门	职务	学位	1月	2月	3月	一季度工
周杰伦	女	1973/03/07	财务部	部门经理	博士	9888	9004	8677	27569
李玛丽	女	1971/12/04	开发部	高级职员	博士	9898	9432	9013	28343
简明	男	1972/12/11	开发部	部门经理	博士	9798	9564	9987	29349
钱瀚明	男	1979/09/04	市场部	高级职员	硕士	8654	8745	8432	25831
黄梅	女	1973/11/04	财务部	高级职员	硕士	8654	8712	8321	25687
朗星	男	1970/07/30	开发部	高级职员	硕士	6500	6432	6125	19057

图 7-5　自动筛选

1. 通过选择值或搜索进行筛选

单击启用了筛选功能的列的箭头，该列中所有值将显示在列表中。

若要按值进行选择，在列表中清除“(全选)”复选框。这将删除所有复选框中的勾选。然后勾选想要查看的值，单击“确定”按钮以显示结果。

若要搜索列中的文本，在搜索框中输入文本或数字，还可以使用通配符，如星号（*）或问号（?），星号（*）代表任意多个字符，问号（?）代表单个字符，按 Enter 键即可查看结果。

2. 通过指定条件筛选数据

通过指定条件，可创建自定义筛选器，以想要的确切方式来缩小数据范围。指向列表中数字筛选器或文本筛选器，将出现一个菜单，可以依据不同条件来筛选，如图 7-6 所示。

图 7-6　文本（数字）筛选器

选择某个条件，打开“自定义自动筛选方式”对话框，如图 7-7 所示，然后选中或输入条件。单击“与”或“或”按钮以组合条件，逻辑“与”表示必须同时满足两个或以上条件，逻辑“或”表示要求仅满足多个条件中的一个条件即可。

图 7-7　“自定义自动筛选方式”对话框

如果要取消对某列进行的筛选，可单击该列旁边的下拉按钮，从列表中选中“全选”复选框，单击“确定”按钮，或从列表中直接选择“从 xxx 中清除筛选”。

如果要取消所有列进行的筛选，可以单击“数据”选项卡→“排序和筛选”组中的“清除”按钮。

如果要退出自动筛选，再次单击“数据”选项卡→“排序和筛选”组中的“筛选”按钮，使按钮处于非高亮的正常状态，这时表格各列标题旁边的下拉按钮消失。

高级筛选

自动筛选与高级筛选关系

7.2.2 高级筛选

自定义筛选可以实现同列字段之间“逻辑与”“逻辑或”筛选条件的数据筛选，还可以实现多列之间“逻辑与”筛选条件的数据筛选，若要实现多个字段之间“逻辑或”及复杂条件的筛选，就应使用高级筛选。

执行高级筛选前首先要创建条件区域，然后再选择“高级筛选”命令进行操作。

1. 创建条件区域

在工作表的空白区域输入筛选条件，为了与原始数据区域分开，通常“条件区域”应与原始数据区域至少有两个空白行或两个空白列以上的间隔。

在“条件区域”的首行输入字段名，即数据表的标题字段，为避免出错，通常使用“复制-粘贴”方式。在第 2 行及以后的各行中输入筛选条件，位于同一行中的筛选条件各列之间是“逻辑与”的关系，不同行中的筛选条件彼此之间是“逻辑或”的关系，如图 7-8 所示。

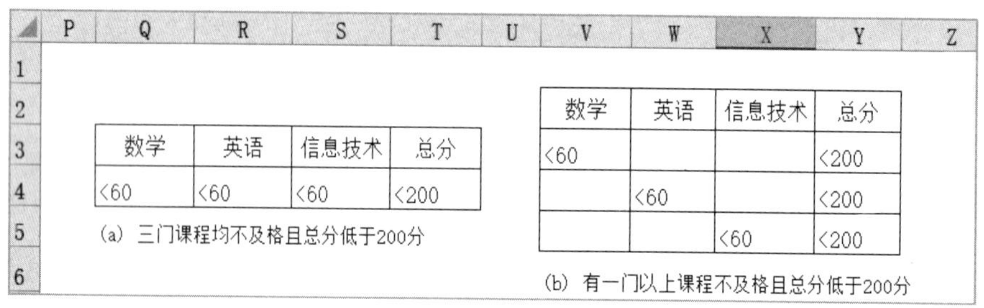

图 7-8 高级筛选“筛选条件”设置

2. 执行“高级筛选”命令

（1）在条件区域中输入条件后，将光标定位于将要存放筛选结果工作表的任意一个单元格中，在“数据”选项卡→“排序和筛选”组中单击“高级”按钮，弹出“高级筛选”对话框，如图 7-9 所示。

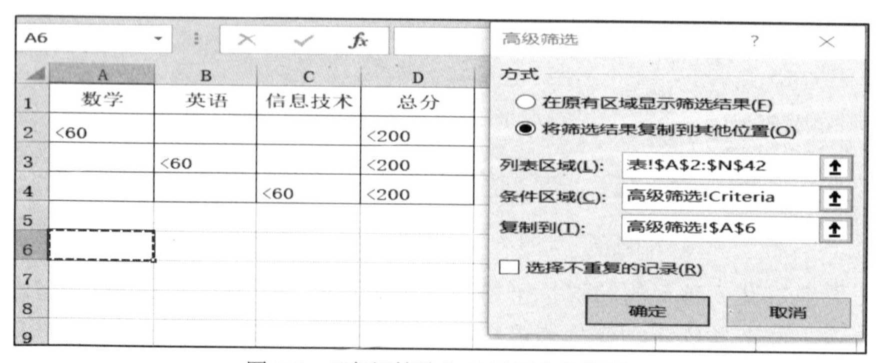

图 7-9 “高级筛选”对话框参数设置

（2）在“列表区域”中选择待筛选数据的区域范围，在“条件区域”中选择创建的条件区域范围。然后选择筛选结果所存放的位置，既可以放在原始数据工作表中，也可以将结果另放到其他位置（只要设定筛选结果数据的起始单元格即可）。

（3）单击“确定”按钮，完成高级筛选操作，符合条件的记录被筛选到了指定的单元格区域。

7.2.3　筛选唯一值或删除重复值

要筛选数据表中相同内容的行，使相同内容的行只保留一份，可采用筛选唯一值或删除重复值的方法。“筛选唯一值”是将重复内容的行被暂时隐藏，这些重复数据不会被删除；而“删除重复值”将彻底删除重复内容的行。

1. 筛选唯一值

在“数据”选项卡→“排序和筛选”组中单击“高级”按钮，弹出“高级筛选”对话框，如图 7-9 所示，在对话框中设置“列表区域”为原始数据表范围，但不必设置“条件区域”，然后勾选对话框底部的“选择不重复的记录”复选框，单击“确定”按钮即可。

2. 删除重复值

单击“数据”选项卡→“数据工具”组中的“删除重复值”按钮，打开“删除重复值”对话框，如图 7-10 所示。在对话框中勾选要进行重复判断的 1 个或多个列，如选中“部门”，表示要删除部门编号重复的行（保留第一次出现的行），单击“确定”按钮，则 Excel 会弹出提示，报告发现并删除了多少重复值、保留了多少唯一值，或没有删除重复值。

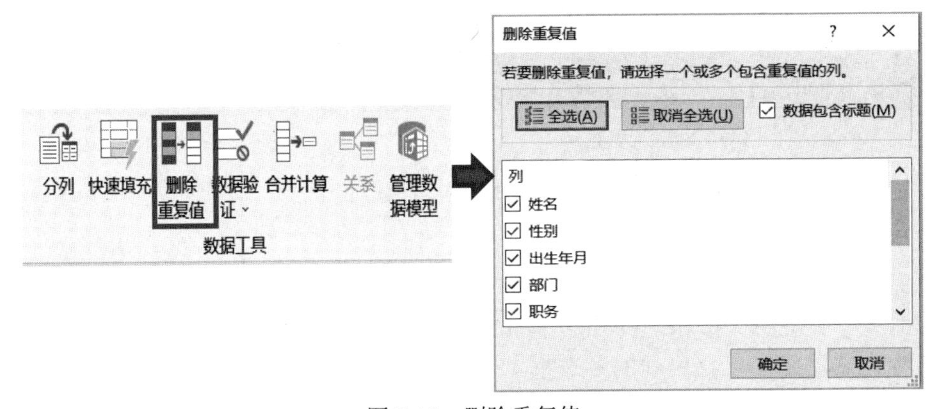

图 7-10　删除重复值

7.3　分类汇总

分类汇总是将数据表中的数据按某一列的内容分门别类地予以统计，如求平均值、求最大值、求总和等，例如在班级中按男生、女生分别统计各科平均成绩；在全单位的员工工资表中统计各部门的实发工资总和。

7.3.1 创建分类汇总

分类汇总

数据分类汇总，包括三个方面的内容，一是分类的字段，二是汇总的对象，三是汇总的方式。

1. 分类的字段

对数据进行分类汇总前，必须首先对要分类汇总的列进行排序（可升序排列，也可降序排序），即把该列中相同内容的行集中到一起，然后才能进行分类汇总。如图 7-11（a）所示，要统计“员工工资表”中各部门一季度工资总和，首先要按“部门”列对数据进行排序，把相同部门的行集中到一起。

员工工资表

姓名	性别	出生年月	部门	职务	学位	一季度工资
周杰伦	女	1973/03/07	财务部	部门经理	博士	27569
黄梅	女	1973/11/04	财务部	高级职员	硕士	25687
傅明	男	1973/07/15	财务部	普通职员	学士	16265
陈明	女	1969/05/04	测试部	普通职员	学士	13697
李玛丽	女	1971/12/04	开发部	高级职员	博士	28343
简明	男	1972/12/11	开发部	部门经理	博士	29349
朗星	男	1970/07/30	开发部	高级职员	硕士	19057
刘丽	男	1979/07/16	开发部	普通职员	学士	13305
谢里	女	1977/03/04	开发部	普通职员	学士	16251
刘星星	男	1974/08/12	开发部	普通职员	无	10854
邓球	男	1974/04/14	开发部	普通职员	无	12448
黄小玉	男	1972/10/31	人事部	部门经理	硕士	23770
肖嫄嫄	女	1979/02/16	人事部	普通职员	学士	15399
钱潮明	男	1979/09/04	市场部	高级职员	硕士	25831
张瑞	男	1980/07/28	市场部	普通职员	学士	13165
吴一晨	男	1972/06/07	市场部	普通职员	学士	15553

（a）分类汇总数据

分类汇总
分类字段(A): 部门
汇总方式(U): 求和
选定汇总项(D): 职务 / 学位 / 1月 / 2月 / 3月 / ☑一季度工资
☑替换当前分类汇总(C)
☐每组数据分页(P)
☑汇总结果显示在数据下方(S)
全部删除(R)　确定　取消

（b）“分类汇总”对话框

图 7-11　分类汇总

2. 汇总的对象

即针对哪些列字段进行汇总，按汇总列对数据排序后，单击“数据”选项卡→“分级显示”组中的“分类汇总”按钮，打开图 7-11（b）所示的“分类汇总”对话框，在“选定汇总项”列表中勾选需要汇总字段前的复选框，如勾选“一季度工资”。

3. 汇总的方式

在图 7-11（b）所示的对话框中，在“汇总方式”下拉列表中选择要汇总的方式，有求和、平均值、计数、最大值、最小值、求方差等，如本例中选择求和，即针对图 7-11（a）中的数据，求各部门一季度工资总和。单击“确定”按钮，获得汇总结果，如图 7-12 所示。

若希望每组数据分属新的一页，则在图 7-11（b）中勾选“每组数据分页”前的复选框。

对数据进行分类汇总后，在工作表的左侧出现 3 个显示不同级别的按钮（见图 7-12），单击这些按钮可显示或隐藏各级别的内容。

单击 1 按钮，将仅显示整表的总计项。

	A	B	C	D	E	F	J
1	员工工资表						
2	姓名	性别	出生年月	部门	职务	学位	一季度工资
6				财务部 汇总			69521
8				测试部 汇总			13697
16				开发部 汇总			129607
17	黄小玉	男	1972/10/31	人事部	部门经理	硕士	23770
18	肖媛媛	女	1979/02/16	人事部	普通职员	学士	15399
19				人事部 汇总			39169
20	钱潮明	男	1979/09/04	市场部	高级职员	硕士	25831
21	张瑞	男	1980/07/28	市场部	普通职员	学士	13165
22	吴一晨	男	1972/06/07	市场部	普通职员	学士	15553
23				市场部 汇总			54549
24				总计			306543
25							

图 7-12　按部门对一季度工资分类汇总求和

单击2按钮，将显示各类的汇总数据，但不显示每行数据的详细情况。

单击3按钮，则显示每行数据的详细情况，同时显示汇总数据。

单击“加号”按钮+显示某一组的明细数据，单击“减号”按钮-隐藏对应组的明细数据。

提示： 如果在“分类汇总”对话框中，不勾选“替换当前分类汇总”复选框，可以建立多重分类汇总，即可在先前的分类汇总结果基础上再增加分类汇总。同样地，建立多重分类汇总的第一步要按多关键字排序，即按分类字段的优先级（第一关键字、第二关键字等）进行排序。

7.3.2　删除分类汇总

对数据进行分类汇总后，数据表中就增加了若干汇总行。若要取消分类汇总，恢复数据表的原始状态，在已分类汇总的数据区域中选择任意一个单元格，单击“数据”选项卡→“分级显示”组中的“分类汇总”按钮，在弹出的“分类汇总”对话框中（见图 7-11（b）），单击“全部删除”按钮即可。

7.4　合并计算

在 Excel 中进行数据汇总时，除了常用的公式与函数计算、分类汇总外，经常使用的还有合并计算。合并计算可以将多个工作表中的数据进行计算汇合。我们把计算结果称为“目标数据”，接受合并的数据区域称为“源数据”，目标数据与源数据可以是同一个工作表，也可以是不同的工作表，源数据甚至可以来自不同的工作簿。

合并计算

某公司一月份至三月份销售数据如图 7-13（a）～（c）所示（注：数据分别放在 3 个工作表中），将 3 个月的数据通过合并计算，获得第一季度销售数据，如图 7-13（d）所示。

	A	B	C
1	一月销售		
2	产品	数量	总价
3	A	5	278
4	B	2	225
5	E	4	660
6	D	7	360

（a）一月份销售数据

	A	B	C
1	二月销售		
2	产品	数量	总价
3	A	5	236
4	B	3	500
5	C	9	300
6	D	7	880

（b）二月份销售数据

	A	B	C
1	三月销售		
2	产品	数量	总价
3	A	8	500
4	B	2	230
5	C	3	540
6	E	5	880

（c）三月份销售数据

	A	B	C
1	第一季度销售合计		
2	产品	数量	总价
3	A	18	1014
4	B	7	955
5	C	12	840
6	D	14	1240
7	E	9	1540

（d）一季度销售数据汇总

图 7-13　合并计算

具体步骤如下：

步骤 1，选中“目标数据”（见图 7-13（d））工作表中的 A2 单元格，单击“数据”选项卡→“数据工具”组中的“合并计算”按钮，打开“合并计算”对话框，如图 7-14 所示。

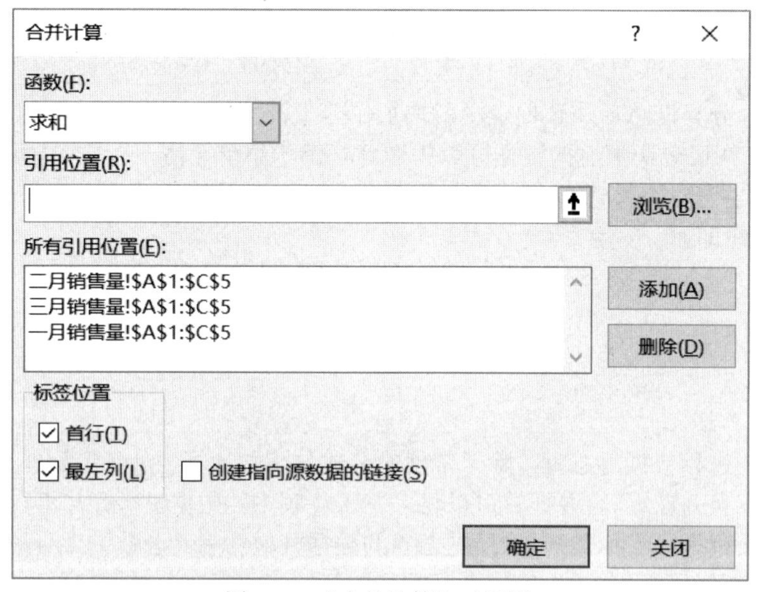

图 7-14　“合并计算”对话框

步骤 2，在“函数”下拉列表框中选择“求和”选项。

步骤 3，设置源数据的引用位置：将光标定位在“引用位置”文本框中，单击工作表“一月销售量”标签，选择源数据区域 A1:C5，单击“添加”按钮，这时“一月销售量!$A$1:$C$5”

单元格区域添加至“所有引用位置”列表中。

步骤 4，与步骤 3 同样方法，将源数据区域添加至“所有引用位置”列表中，如图 7-14 所示。

步骤 5，勾选“首行”和“最左列”复选框，表示相同行标题和相同列标题的数据都进行合并，单击“确定”按钮，在 A2 单元格中输入列字段“产品”，获得汇总数据，如图 7-13（d）所示。

7.5　案例制作——员工工资表数据分析

本节将通过一个具体的员工工资案例，来统计员工工资等信息。通过这个案例，我们能熟练掌握和实现 Excel 是如何通过排序、筛选和分类汇总三大功能来对数据进行管理和分析的。

【案例要求】

打开第 7 章素材文件“员工工资表.xlsx”文件，完成如下操作，具体要求如下：

1. 在“排序”工作表中，对数据区按年龄从小到大进行排序。
2. 在“多关键字排序”工作表中按“部门”升序排列，按“一季度工资”降序排列。
3. 在“自定义排序”工作表中按自定义学位顺序“博士、硕士、学士、无”进行排序。
4. 在“自动筛选”工作表中，筛选出学位为“博士”和“硕士”的名单。
5. 在“自定义自动筛选”工作表中，筛选出出生日期在 1973-01-01 至 1978-12-31 之间的姓刘的员工。
6. 对“高级筛选 1”工作表进行高级筛选，筛选出学位为学士，2 月工资大于 5000 的女员工。
7. 对“高级筛选 2”工作表进行高级筛选，筛选出学位为博士或者一季度工资大于 25000 且学位为硕士的员工。
8. 在“分类汇总”工作表中，统计各部门一季度工资平均值及各部门男、女职工人数。
9. 在“员工工资条”工作表中，运用排序知识（添加排序关键字辅助列）生成员工工资条，使每一条记录都有标题，且每条记录之间用空行间隔，然后对数据区域套用表格样式“冰蓝，表样式浅色 16”，效果如图 7-15 所示。

	A	B	C	D	E	F	G	H	I	J
1	员工工资表									
2	姓名	性别	出生年月	部门	职务	学位	1月	2月	3月	一季度工资
3	周杰伦	女	1973/03/07	财务部	部门经理	博士	9888	9004	8677	27569
4										
5	姓名	性别	出生年月	部门	职务	学位	1月	2月	3月	一季度工资
6	李玛丽	女	1971/12/04	开发部	高级职员	博士	9898	9432	9013	28343
7										
8	姓名	性别	出生年月	部门	职务	学位	1月	2月	3月	一季度工资
9	简明	男	1972/12/11	开发部	部门经理	博士	9798	9564	9987	29349
10										
11	姓名	性别	出生年月	部门	职务	学位	1月	2月	3月	一季度工资
12	钱潮明	男	1979/09/04	市场部	高级职员	硕士	8654	8745	8432	25831

图 7-15　员工工资条效果

10. 在“加班费统计”工作表中，对1月、2月、3月加班费进行汇总统计，求出一季度员工的加班费合计。

【案例操作】

第1～3题

第1题：

单击“排序”工作表标签，选定“出生年月”列数据区中的任意一个单元格，单击“数据”选项卡→“排序与筛选”组中的“降序”按钮。

第2题：

步骤1，选定数据区域A2:J18，单击“数据”选项卡→“排序与筛选”组中的“排序”按钮，打开“排序”对话框。

步骤2，在“主要关键字”下拉列表中选择“部门”，“次序”列表中选择“升序”。

步骤3，单击“添加条件”按钮，此时，对话框中增加一行——次要关键字设置行，设置选项如图7-16所示。

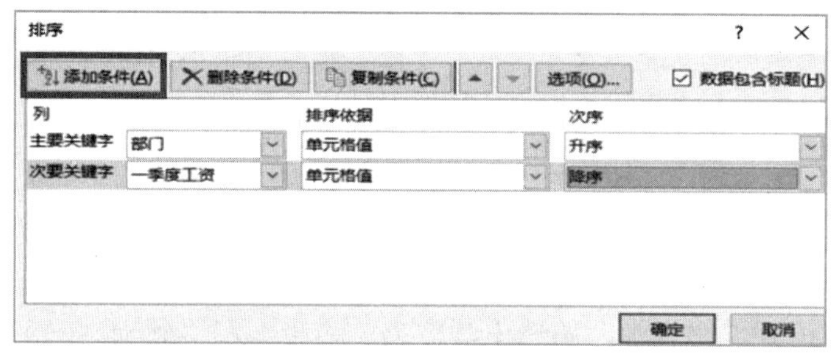

图7-16　以部门升序、一季度工资降序排序

步骤4，单击“确定”按钮关闭对话框。

第3题：

步骤1，在“自定义排序”工作表中，单击数据区域的任意单元格，再单击“数据”选项卡→“排序与筛选”组中的“排序”按钮，打开“排序”对话框，如图7-17所示。

步骤2，在“排序”对话框中，“主要关键字”下拉列表中选择“学位”，“次序”下拉列表中选择“自定义序列...”，如图7-17所示。

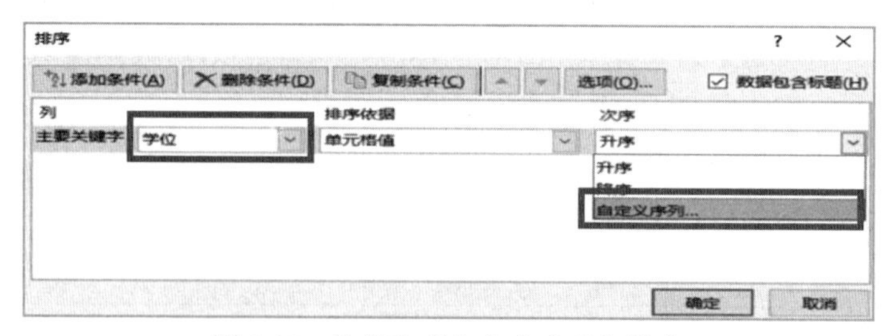

图7-17　按学位“自定义序列”排序

步骤3，打开“自定义序列”对话框，在“输入序列”列表中输入“博士”“硕士”“学士”“无”，每输完一项按Enter键，如图7-18所示。

步骤4：此时，若单击“添加”按钮，输入序列则添加至左边“自定义序列”列表中，日后可以直接从列表中选择该序列；若直接单击“确定”按钮，则关闭“自定义序列”对话框，返回“排序”对话框，如图7-19所示，单击“确定”按钮关闭对话框，数据排序完成。

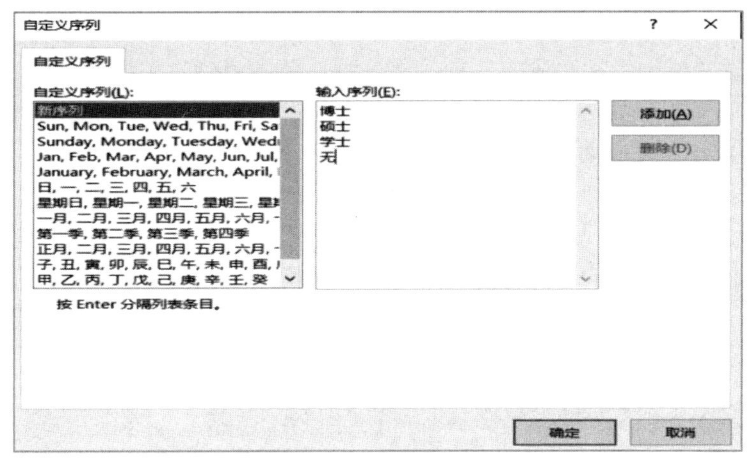

图 7-18　自定义序列输入

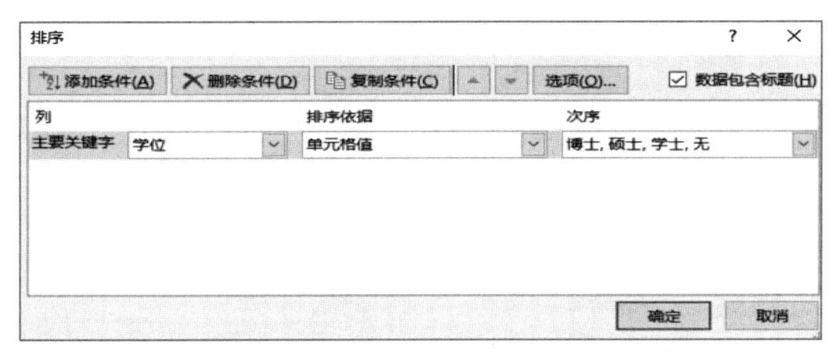

图 7-19　按自定义序列“博士、硕士、学士、无”排序

第 4 题：

步骤 1，选定数据区中的任意一个单元格，单击“数据”→“排序与筛选”组中的“筛选”按钮，这时标题行每个字段列旁边会出现一个下拉列表按钮，如图 7-20 所示。

第 4～5 题

员工工资表

姓名	性别	1月	2月	3月	一季度工
陈明	女	4589	4787	4321	13697
邓球	男	4326	4135	3987	12448
傅明	男	5300	5676	5289	16265
黄梅	女	8654	8712	8321	25687
黄小玉	男	7898	8187	7685	23770
简明	男	9798	9564	9987	29349
朗星	男	6500	6432	6125	19057
李玛丽	女	9898	9432	9013	28343
刘丽	男	4500	4676	4129	13305
刘星星	男	3800	3798	3256	10854
钱潮明	男	8654	8745	8432	25831
吴一晨	男	5108	5427	5018	15553
刘媛媛	女	5107	5319	4973	15399
谢里	女	5432	5387	5432	16251
张瑞	男	4600	4376	4189	13165
周杰伦	女	9888	9004	8677	27569

升序(S)
降序(O)
按颜色排序(T)
工作表视图(V)
从“学位”中清除筛选(C)
按颜色筛选(I)
文本筛选(F)
搜索
(全选)
博士
硕士
无
学士
确定　取消

图 7-20　筛选出学位为博士和硕士的员工

步骤 2，在“学位”下拉列表中单击“（全选）”复选框，取消全部复选框的勾选状态。

步骤 3，勾选“博士”和“硕士”前的复选框，单击“确定”按钮关闭对话框。

第 5 题：

步骤 1，在“自定义自动筛选”工作表中，选定数据区中的任意一个单元格，单击“数据”选项卡→“排序与筛选”组中的“筛选”按钮，这时标题行每个字段列旁边会出现一个下拉列表按钮。

步骤 2，选择“出生年月”下拉列表，在“日期筛选”下选择“自定义筛选...”命令，如图 7-21 所示。打开“自定义自动筛选方式”对话框，参数设置如图 7-22 所示，单击“确定”按钮关闭对话框。

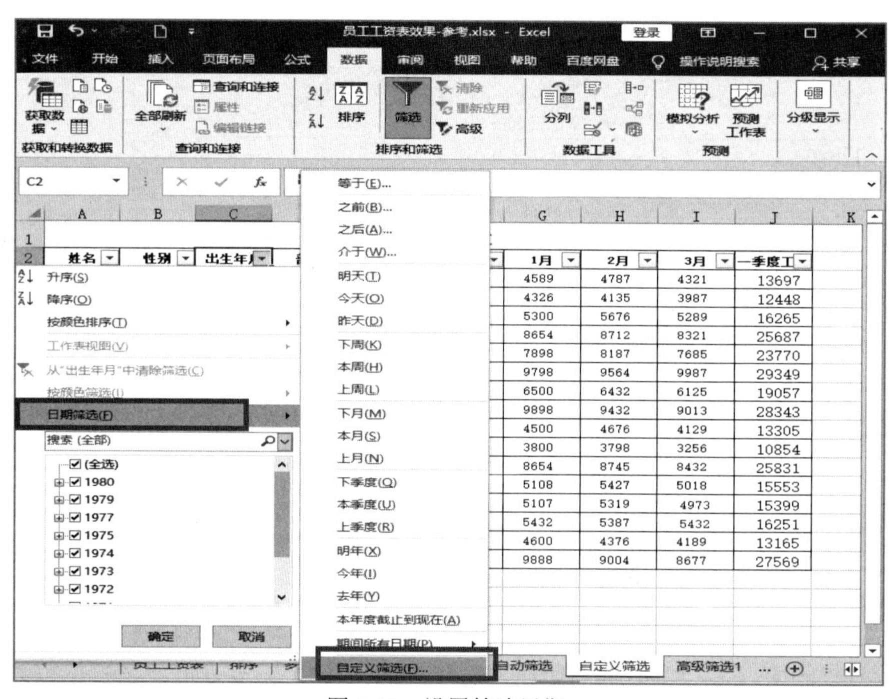

图 7-21　设置筛选日期

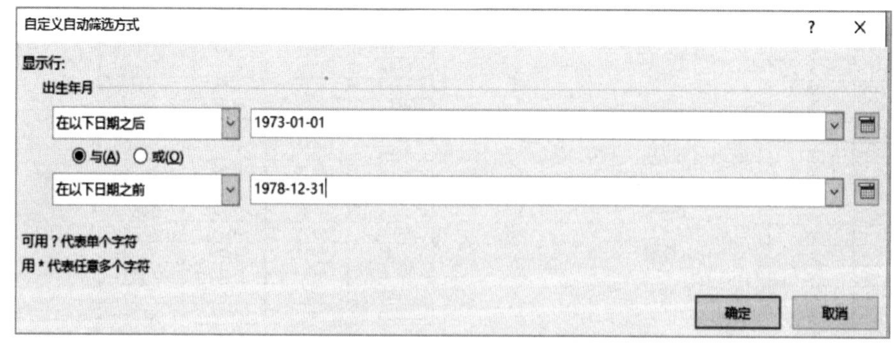

图 7-22　自定义日期筛选

步骤 3，在“姓名”下拉列表中，选择“文本筛选”下的“开头是...”命令，再次打开“自定义自动筛选方式”对话框，参数设置如图 7-23 所示。

步骤 4，单击“确定”按钮关闭对话框，获得数据筛选结果。

图 7-23　筛选出“刘”姓员工设置

第 6 题：

第 6～7 题

步骤 1，创建条件区域：在“高级筛选 1”工作表中，创建条件区域，如图 7-24 所示，标题行“性别、学位、2 月”可以从源数据区域复制，也可以自行输入，筛选条件须同时满足性别为“女”、学位为“学士”、2 月工资“>5000” 3 个条件，因此，3 个条件值写在同一行中，表示“逻辑与”的关系。

	A	B	C
1	性别	学位	2月
2	女	学士	>5000

图 7-24　“学位为学士，2 月工资大于 5000 的女员工”条件区域

步骤 2，打开“高级筛选”对话框：选定“高级筛选 1”工作表中的 A5 单元格，单击“数据”选项卡→“排序与筛选”组中的“高级”按钮，打开“高级筛选”对话框。

步骤 3，设置“高级筛选”对话框，如图 7-25 所示。其中设置“列表区域”为“员工工资表!$A$2:$J$18”，“条件区域”为“$A$1:$C$2”，“复制到”为“高级筛选 1!$A$5”。

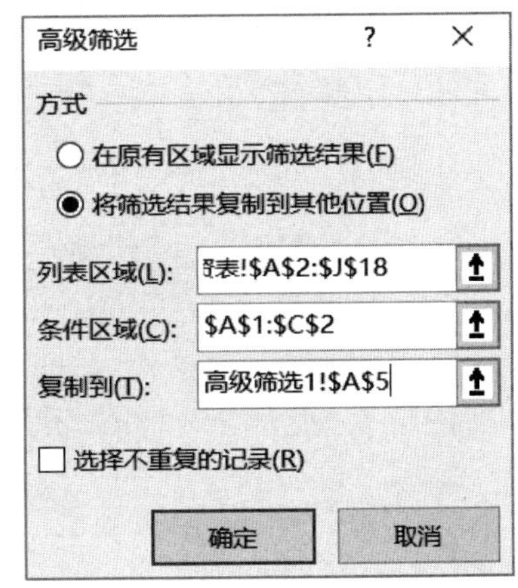

图 7-25　“高级筛选”对话框设置

步骤 4，单击“确定”按钮关闭对话框，这时筛选出两条满足条件的记录（注：本题使用自动筛选也可以实现）。

第 7 题：

步骤 1，创建条件区域：在“高级筛选 2”工作表中，创建条件区域如图 7-26 所示，标题行“学位、学位、一季度工资”可以从源数据区域复制，也可以自行输入，筛选条件之一是学位为“博士”，条件之二是学位为“硕士”且一季度工资“>25000”，条件一与条件二之间是“逻辑或”关系，因此，条件一与条件二分别在不同行。

	A	B	C
1	学位	学位	一季度工资
2	博士		
3		硕士	>25000

图 7-26　“学位为博士或一季度工资大于 25000 的硕士”条件区域

步骤 2，打开“高级筛选”对话框：选定“高级筛选 2”工作表中的 A5 单元格，单击“数据”选项卡→“排序与筛选”组中的“高级”按钮，打开“高级筛选”对话框。

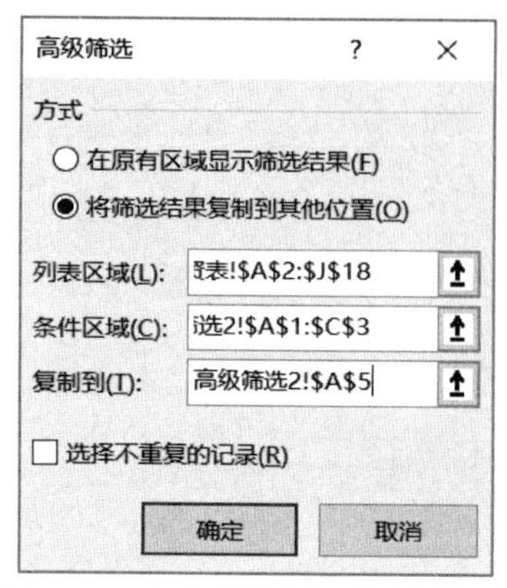

图 7-27 “高级筛选”对话框设置

步骤 3，设置“高级筛选”对话框，如图 7-27 所示。设置“列表区域”为“员工工资表!$A$2:$J$18”，“条件区域”为“高级筛选 2!$A$1:$C$3”，“复制到”为“高级筛选 2!$A$5”。

步骤 4，单击“确定”按钮关闭对话框，这时筛选出 5 条满足条件的记录（注：本题使用自动筛选也可以实现）。

第 8 题：

步骤 1，对数据区进行排序：以“部门”为主要关键字和“性别”为次要关键字进行排序（升序或降序均可以）。

步骤 2：一级分类汇总求各部门一季度工资平均值：选定数据区中的任意一个单元格，单击“数据”选项卡→“分级显示”组中的“分类汇总”按钮。在打开的“分类汇总”对话框中设置“分类字段”为“部门”，“汇总方式”为“平均值”，在“选定汇总项”列表中勾选“一季度工资”，如图 7-28 右所示，单击“确定”按钮关闭“分类汇总”对话框，获得分类汇总数据结果，如图 7-28 左所示。

第 8 题

步骤 3，二级分类汇总求各部门男、女职工人数：选定数据区任意一个单元格，单击“数据”选项卡→“分级显示”组中的“分类汇总”按钮。在打开的“分类汇总”对话框中，设置“分类字段”为“性别”，“汇总方式”为“计数”，在“选定汇总项”列表中勾选“性别”，勾选“替换当前分类汇总”前的复选框，即撤销选定，如图 7-29 右所示，单击“确定”按钮关闭对话框，获得分类汇总数据结果，如图 7-29 左所示。

员工工资表

姓名	性别	出生年月	部门	职务	学位	1月	2月	3月	一季度工资
傅明	男	1973/07/15	财务部	普通职员	学士	5300	5676	5289	16265
黄梅	女	1973/11/04	财务部	高级职员	硕士	8654	8712	8321	25687
周杰伦	女	1973/03/07	财务部	部门经理	博士	9888	9004	8677	27569
		财务部 平均值							2317
陈明	女	1969/05/04	测试部	普通职员	学士	4589	4787	4321	13697
		测试部 平均值							13697
邓球	男	1974/04/14	开发部	普通职员	无	4326	4135	3987	12448
简明	男	1972/12/11	开发部	部门经理	博士	9798	9564	9987	29349
朗星	男	1970/07/30	开发部	高级职员	硕士	6500	6432	6125	19057
刘丽	男	1975/07/16	开发部	普通职员	学士	4500	4676	4129	13305
刘星星	男	1974/08/12	开发部	普通职员	无	3800	3798	3256	10854
李玛丽	女	1971/12/04	开发部	高级职员	博士	9898	9432	9013	28343
谢里	女	1977/03/04	开发部	普通职员	学士	5432	5387	5432	16251
		开发部 平均值							18515
黄小玉	男	1972/10/31	人事部	部门经理	硕士	7898	8187	7685	23770
刘嫒嫒	女	1977/02/16	人事部	普通职员	学士	5107	5319	4973	15399
		人事部 平均值							19585
钱潮明	男	1979/09/04	市场部	高级职员	硕士	8654	8745	8432	25831
吴一晨	男	1972/06/07	市场部	普通职员	学士	5108	5427	5018	15553
张瑞	男	1980/07/28	市场部	普通职员	学士	4600	4376	4189	13165
		市场部 平均值							18183
		总计平均值							19159

分类汇总
分类字段(A): 部门
汇总方式(U): 平均值
选定汇总项(D): 职务 学位 1月 2月 3月 ☑一季度工资
☑替换当前分类汇总(C)
☐每组数据分页(P)
☑汇总结果显示在数据下方(S)
全部删除(R) 确定 取消

图 7-28 一级分类汇总各部门一季度工资平均值

第 9 题：

解题提示：本题实质是排序的应用问题，需要添加 3 个辅助列，分别对应标题行、数据行和空行的排序。

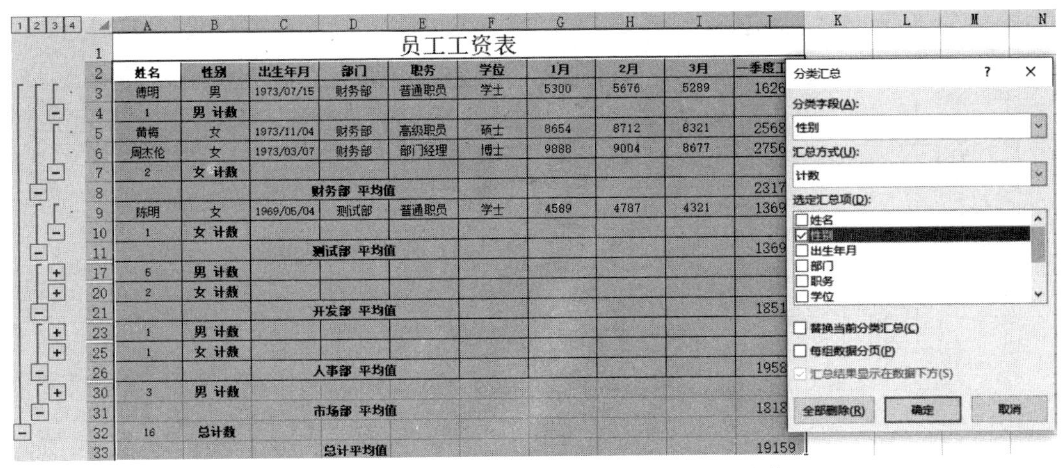

图 7-29　二级分类汇总求各部门男、女职工人数

步骤 1，在数据区的右边添加 3 个辅助列，如图 7-30 所示。

第 9 题

辅助列解析：辅助列 1 对应数据行，辅助列 2 对应标题行，辅助列 3 对应空行，每一条记录包括标题行、数据行和空行，因此填充以 3 为步长的等差数列。

步骤 2，分别复制辅助列 2 与辅助列 3 数据区域并粘贴至 K 列的数据区后，即：复制 L3:L17 并粘贴至 K18:K33，复制 M3:M17 并粘贴至 K34:K48。

	A	B	C	D	E	F	G	H	I	J	K	L	M
1	员工工资表												
2	姓名	性别	出生年月	部门	职务	学位	1月	2月	3月	一季度工资	辅助列1	辅助列2	辅助列3
3	陈明	女	1969/05/04	测试部	普通职员	学士	4589	4787	4321	13697	2	4	3
4	邓球	男	1974/04/14	开发部	普通职员	无	4326	4135	3987	12448	5	7	6
5	傅明	男	1973/07/15	财务部	普通职员	学士	5300	5676	5289	16265	8	10	9
6	黄梅	女	1973/11/04	财务部	高级职员	硕士	8654	8712	8321	25687	11	13	12
7	黄小玉	男	1972/10/31	人事部	部门经理	硕士	7898	8187	7685	23770	14	16	15
8	简明	男	1972/12/11	开发部	部门经理	博士	9798	9564	9987	29349	17	19	18
9	朗星	男	1970/07/30	开发部	高级职员	硕士	6500	6432	6125	19057	20	22	21
10	李玛丽	女	1971/12/04	开发部	高级职员	博士	9898	9432	9013	28343	23	25	24
11	刘丽	男	1975/07/16	开发部	普通职员	学士	4500	4676	4129	13305	26	28	27
12	刘星星	男	1974/08/12	开发部	普通职员	无	3800	3798	3256	10854	29	31	30
13	钱潮明	男	1979/09/04	市场部	高级职员	硕士	8654	8745	8432	25831	32	34	33
14	吴一晨	男	1972/06/07	市场部	普通职员	学士	5108	5427	5018	15553	35	37	36
15	刘媛媛	女	1977/02/16	人事部	普通职员	学士	5107	5319	4973	15399	38	40	39
16	谢里	女	1977/03/04	开发部	普通职员	学士	5432	5387	5432	16251	41	43	42
17	张瑞	男	1980/07/28	市场部	普通职员	学士	4600	4376	4189	13165	44	46	45
18	周杰伦	女	1973/03/07	财务部	部门经理	博士	9888	9004	8677	27569	47		

图 7-30　添加 3 个辅助列

步骤 3，复制标题行 A2:J2，粘贴至 A19:J33，如图 7-31 所示。

步骤 4，按“辅助列 1”排序：选定“输助列 1”数据区中的任意一个单元格，单击“数据”选项卡→“排序和筛选”组中的“升序”按钮 A↓Z，获得排序效果，如图 7-32 所示。

步骤 4，套用表格格式：选定数据区 A2:J48，单击“开始”选项卡→“样式”组中的“套用表格样式”→“冰蓝，表样式浅色 16”。

步骤 5，取消标题行的筛选按钮：在“表格工具”选项卡→“表格样式”组中，单击“筛选按钮”前的复选框，即取消“筛选按钮”复选框的勾选状态。

步骤 6，删除前面添加的 3 个辅助列，获得工资条效果，如图 7-33 所示。

	A	B	C	D	E	F	G	H	I	J	K	L	M
1	员工工资表												
2	姓名	性别	出生年月	部门	职务	学位	1月	2月	3月	一季度工资	辅助列1	辅助列2	辅助列3
15	刘媛媛	女	1977/02/16	人事部	普通职员	学士	5107	5319	4973	15399	38	40	39
16	谢里	女	1977/03/04	开发部	普通职员	学士	5432	5387	5432	16251	41	43	42
17	张瑞	男	1980/07/28	市场部	普通职员	学士	4600	4376	4189	13165	44	46	45
18	周杰伦	女	1973/03/07	财务部	部门经理	博士	9888	9004	8677	27569	47		
19	姓名	性别	出生年月	部门	职务	学位	1月	2月	3月	一季度工资	4		
20	姓名	性别	出生年月	部门	职务	学位	1月	2月	3月	一季度工资	7		
21	姓名	性别	出生年月	部门	职务	学位	1月	2月	3月	一季度工资	10		
22	姓名	性别	出生年月	部门	职务	学位	1月	2月	3月	一季度工资	13		
23	姓名	性别	出生年月	部门	职务	学位	1月	2月	3月	一季度工资	16		
24	姓名	性别	出生年月	部门	职务	学位	1月	2月	3月	一季度工资	19		
25	姓名	性别	出生年月	部门	职务	学位	1月	2月	3月	一季度工资	22		
26	姓名	性别	出生年月	部门	职务	学位	1月	2月	3月	一季度工资	25		
27	姓名	性别	出生年月	部门	职务	学位	1月	2月	3月	一季度工资	28		
28	姓名	性别	出生年月	部门	职务	学位	1月	2月	3月	一季度工资	31		
29	姓名	性别	出生年月	部门	职务	学位	1月	2月	3月	一季度工资	34		
30	姓名	性别	出生年月	部门	职务	学位	1月	2月	3月	一季度工资	37		
31	姓名	性别	出生年月	部门	职务	学位	1月	2月	3月	一季度工资	40		
32	姓名	性别	出生年月	部门	职务	学位	1月	2月	3月	一季度工资	43		
33	姓名	性别	出生年月	部门	职务	学位	1月	2月	3月	一季度工资	46		
34											3		
35											6		
36											9		
37											12		

图 7-31　复制-粘贴标题行

	A	B	C	D	E	F	G	H	I	J	K	L	M
1	员工工资表												
2	姓名	性别	出生年月	部门	职务	学位	1月	2月	3月	一季度工资	辅助列1	辅助列2	辅助列3
3	陈明	女	1969/05/04	测试部	普通职员	学士	4589	4787	4321	13697	2	4	3
4											3		
5	姓名	性别	出生年月	部门	职务	学位	1月	2月	3月	一季度工资	4		
6	邓球	男	1974/04/14	开发部	普通职员	无	4326	4135	3987	12448	5	7	6
7											6		
8	姓名	性别	出生年月	部门	职务	学位	1月	2月	3月	一季度工资	7		
9	傅明	男	1973/07/15	财务部	普通职员	学士	5300	5676	5289	16265	8	10	9
10											9		
11	姓名	性别	出生年月	部门	职务	学位	1月	2月	3月	一季度工资	10		
12	黄梅	女	1973/11/04	财务部	高级职员	硕士	8654	8712	8321	25687	11	13	12
13											12		
14	姓名	性别	出生年月	部门	职务	学位	1月	2月	3月	一季度工资	13		
15	黄小玉	男	1972/10/31	人事部	部门经理	硕士	7898	8187	7685	23770	14	16	15
16											15		
17	姓名	性别	出生年月	部门	职务	学位	1月	2月	3月	一季度工资	16		
18	简明	男	1972/12/11	开发部	部门经理	博士	9798	9564	9987	29349	17	19	18
19											18		
20	姓名	性别	出生年月	部门	职务	学位	1月	2月	3月	一季度工资	19		
21	朗星	男	1970/07/30	开发部	高级职员	硕士	6500	6432	6125	19057	20	22	21

图 7-32　按“辅助列 1”排序结果（部分数据截图）

第 10 题

第 10 题：

步骤 1，选定“加班费统计”工作表的 A16 单元格，单击“数据”选项卡→“数据工具”组中的“合并计算”按钮，打开“合并计算”对话框，如图 7-34 所示。

步骤 2，在“函数”下拉列表框中选择“求和”选项。

步骤 3，设置源数据的引用位置：将光标定位在“引用位置”文本框中，选择数据区域 A2:C10，单击“添加”按钮，这时“加班费统计!$A$2:$C$10”单元格区域被添加至“所有引用位置”列表中。

步骤 4，采用步骤 3 同样方法，将源数据区域添加至“所有引用位置”列表中，如图 7-34 所示。

步骤 5，勾选“首行”和“最左列”复选框，表示相同行标题和相同列标题的数据都进行合并，单击“确定”按钮，获得汇总数据，如图 7-35 所示。

	A	B	C	D	E	F	G	H	I	J
1	员工工资表									
2	姓名	性别	出生年月	部门	职务	学位	1月	2月	3月	一季度工资
3	陈明	女	1969/05/04	测试部	普通职员	学士	4589	4787	4321	13697
4										
5	姓名	性别	出生年月	部门	职务	学位	1月	2月	3月	一季度工资
6	邓球	男	1974/04/14	开发部	普通职员	无	4326	4135	3987	12448
7										
8	姓名	性别	出生年月	部门	职务	学位	1月	2月	3月	一季度工资
9	傅明	男	1973/07/15	财务部	普通职员	学士	5300	5676	5289	16265
10										
11	姓名	性别	出生年月	部门	职务	学位	1月	2月	3月	一季度工资
12	黄梅	女	1973/11/04	财务部	高级职员	硕士	8654	8712	8321	25687
13										
14	姓名	性别	出生年月	部门	职务	学位	1月	2月	3月	一季度工资
15	黄小玉	男	1972/10/31	人事部	部门经理	硕士	7898	8187	7685	23770
16										
17	姓名	性别	出生年月	部门	职务	学位	1月	2月	3月	一季度工资
18	简明	男	1972/12/11	开发部	部门经理	博士	9798	9564	9987	29349
19										
20	姓名	性别	出生年月	部门	职务	学位	1月	2月	3月	一季度工资
21	朗星	男	1970/07/30	开发部	高级职员	硕士	6500	6432	6125	19057

图 7-33　工资条效果图（部分数据截图）

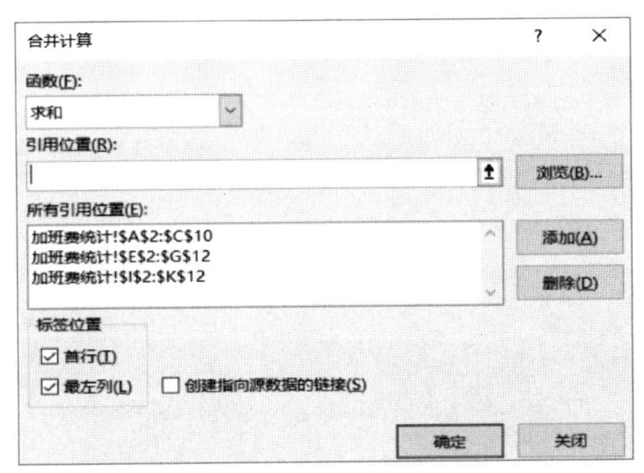

图 7-34　“合并计算”对话框设置

1月加班（A1:C10）

姓名	1月	总计
陈明	1200	1200
黄小玉	500	500
李玛丽	238	238
刘星星	1000	1000
钱潮明	1250	1250
刘媛媛	900	900
谢里	563	563
周杰伦	480	480

2月加班（E1:G12）

姓名	2月	总计
邓球	800	800
黄梅	500	500
简明	400	400
朗星	900	900
刘丽	385	385
刘星星	785	785
刘媛媛	496	496
张瑞	539	539
谢里	781	781
周杰伦	941	941

3月加班（I1:K12）

姓名	3月	总计
陈明	369	369
傅明	720	720
黄小玉	485	485
朗星	500	500
刘丽	489	489
吴一晨	369	369
谢里	753	753
张瑞	741	741
周杰伦	358	358
邓球	935	935

第一季度加班统计（A15:E32）

	1月	2月	3月	总计
陈明	1200		369	1569
傅明			720	720
黄小玉	500		485	985
李玛丽	238			238
邓球		800	935	1735
黄梅		500		500
简明		400		400
朗星		900	500	1400
刘丽		385	489	874
刘星星	1000	785		1785
钱潮明	1250			1250
刘媛媛	900	496		1396
张瑞		539	741	1280
吴一晨			369	369
谢里	563	781	753	2097
周杰伦	480	941	358	1779

图 7-35　合并计算“1 月、2 月、3 月”加班费结果

7.6 练习

打开素材文件“练习\练习 1.xlsx”，完成如下操作：

1. 将 Sheet1 表中的学生成绩表复制到 Sheet2 表，对 Sheet2 表按性别和结果 1 进行降序和升序排列。

2. 将 Sheet1 表中的学生成绩表复制到 Sheet3 表，对 Sheet3 表进行高级筛选，筛选出性别为男，100 米成绩<12.00 秒，铅球成绩>9 米的数据。

3. 将 Sheet1 表中的学生成绩表复制到 Sheet4 表，对 Sheet4 表按性别和班级进行分类汇总。

第 8 章　Excel 图表和数据透视表（图）

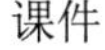

课件

图表可以将数据以更加直观的形式展现出来，各种数据之间就能方便对比和联系。Excel 提供了丰富的图表样式，我们可以根据自己的需求选择适合自己的图表，形象直观地展示数据。数据透视表可以深入挖掘数据，是一种可以快速汇总和建立交叉列表的交互性表格，可以转换行和列以显示源数据的不同汇总结果，还可以显示不同页面实现数据筛选，它还是分析大量数据表格的交互式工具。数据透视图则是数据透视表的另一种表现形式。

素材

8.1　图表类型

Excel 2019 提供了 17 种图表类型供用户选择使用，每一种图表类型具有多种组合和变换，灵活应用可以满足各种数据分析和显示的需要。Excel 2019 提供的内置标准图表包括柱形图、折线图、饼图、条形图、面积图、XY 散点图、股价图、曲面图和雷达图等，如图 8-1 所示。每一类图表都具有一定的使用环境和创建方法。

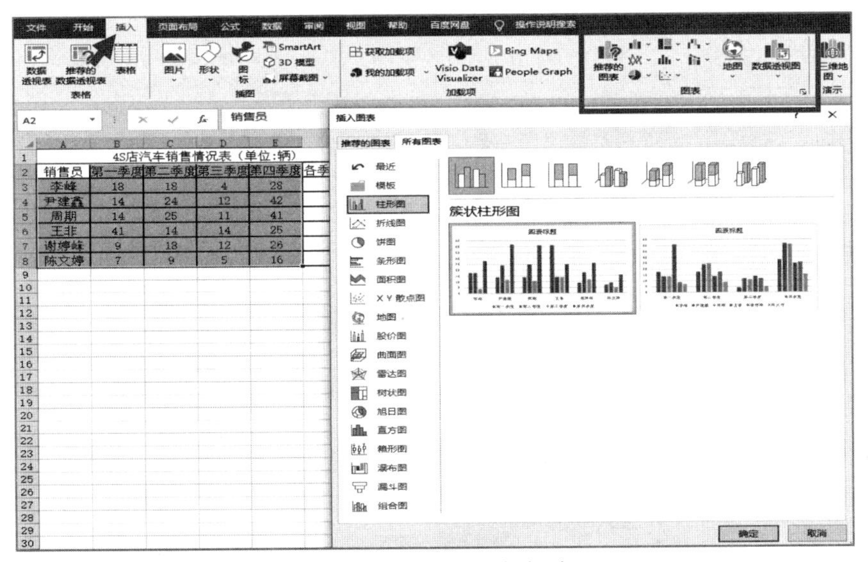

图 8-1　Excel 2019 提供的内置图表类型

图表概述及图表类型

不需要具有非常专业的图表制作知识，就可以制作出很专业的图表。根据自己的需要，选择适合自己的图表类型，才能更直观清楚地展示数据及数据之间的关系。表 8-1 列出了常见图表的使用特点。

表 8-1　常见图表的使用特点

图表类型	使用特点
柱形图	由一系列的垂直柱体组成，通常用来比较两个或多个项目数据的相对大小，是 Excel 广泛使用的图表类型，为 Excel 默认的图表类型
折线图	可以显示随时间或类别而变化的连续数据，反映一段时间内数据的变化趋势。与同样可以反映变化趋势的柱形图相比，折线图更加强调数据起伏变化的波动趋势
饼图	用于反映各部分数据在总体中的构成及占比情况，每一个扇区表示一个数据系列，扇区面积越大，表示占比越高。使用饼图时需要注意选取的数值应没有负值和零值
条形图	可以看作是柱形图顺时针旋转 90°而成的，水平轴表示数值，垂直轴表示类别，用于反映不同项目之间的对比情况。与柱形图相比，条形图更适合于展现排名
面积图	用于显示数据精确的变化趋势，能够显示一段时间内数据变动的幅度。除了具备折线图的特点，强调数据随时间的变化以外，还可以通过显示数据的面积来分析部分与整体的关系
散点图	显示若干数据系列中各个数值之间的关系，具有 *X* 轴、*Y* 轴两个数值轴，通常用于反映成对数据之间的相关性和分布特性
曲面图	利用颜色和图案来表现处于相同数值范围内的区域，使用曲面图可以帮助用户找到两组数据之间的最佳组合
股价图	一种具有 3 个数据系列的折线图，用来显示一段时间内一只股价的最高价、最低价和收盘价。多用于金融行业，用来描述商品价格变化和汇率变化等
雷达图	形状类似于雷达，工作表中的数据从图的中心位置向外延伸，延伸的多少体现数据的大小

根据 4S 店汽车销售情况表数据制作的各类型图表，如图 8-2 所示。

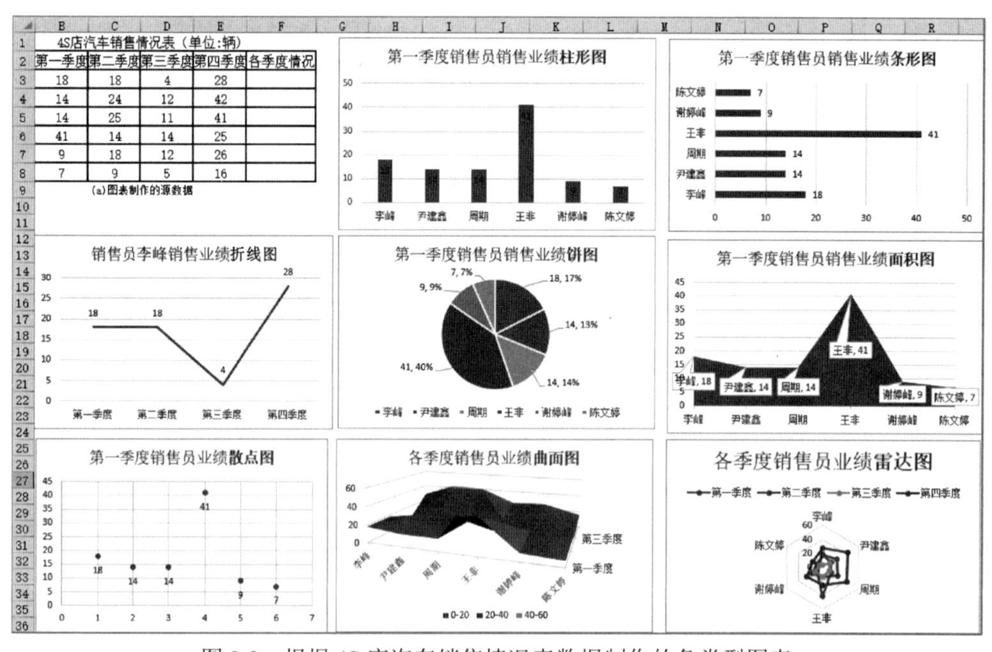

图 8-2　根据 4S 店汽车销售情况表数据制作的各类型图表

Excel 的图表分为平面图表和立体图表，除了股价图和雷达图外，其他的 Excel 图表类形均提供了立体图表供用户选择。相对于平面图表，使用立体图表能够获得更为美观的视觉效果，但有些情况下立体图表显示不够简练会出现表达不够清晰的情况。因此，使用图表时，无论是立体图表还是平面图表，都需要考虑展示的数据的实际情况，兼顾图表的实用性和美观性，以不影响图表的信息表达为首要原则。

8.2　Excel 图表的构成元素

图表的构成元素

Excel 图表包含大量图表元素，基本的图表元素包括图表区、绘图区、图例、图表标题、横坐标轴、纵坐标轴、数据系列和网格线等，如图 8-3 所示。

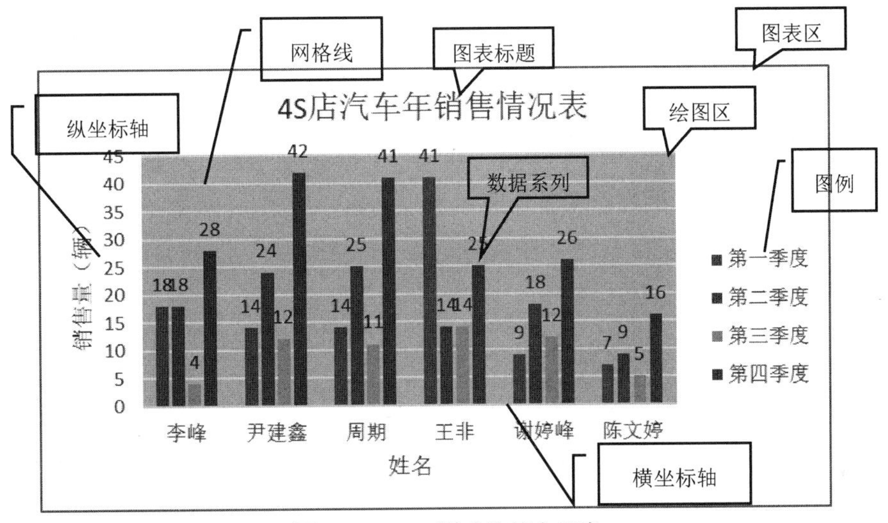

图 8-3　Excel 图表的基本元素

（1）图表区：图表的全部范围，其容纳了 Excel 图表的所有元素，主要分为图表标题、图例、绘图区三个大的组成部分。对图表区的格式进行修改，包含于其中的元素的格式也将会一起被修改。

（2）绘图区：图表区内图形绘制的区域，其是以坐标轴为边的长方形区域。对于绘图区的格式，可以改变绘图区边框的样式和内部区域的填充颜色及效果。绘图区包含以下 5 个项目：数据、列、数据标签、坐标轴、网格线。

（3）图例：图表中的一个带有文字和图案的矩形，用于标示数据系列的颜色和图案。可以用鼠标将图例拖曳到绘图区的任意位置，同时可以通过设置其边框、填充和字体等来改变其样式。

（4）数据系列：一个 Excel 图表的主题是由数据点构成的，每一个数据点对应图表中一个单元格的数据，数据系列对应工作表中的一行或者一列数据。数据系列在绘图区中表现为彩色的点、线和面等图形，同时数据系列可以包含数据标签，用于显示数据系列的值、系列名称和类别名称等信息。

（5）图表标题：一个显示在图表区中的文本框，用于标示图表的主题思想和意义。

（6）坐标轴：按位置不同可分为横坐标轴和纵坐标轴两类。横坐标轴也称为分类轴，对于大多数图表来说，其位于图表的底部，数据系统沿着该轴的方向按类别展开。默认情况下，纵坐标轴位于绘图区的左侧，用于标示数据系列的数值。

（7）网格线：分为水平穿过绘图区的横网格线和垂直穿过绘图区的纵网格线。在图表中，网格线可以标示数据系列中的数据点处于哪个数值范围内。通常图表中的网格线不宜过于醒目，一般使用浅色的虚线以避免其对图表中主要信息的显示产生干扰。

8.3　创建图表

图表的创建与图表编辑

1. 插入图表

在 Excel 中，图表是基于工作表中的数据而制作的，在创建图表前首先需要准备好数据。创建图表的方法如下：选定需要制作图表的数据区域，单击“插入”选项卡→“图表”组中的“推荐的图表”按钮，打开“插入图表”对话框。系统会根据选定的数据特点在“插入图表”对话框的“推荐的图表”选项卡中列出推荐的图表类型，右边窗口显示选定类型的预览效果。如图 8-4 所示，选定数据区域 A2:E3，在“推荐的图表”选项卡中列出“簇状柱形图”“饼图”“簇状条形图”“漏斗图”四类图表类型，若列表中没有适合的类型，则可以在“所有图表”选项卡中选择需要的图表类型及其图表子类型。

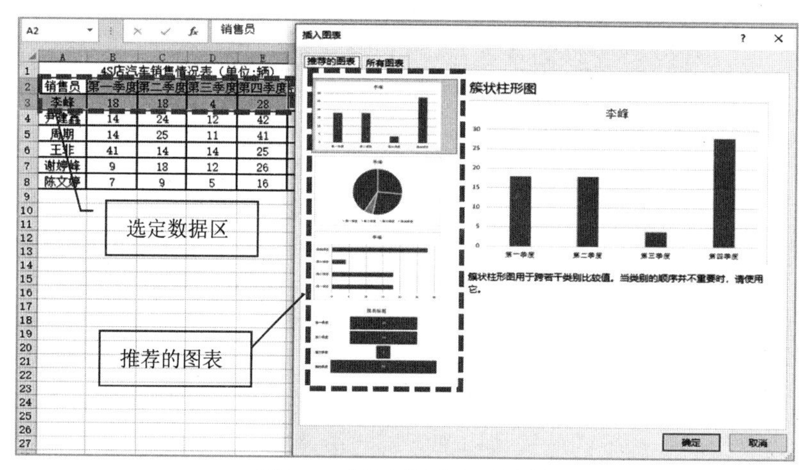

图 8-4　“插入图表”对话框

2. 更改图表数据源

在创建好图表之后，若需要更改数据源，可以进行如下操作：选定创建好的图表，此时，菜单选项中会增加“图表工具”菜单，单击“图表工具—设计”选项卡→“数据”组中的“选择数据”按钮，打开“选择数据源”对话框，如图 8-5 所示，可以重新选择数据区域。

3. 更改图表类型

在创建图表时需要选择创建图表的类型，如果图表类型不符合要求，可以更改图表类型，具体方法如下：选定创建好的图表，此时，菜单选项中会增加“图表工具”菜单，单击“图表工具—设计”选项卡→“类型”组中的“更改图表类型”按钮，打开“更改图表类型”对话框。在“所有图表”选项卡中选择需要使用的图表类型及子图表类型即可。

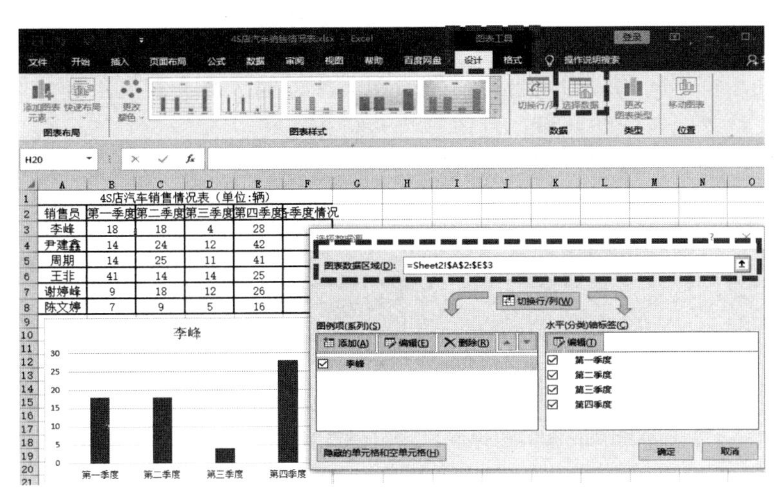

图 8-5　“选择数据源”对话框——更改图表数据源

提示： 右击图表，在弹出的快捷菜单中选择“选择数据”或“更改图表类型”命令同样可以打开“选择数据源”或“更改图表类型”对话框，进行数据源与图表类型的更改。

8.4　设置图表布局

图表布局是指各个元素在图表中的排布方式，图表布局设置包括两个方面的基本内容：一是图表中应该显示哪些元素，二是如何安排图表中的显示元素。

1. 快速布局

在图表的构图中，图表包含了各种元素，如标题、图例、数据表和坐标轴等。在制作图表时，充分发挥这些元素的作用，合理布局图表是关键。套用系统自带的快速布局模板，可以快速生成图表布局风格，包括图表元素及图表元素的格式等，具体操作方法如下：选定图表，单击“图表工具—设计”选项卡→“图表布局”组中的“快速布局”按钮，在弹出的列表中列出了 Excel 的内置图表布局，如图 8-6 所示，选择相应的选项即可将布局应用到选定的图表中。

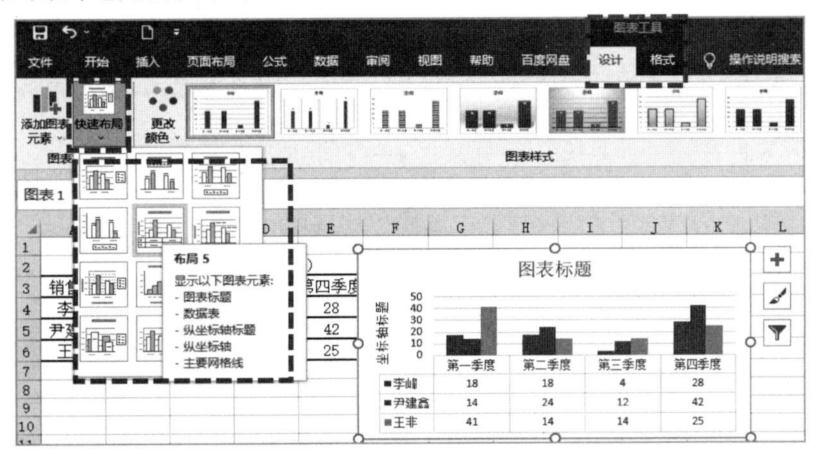

图 8-6　应用系统内置图表布局

2. 添加图表元素

不同的图表，有不同的应用场合，对图表中元素的需求也会有所不同，此时用户可以根据自己的需要来设置图表中的元素，具体方法介绍如下。

方法一：选定图表，单击“图表工具—设计”选项卡→“图表布局”组中的“添加图表元素”按钮，在打开的列表中列出了图表应该包含的所有元素，选择某个选项将打开下级列表，在下级列表中选择相应的选项来设置该元素是否在图表中显示，同时设置元素在图表中的显示方式。例如，这里选择“数据表”选项列表中的“显示图例项标示”选项，此时在图表的下方显示数据表，如图 8-7 所示。

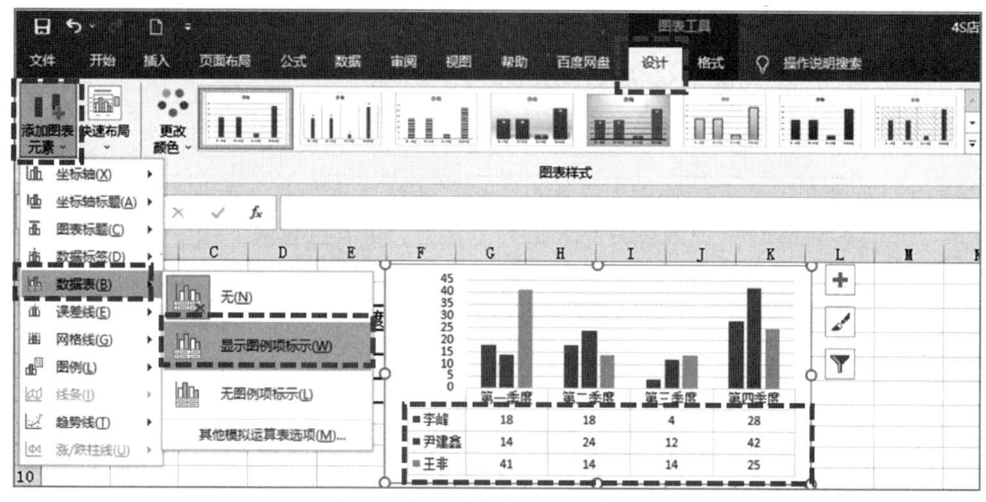

图 8-7　添加“数据表”图表元素

如果要取消某个图表元素的显示，若该元素的图表元素列表中有“无”选项，则选择“无”选项即可取消该图表元素的显示；若在选项列表中没有“无”选项，则只需要取消对某个项目的选择即可取消该元素的显示。

方法二：选定图表，图表框的右侧会显示“图表元素”按钮，单击该按钮可以打开“图表元素”列表，如图 8-8 所示。在列表中勾选需要显示的图表元素选项前的复选框，该图表元素将显示；如果要对该图表元素的显示样式进行设置，可以在选择相应的选项后单击其后出现的三角按钮，在打开的下级列表中选择相应的选项进行设置。

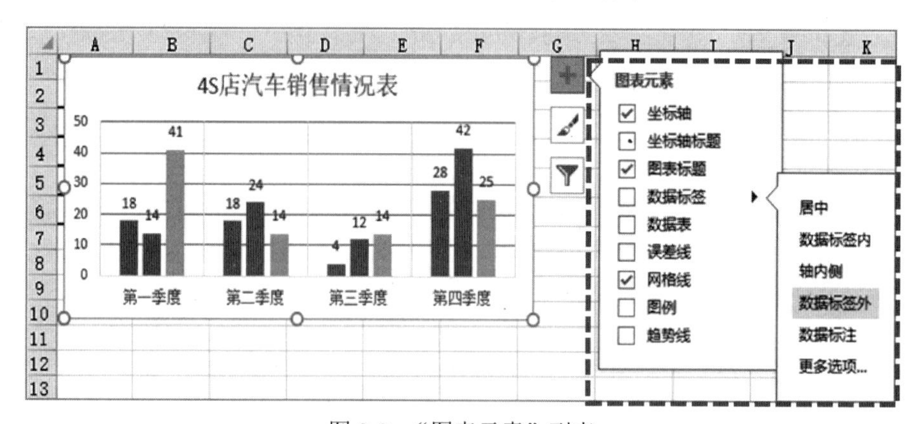

图 8-8　“图表元素”列表

8.5　设置图表样式

图表外观样式是决定图表是否美观专业的一个重要因素，图表的样式是图表色彩和形状效果的集合，图表样式的更改将带来整个图表外观的变化。设置图表的样式，要考虑图表本身的特点，不能为数据的呈现带来干扰。使用 Excel 系统提供的预设图表样式、颜色方案和预设形状样式，可以快速生成图表的外观样式，具体方法如下：选定图表，单击“图表工具—设计”选项卡→“图表样式”组中系统提供的“预设图表样式”列表右侧的“其他”按钮▾，打开所有预设图表样式列表，在列表中选择某样式选项，该样式即可应用到选定的图表，如图 8-9 所示。

若要继续对图表颜色、形状格式等进行自定义的修改设置，可以通过“图表样式”组中的“更改颜色”按钮及“图表工具—格式”选项卡进行修改。

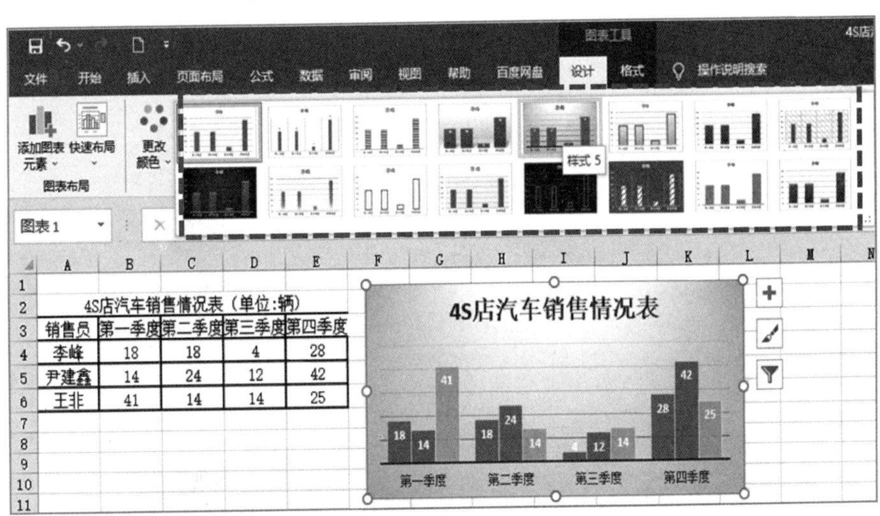

图 8-9　应用系统预设样式修改图表的样式

8.6　图表工作表

Excel 中的图表既可以与数据共同位于同一张工作表中，也可单独位于不同的工作表中。要移动图表至其他工作表中，可通过“剪切+粘贴”的方法，也可以通过对话框方式进行，单击“图表工具—设计”选项卡→“位置”组中的“移动图表”按钮，打开“移动图表”对话框，如图 8-10 所示，在“对象位于”下拉列表中选择要移动到的工作表即可。

如果创建的图表要独占一张工作表，则在“移动图表”对话框中选择“新工作表”，并在其后的文本框中输入新工作表名（如 Chart1），则 Excel 会新建一张特殊的工作表，在该工作表中没有任何单元格，只包含这张图表，称为图表工作表，如图 8-11 所示。这时图表占满整张工作表，不能被调整大小，也不能在工作表内被移动位置。

图 8-10 “移动图表”对话框

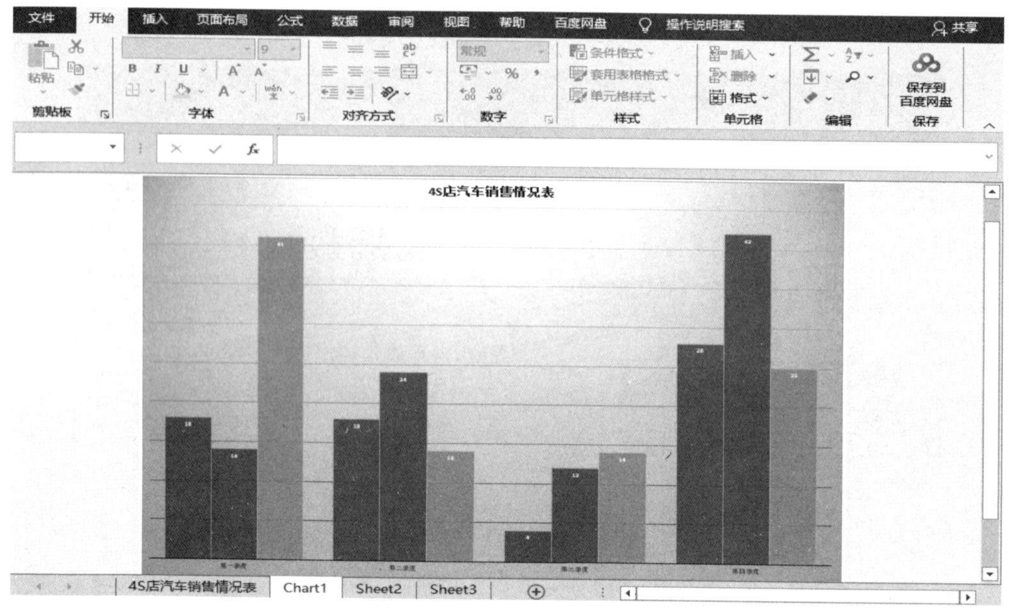

图 8-11 只包含一张图表的特殊工作表

8.7 使用迷你图

迷你图的使用

迷你图是被嵌入在一个单元格中的微型图表，迷你图与图表有许多相似之处，但又与图表不同。迷你图只能有一个数据系列，反映某一行或某一列的数据趋势，并可突出显示最大值、最小值等，一般放置在数据旁边的单元格中。

迷你图的类型有 3 种，即折线图、柱形图和盈亏图。现以 4S 店汽车销售为例介绍迷你图的创建方法。如图 8-12 所示，要在 F4 单元格中绘制一个迷你图用于反映各季度销售量变化情况，具体操作步骤介绍如下。

步骤 1，选定 F4 单元格，单击“插入”选项卡→“迷你图”组中某一图表类型，如“折线图”，弹出“创建迷你图”对话框，如图 8-12 所示。

步骤 2，在该对话框中，设置“数据范围”为 B4:E4（可用鼠标拖选），“位置范围”为$F$4（默认为选中的单元格）。

步骤 3，单击“确定”按钮关闭对话框，F4 单元格中的迷你图就创建好了。

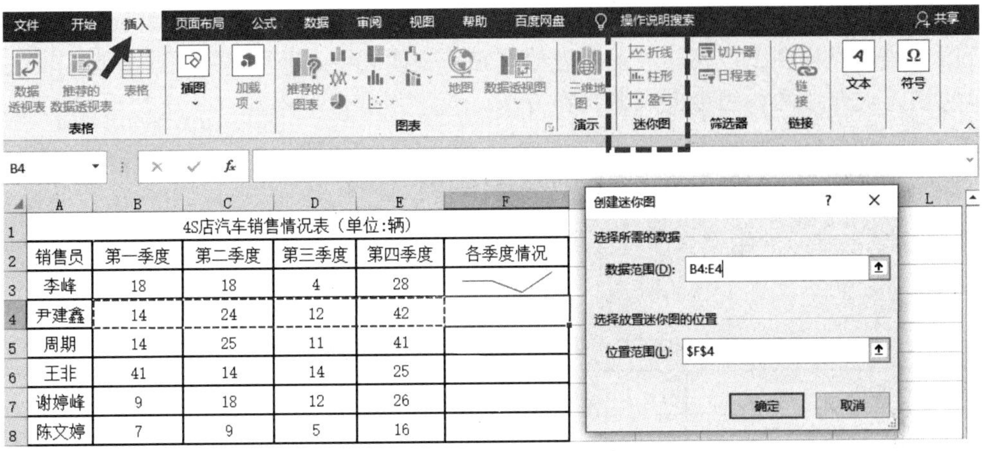

图 8-12　创建迷你图

拖动迷你图所在单元格的填充柄可填充、复制迷你图。例如，向下拖动单元格 F4 的填充柄至单元格 F8，则在 F5～F8 单元格中也创建好了迷你图，所基于的数据分别是各自对应的该行的数据。

迷你图是以单元格背景的方式位于单元格中的，所以还可以在含有迷你图的单元格中输入文字，以及设置文字格式、为单元格填充颜色等。

若要编辑更改迷你图，可以选定迷你图单元格，在“迷你图工具—设计”选项卡中选择对应的功能组即可修改编辑，如图 8-13 所示。

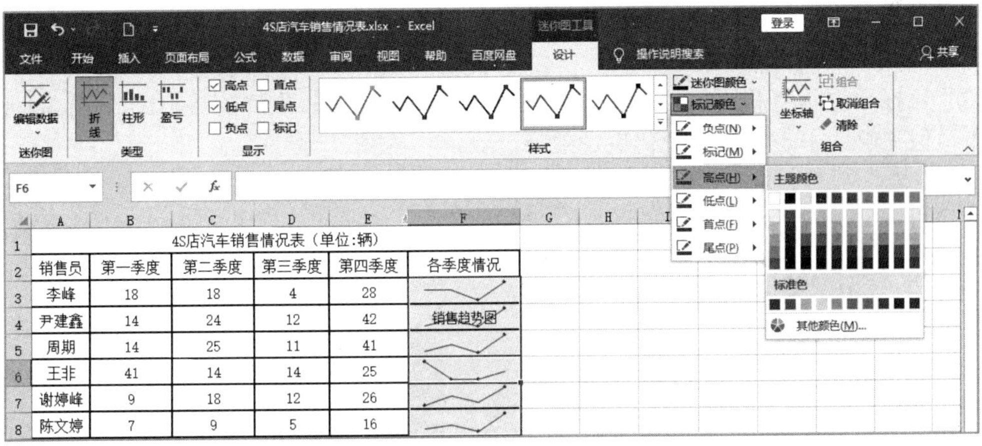

图 8-13　“迷你图工具—设计”选项卡

若要清除迷你图，可以在“迷你图工具—设计”选项卡的“组合”组中单击“清除”按钮即可。

组合图表的使用

8.8 使用组合图表

在实际的工作中，有时候单一的图表类型不足以展示多元化的数据，此时就需要考虑使用组合图表的方式将多个逻辑相关的图表放置于一张图表中，让所有的数据都能够表达出来，下面以实例方式介绍两种组合图表的制作方法。

8.8.1 创建柱形图与折线图的双轴组合图表

某 4S 店第一季度汽车销售的目标与完成量数据表如表 8-2 所示，希望以图表方式来展示目标与完成量之间的一目了然的关系。

表 8-2 第一季度汽车销售完成情况 （单位：辆）

车型	目标	完成量	目标完成度
探岳 Tayron	100	87	87%
探歌 T-ROC	100	93	93%
CC	100	110	110%
迈腾	100	90	90%
高尔夫	100	121	121%
宝来	100	102	102%

想要达到目标，选择适合的图表类型很关键。若选择我们常用的柱形图来表达，目标、完成量及目标完成度之间的展示效果如图 8-14 所示。可以看出效果图存在如下问题：

（1）目标完成度的数据由于相比于其他列数据太小，几乎“趴”在横坐标轴上，难以被发现。

（2）目标数据具有相同值“100”，因此具有相同的柱高，虽然能够与完成量之间形成对比关系，但不够明了，数据可视化展示效果一般。

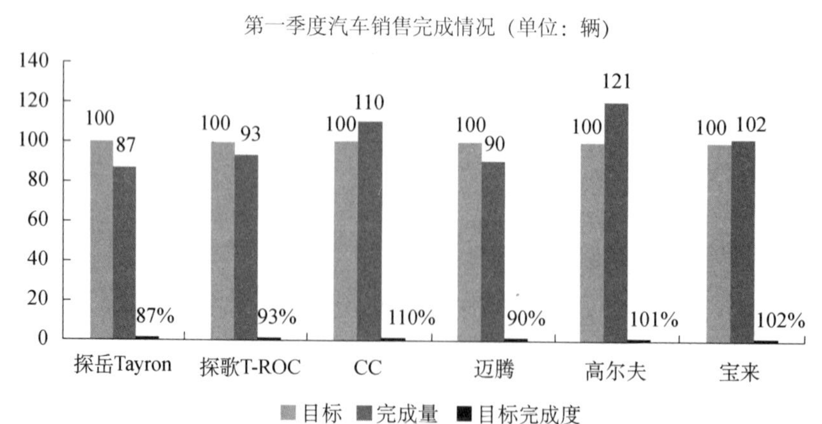

图 8-14 单一“柱形图”展示效果

针对以上两个问题，可以使用柱形图与折线图的组合，同时设置主、次双坐标轴的双轴组合图表来更好地展示三者之间的数据关系，使之表达效果更好、更清晰。下面介绍具体的制作方法。

步骤 1，选定数据区域 A4:D10，单击“插入”选项卡→“图表”组中的“推荐的图表”按钮，打开“插入图表”对话框，这时系统会智能地根据你选择的数据特征，在“插入图表”对话框中列举推荐的图表，在“推荐的图表”列表中选择第一个带主、次双坐标轴的类型，单击“确定”按钮关闭对话框，获得图表效果如图 8-15 所示。

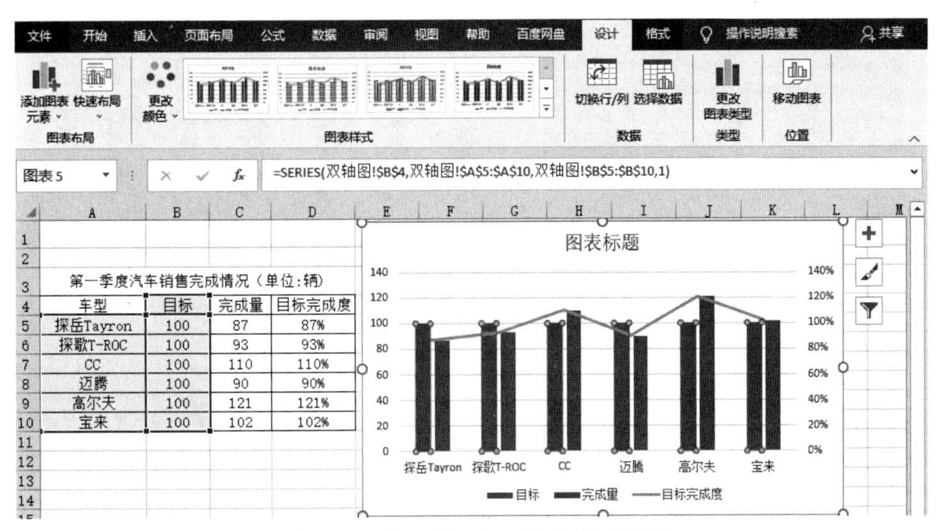

图 8-15　插入带有主、次双坐标轴图

步骤 2，更改图表类型：选定图表对象，单击“图表工具—设计”选项卡→“类型”组中的“更改图表类型”按钮，打开“更改图表类型”对话框，如图 8-16 所示。设置系列名称“目标”的图表类型为“折线图”，单击“确定”按钮关闭对话框。

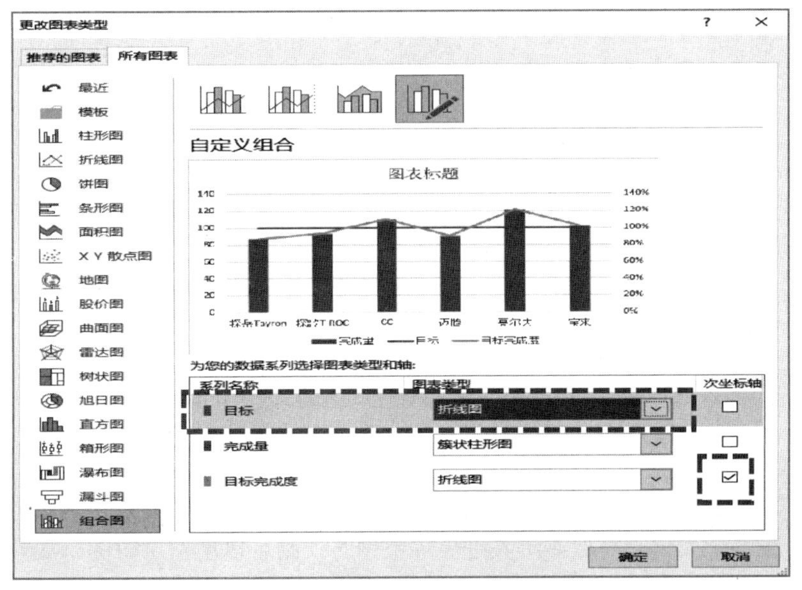

图 8-16　更改系列名称的图表类型

步骤 3，设置图表标题及图表区填充效果，获得的图表效果如图 8-17 所示。明显可以看出图 8-17 较图 8-15 的数据展示效果更好。

当系列名称数据的度量单位不能以统一单位来度量时，可以考虑使用主、次坐标轴的方式，也可以对每一个系称名称使用不同的图表类型。

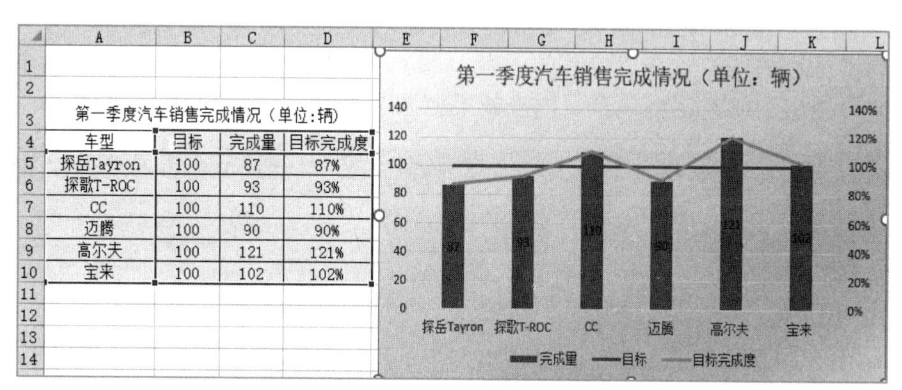

第一季度汽车销售完成情况（单位:辆）

车型	目标	完成量	目标完成度
探岳Tayron	100	87	87%
探歌T-ROC	100	93	93%
CC	100	110	110%
迈腾	100	90	90%
高尔夫	100	121	121%
宝来	100	102	102%

图 8-17　双坐标轴的组合图表

8.8.2　创建复合饼图与双层饼图

Excel 饼图的内容比较丰富，可以做成三维的，也可以由复合饼图表达某一块饼的下属子集组成。但如果想要每一块饼都要显示其下属子集的组成，这时，我们需要根据实际情况绘制多层饼图，如两层、三层或更多层的饼图。

复合（子母）饼图

1. 制作复合饼图

复合饼图又叫子母饼图，可以展示各个大数及某个主要分类的占比情况。例如，某产品要统计各地区销售情况，主要统计北京、上海、杭州三个大类，其他地区的均归类到大类中，制作的复合饼图如图 8-18 所示，用子母饼图可以较好地展示个别大类中又区分小类的情况，具体的操作方法请参考案例制作。

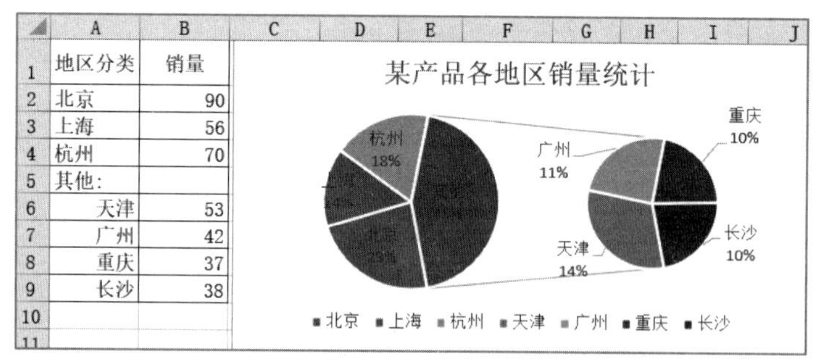

地区分类	销量
北京	90
上海	56
杭州	70
其他:	
天津	53
广州	42
重庆	37
长沙	38

图 8-18　使用子母饼图展示某大类细分数据项

双层饼图

2. 制作双层饼图

上例的复合饼图中只有大类中的“其他”类别需要显示其细分项数据，但如果每个大类都需要显示其细分项数据时，则可以用双层饼图来实现。例如，某产品分线上和线下两种销售模式，线下在各大专营店、超市、商城批发部销售，线上在京东、淘宝、亚马逊实行网上销售，需要统计分析线下和线上各销售模式中各渠道的销售情况，制作双层饼图的数据展示效果如图 8-19 所示，具体操作方法请参考案例制作。

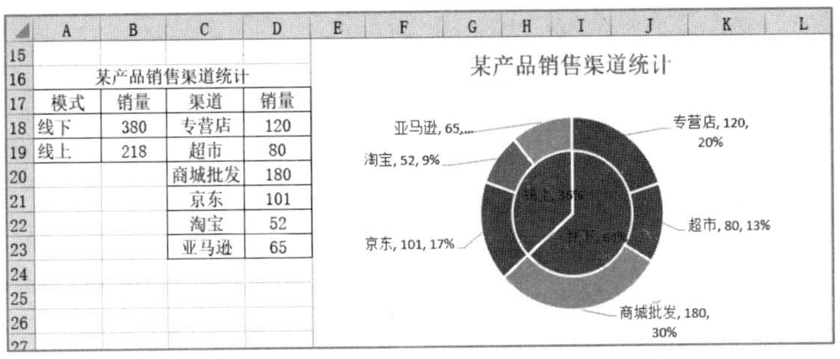

图 8-19　双层饼图展示各大类中的细分项数据

8.9　数据透视表

数据透视表能综合排序、筛选、分类汇总、图表等多种数据分析方法，还可以代替很多 Excel 的公式和函数，直接从源数据表中获取数据，轻松解决许多数据汇总和分析问题。数据透视图则是数据透视表的另一种表现形式。

理解数据透视表

8.9.1　创建数据透视表

使用数据透视表数据分析

数据透视表是一种交互制表的交互式 Excel 报表，用来创建数据透视表的源数据区域可以是工作表中的数据清单，也可以是导入的外部数据。源数据表必须具有列标题，列标题作为数据透视表的字段名，且源数据表不能有空行。

例如，如图 8-20 所示，针对某公司销售部门的数据（截取的部分数据），可以通过数据透视表来完成 8 个方面的销售分析，包括数据透视表的制作、显示方式、字段分组、排序和计算字段的添加等。下面针对这些销售数据的分析来介绍数据透视表（图）的知识点。

销售部门	销售人员	性别	销售日期	销售额
营销3部	苏盈盈	男	2005/5/21	5697.50
营销3部	刘建鹏	女	2005/3/15	8221.30
营销3部	张梦远	女	2005/4/19	7272.25
营销1部	方晓东	男	2005/6/25	25854.72
营销1部	蓝晓琦	女	2005/2/7	13929.19
营销2部	赵宇明	男	2005/4/19	3482.50
营销1部	蓝晓琦	女	2005/6/26	19396.03
营销3部	苏盈盈	女	2005/6/26	9941.04
营销2部	刘红	男	2005/5/22	18674.38
营销2部	徐伟志	女	2005/1/2	29947.25
营销3部	苏盈盈	女	2005/3/12	7495.36
营销3部	张梦远	男	2005/1/4	19697.89
营销3部	萧剑	女	2005/5/20	15416.45
营销2部	李小宁	女	2005/1/5	18093.96
营销3部	萧剑	男	2005/2/6	15116.85
营销1部	蓝晓琦	女	2005/4/17	35656.39

完成下述销售分析：
1. 每一位销售人员的销售额总量；
2. 某一个销售部门销售人员的销售额；
3. 各部门销售额比重；
4. 按销售额总量排列销售人员；
5. 查看某个期间内（月、季度）销售人员的销售额业绩；
6. 特定销售额明细数据表的生成；
7. 按照销售额的3%计算每一位销售人员应得的提成；
8. 排列出每个季度销售额在前三名的销售人员。

图 8-20　数据透视表数据源和数据分析要求

步骤 1，插入空数据透视表：选定数据源的任意单元格，单击“插入”选项卡→“表格”

组中的“数据透视表”按钮，打开“创建数据透视表”对话框。在对话框中选择数据源区域和放置数据透视表的位置，如图 8-21 所示，单击“确定”按钮关闭对话框。

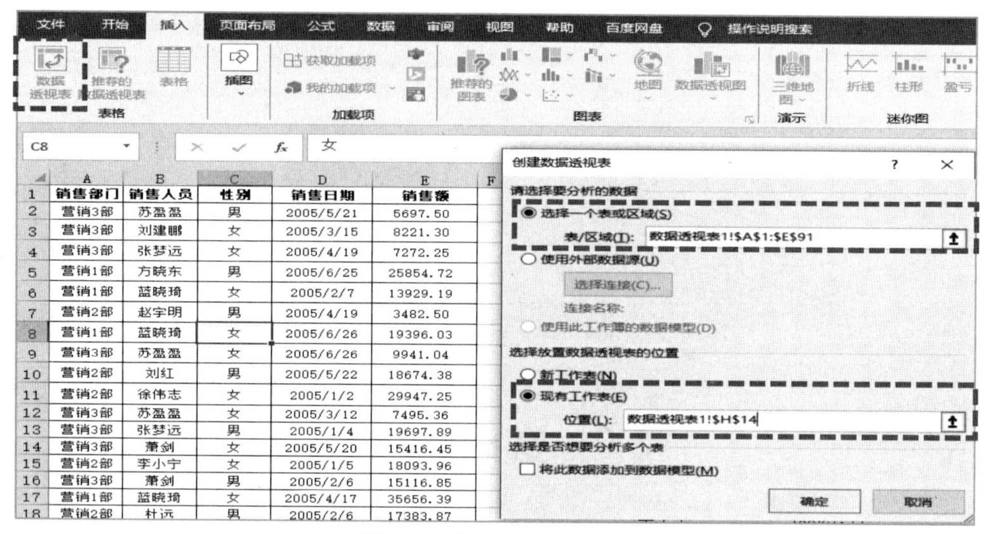

	A	B	C	D	E
1	销售部门	销售人员	性别	销售日期	销售额
2	营销3部	苏盈盈	男	2005/5/21	5697.50
3	营销3部	刘建鹏	女	2005/3/15	8221.30
4	营销3部	张梦远	女	2005/4/19	7272.25
5	营销1部	方晓东	男	2005/6/25	25854.72
6	营销1部	蓝晓琦	女	2005/2/7	13929.19
7	营销2部	赵宇明	男	2005/4/19	3482.50
8	营销1部	蓝晓琦	女	2005/6/26	19396.03
9	营销3部	苏盈盈	女	2005/6/26	9941.04
10	营销2部	刘红	男	2005/5/22	18674.38
11	营销2部	徐伟志	女	2005/1/2	29947.25
12	营销3部	苏盈盈	女	2005/3/12	7495.36
13	营销3部	张梦远	男	2005/1/4	19697.89
14	营销3部	萧剑	女	2005/5/20	15416.45
15	营销2部	李小宁	女	2005/1/5	18093.96
16	营销3部	萧剑	男	2005/2/6	15116.85
17	营销1部	蓝晓琦	女	2005/4/17	35656.39
18	营销2部	杜远	男	2005/2/6	17383.87

图 8-21　插入数据透视表

这时工作表进入数据透视表的设计环境，已经具有一张空的数据透视表，如图 8-22 所示。其右侧同时出现“数据透视表字段”任务窗格，窗格上半部分为字段列表，所列出的各字段对应源数据表的各个列标题；下半部分为区域部分，包含“筛选”、“列”标签、“行”标签和“值”标签 4 个区域。

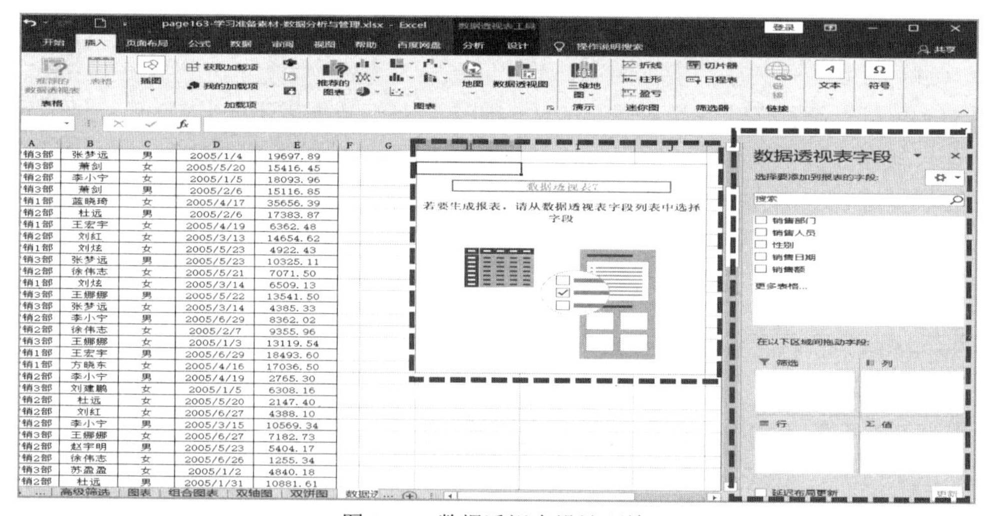

图 8-22　数据透视表设计环境

步骤 2，设计数据透视表字段：从窗格上半部分的字段列表中拖动某个字段到窗格下半部分的某一个区域中，即可设计数据透视表。例如，将“销售部门”拖放到“筛选”区域、“销售人员”拖放到“行”标签区域，“销售额”字段拖放到“值”标签区域。这时，生成的数据透视表如图 8-23 所示，求得每一位销售人员的销售总额，通过“销售部门”下拉列表勾选某部门复选框，即可获得某部门销售人员的销售额，即完成销售分析中的第

1、2 个问题。

销售部门	销售人员	性别	销售日期	销售额
营销3部	苏盈盈	男	2005/5/21	5697.50
营销3部	刘建鹏	女	2005/3/15	8221.30
营销3部	张梦远	女	2005/4/19	7272.25
营销1部	方晓东	男	2005/6/25	25854.72
营销1部	蓝晓琦	女	2005/2/7	13929.19
营销2部	赵宇明	男	2005/4/19	3482.50
营销1部	蓝晓琦	女	2005/6/26	19396.03
营销3部	苏盈盈	女	2005/6/26	9941.04
营销2部	刘红	男	2005/5/22	18674.38
营销2部	徐伟志	女	2005/1/2	29947.25
营销3部	苏盈盈	女	2005/3/12	7495.36
营销3部	张梦远	男	2005/1/4	19697.89
营销3部	萧剑	女	2005/5/20	15416.45
营销2部	李小宁	女	2005/1/5	18093.96
营销3部	萧剑	男	2005/2/6	15116.85
营销1部	蓝晓琦	女	2005/4/17	35656.39
营销2部	杜远	男	2005/2/6	17383.87
营销1部	王宏宇	女	2005/4/19	6362.48
营销2部	刘红	女	2005/3/13	14654.62
营销1部	刘炫	女	2005/5/23	4922.43
营销3部	张梦远	男	2005/5/23	10325.11
营销2部	徐伟志	女	2005/5/21	7071.50
营销1部	刘炫	女	2005/3/14	6509.13
营销3部	王娜娜	男	2005/5/22	13541.50
营销3部	张梦远	女	2005/3/14	4385.33
营销2部	李小宁	男	2005/6/29	8362.02
营销2部	徐伟志	女	2005/2/7	9355.96
营销3部	王娜娜	女	2005/1/3	13119.54
营销1部	王宏宇	男	2005/6/29	18493.60
营销1部	方晓东	女	2005/4/16	17036.50
营销2部	李小宁	男	2005/4/19	2765.30
营销3部	刘建鹏	女	2005/1/5	6308.16

完成下述销售分析：
1. 每一位销售人员的销售额总量；
2. 某一个销售部门销售人员的销售额；
3. 各部门销售额比重；
4. 按销售额总量排列销售人员；
5. 查看某个期间内（月、季度）销售人员的
6. 特定销售额明细数据表的生成；
7. 按照销售额的3%计算每一位销售人员应得
8. 排列出每个季度销售额在前三名的销售人

销售部门　（全部）

行标签	求和项:销售额
杜远	43791.41
方晓东	97899.16
蓝晓琦	88926.69
李小宁	50627.77
刘红	43574.86
刘建鹏	69026.28
刘炫	67880.91
苏盈盈	48534.18
王宏宇	76109.35
王娜娜	54553.55
吴莉莉	150146.58
萧剑	77260.68
徐伟志	55595.13
张梦远	77117.05
赵宇明	71846.77
总计	1072890.37

图 8-23　创建好的数据透视表

步骤 3，设置汇总方式：位于“值”标签区域的字段默认的是“求和”的汇总方式，也可使用其他的汇总方式，如求平均值、最大值、计数、偏差等。单击“值”标签区域中要修改汇总方式的字段，在弹出的快捷菜单中选择“值字段设置...”命令，如图 8-24 所示，打开“值字段设置”对话框。在“计算类型”中选择相关的计算类型，如“平均值”，则在透视表中将计算每个销售人员的销售额平均值。

图 8-24　数据透视表值字段设置

在数据透视表中，默认值的显示方式是“无计算”，也可以改变字段的“值显示方式”。在数据透视表中，选定要修改显示方式字段中的任一单元格，单击鼠标右键，在弹出快捷菜单中选择“值显示方式”的下一级菜单选项，如选择“总计的百分比”，则该字段值将按总计的百分比显示，如图 8-25 所示。

数据透视表字段
选择要添加到报表的字段:
行标签 求和项:销售额 百分比
营销1部 480962.69
营销2部 265435.94
营销3部 326491.74
总计 1072890.37
复制(C)
设置单元格格式(F)...
数字格式(T)...
刷新(R)
排序(S)
删除"百分比"(V)
值汇总依据(M)
值显示方式(A)
显示详细信息(E)
值字段设置(N)...
数据透视表选项(O)...
隐藏字段列表(D)
无计算(N)
总计的百分比(G)
列汇总的百分比(C)
行汇总的百分比(R)
百分比(O)...
父行汇总的百分比(P)
父列汇总的百分比(A)
父级汇总的百分比(E)
差异(D)...
差异百分比(F)...

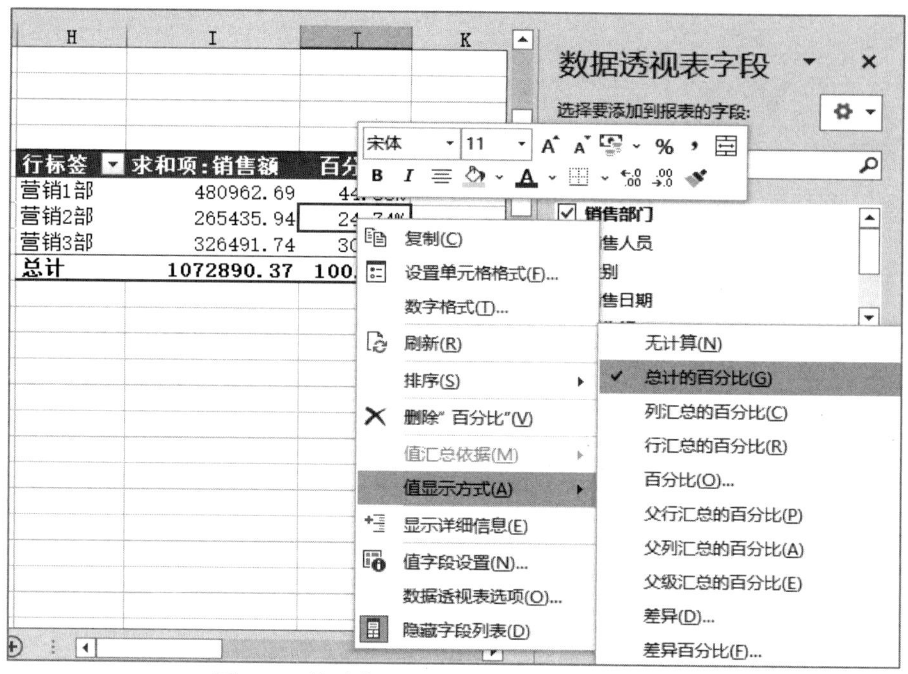

图 8-25　修改值显示方式为“总计的百分比”

8.9.2　添加计算字段

在数据透视表中，除了可针对源数据表中的字段进行汇总分析外，还可以添加源数据表中没有的新计算字段。例如，销售人员按销售额的 3%拿取提成，这时就可以添加一个字段，通过公式来计算每位销售人员的提成。

单击“数据透视工具—分析”选项卡的“计算”组中的“字段、项目和集”按钮，在弹出的下拉菜单中选择“计算字段”命令，打开“插入计算字段”对话框，如图 8-26 所示，输入字段名称和计算公式，单击“添加”按钮，再单击“确定”按钮关闭对话框。

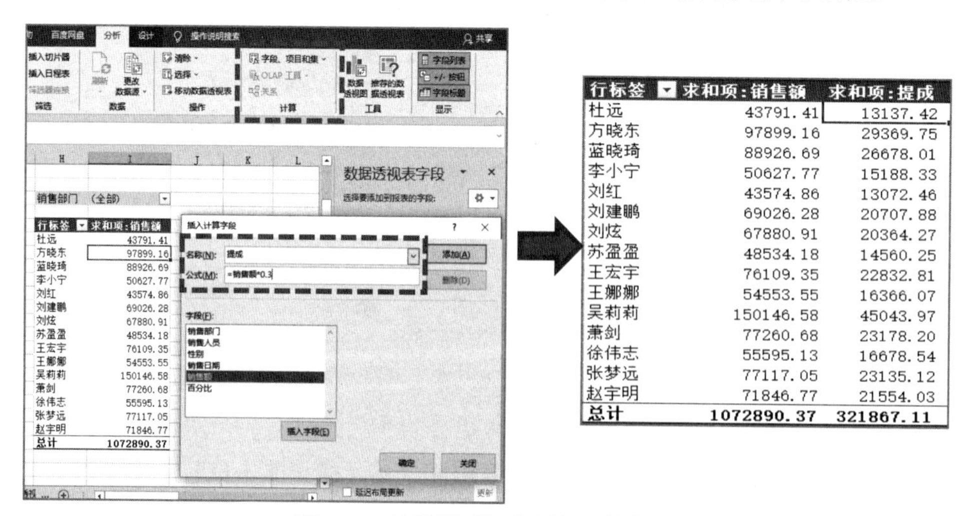

插入计算字段
名称(N): 提成
公式(M): =销售额*0.3
添加(A)
确定
关闭
行标签 求和项:销售额 求和项:提成
杜远 43791.41 13137.42
方晓东 97899.16 29369.75
蓝晓琦 88926.69 26678.01
李小宁 50627.77 15188.33
刘红 43574.86 13072.46
刘建鹏 69026.28 20707.88
刘炫 67880.91 20364.27
苏盈盈 48534.18 14560.25
王宏宇 76109.35 22832.81
王娜娜 54553.55 16366.07
吴莉莉 150146.58 45043.97
萧剑 77260.68 23178.20
徐伟志 55595.13 16678.54
张梦远 77117.05 23135.12
赵宇明 71846.77 21554.03
总计 1072890.37 321867.11

图 8-26　给数据透视表添加计算字段

8.9.3　字段分组

如果某个字段是数值或日期型数据，在创建数据透视表后还可以对字段进行分组。若字段是日期型数据，则可将各日期按月、季度或年份等分组后进行统计。

例如，要按季度来查看每个销售人员的销售额情况，其操作步骤为将光标放在“行标签”中某个日期单元格，单击鼠标右键，在弹出的快捷菜单中选择“组合...”命令，打开“组合”对话框。在“步长”列表中选择“季度”，单击“确定”按钮关闭对话框。这时，数据透视表按“季度”分组显示，如图 8-27 所示。

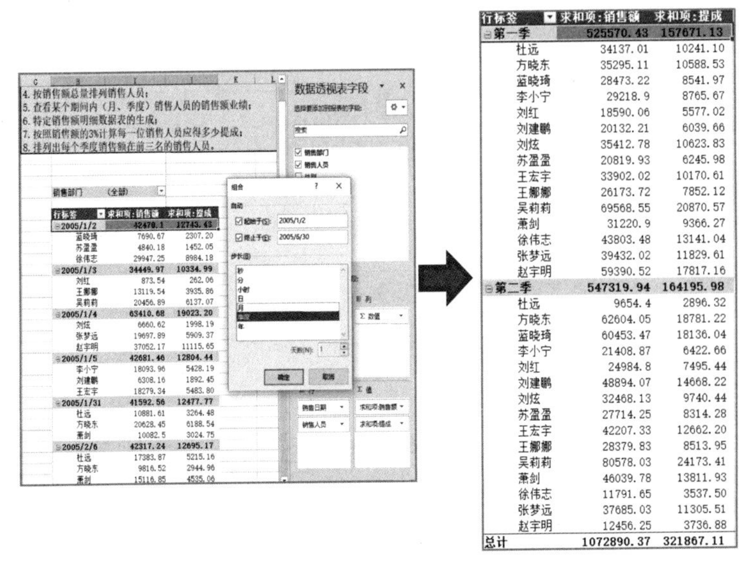

图 8-27　创建数据透视表字段分组

8.9.4　数据透视表的刷新

创建数据透视表后，如果对原始数据进行了修改，仅需要在“数据透视表工具—分析”选项卡→“数据”组中单击“刷新”按钮，就能将修改反映到数据透视表中（或单击鼠标右键，在弹出的快捷菜单中选择“刷新”命令亦可）。如果在源数据表中又添加了新的行或列，则需通过更改数据源的方法来更新数据透视表。单击“数据透视表工具—分析”选项卡→“数据”组中的“更改数据源”按钮，从下拉菜单中选择“更改数据源...”命令，在弹出的对话框中重新选择新的数据源区域即可。

8.10　数据透视图

数据透视图

数据透视图为关联数据透视表中的数据提供其图形表示形式，与普通图表基本类似，但略有不同。创建数据透视图时，会显示数据透视图筛选窗格，可使用此筛选窗格对数据透视图中的基础数据进行排序和筛选。另外，数据透视图不能使用 XY 散点图、气泡图或股价图。

在数据透视表中对字段布局和数据所做的修改，会立即反映到数据透视图中。

选择数据区域中的任意一个单元格，单击“插入”选项卡→“图表”组中的“数据透视图”按钮上的下三角按钮，在弹出的下拉菜单中选择“数据透视图”命令，打开“创建数据透视图”对话框，如图 8-28 所示。数据透视图字段的拖放与数据透视表方法一致，在此不再赘述。创建数据透视图的同时会生成数据透视表，数据透视图事实上是以汇总后的数据透视表为数据源的。

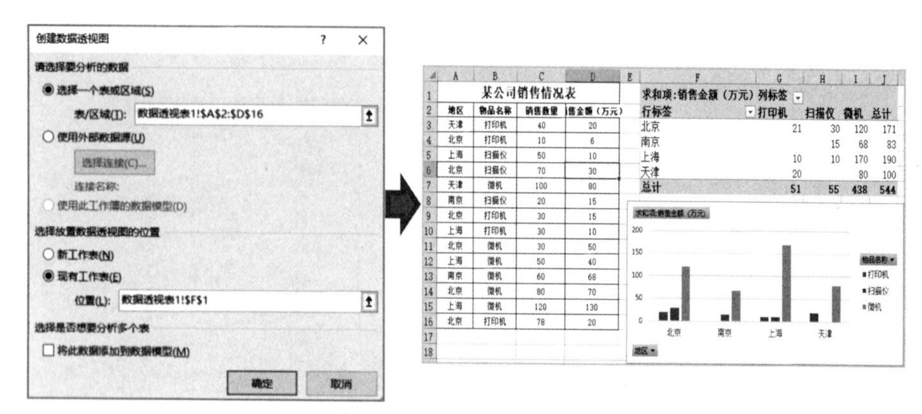

图 8-28　创建数据透视图

8.11　案例制作——图表与数据透视表（图）

打开“\第 8 章\图表和数据透视图.xlsx”，通过本案例，具体讲述图表和数据透视表的数据分析应用，包括组合图表、双饼图、双轴图及各种类型的数据透视表。

【案例要求】

1. 在“标准图表”工作表中以“学生成绩表”工作表中的 R9:V10 为数据区域创建各等级人数的三维饼图，以等级为图例项，图例项显示在图下方，图表标题为“各等级人数比例图”，数据标签包括值、百分比、引导线。图表区域显示在图表工作表的 A1:H15 单元格区域，效果图如图 8-29 所示。

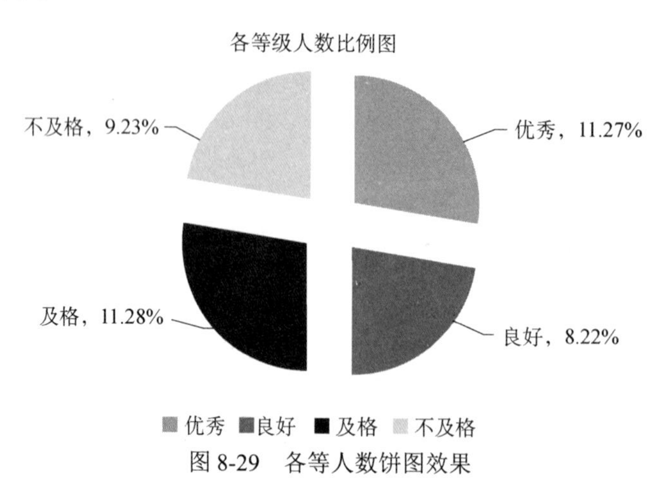

图 8-29　各等人数饼图效果

2. 在图表工作表 Chart1 中创建三门课程平均分的簇状柱形图，以课程为图例项，图例项显示在图表的右方，图表标题为“各科平均分”，横坐标轴标签为“平均分”，纵坐标刻度为[60,80]，刻度间隔为 2，效果如图 8-30 所示。

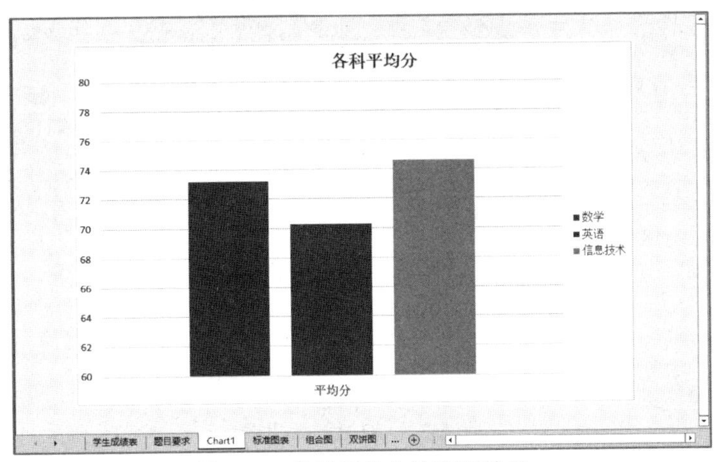

图 8-30　各科平均分柱形图效果

3. 在“组合图表”工作表中，根据两类图书的销售情况创建一张图表，生成科技类和经济类两类图书的对比情况，科技类图书使用簇状柱形图，经济类图书选用带标记的折线图，效果如图 8-31 所示。

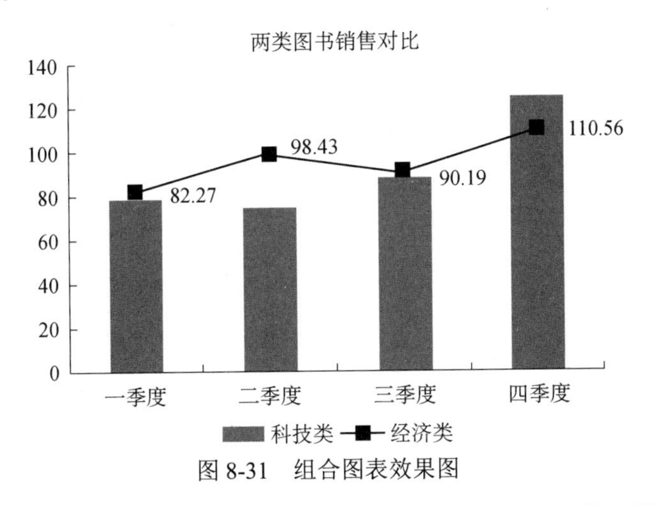

图 8-31　组合图表效果图

4. 根据“双饼图”工作表中某校各年级各班级的优秀人数，制作双饼图，效果如图 8-32 所示。

5. 根据“双轴图”工作表中的数据，生成双轴图，效果如图 8-33 所示。

6. 在“数据透视表 1”工作表中，根据某公司的销售情况数据创建一个数据透视表，用来显示各个地区各种物品的销售总数量和总金额，效果如图 8-34 所示。

7. 在“数据透视图”工作表中创建数据透视图（簇状条形图），显示每个客户在各个出版社所订的教材数目，生成的数据透视图与数据透视表效果如图 8-35 所示。

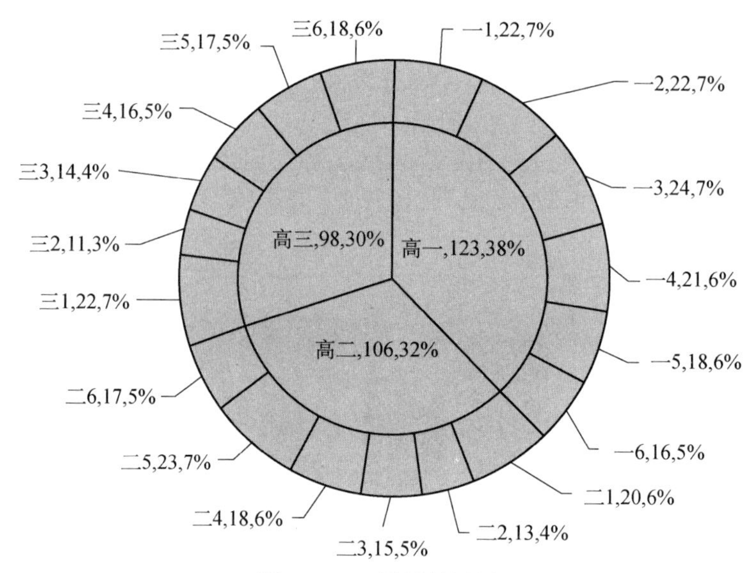

图 8-32　双饼图效果图

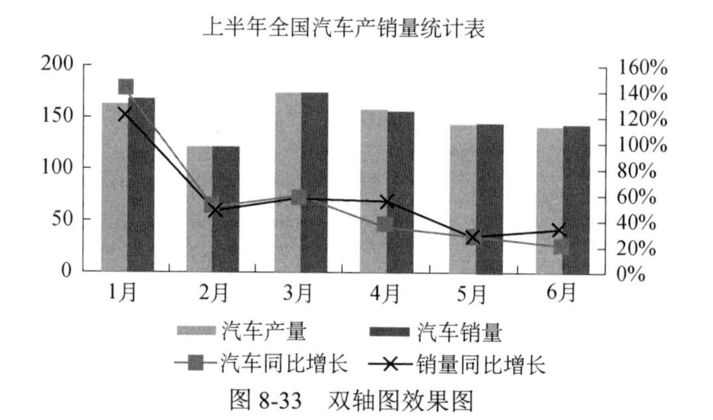

图 8-33　双轴图效果图

行标签	求和项:销售数量	求和项:销售金额（万元）
⊟北京	**220**	**171**
打印机	40	21
扫描仪	70	30
微机	110	120
⊟南京	**80**	**83**
扫描仪	20	15
微机	60	68
⊟上海	**250**	**190**
打印机	30	10
扫描仪	50	10
微机	170	170
⊟天津	**140**	**100**
打印机	40	20
微机	100	80
总计	**690**	**544**

图 8-34　数据透视表效果图

8. 在“数据透视表 3”工作表中，应用数据透视表汇总每位销售员各季度销售额总和，并按 5%的提成计算每位销售员的提成金额，在数据透视表中筛选显示中国每一位销售员的数据。效果如图 8-36 所示。

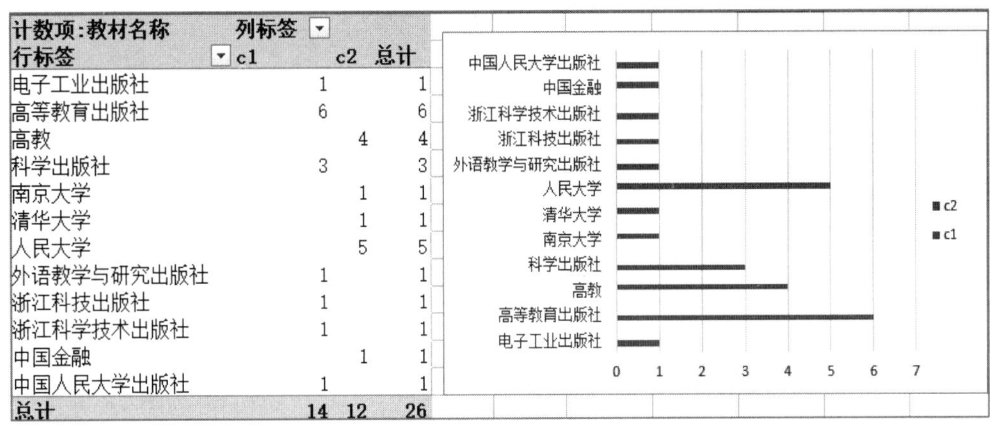

计数项:教材名称	列标签		
行标签	c1	c2	总计
电子工业出版社	1		1
高等教育出版社	6		6
高教		4	4
科学出版社	3		3
南京大学		1	1
清华大学		1	1
人民大学		5	5
外语教学与研究出版社	1		1
浙江科技出版社	1		1
浙江科学技术出版社	1		1
中国金融		1	1
中国人民大学出版社	1		1
总计	14	12	26

图 8-35　数据透视图（表）效果

国家	中国	
行标签	求和项:销售额	求和项:提成
⊟第一季	**32236.86**	**¥1,611.84**
柳杜鹃	12051.54	¥602.58
任海燕	10030.82	¥501.54
苏瑛	8677.7	¥433.89
许可	1476.8	¥73.84
⊟第二季	**32331.89**	**¥1,616.59**
柳杜鹃	15119.31	¥755.97
任海燕	3466.4	¥173.32
苏瑛	11536.4	¥576.82
许可	2209.78	¥110.49
⊟第三季	**40385.3**	**¥2,019.27**
柳杜鹃	16284.18	¥814.21
任海燕	13067.07	¥653.35
苏瑛	7527.75	¥376.39
许可	3506.3	¥175.32
⊟第四季	**52718.55**	**¥2,635.93**
柳杜鹃	16978.36	¥848.92
任海燕	13675.97	¥683.80
苏瑛	8876.51	¥443.83
许可	13187.71	¥659.39
总计	**157672.6**	**¥7,883.63**

图 8-36　按季度分组展示效果

【案例制作】

第 1 题

第 1 题：

步骤 1，插入图表：选定“标准图表”工作表的任一单元格，单击“插入”选项卡→“图表”组中的“饼图”按钮，在弹出的下拉列表中选择“三维饼图”，这时工作表中创建了一个空白图表区，同时菜单栏上增加了菜单项“图表工具”，包括“设计”“格式”两个选项卡，如图 8-37 所示。

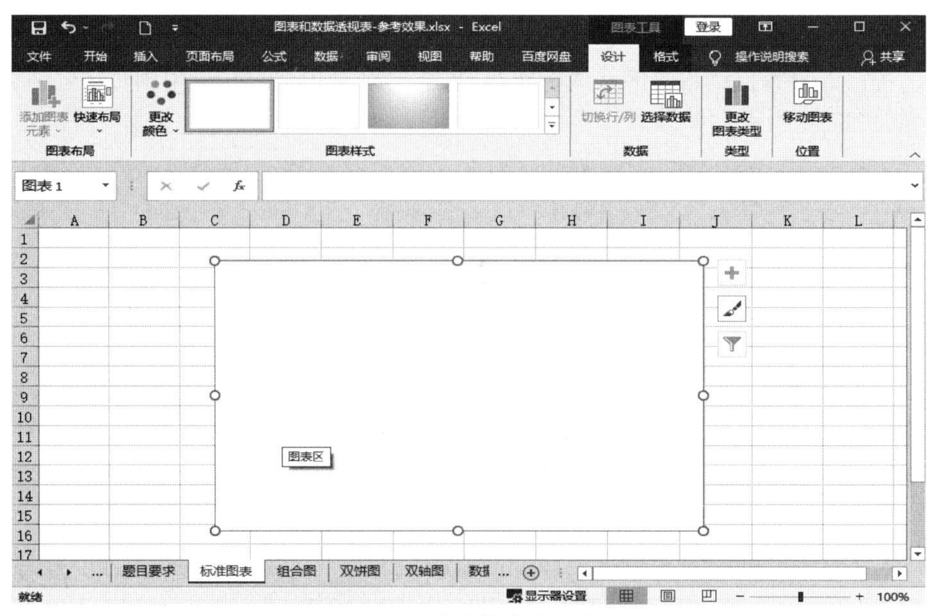

图 8-37　生成的空白图表

注：步骤 1 也可以先选定“学生成绩表”中制作图表的数据区 R9:V10，然后插入饼图，此时插入的饼图在工作表“学生成绩表”中，可以制作完毕后复制图表到指定的工作表区域。

步骤 2，设置图表数据源：在图 8-37 所示界面下，选定插入的空白图表，单击“数据”组中的“选择数据”按钮，弹出“选择数据源”对话框，如图 8-38 所示。将光标定位在“图表数据区域”文本框中，单击“学生成绩表”标签，用鼠标拖选“R9: V10”区域，单击“确定”按钮。

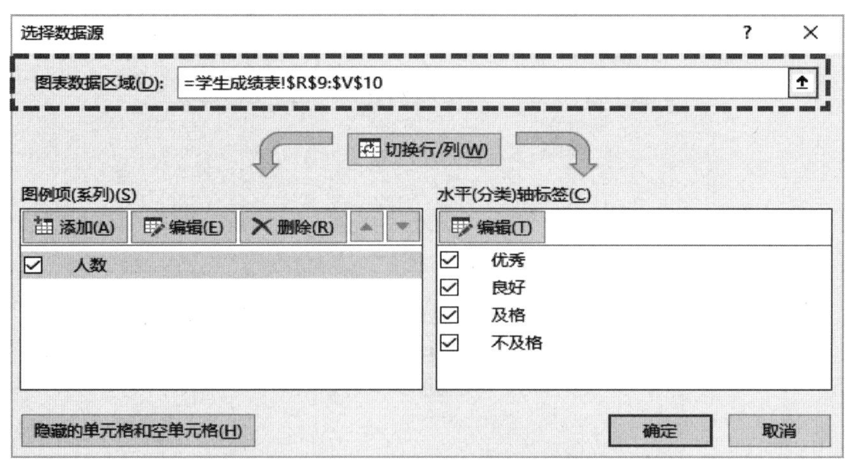

图 8-38　选择图表数据区域“学生成绩表！$R$9:$V$10”

步骤 3，添加图表元素。

（1）图例项位置：选中图表，单击“图表布局”组中的“添加图表元素”→“图例”→“底部”命令。

（2）图表标题设置：单击图表上方“人数”文本区，使光标处于插入编辑状态，输入文字“各等级人数比例图”，如图 8-39 所示。

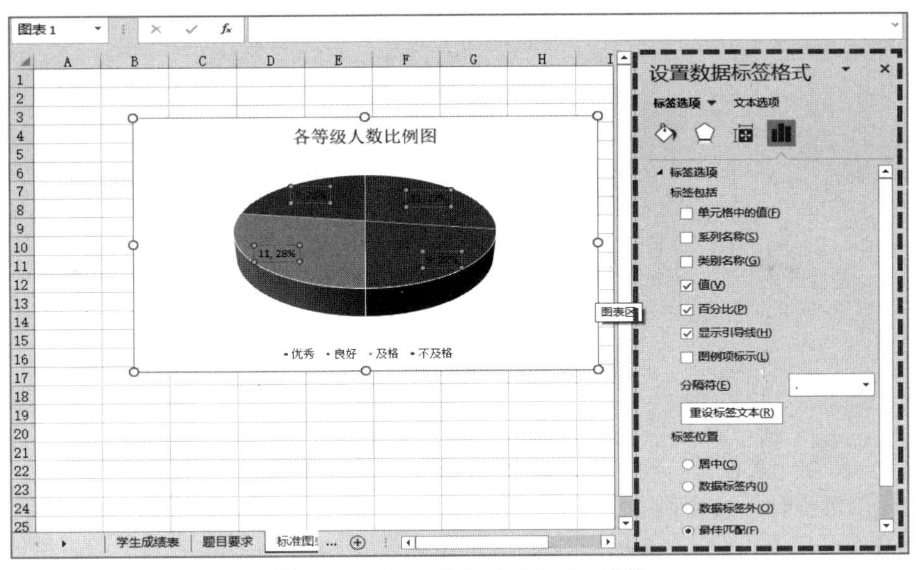

图 8-39　“设置数据标签格式”窗格

（3）数据标签设置：选中图表，单击“图表布局”组中的“添加图表元素”→“数据标签”→“其他数据标签选项”命令，这时在工作表的右边显示“设置数据标签格式”窗格，如图 8-39 所示，单击窗格中的“标签选项”按钮，勾选“值”“百分比”“显示引导线”前的复选框。

（4）移动图表位置：选定图表，在光标变成“✥”状态时，按住鼠标左键移动图表，并调整图表大小到 A1:H15 单元格区域。

第 2 题

第 2 题：

步骤 1，插入图表：参考第 1 题中步骤 1 的方式插入“簇状柱形图”。

步骤 2，设置图表数据源：选定刚插入的空白图表，单击“数据”组中的“选择数据”按钮，弹出“选择数据源”对话框，如图 8-40 所示。将光标定位在“图表数据区域”文本框中，单击“学生成绩表”标签，按住 Ctrl 键，用鼠标拖选“学生成绩表”中不连续区域“G2:I2”“G43:I43”，单击“确定”按钮，生成的簇状柱形图如图 8-41 所示。

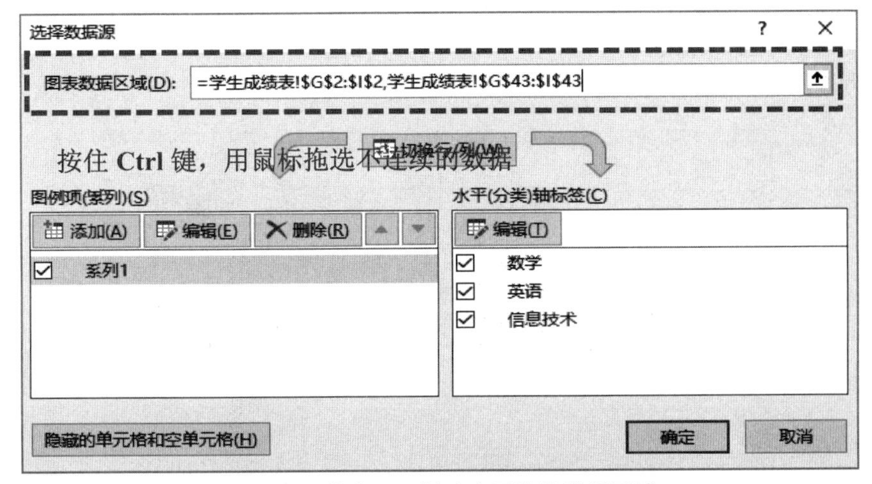

图 8-40　按住 Ctrl 键选定不连续数据区域

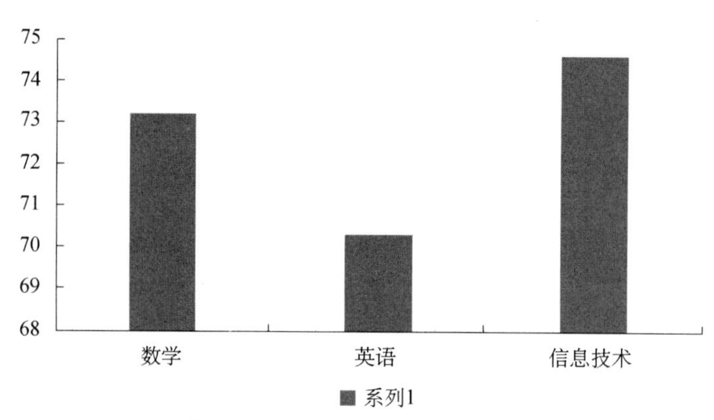

图 8-41　生成的最初簇状柱形图

步骤 3，图表元素设置与相关选项设置。

（1）图例项修订：选中图表，单击“图表工具—设计”选项卡→“数据”组中的“切换行/列”按钮。

（2）图表标题设置：选中图表标题，修改图表标题为“各科平均分”。

（3）修改横坐标标签：选中图表，单击“图表工具—设计”选项卡→“数据”组中的“选择数据”按钮，打开“选择数据源”对话框，如图 8-42 所示。选定“水平（分类）轴标签”列表中的“1”选项，单击“编辑”按钮，在打开的“轴标签”对话框中输入文字“平均分”，单击“确定”按钮关闭对话框。

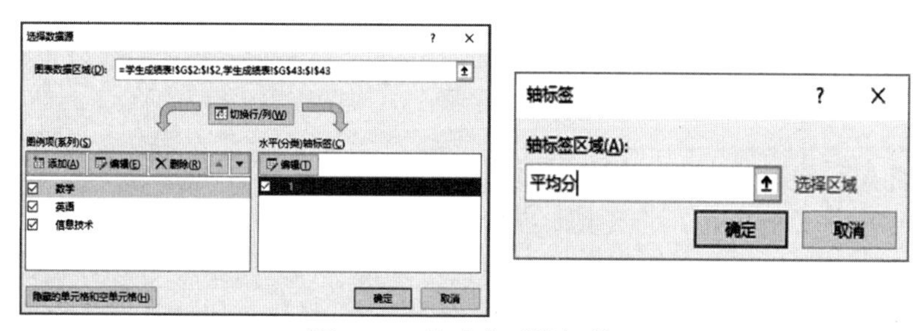

图 8-42　修改水平轴标签

（4）纵坐标轴选项设置：选中图表，双击纵坐标轴，这时工作表右边弹出“设置坐标轴格式”窗格，单击“坐标轴选项”选项卡下的“坐标轴选项”按钮，设置“最大值”为 80.0，“最小值”为 60.0，设置单位“大”为 2.0，如图 8-43 所示。

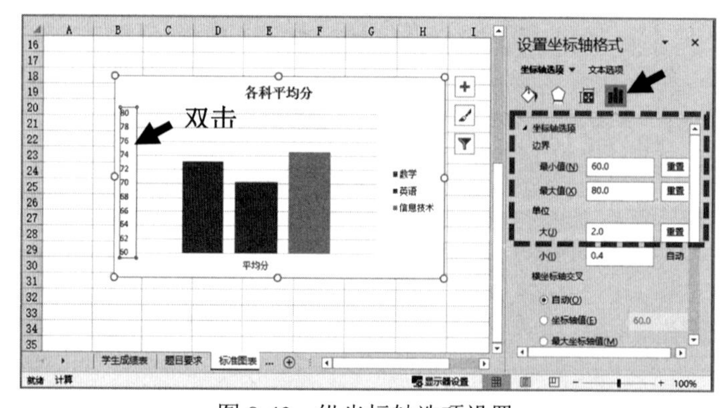

图 8-43　纵坐标轴选项设置

步骤 4，移动图表至图表工作表 Chart1：选定图表，单击“图表工具—设计”选项卡→“位置”组中的“移动图表”按钮，打开“移动图表”对话框，如图 8-44 所示，选择图表位置“新工作表”，在文本框中输入工作表名“Chart1”，单击“确定”按钮关闭对话框。

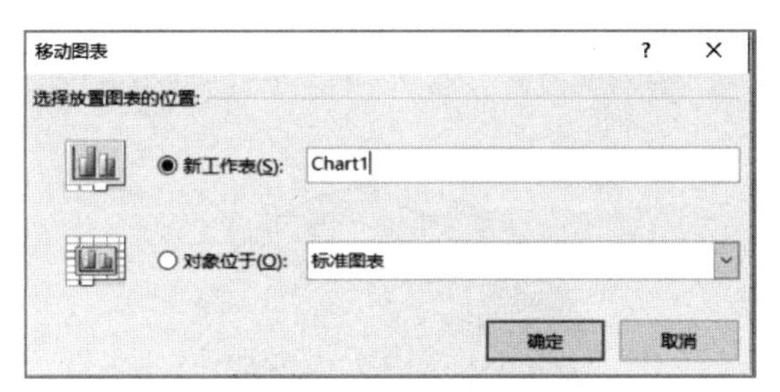

图 8-44　移动图表至图表工作表 Chart1

第 3 题：

第 3 题

步骤 1，插入图表：在“组合图表”工作表中，选中 A2:E4 单元格区域，单击“插入”选项卡→“图表”组中的“插入组合图”→“簇状柱形图-折线图”，单击“确定”按钮关闭对话框，生成的图表如图 8-45 所示。

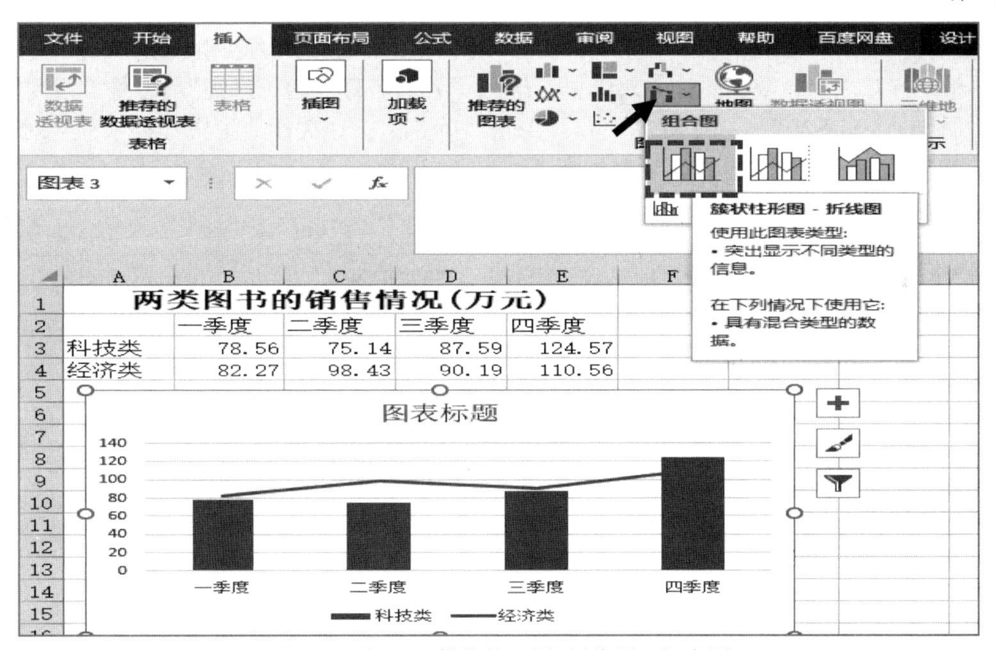

图 8-45　插入“簇状柱形图-折线图”组合图

步骤 2，添加图表元素。

（1）图例项位置：选中图表，单击“图表布局”组中的“添加图表元素”→“图例”→“右侧”。

（2）图表标题设置：单击图表上方的文本区，使光标处于插入编辑状态，输入图表标题内容。

（3）数据标签设置：选中图表中的经济类系列折线图，单击“图表布局”组中的“添加图表元素”→“数据标签”→“数据标签外”。

第 4 题

第 4 题：

步骤 1，插入内层饼图：在“双饼图”工作表中，选定数据区 A2:B5，单击“插入”选项卡→“图表”组中的“饼图”按钮 ，在弹出的二维饼图列表中选择“饼图”，添加图表元素“数据标签”：类别名称、值、百分比，设置图例项为“无”，效果如图 8-46 所示。

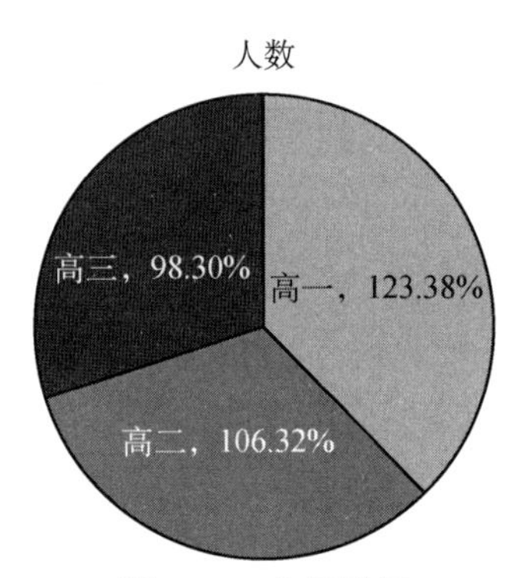

图 8-46　内层饼图

步骤 2，添加外层饼图数据源：选定图表，单击“图表工具—设计”选项卡→“数据”组中的“选择数据”按钮，打开“选择数据源”对话框。单击“图例项（系列）”列表下的“添加”按钮，打开“编辑数据系列”对话框，输入“系列名称”为“班级”，设置“系列值”为“=双饼图!$D$3:$D$20”，如图 8-47 所示，单击“确定”按钮关闭“编辑数据系列”对话框，返回到上一级对话框，如图 8-48（左）所示。

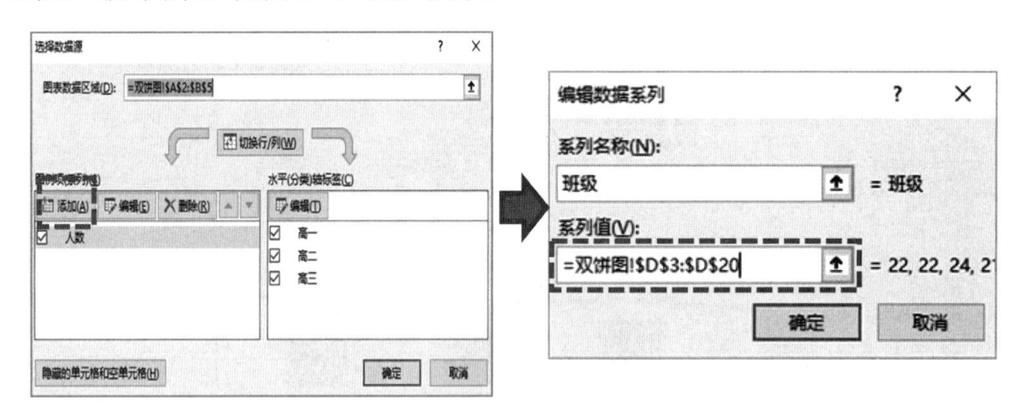

图 8-47　添加“班级”系列的对应值

步骤 3，设置轴标签区域：选定“选择数据源”对话框的“图例项（系列）”为“班级”，如图 8-48 所示，单击“水平（分类）轴标签”下的“编辑”按钮，打开“轴标签”对话框。设置“轴标签区域”为“=双饼图!$C$3:$C$20”，单击“确定”按钮关闭“轴标签”对话框，返回上一级“选择数据源”对话框，单击“确定”按钮关闭对话框。若此时，内层饼图数据标签“类别”名称有所变化，可以手动修改类别的名称。

步骤 4，设置次坐标轴：选定图表，双击图表区，此时工作表右侧弹出“设置数据系列格式”窗格，设置系列绘制在“次坐标轴”上，如图 8-49 所示。

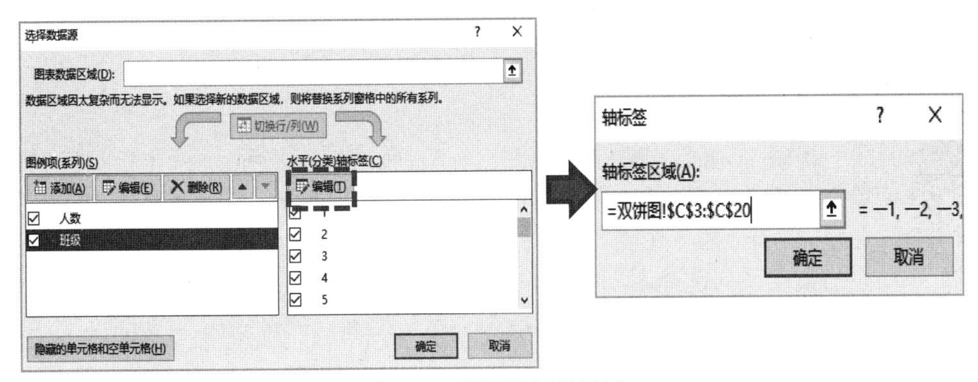

图 8-48　设置轴标签区域

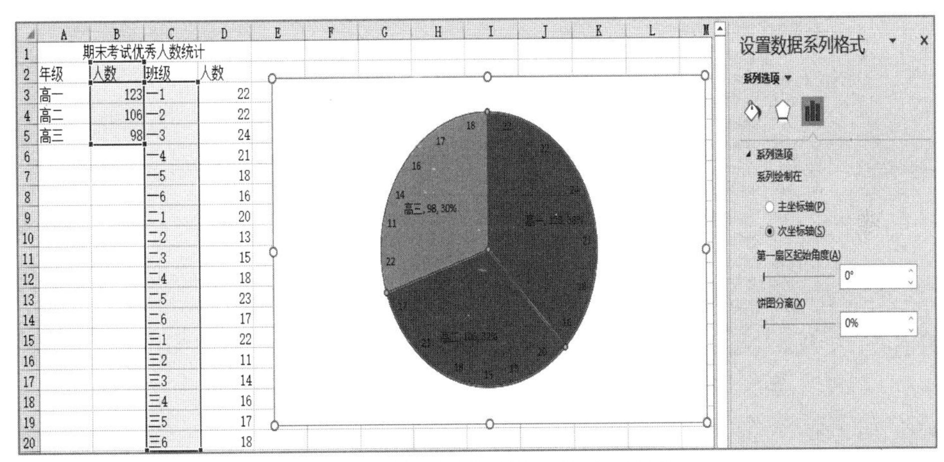

图 8-49　设置系列绘制在“次坐标轴”

步骤 5，展现内、外双层图。

（1）分离上、下图层：选定图表，单击绘图区中的饼图，确保 3 个扇形区域都处于选定状态，按住鼠标左键往外拖，这时内、外层饼图分离，拖放到适当的区域后松开鼠标，如图 8-50 左所示。

（2）复原上层（内部）饼图：分别单击上层内饼扇形，确保每次只选定了某一个扇形，按住鼠标拖移回圆心处构成内部的上层饼图，如图 8-50 右所示。

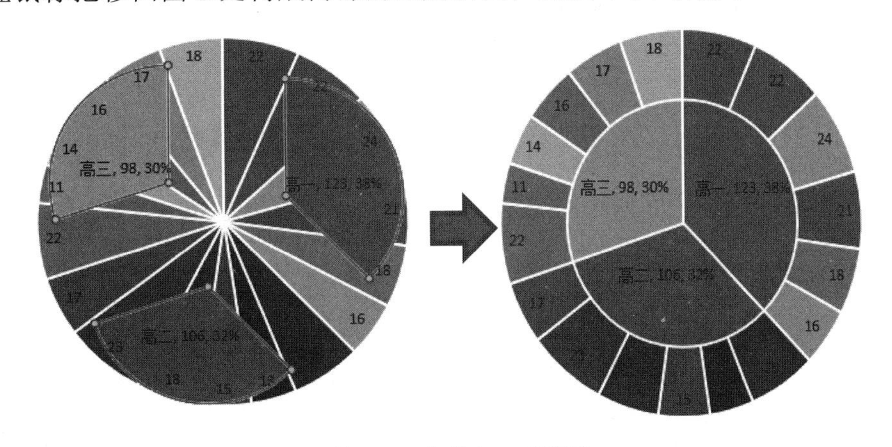

图 8-50　分离上、下图层

步骤 6，添加图表元素“数据标签”：设置类别名称、值、百分比、显示引导线，再设置数据标签位置为数据标签外。

第 5 题

第 5 题：

步骤 1，插入自定义组合图：在“双轴图”工作表中，选定数据区域 A3:E9，单击“插入”选项卡→“图表”组中的“插入组合图”→“创建自定义组合图”命令，打开“插入图表”对话框，如图 8-51 所示。在对话框右下部分别设置“为您的数据系列选择图表类型和轴”下的“汽车产量”“汽车销量”均为“簇状柱形图”；“产量同比增长”“销量同比增长”均为“带数据标记的折线图”，同时勾选其“次坐标轴”复选框。单击“确定”按钮关闭对话框。

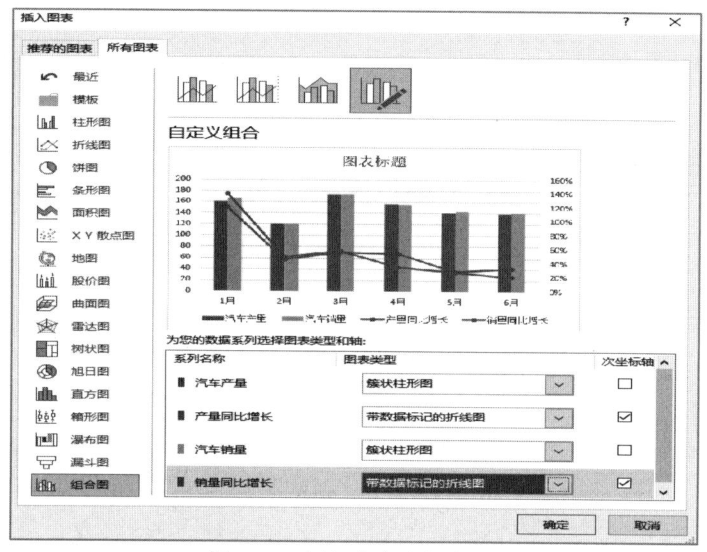

图 8-51　插入自定义组合图

第 6 题

步骤 2，添加图表标题，适当调整图表区的位置与大小。

第 6 题：

注：数据透视表创建在前面的小节中有具体详细的阐述，本题不再赘述，这里只介绍制作过程。

步骤 1，插入空数据透视表。

步骤 2，设置数据透视表字段如图 8-52 所示。

在以下区域间拖动字段:
筛选
列
Σ 数值
行
地区
物品名称
Σ 值
求和项:销售数量
求和项:销售金额（万...

图 8-52　设置数据透视表字段

第 7 题

第 7 题：

步骤 1，在“数据透视图”工作表中，单击“插入”选项卡→“图表”组中的“数据透视图”按钮，打开“创建数据透视图”对话框，如图 8-53 所示。设置数据区域为“数据透视图!$A$1:$I$27”，数据透视图位置为“现有工作表”空白区任一单元格，如数据透视图!$B$30，单击“确定”按钮关闭对话框。

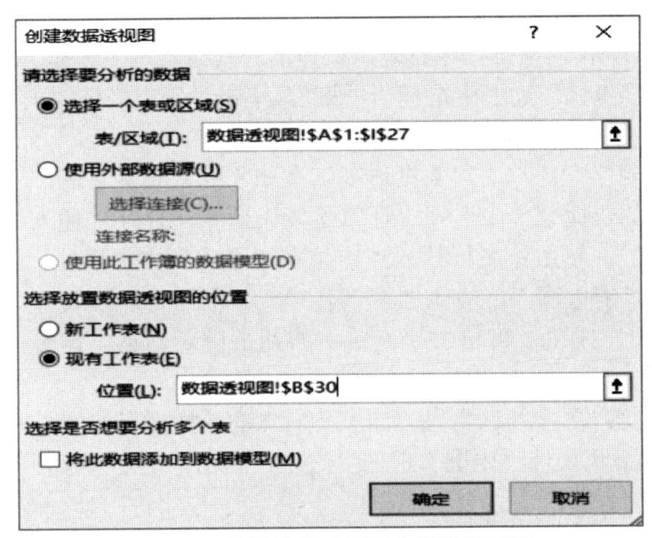

图 8-53　设置数据透视图分析数据区域

步骤 2，拖放字段“客户”至“图例（系列）”区域，拖放字段“出版社”至“轴（类别）”区域，拖放字段“教材名称”至“值”区域，“教材名称”字段的汇总方式为“计数”，如图 8-54 左所示，生成的数据透视图如图 8-54 右所示。

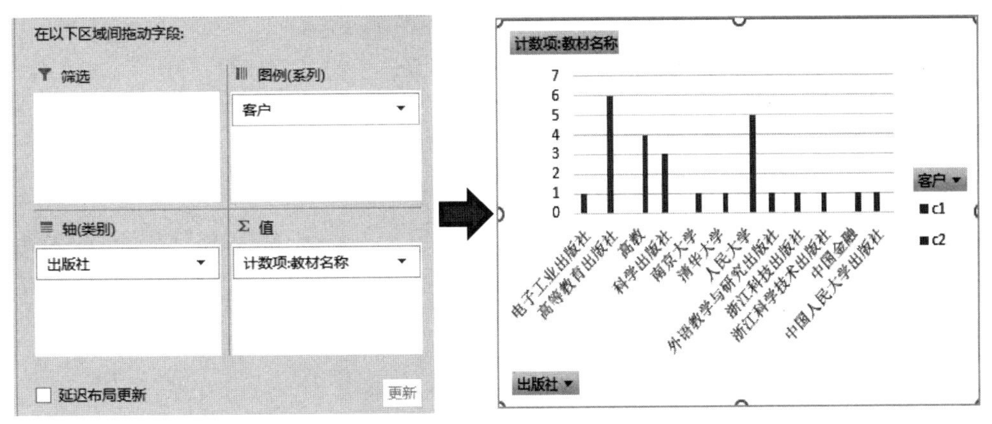

图 8-54　插入数据透视图

步骤 3，更改数据透视图图表类型：选定插入的数据透视图，单击“数据透视图—设计”选项卡→“类型”组中的“更改图表类型”按钮，打开“更改图表类型”对话框。在“所有图表”列表中选择“条形图”→“簇状条形图”，单击“确定”按钮关闭对话框。

步骤 4，隐藏图表上的字段按钮：选定图表，单击图表上的字段按钮，如“教材名称”，单击鼠标右键，在弹出的快捷菜单中选择“隐藏图表上的所有字段按钮”命令，获得题目中要求的数据透视图效果。

第 8 题

第 8 题：

步骤 1，插入数据透视表，拖放字段“国家”至“筛选”区域，先后拖放字段“日期”“销售员”至“行”区域，拖放字段“销售额”至“值”区域，汇总方式为求和，如图 8-55 所示。

步骤 2，设置数据按“季度”分组：将光标选定在“行标签”列中某个日期单元格，如“1 月 1 日”，单击鼠标右键，在弹出的快捷菜单中选择“组合...”命令，打开“组合”对话框。在“步长”列表中选择“季度”，单击“确定”按钮关闭对话框。这时，数据透视表按“季度”分组显示。

步骤 3，添加计算字段：单击“数据透视工具—分析”选项卡→“计算”组中的“字段、项目和集”，在弹出的快捷菜单中选择“计算字段”命令，打开“插入计算字段”对话框，输入字段名称“提成”，然后将光标插入点定位在“公式”文本框处，双击“字段”列表中的“销售额”，这时“销售额”字段添加至“公式”文本框处，输入“*5%”，完成计算公式的输入。单击“添加”按钮，再单击“确定”按钮关闭对话框。这时，数据透视表添加了“提成”字段。

步骤 4，筛选数据：单击筛选字段“国家”右侧的下拉列表，如图 8-56 所示，勾选“选择多项”前的复选框，再勾选“中国”前的复选框，单击“确定”按钮即可。

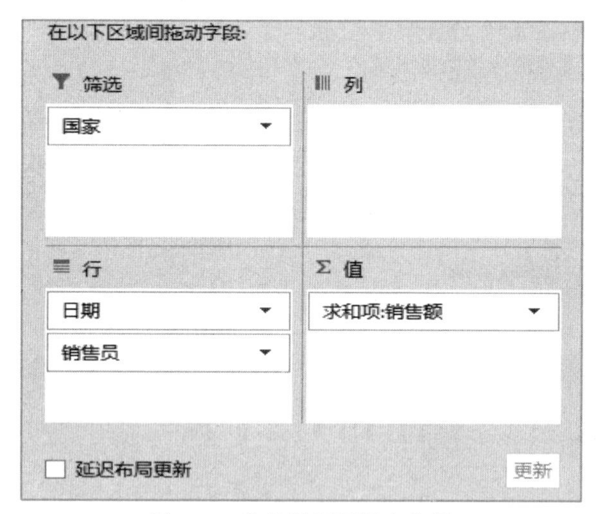

图 8-55　拖放数据透视表字段

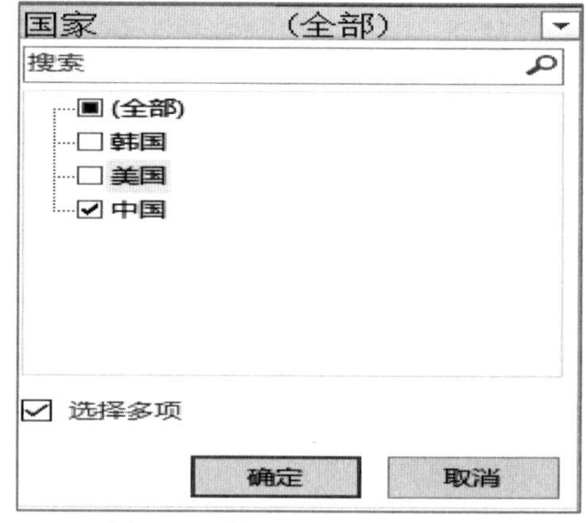

图 8-56　数据透视表字段筛选

8.12　练习

练习 1：打开“\练习\练习 1.xlsx”，完成如下操作：

1. 将 Sheet1 表中的学生成绩表复制到 Sheet5，建立一张姓名为水平坐标，结果 1 和结果 2 为纵坐标的双坐标图表，效果如图 8-57 所示。

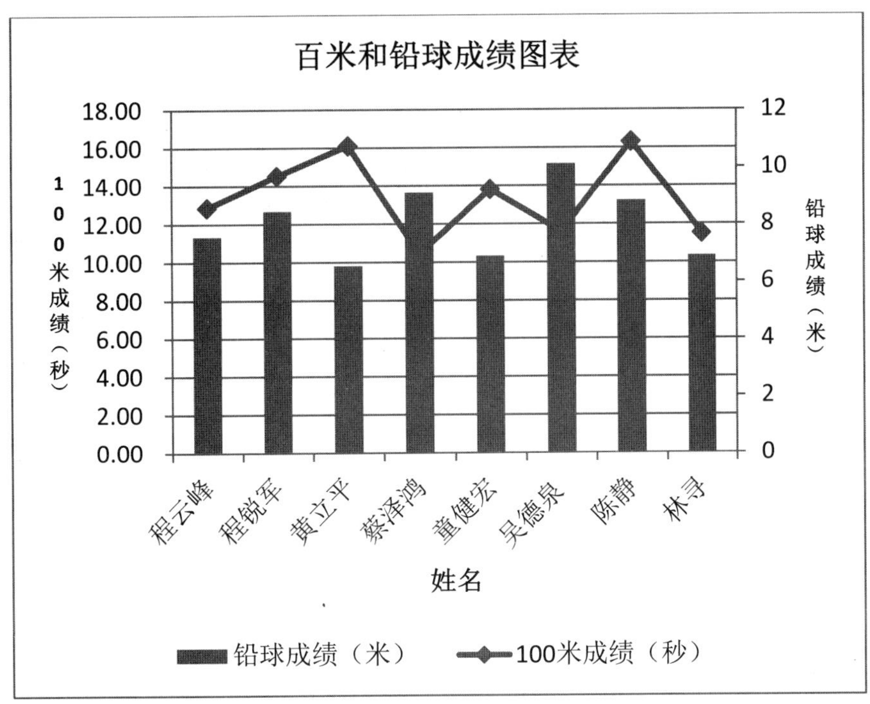

图 8-57　练习 1 双坐标效果图

2. 根据 Sheet1 表中的学生成绩表，在 Sheet6 表中创建一张数据透视表，要求显示每种性别学生的及格与不及格人数。行区域设置为性别，列区域设置为结果 1，数据区域为计数项结果 1。

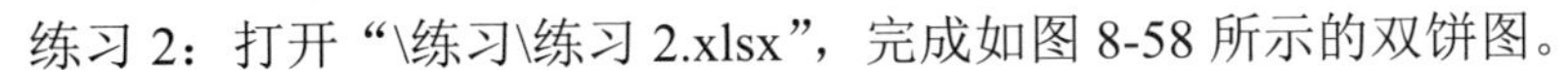
练习 2：打开“\练习\练习 2.xlsx”，完成如图 8-58 所示的双饼图。

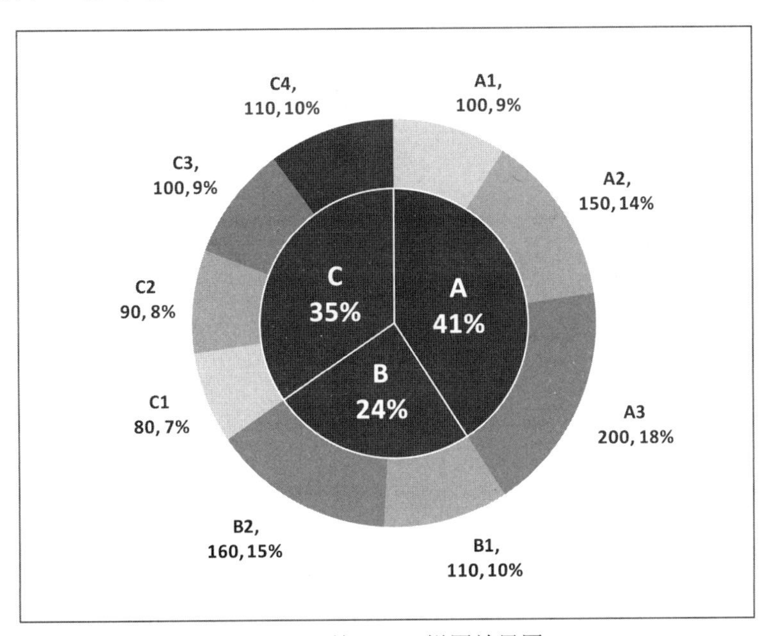

图 8-58　练习 2 双饼图效果图

第三篇　PowerPoint 2019 高级应用

PowerPoint 是 Microsoft 公司推出的 Office 系列产品之一，是制作和演示幻灯片的软件，它能够制作出集文字、图形、图像、声音及视频剪辑等多媒体元素于一体的演示文稿。PPT 广泛用于会议、商业演示、培训、娱乐动画和教学课件中。制作一个 PPT 容易，但做一个好的、合适的 PPT 却并不容易。如果所设计的 PPT 逻辑性差、杂乱无章，又无美观效果，形式不能较好地表达内容，则所设计的 PPT 就不能吸引人并有效地传递信息。

本篇共分 3 章。

第 9 章 PPT 制作的构思与设计，从 PPT 设计常见问题、整体结构设计、设计原则和 PPT 优化设计 4 个方面进行了阐述。以找出问题、效果对照方式来介绍 PPT 设计的构思与制作，是 PPT 设计理念与制作的学习引导。

第 10 章利用模板制作项目答辩演示文稿，以大学生创新项目答辩为例，介绍使用母版设计具有统一风格、图文并茂的学术型 PPT 的常用思路与方法。

第 11 章主题活动汇报 PPT 制作，以红色文化主题活动演示文稿的制作，介绍动感 PPT 的设计，包括视频的添加、播放、动画效果的添加和触发器的使用等。

第 9 章　PPT 制作的构思与设计

9.1　PPT 设计中常见问题

课件

制作 PPT 文稿前，首先必须明确文稿的用途和目的。用途决定形式，不同的用途，在设计上也会有不同的风格与表现形式，如进行销售演示、产品发布或培训时，PPT 的功用是视觉辅助，需要借助 PPT 给观众展示一些要点、图片；而活动短片、产品介绍的自动演示型 PPT，通常需要图文并茂，如配上背景音乐、解说。我们也时不时听到这样的言论：“PPT 很简单，就是把 Word 里的文字进行复制、粘贴。”如果是这样，只是将文字换了一个地方而已，这是对 PPT 的一种错误的理解与误用，没有真正理解 PPT 的用途，没有理解 PPT 在作者的一次演讲、汇报中的角色作用。

素材

PPT 设计中常见问题

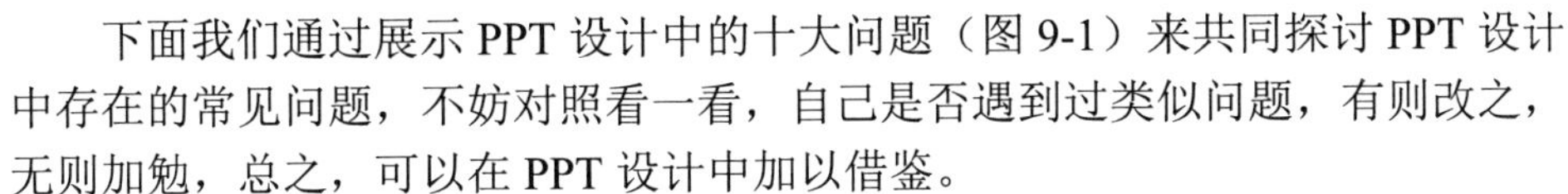

下面我们通过展示 PPT 设计中的十大问题（图 9-1）来共同探讨 PPT 设计中存在的常见问题，不妨对照看一看，自己是否遇到过类似问题，有则改之，无则加勉，总之，可以在 PPT 设计中加以借鉴。

图 9-1　PPT 设计中十大问题（封面）

1. 密密麻麻的文字

如图 9-2 所示，这是一份讲稿提纲，是典型的 PPT 页面，使用大段的文字来堆砌 PPT，没有分组，也没有重点。PPT 是一个演示的工具，其英文“Power Point”的意思就是放大重点的意思；长篇大论的 PPT 没人喜欢看，也没有耐心看，所以 PPT 上面的字要越少越好。如果字实在太多，也不能删除，那么最好的办法就是加以提炼和分组，将每一段话的重点提炼出来。如果用户感兴趣，再去看细节。

PPT 制作的构思与设计

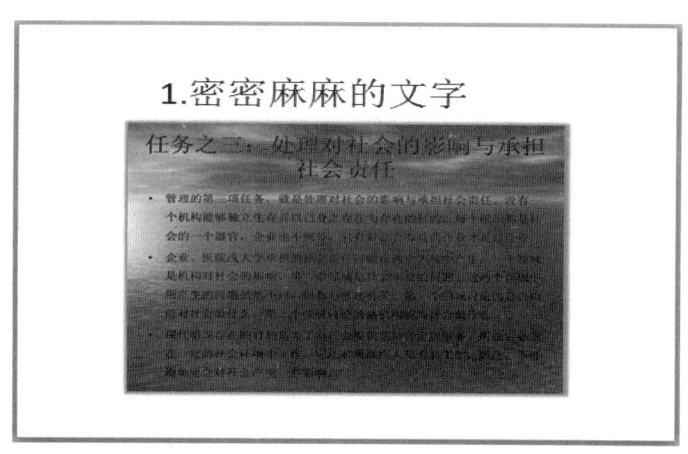

图 9-2　密密麻麻的文字

请记住：文字是 PPT 的天敌，能减则减、能少则少；文字是用来瞟的，不是用来读的。凡是瞟一眼看不清的地方，就要简化文字或放大，放大还看不清，则可以大胆地删除。

2. 看不清楚的文字

如图 9-3 所示，虽然 PPT 页面文字不多，但人们常会犯一个错误问题，即背景和文字的颜色设置有问题，使得文字模糊不清。

图 9-3　看不清楚的文字

通常，文字和背景颜色搭配的原则为：一是醒目、易读，二是长时间看了以后不累。一般文字颜色以亮色为主，背景颜色以暗色为主。几种具有较好视觉效果的颜色搭配方案是文字颜色/背景颜色：白色/蓝色，白色/黑色，白色/紫色，白色/绿色，白色/红色，黄色/蓝色，黄色/黑色，黄色/红色。

3. 眼花缭乱的配色

如图 9-4 所示，页面文字搭配了多种颜色，根据文字内容配以不同的颜色，导致的结果就是令人眼花缭乱，不知道文字讲述的重点在哪里。

注意，PPT 忌讳“五颜六色”，过多的颜色会让 PPT 显得杂乱，并分散观众的注意力。PPT 的颜色最多不要超过 3 种，颜色越少越好掌控，一般来说，文字采用一种颜色，背景采用另一种颜色，还有一种就是主题的颜色，主题颜色最好根据公司的 LOGO 来选择。建议准备两种色彩搭配以适应不同的环境光线。第一种蓝底白字，适合在环境光线比较强的情况下使用，这种色彩搭配能看清文字，又不易产生视觉疲劳。第二种白底黑字，适合在较暗的环境下使用。

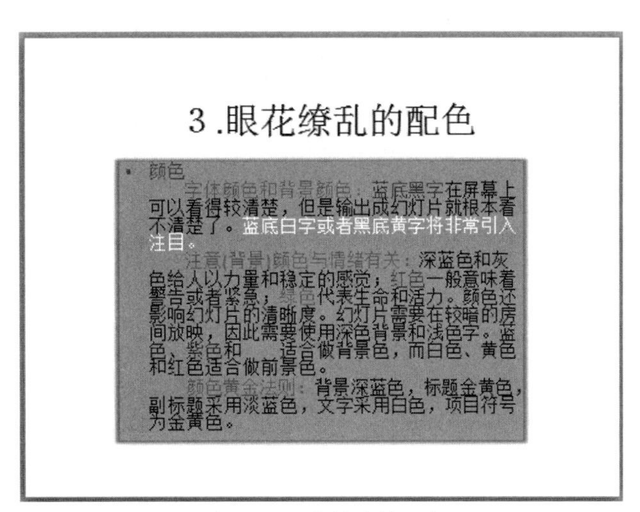

图 9-4　眼花缭乱的配色

4. 杂乱的图

PPT 上的图片并不是随意放置的，应遵守一定的规则。如图 9-5 所示，图片大小和位置都没有设计到位，所以画面显得杂乱。通常可以将图片按一定的规则排列，排列时可以借助辅助线，也可以借助表格来布局图片。

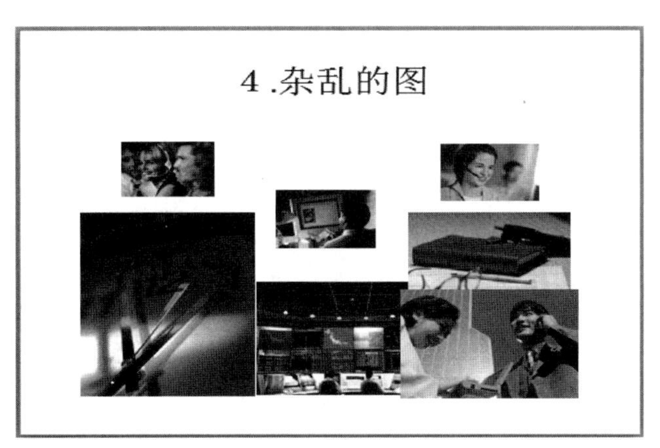

图 9-5　杂乱的图

5. 无关的图

PPT 上的图片不是用来装饰、吸引眼球的，若是与主题无关的图片，即便再漂亮、艺术效果再好，放上去也是没用的，反而会起到相反的作用，如图 9-6 所示。

图片要与内容贴切，在充分理解文字内容的基础上，再配上适合的图片。在图 9-6 中，内容讲的是进入大学、大学社团的情况，因此可以插入相关学生活动、大学生咨询情景的图片。

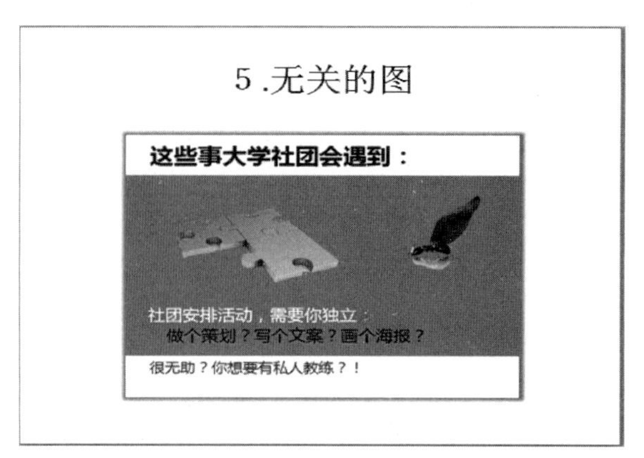

图 9-6　无关的图

6. 无关或杂乱的模板

无关或杂乱的模板往往会起到反作用，导致页面中的文字看不清，不会起到辅助文字的作用。如图 9-7 所示，陈旧、杂乱的模板，再加上背景的填充效果让人看不清文字内容与图片效果。通常，当页面内容本身已配有图片，这时使用背景简单的模板或不用模板效果会更好。

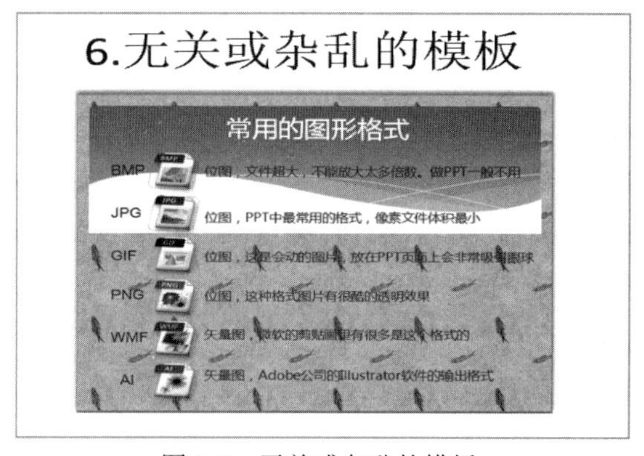

图 9-7　无关或杂乱的模板

7. 模糊的图

如图 9-8 所示，配上一张模糊不清的图，效果会适得其反，这样的模糊图片还不如不用。好的图片，可以瞬间提升 PPT 的档次，差的图片也能够瞬间毁了 PPT。

通常，JPG 格式的图片在 PPT 中最常用，但放大图片尺寸超过原始尺寸时会导致画面模糊。

图 9-8　模糊的图

8. 排版混乱随意，没有对齐

如图 9-9 中左图所示，PPT 如果没有对齐，会给人一种零乱的感觉。PPT 排版要做到工整有序，这样会带来一种秩序美，如图 9-9 中右图所示。要想做到对齐，不能光靠肉眼，需要使用对齐工具，借助参考线。

图 9-9　排版混乱随意，没有对齐

9. 过度使用动画

设计很多的切换动画、页面动画，结果往往会弄巧成拙，显得很幼稚。所以，我们在使用 PPT 动画时要谨慎。使用过程中要谨记添加动画的目的，动画主要有三个方面的作用，如图 9-10 所示。

（1）有序呈现，即让页面上不同含义的内容有序呈现。当页面上有多件事或有多个段落、层次时，可以配合演讲时的节奏通过添加自定义动画让内容依次呈现。

（2）强调重点，即强调页面上的重点内容。当前页面上的重点，需要着重突出的，除了字号、颜色等设计上的强化外，还可以单独添加动画来进行强调。

（3）引起关注。页面上大多数内容是静态的，若对其中的部分内容添加一个自定义动画，很容易引起观众注意。

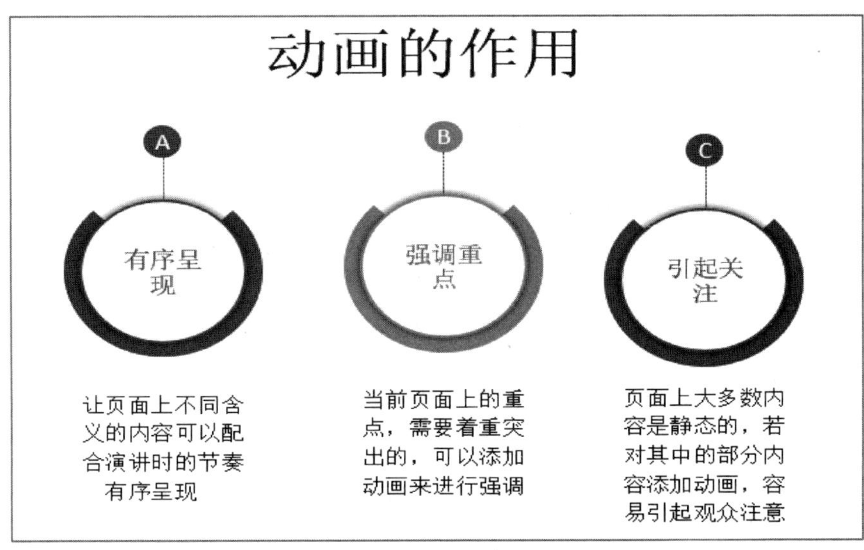

图 9-10　动画的作用

10. 其他问题

还有很多关于 PPT 的设计问题，如图 9-11 所示，这里只列举了一些显而易见的问题，这几点其实正好对应着 PPT 的主要构成元素，分别是背景、字体、配色、图片、排版及动画。我们要学好 PPT，也要从这几个方面入手。

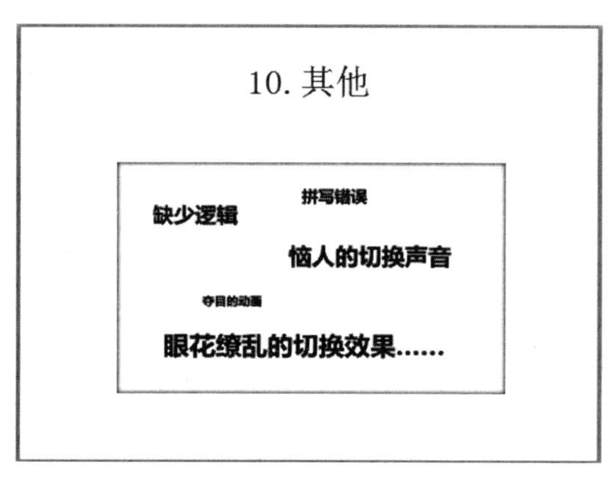

图 9-11　其他问题

其实 PPT 的设计是一个“技术+设计+美学”的综合问题，光会技术，没有美学、设计思想是做不出好的 PPT 的。

9.2　PPT 整体结构设计

从整体上看，PPT 的结构主要分为封面、目录、过渡页、正文页和结尾五大部分，如图 9-12 所示。

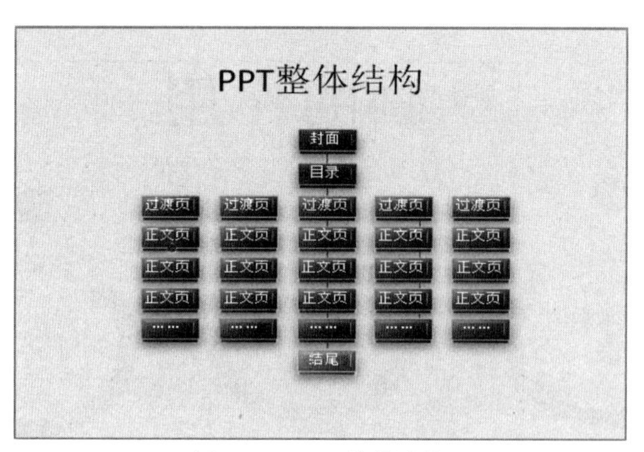

图 9-12　PPT 整体结构

9.2.1　封面设计

PPT 的封面是非常重要的，就像书有封面、电影有海报一样，这是给观众的第一印象。在 PPT 封面要传达的信息中，其中标题、公司/单位、演讲者这三个要素是必需的，如图 9-13 所示。在形式上主要有两种方法：纯文字型、图文并茂型。封面设计基本设计原则如下：

（1）封面设计要素一般是图片/图形/图标+文字/艺术字。

（2）设计要求简约、大方，突出主标题，弱化副标题和作者姓名/ID。

（3）图片内容要尽可能和主题相关，或者接近，避免毫无关联的引用。

（4）封面图片的颜色尽量和 PPT 整体风格的颜色保持一致。

（5）封面是一个独立的页面，可在母版中设计。

各类型封面设计举例如图 9-14 所示。

图 9-13　封面设计内容表达

（a）简单图文型

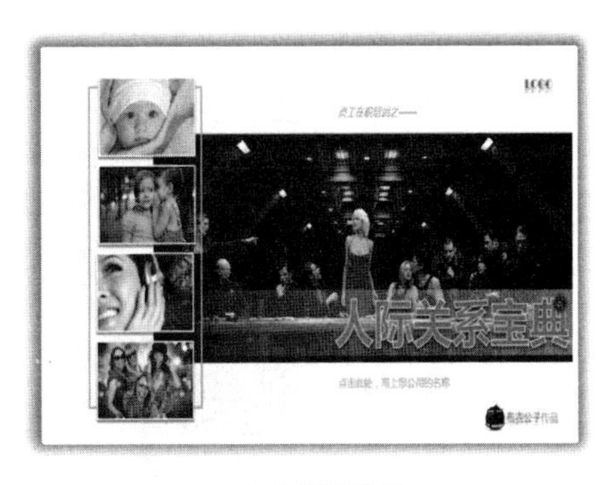

（b）多图形设计

（c）设计感风范

（d）PNG 图片型

图 9-14　各类型封面设计举例

9.2.2 目录设计

翻开封面，接下来的就是目录，目录的作用是告诉观众这份 PPT 有什么内容。如果页数比较多，在结构上设置目录会更清晰，对于观众来说可以了解框架，对帮助理解 PPT 是非常有用的。目录页中包含的要素有三个，即目录、页码和页面标识，如图 9-15 所示。

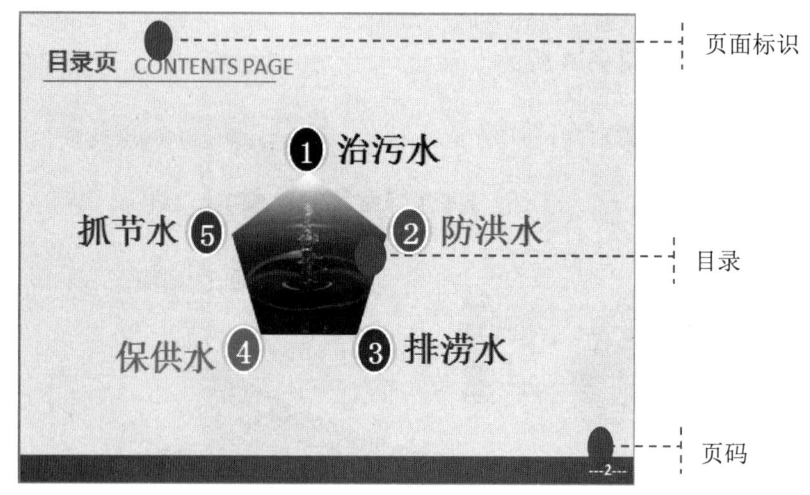

图 9-15 目录页包含要素

目录制作从排列形式上可设计成横排、竖排、环形等，从元素构成上可设计成传统型（纯文字）、图文并茂型、导航型、SmartArt 图形绘制等，下面是各类型目录举例。

（1）传统型目录。传统型目录是最常用的，也是最简单的目录，以文字为主，通常不需要特别设计，直接列举各项要点即可，可以适当地配以修饰，如颜色、背景等，如图 9-16 所示。

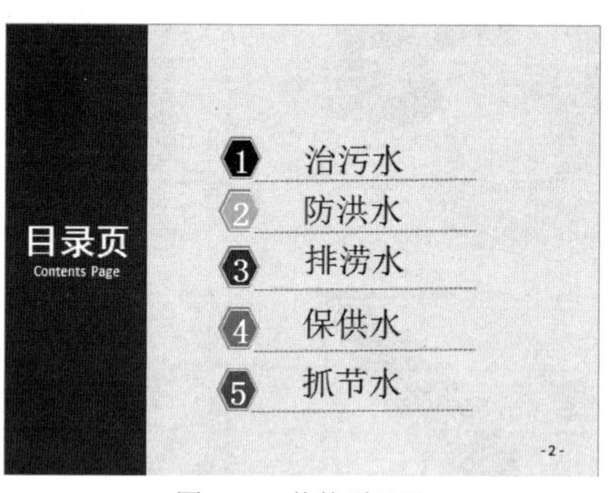

图 9-16 传统型目录

（2）图文并茂型目录。图片通常会给人耳目一新的感觉，容易吸引人的眼球，若希望目录显得花样美观，则可采用图文并茂的方式。如图 9-17 所示，在每一标题前添加图标，但特别要注意的是，图标必须符合标题的内容，以帮助听众能更好地记忆与理解，否则加上无关的图就没意义了，还不如使用简单的传统型目录。

（3）时间轴（TimeLine）型目录。时间轴型目录是一种比较有创意的想法，由形状、文本框等对象组合设计而成。通过这种方式，可以告诉观众这次讲解大概所花的时间，每一个内容的时间安排，这能让听众更有效地理解，如图 9-18 所示。

图 9-17 图文并茂型目录

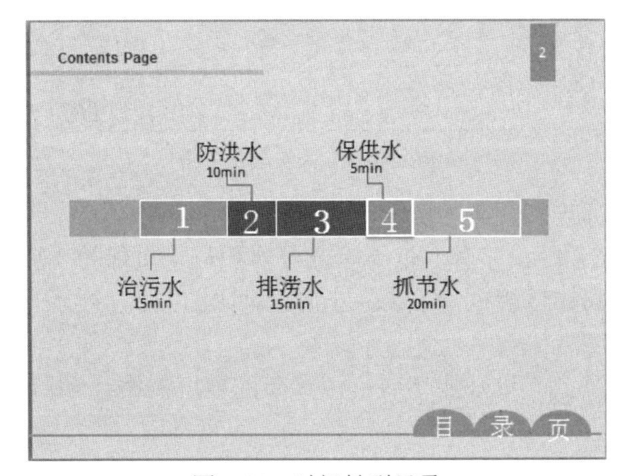

图 9-18 时间轴型目录

（4）Web 导航型目录。Web 导航型目录借鉴了 Web 的导航菜单，如图 9-19 所示，可使用形状、文本框对象组合设计而成，如果感觉页面空白较多，可在局部插入适合的图片。

图 9-19 Web 导航型目录

9.2.3 过渡页的转场设计

PPT 转场设计即过渡页的设计，一个 PPT 中往往包含多个部分，在不同内容之间如果没有过渡页，则内容之间缺少衔接，容易显得突兀，不利于观众接受。因此，如果我们使用了目录页，建议在每一段内容开始前再出现一次目录，突出该段要讲的内容，起到承上启下的作用。

过渡页中的要素通常包括 4 个方面，即页面标识、章节名称、章节内容和页码，如图 9-20 所示，过渡页设计的基本方式如下：

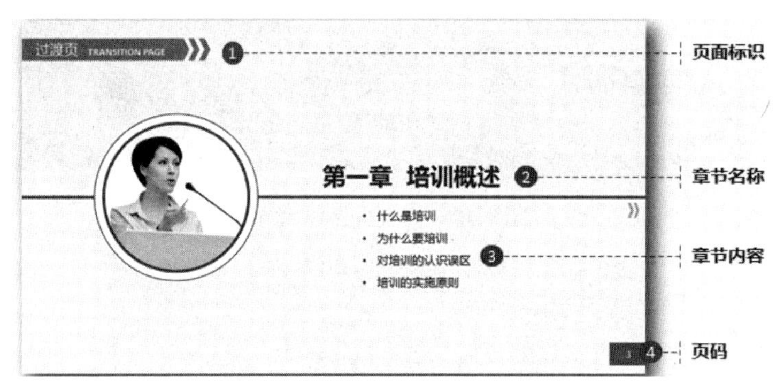

图 9-20 过渡页包含要素

（1）过渡页的页面标识和页码一般与目录页保持完全统一。

（2）过渡页的设计在颜色、字体、布局等方面要和目录页保持一致（布局可以稍有变化）。

（3）与 PPT 布局相同的过渡页，可以通过颜色对比的方式，展示当前课题进度，如图 9-21 所示。

（4）独立设计的过渡页，最好能够展示该章节的内容提纲，如图 9-20 所示。

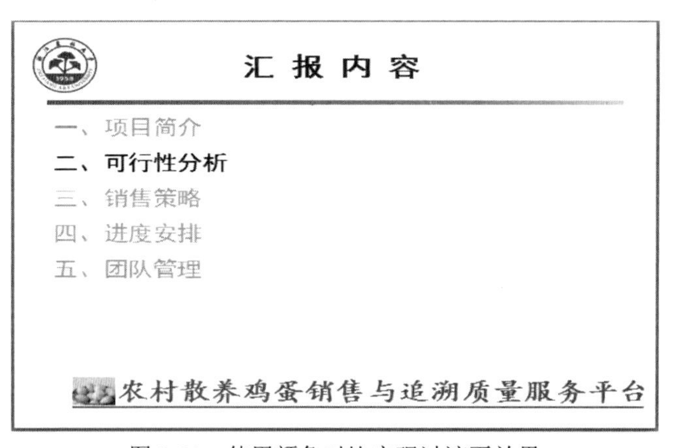

图 9-21 使用颜色对比实现过渡页效果

9.2.4 结尾设计

结尾的设计也是 PPT 设计中重要的一个环节，通常用于表达感谢和保留演讲者信息，常常会被忽略。如果我们要让自己的 PPT 在整体上形成一个统一的风格，就需要专门针对每一个 PPT 设计结尾，即封底，封底设计的基本方式如下：

（1）封底的设计要和封面保持不同，避免给人偷懒的感觉。

（2）封底的设计在颜色、字体、布局等方面要和封面保持一致。

（3）封底的图片同样需要和 PPT 主题保持一致，或选择表达致谢的图片，如图 9-22（a）所示。

（4）如果是教学型、问题探讨型演讲可以以“提问与解答”环节作为封底设计，如图 9-22（b）所示。

（a）表达谢意、留信息

（b）提问与解答

图 9-22　封底设计举例

9.3　PPT 设计原则

PPT 制作概述

9.3.1　真正认识 PPT

Word 是用来处理文字的，Excel 是用来处理数据的，而 PPT 是什么？很多人都没有深入地想过这个问题，反而将 PPT 当成 Word 来使用。

PPT 是一种演示的工具，是一种可视化、多媒体化沟通的载体，是一种新的交流媒介。将 PowerPoint 译为中文，就是“强化你的观点”，就是综合运用动画、文字、图表，以一定的逻辑关系来聚焦观点的工具，PPT 中所运用到的一切资源必须站在这个立场上进行筛选和组织。经常听到有人感叹自己做不出好的 PPT，主要存在以下原因：

（1）对幻灯片认识不清。

（2）没有思路，没有逻辑。

（3）对汇报材料不熟悉。

（4）缺乏好的表达形式。

（5）缺乏基本的美感。

如何来设计一个适合的 PPT 呢？从制作过程上来说，可分为三个步骤，如图 9-23 所示。

（1）理解。理解阶段即认真研读 Word 文稿的过程，在打开 PowerPoint 前应该拿出纸和笔，确定 PPT 文稿的主题、要点、框架，对框架进行进一步的抽丝剥茧，以便在 PPT 中用形象的方式表现出来，完成 PPT 的策划过程。只有通过策划才能明确地知晓设计 PPT 的目的，才会有目的地选择素材，才会给观众明显的完整性。

PPT 制作步骤

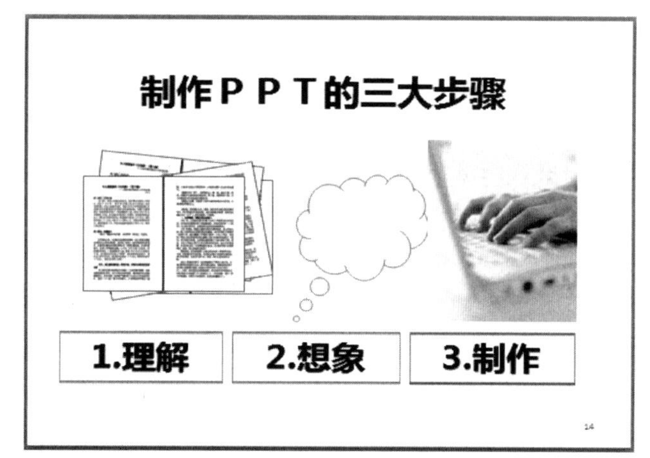

图 9-23　PPT 制作步骤

（2）想象。想象即把文字分为许多页面，构思页面细节，如何来表达内容、传递思想。

（3）制作。PPT 的制作内容应该提纲挈领，突出演讲内容的关键点，而且在描述这个关键点时，不可让一些与主题无关或与表现形式无关的图片及文字出现在 PPT 版面中，应尽量让描述具有悬念，形象生动，让观众看了你的 PPT 后有欲望去了解更多的东西，有欲望去听你讲话的内容。

PPT 制作是一个设计的过程，没有正确或错误之分，只有适合与不适合、好与差之分，一个好的 PPT 演示文稿一定要给人以一目了然、清晰的逻辑及美的欣赏。因此，PPT 制作要从视觉效果、文字内容、表达形式和逻辑思维等多方面来考虑。

9.3.2　一目了然

什么是一目了然？如图 9-24 所示，一图胜千文。从图片效果来看，它有两个特点：巨大的文字和突出的特征。要记住的是，也不是所有的文字都要巨大，这需要根据演讲的场地、对象和内容来综合考虑。

PPT 设计中的视觉化

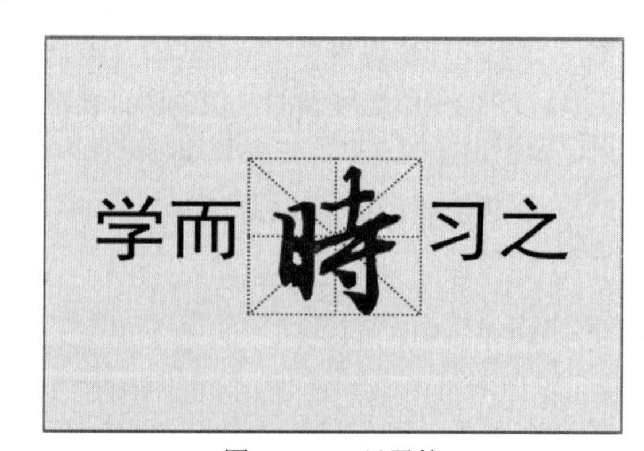

图 9-24　一目了然

如图 9-25 所示，实现一目了然的方法可以通过增大字号、找出重点、修改颜色、留足空间来实现，要舍得删除多余的文字、多余的颜色、多余的效果和复杂的背景。

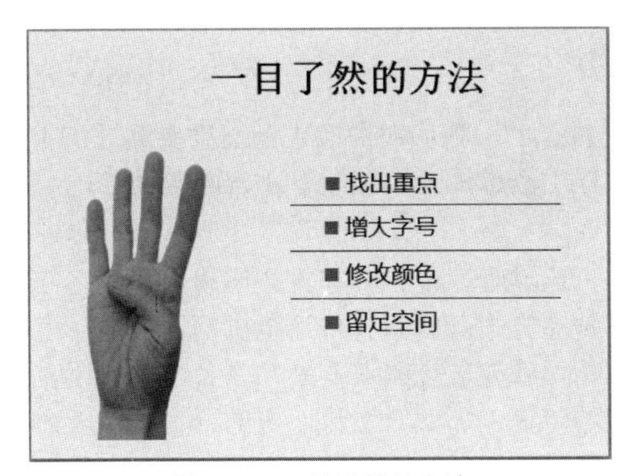

图 9-25　一目了然的方法

无法看清主题的幻灯片，如图 9-26 所示，其存在如下问题：文字太多；颜色太多；背景由于使用了过渡效果，出现“阴阳脸”。

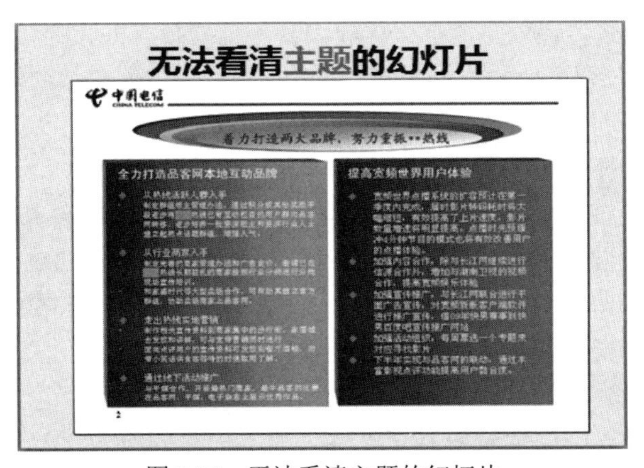

图 9-26　无法看清主题的幻灯片

针对这张幻灯片的问题，做了如下修改：删除背景颜色；简化文字；力求简单。修改后的效果如图 9-27 所示。

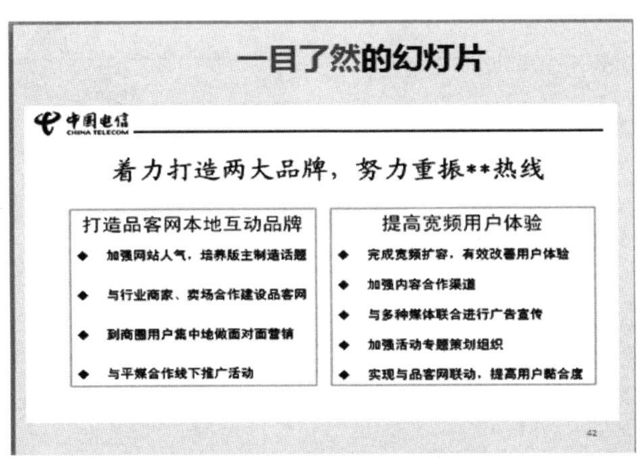

图 9-27　修改后的效果

在你没有相对的设计能力，对颜色搭配没有信心的情况下，不如设计成这种简单的版面布局。

9.3.3 信息视觉化

有 70%的人是视觉思维型的，他们对图的理解速度要远远快于文字，所谓信息视觉化，就是将概念翻译成图的过程。信息视觉化有如下 4 方面的优点。

1. 突破语言的障碍

信息的交流不可避免，通过听、说、看等方式实现人与人之间有效的信息沟通，其中文字记录是一种常见的信息传递方式，但因其传递范围的区域性，可能会导致信息之间传递不够通畅，若想更好地交流，那就要求交流双方必须具备良好的语言能力，彼此掌握对方的文字、语言。通过图像方式的传递，那就对交流双方的语言文字能力要求不是很高，通过信息的视觉化，一定限度地打破了语言交流的障碍。

2. 变抽象为具体

文字是高度抽象的，人们在获取信息的过程中是复杂的。人们需要通过阅读文字、了解作者讲述内容、将文字转换成自身的语言、上下文联系、抓文字逻辑，来进一步深入理解。但通过图片或者影像的方式来传递信息，那么接收者就不需要投入太大的精力，信息的获取会更加轻松。一张启示性的图片或者一段耐人寻味的影像，潜意识中就会带动信息获得者一起去思考。

3. 冲击性强

千篇一律的文字，长时间的阅读必然会带来阅读上的视觉疲劳，导致信息获取的有效性、长期性降低；并且，通过文字获取信息需要信息获取者深入到传递者的思想中去把握理解，需要更多的时间。而图片或影像恰恰弥补了文字上的这个缺点，通过强烈的视觉冲击，能够迅速抓住信息获取者的眼球，将需求者带入到传递者所想要表达的意境中，更加容易理解传递者所传递的思想内涵。

4. 易于理解和记忆

相比较图片或影像，文字的理解和记忆需要更多的时间投入。

信息视觉化主要有三种翻译过程：将文字翻译成图、将图表内容翻译成图、将基调翻译成图。

图 9-28 即是将文字翻译成图的视觉化范例，只看图 9-28（a），光从文字来理解相对枯燥，再看图 9-28（b），由图片的效果能很好地理解文字“瘦”，从人物的表情更能体会到开心快乐的感觉，给人以生动、形象的氛围。

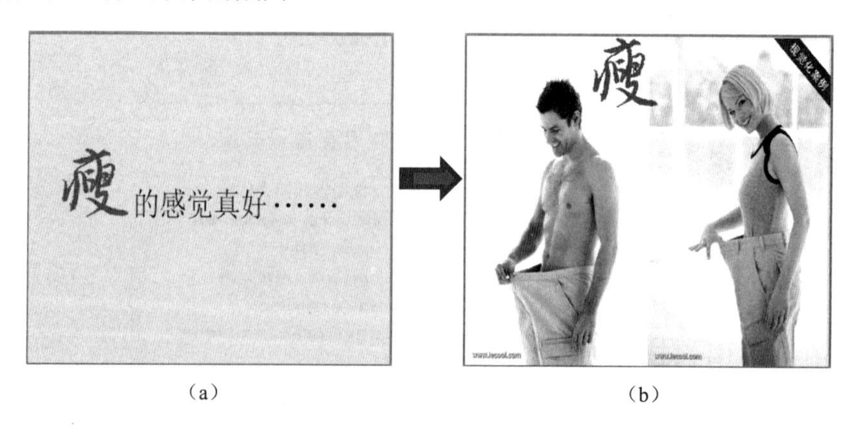

（a）　　　　（b）

图 9-28 “视觉化”范例一

从图 9-29（a）中的标题来看这是对马云的一个介绍，虽然显得文字稍多，但图文并茂，是一种常用的介绍方式，再对比图 9-29（b），换了一张图片，删除了大段的文字，突出了“永不放弃”的马云精神，从图片人物的表情、眼神的坚定很好地契合“永不放弃”4 个字。

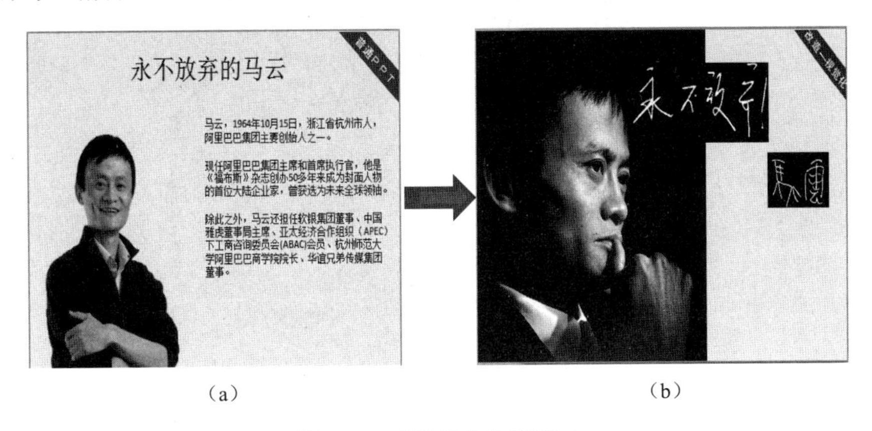

（a）　　　　　　（b）

图 9-29　“视觉化”范例二

9.4　PPT 优化设计

文字优化

9.4.1　文字优化精简

PPT 设计中，将 Word 中的文字直接复制、粘贴，搬到 PPT 中， PPT 页面是密密麻麻的文字，这是制作 PPT 最忌讳的。

文字优化设计的两个原则是少、瞟。

（1）少：“少”是指文字是 PPT 的天敌，能删则删，能少则少，能转成图片的则转成图片，能转成图表的则转成图表。

（2）瞟：“瞟”指 PPT 中文字是用来瞟的，不是用来读的。所以，文字要足够大、字体要足够清晰、字距和行距要足够宽、文字的颜色要足够突出。

如图 9-30 所示，这是一张文字型的幻灯片，罗列了 5 个观点，给听众的感受就是文字阅读，而且阅读起来还很费劲，不仅会视觉疲劳，还抓不到点，因为这段文字的段与段之间及行与行之间均没有区分。

普通PPT

有氧运动的健身观点

- **适度锻炼**：大运动量的健身运动有可能会慢慢损伤你的身体，比如，每周跑步超过15英里就有些过量了。建议每周锻炼4至5次，每次30分钟。库珀认为，只要适量运动，就可以有效降低患心血管病和癌症的危险。
- **疾走健身**：库珀认为疾走（每英里12分钟）是一项不错的健身方式，它的效果不比慢跑（每英里9分钟）差，而且还免除了跑步对膝关节的损伤。
- **见缝插针**：不一定非要在体育馆里锻炼30分钟，零散时间完全可以利用起来。每天遛狗10分钟，洗车10分钟，做家务10分钟，一样有效果。
- **交替锻炼**：比如今天骑自行车，明天慢跑；或者跑步时速度时快时慢，增强对心脏的锻炼。
- **多管齐下**：健身是一个系统工程，体育锻炼对身心健康非常必要，但并不是万能的。平时还要注意饮食、戒烟去毒（品）、控制饮酒，精神不要过于紧张。

图 9-30　“平淡无奇”的文字型幻灯片

如何让图 9-30 所示的幻灯片页面效果更简洁、清晰呢？文字优化排版用到的设计思维是对齐、聚拢、对比、重复、降噪和留白等方法，如图 9-31 所示，这里介绍其中几项。

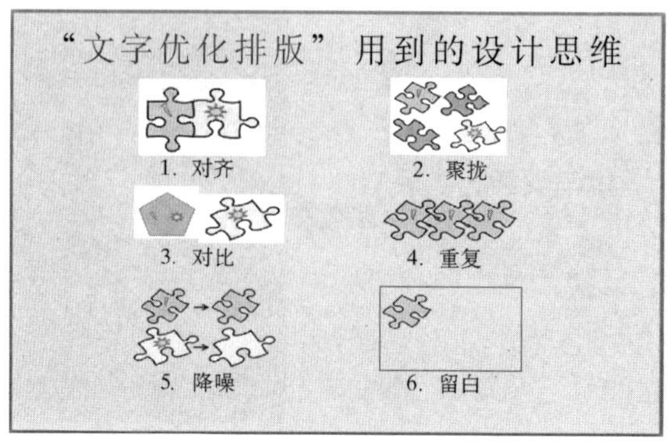

图 9-31　文字优化排版方法

1. 对齐

图 9-32 所示的是借助表格实现的一个“对齐”效果，让 5 个观点更加清晰地显示，同时拉大了段与段之间的距离。效果较图 9-30 有所提高。

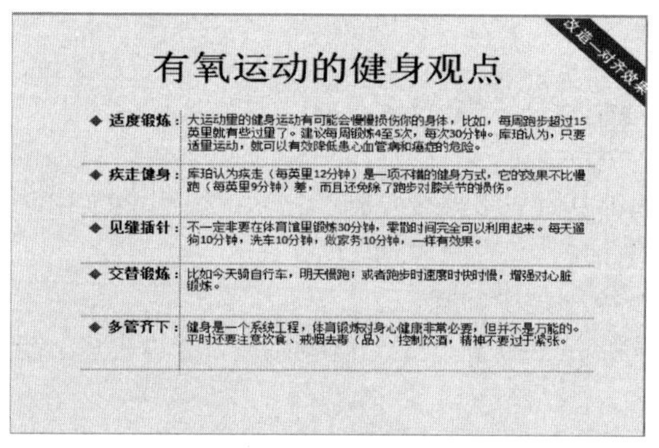

图 9-32　“对齐”效果

2. 聚拢

如图 9-33 所示，通过添加辅助线及加大行与段之间的距离，实现了聚拢效果，整体页面相比图 9-30 稍有提高，但并不理想。

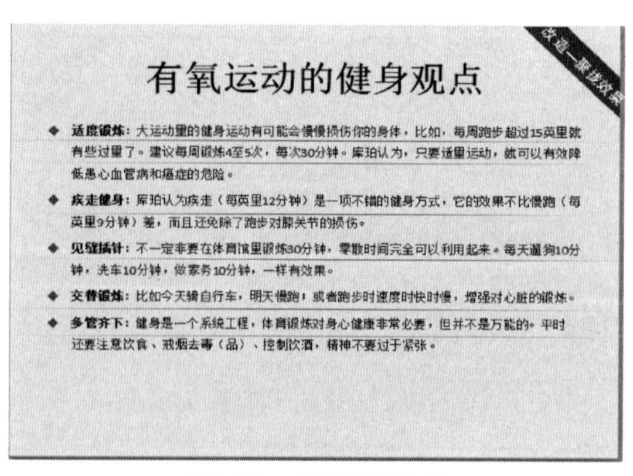

图 9-33　“聚拢”效果

3. 对比

如图9-34所示，通过文字颜色的对比，突出关键字，在排版风格上使用 Smart 图。

4. 降噪

图 9-35 是在图 9-34 的基础上，删除了原因性、解释性、重复性、辅助性和铺垫性文字，达到降噪目的，使文字看起来更简洁。

图 9-34　关键字“对比”效果

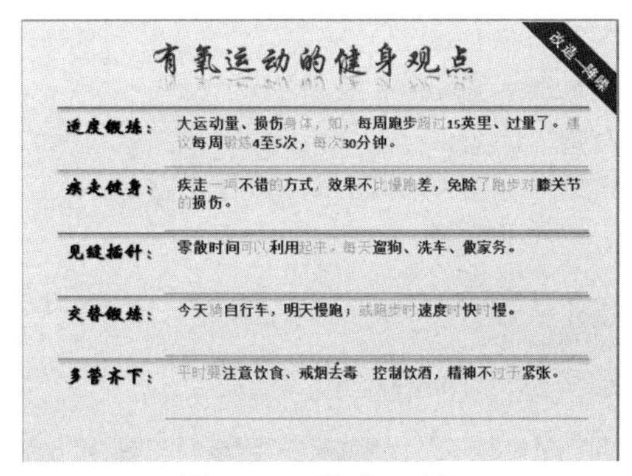

图 9-35　“降噪”效果

总之，版面形式是多样的，每个人的审美也不一样。文字型幻灯片的文字优化、排版要在总原则、总思想的指导下，大胆删除多余文字，做到观点清晰、突出，同时追求版面的美感。形式多样的幻灯片如图 9-36 所示。

图 9-36　形式多样的幻灯片

9.4.2 流水账 PPT 优化

流水账本意是指会计核算中每天一笔一笔地记录金钱或货物的出入，不分类别，不分具体科目。在此来比喻 PPT 的设计，是指在 PPT 的设计中不加分析、简单罗列现象、平铺直叙的表达方式，如图 9-37 所示。

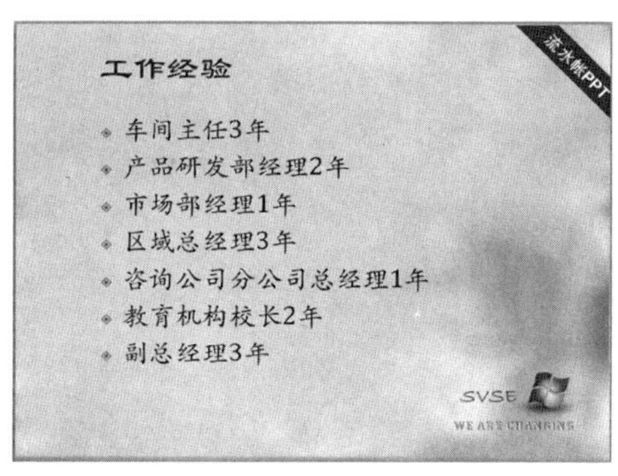

图 9-37　流水账幻灯片

如何优化流水账 PPT 呢？首先，我们分析图 9-37 所示幻灯片页面存在的问题：

（1）时间、地点没有介绍清晰具体。

（2）只是文字的罗列，表达方式单一。

（3）听完之后不能给人留下印象。

根据存在的问题，优化设计如图 9-38 所示，设计思路如下。

（1）卖点：从工作经历到职业生涯。

（2）手法：图形化——上升曲线。

（3）素材：补充更多细节信息。

（4）知识点：金字塔原理——时间轴。

图 9-38　优化后的幻灯片

PPT 中的图表设计

9.4.3 图表设计

图表设计能帮助人们更好地理解特定文本内容的视觉元素，如图表、地图或示意图，可以揭示、解释并阐明那些隐含的、复杂的和含糊的资讯。但构造这样的直观呈现却不仅仅是把字里行间所表述的内容直接转化成可视化的信息。这一过程必然囊括筛选资料，建立关联，洞悉图案格调，然后以一种帮助信息需求者深刻认识的方式，将其描绘出来。

如图 9-39 所示，数据图表的类型有表格、饼形图、条形图、柱形图、线形图、散点图等多种，制作以数据为基础的图表分为三个步骤：确定要表达的信息、确定比较类型、选择图表类型。

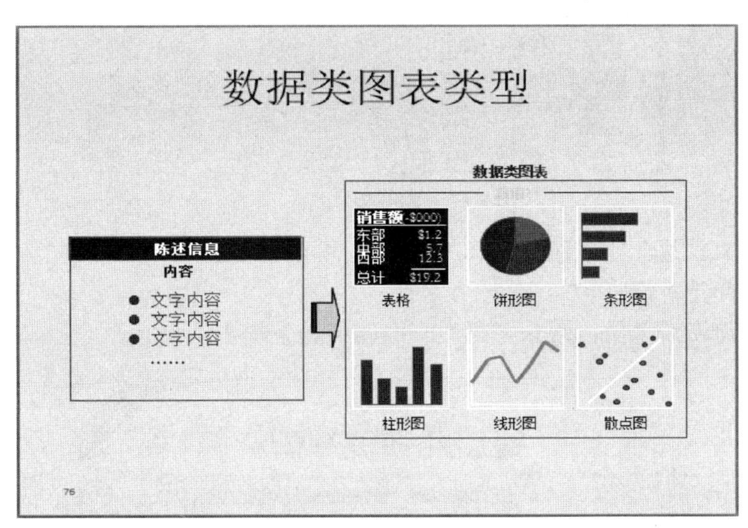

图 9-39 数据类图表类型

如何根据信息内容来选择什么类型的图表呢？图表类型与比较类型之间的关系如图 9-40 所示。

通常，饼形图适合用于成分的比较，条形图适合用于排序、关联性的比较，柱形图和线形图适合用于时间序列、频率分布比较，散点图适合用于关联性比较。

常说“文不如字，字不如表，表不如图”，这句话指的是，即对同一个内容的表达，表达形式与表达效果的优劣。下面以华北、华中和华南三地区的销售业绩数据为例来看看表达形式对表格效果的影响。

图 9-41 采用文字的平铺直叙，内容、数据齐全，最后根据数据给出了华南地区销售业绩提升快的结论，但这样的幻灯片不会给人留下印象。

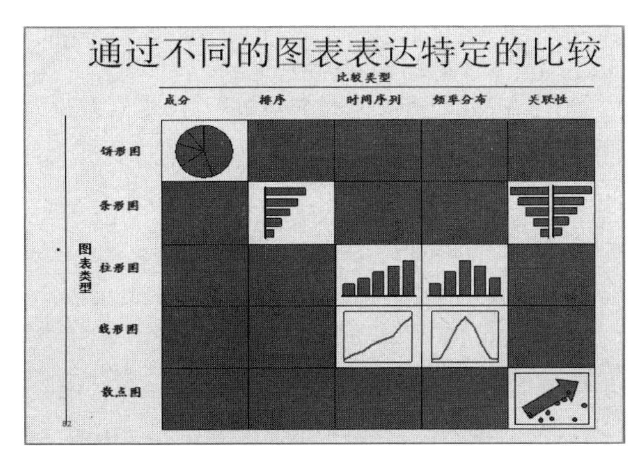

图 9-40 图表类型与比较类型之间的关系

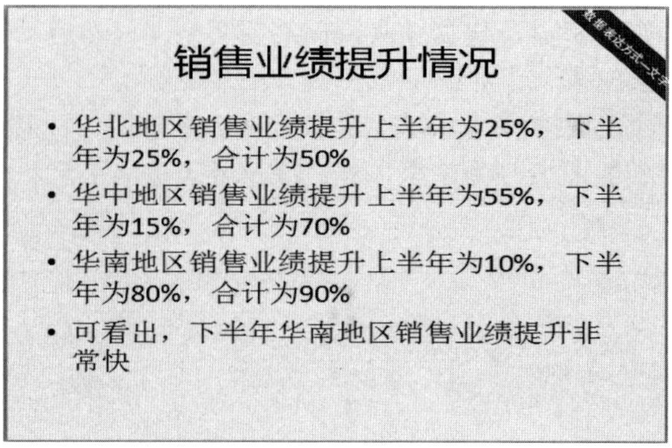

销售业绩提升情况
• 华北地区销售业绩提升上半年为25%，下半年为25%，合计为50%
• 华中地区销售业绩提升上半年为55%，下半年为15%，合计为70%
• 华南地区销售业绩提升上半年为10%，下半年为80%，合计为90%
• 可看出，下半年华南地区销售业绩提升非常快

图 9-41　表达形式一：文字

若改用表格来表达，比较图 9-42 与图 9-41，可以看出：

（1）页面更简洁、清晰。

（2）不需要演讲者总结，观众“瞟”一眼就能马上提出结论。

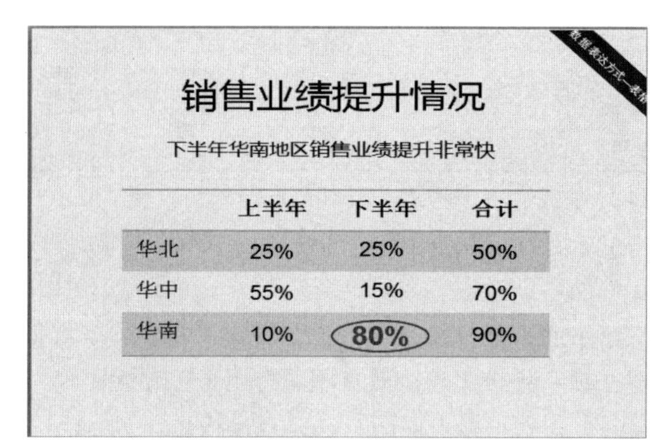

销售业绩提升情况
下半年华南地区销售业绩提升非常快
上半年 下半年 合计
华北 25% 25% 50%
华中 55% 15% 70%
华南 10% 80% 90%

图 9-42　表达形式二：表格

在图 9-43 所示柱形图中，从视觉上能更好、更快捷地做出相应判断及比较，是一种适合的表达方式。

下半年华南地区销售业绩提升非常快
各地区销售业绩提升情况
100%
80%
60%
40%
20%
0%
55%
25%
10%
80%
25%
15%
90%
70%
50%
上半年
下半年
合计
华北
华中
华南

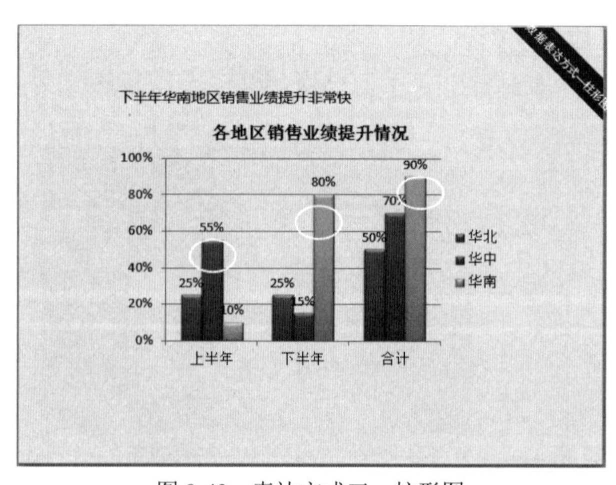

图 9-43　表达方式三：柱形图

图表的表达也不仅仅限于系统提供的这些图表类型，我们可以设计更具有新意，给人以眼前一亮、印象深刻记忆的图表，如图 9-44 所示。

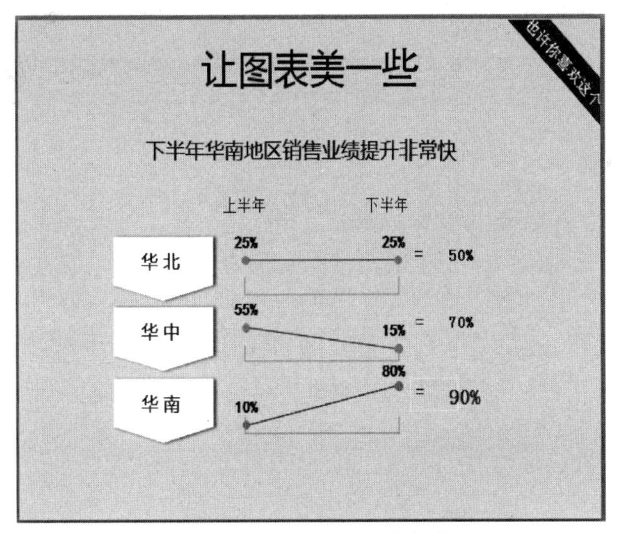

图 9-44　图表形式的多样化

PPT 设计中的设计逻辑

9.4.4　PPT 设计逻辑

我们日常工作中说话、向领导汇报等，如果没有逻辑性，很难让听众明白你所讲的意思及表达的重点。PPT 的设计也不例外，逻辑性在整个设计过程中显得尤其重要，PPT 设计逻辑包括三方面内容，包括篇章逻辑、页面逻辑和文句逻辑。

1. 篇章逻辑

篇章逻辑是指整个 PPT 设计要有一条主线，这种逻辑体现在目录中。因此，在 PPT 设计中，先写好 PPT 一级、二级目录，将表达的思想、观点写在标题栏中，再以缩略图形式放置整体的内容框架，如图 9-45 所示。

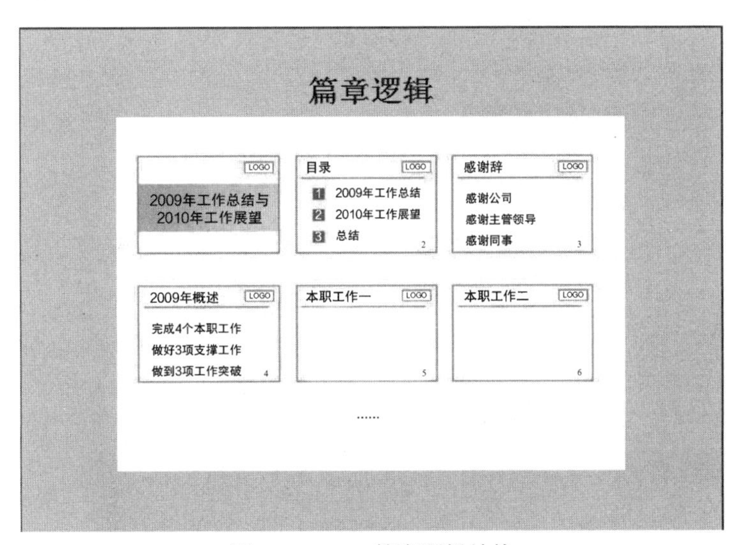

图 9-45　PPT 篇章逻辑结构

2. 页面逻辑

页面逻辑是指每页幻灯片内容的整体逻辑，常使用的方式有并列逻辑（如措施一、措施二等）、因果逻辑、总分逻辑、转折逻辑，如图 9-46 所示。

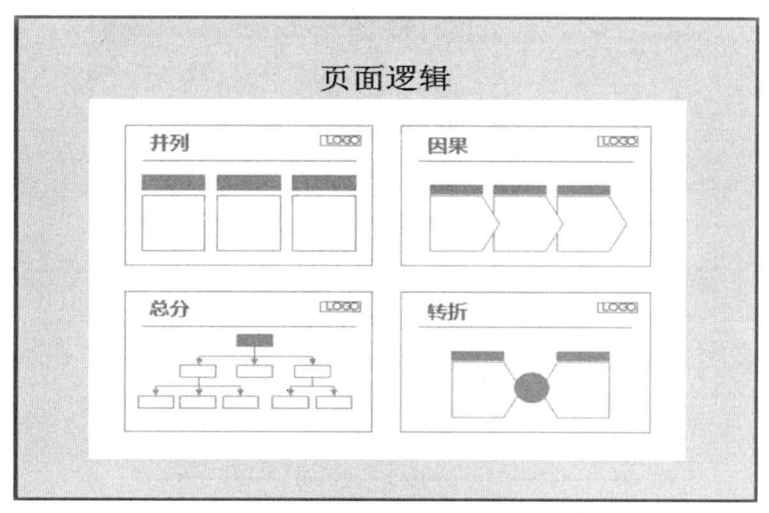

图 9-46　页面逻辑

3. 文句逻辑

文句逻辑是指具体每句话的逻辑。

4. 金字塔原理

金字塔原理，这里是指一种清晰地展现思路的有效方法，如何理解 PPT 设计中的金字塔原理呢？PPT 中的金字塔原理如图 9-47 所示。

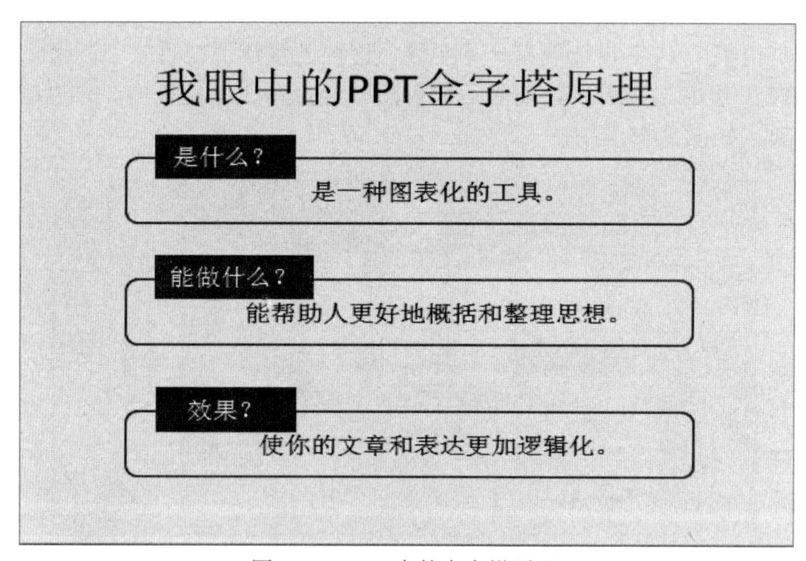

图 9-47　PPT 中的金字塔原理

使用金字塔原理来思考与构思具有 4 个特征，如图 9-48 所示。

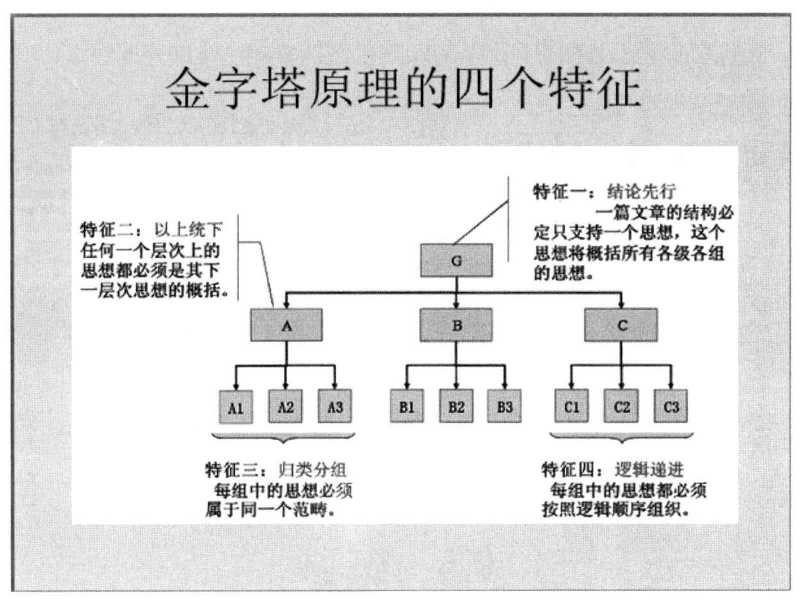

图 9-48　金字塔原理的 4 个特征

实现页面逻辑、文句逻辑有效的方法之一是应用金字塔原理，学会从结论说起，例如，在图 9-49 中，一个优秀的汇报者一定会从结论说起。

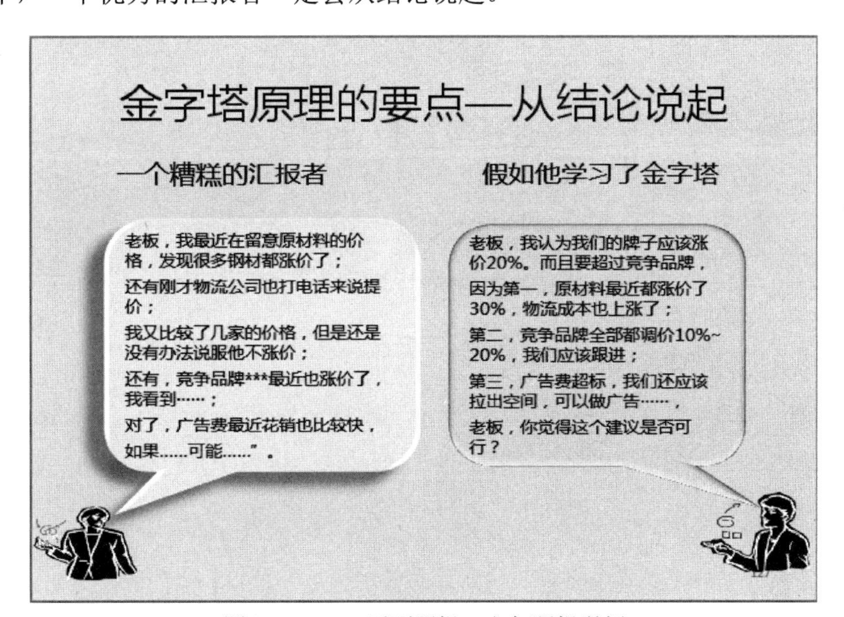

图 9-49　PPT 页面逻辑、文句逻辑举例

图 9-50（a）所示的是一页罗列要点的流水账 PPT，应用金字塔原理，根据内容进行分层次，结构化设计后的 PPT 如图 9-50（b）所示。

总之，本章讲述的是 PPT 设计理念与理想上的学习引导，通过举例的方式，从 PPT 设计常见问题、整体结构设计、设计原则和 PPT 优化设计 4 个方面进行了阐述，下面章节将以案例制作方式，应用本章所阐述的思想方法来指导实践设计。

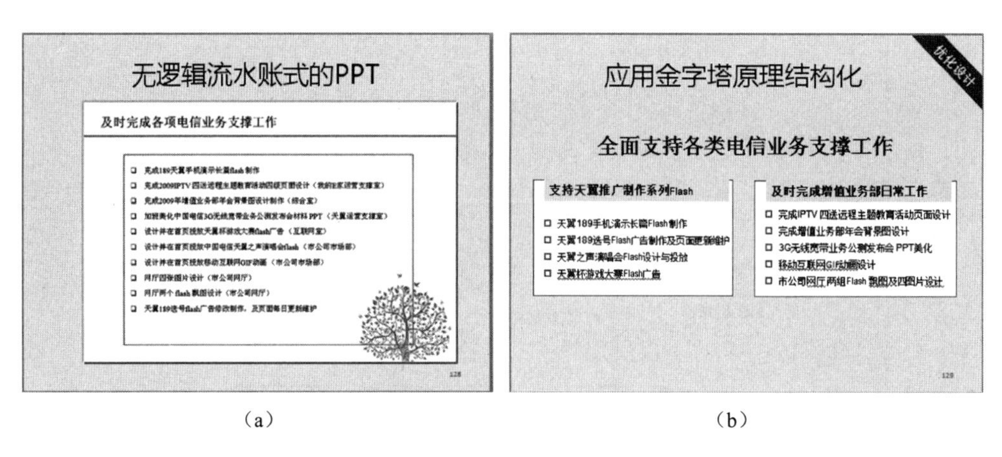

（a）　　　　　　　　（b）

图 9-50　PPT 逻辑优化设计

9.5　练习

1. 打开“\练习 1”文件夹中的“水果知识介绍.pptx”，找出演示文稿设计存在的问题，根据本章 PPT 设计的常用方法，修改和优化文稿，设计一份令自己满意的演示文稿。

2. 打开“\练习 1”文件夹中的“水果知识知多少.docx”文档，理解文档，根据文档内容设计演示文稿。

第 10 章　利用模板制作项目答辩演示文稿

课件

演示文稿制作软件已广泛应用于会议报告、课程教学、广告宣传、产品演示、项目答辩和项目汇报等各方面，成为人们在各种场合下进行信息交流的重要工具。

本章针对大学生创新创业项目评审答辩会设计一个 PPT 演示文稿，项目评审答辩通常时间在 8～15 分钟，在有限的时间内向评审老师清晰地讲述项目研究内容、研究方案及方案的可行性。因此，演示文稿尽量要做得简洁、层次结构清晰、漂亮、得体。

10.1　项目（毕业）答辩 PPT 设计要点

答辩 PPT 设计要点

1. 关于内容

（1）通常项目答辩 PPT 主体内容设计包括研究目标、课题背景与研究基础、研究内容、研究方案、研究进度安排、预期成果、有关课题延续的新见解等，再附加相关信息，如汇报人、团队成员、成员分工、课题执行时间、指导教师、致谢等。

设计的 PPT 要图文并茂，突出重点，让评审老师清楚你的思路与想法、已做了什么及将要做什么。页数不要太多，15 页左右足够，不要出现太多文字，文字和公式是不会有人感兴趣的。

（2）凡是放入 PPT 中的图、公式，包括技术流程图等，都应是自己熟练掌握的，应有理有据，能够自圆其说，没有把握的不要往上面放，因为评审答辩中有一个提问环节，老师的问题通常会来自 PPT，同时插入页码，方便评审老师提问。

2. 关于模板

（1）不要用太绚丽的企业商务模板，学术类型的 PPT 最好低调。

（2）关于背景与文字颜色方面，推荐白底（黑字、红字和蓝字）、蓝底（白字或黄字）、黑底（白字和黄字），这 3 种配色方法可保证幻灯片的质量。学术类型的 PPT 用白底是一种较好的选择。

（3）最好不要用 PPT 自带模板，因为自带模板评委们都见过，没有新意，且与论文内容无关，可以自己设计一个与课题主题相关的模板，即使简单，也会给评审老师耳目一新的感觉，留下第一印象。

3. 关于文字

（1）首先切忌文字太多，在每部分内容的介绍中，设计的原则是图的效果要好于表的效果，表的效果好于文字叙述的效果。最忌满屏都是长篇大论，否则让评委心烦。能引用图表的地方应尽量引用图表，的确需要使用文字的地方，要将文字内容高度概括，简练明了，用编号标明。

（2）字号大小最好选 PPT 默认的，标题用 44 号或 40 号，正文用 32 号，一般不要小于 20 号。标题字体推荐使用黑体，正文推荐使用宋体，如果一定要用少见的字体，答辩时记得要一起将字库复制到答辩计算机上，不然会显示不出来。

（3）正文内的文字排列，一般一行字数在 20～25 个，不要超过 7 行。行与行之间、段与段之间要有一定的间距，标题之间的间隔（段间距）要大于行间距。

4. 关于图片

（1）切忌随意堆砌图片，放入的图片要与文题相符，否则还不如不放。

（2）图片最好统一格局，一方面显得很精制，另一方面也显示出做学问的严谨态度，图片的外围，有时候加上暗影或外框，会有意想不到的效果。

（3）如果图片因为背景等原因影响外观效果，可以对图片进行适当的裁减与背景删除。

总而言之，项目答辩 PPT 总体效果上图片比表格好，表格比文字好；动的比静的好，无声比有声好。

10.2 认识工作环境

在 PPT 的制作过程中，我们经常会忽略一些小细节，而恰恰这些细节不但能充分发挥你的创作设计能力，而且可以有效地提升工作效率。

1. 显示/隐藏标尺、网格线、参考线

在幻灯片制作过程中，标尺、网格线和参考线可以协助设计人员准确地放置图片、文本框、剪贴画、手绘图形等控件。

在“视图”选项卡→“显示”组中选中“标尺”“网格线”“参考线”复选框，如图 10-1 所示。

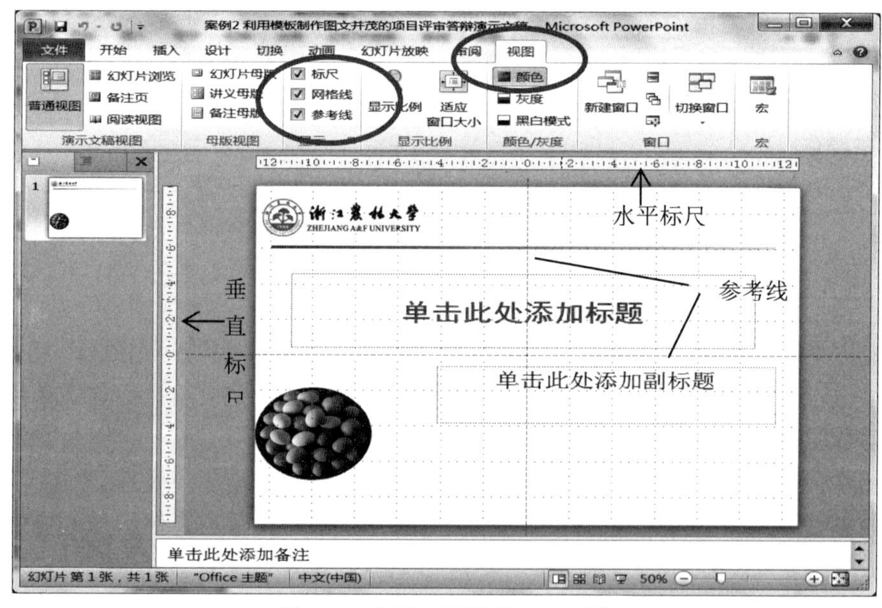

图 10-1　标尺、网格线、参考线

设置网格线和参考线不会破坏美观，可以方便设计并进行对齐、排列等操作，放映时它们不会出现在幻灯片上。

2. 调整显示比例

熟悉“显示比例”这个选项，则在设计制作幻灯片的过程中，就可以根据不同的需要纵览整张幻灯片或细致入微地观察某些图片、文字或多个物件的对齐情况。调整显示比例常用的方法有以下 3 个。

方法 1：单击需要调整显示比例的窗格，按住 Ctrl 键，滚动鼠标滚轮即可调整显示比例。

方法 2：拖移窗口右下角的显示比例滑块，即可调整显示比例。

方法 3：单击“视图”选项卡→“显示比例”组中的“显示比例”按钮，打开“显示比例”对话框，即可手动精确设置显示比例。

3. 使用占位符

新创建的幻灯片根据所用版式的不同，页面上会显示各种占位符。如图 10-1 所示，标示“单击此处添加标题”“单击此处添加副标题”字样的为标题占位符，单击输入文字，即可制作文本的标题。

PowerPoint 为用户提供了内容、文本、图表、表格、媒体、剪贴画、SmartArt 等 10 种占位符，单击即可打开相应的对话框或窗格，以让用户选择图片、剪贴画或视频等内容。

4. 插入文本框或形状控件

新建的幻灯片内，通常有一个或多个占位符，提示用户在其所在位置插入文本、图片等内容。假如这些版式占位符未能满足内容表达需求，而我们还想在幻灯片的其他位置输入文本时，则需要插入并使用文本框或形状控件来实现。

插入的形状控件如果要输入文本，只需单击选定绘制的形状对象，再单击鼠标右键，在弹出的快捷菜单中选择“编辑文字”命令，此时光标即以输入状态定位在形状对象中。

10.3　幻灯片母版

工作环境与母版制作

1. 什么是幻灯片母版

幻灯片母版可以看作是一组幻灯片设置，它通常由统一的颜色、字体、图片背景、页面设置、页眉和页脚设置、幻灯片方向及图片版式组成。

需要注意的是，母版并不是 PowerPoint 模板，它仅是一组设定。它既可保存于模板文档内，也可以保存在非模板文档中，即一份项目答辩文档，既可以只使用一个母版，也可以同时使用多个母版，所以母版与文档并无一一对应的关系。

使用母版的优势主要表现在以下两个方面：

（1）方便统一样式，简化幻灯片制作。只需要在母版中设置版式、字体、标题样式等设置，所有使用此母版的幻灯片将自动继承母版的样式、版式等设置。因此，使用母版后，可以快速制作出大量样式、风格统一幻灯片。

（2）方便修改。修改母版后，所做的修改将自动套用至应用该母版的所有幻灯片上，并不需要一一手动修改所有幻灯片。

幻灯片母版

2. 进入与关闭母版视图

当用户打开 PowerPoint 文档时，程序默认处于幻灯片编辑状态，此时用户所做的任何设置均应用于幻灯片本身，而不会对母版做任何的修改。只有切换至母版视图时，用户所做的修改才会作用于母版。

（1）进入母版视图。单击“视图”选项卡→“母版视图”组中的“幻灯片母版”按钮，即进入幻灯片母版编辑状态。

（2）退出母版视图。母版编辑完毕，关闭母版视图后在母版上所做的修改将自动套用至所有使用此母版的幻灯片。退出母版编辑状态的常用方法有两种。

方法 1：单击窗口右下方“普通视图”按钮，即可马上切换至普通视图并退出母版编辑状态。

方法 2：单击“幻灯片母版”选项卡→“关闭”组中的“关闭母版视图”按钮即可退出母版编辑状态。

3. 新增及应用新母版

大多数 PPT 只使用一个母版，以让演示文稿的样式、风格保持高度一致，但实际应用中，如果需要在同一个演示文稿中使用两种或多种完全不同的样式、风格，那就可以考虑新增母版了。例如，某产品演示报告包含两大部分内容，一部分内容为产品特点、功能介绍，另一部分内容为产品展示、使用效果情况等，这时使用风格不同的主题可能会更切合内容表达的需要。

具体操作如下：

步骤 1，进入母版编辑模式：单击“视图”选项卡→“幻灯片母版”组中的“幻灯片母版”按钮。

步骤 2，插入新母版：单击“幻灯片母版”选项卡→“编辑母版”组中的“插入幻灯片母版”按钮。

步骤 3，退出母版编辑模式：单击“幻灯片母版”选项卡→“关闭”组中的“关闭母版视图”按钮。

步骤 4，应用新母版：在需要套用新母版的幻灯片上，单击“开始”选项卡→“幻灯片”组中的“版式”按钮，在下拉列表中选择适用的母版版式即可，如图 10-2 所示。

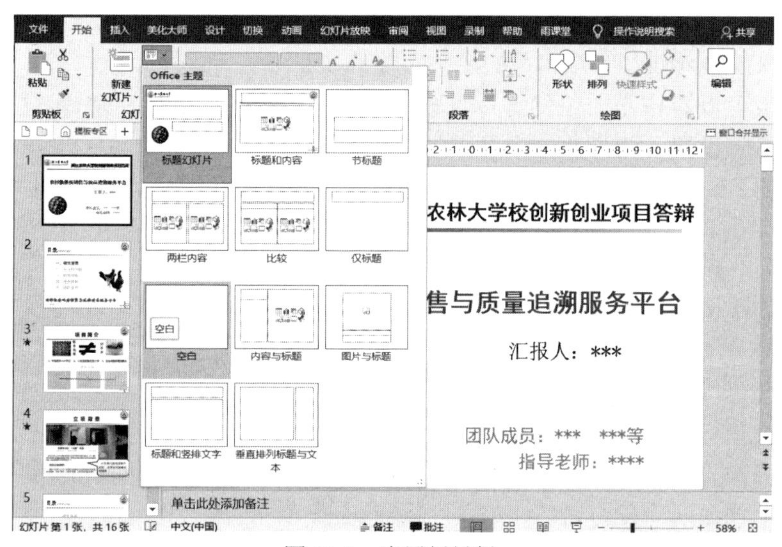

图 10-2　应用新母版

10.4　插入形状库中的形状

Office 形状库是一个“百宝箱”，不仅可以用于绘制各种流程图、示意图，更是用于强化演示表达的有力工具。许多精美幻灯片中的图形、有创意的表达形式，通常是没有现成素材可找的，一般都是设计师自行设计绘制而成的，特别是形状列表中的“任意多边形”，其灵活性与作用可谓很大。

1. 插入形状

单击“插入”选项卡→“插图”组中的“形状”按钮，在弹出的下拉菜单中选择要插入的形状控件。

2. 编辑形状

选择待编辑的形状，单击“格式”选项卡→“形状样式”组右下角的对话框启动器，这时在窗口的右部会弹出“设置形状格式”窗格，如图 10-3 所示。在“形状选项”页中可设置形状的填充与线条、形状效果、形状大小与属性；在“文本选项”页中可设置文本填充与文本轮廓边框线条颜色、文字效果及文本框；还可以使用组合功能，将多个简单的图形拼组为复杂图形，其实各式各样的复杂图形对象都是通过这个窗格来实现的。

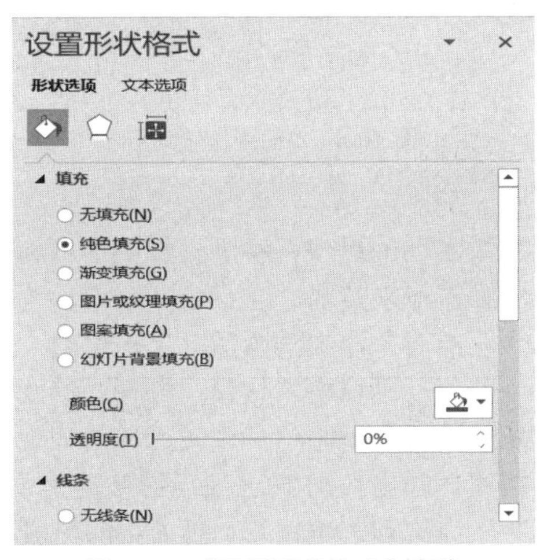

图 10-3　“设置形状格式”窗格

插入形状与动画效果设置

10.5　设置对象动画效果

给幻灯片上的文本、图形、图表和其他对象添加动画效果，这样可以突出重点，并增加演示文稿的趣味性，从而给观众留下深刻的印象。动画效果通常按照一定的顺序依次显示对象或使用运动画面来实现。

动画效果

1. 动画的类别

PowerPoint 的动画分为四大类：“进入”动画、“退出”动画、“强调”动画和“动作路径”动画。

（1）“进入”动画，即对象从无到有的过程。在触发动画之前，被设置为“进入”动画的对象是不出现的，在触发之后，那它或它们采用何种方式出现呢？这就是“进入”动画要实现的效果。比如设置对象为“进入”动画中的“擦除”效果，可以实现对象从某一方向出现的效果。

（2）“退出”动画。“进入”动画可以使对象从无到有，而“退出”动画正好相反，它可以使对象从“有”到“无”。触发后的动画效果与“进入”效果正好相反，对象在没有触发动画之前，是存在于屏幕上的，而当其被触发后，则从屏幕上以某种设定的效果消失。如设置对象为“退出”动画中的“消失”效果，则对象在触发后会逐渐地从屏幕上消失，最终消失在屏幕上。

（3）“强调”动画。“进入”动画可以使对象从无到有，而“强调”动画可以使对象从“有”到“有”，前面一个“有”是对象的初始状态，后面一个“有”是对象的变化状态。这样两个状态上的变化，起到了对对象强调突出的目的。比如设置对象为“强调”动画中的“放大/缩小”效果，可以实现对象从小到大（或设置为从大到小）的变化过程，从而产生强调的效果。

（4）“动作路径”动画。“动作路径”动画即是使对象沿着某一条引导线的轨迹运动。比如设置对象为“动作路径”中的“向右”效果，则对象在触发后会沿着设定的方向移动。

选择要添加动画效果的对象，然后在“动画”选项卡→“动画”组或“高级动画”组或“计时”组中完成动画效果的设置，如图 10-4 所示。

图 10-4 “动画”选项卡

2. 设置动画效果选项

如果想要控制对象动画效果启动的顺序、动画过程的速度和方向等，则要通过设置动画“效果选项”“计时”选项及动画窗格来实现。

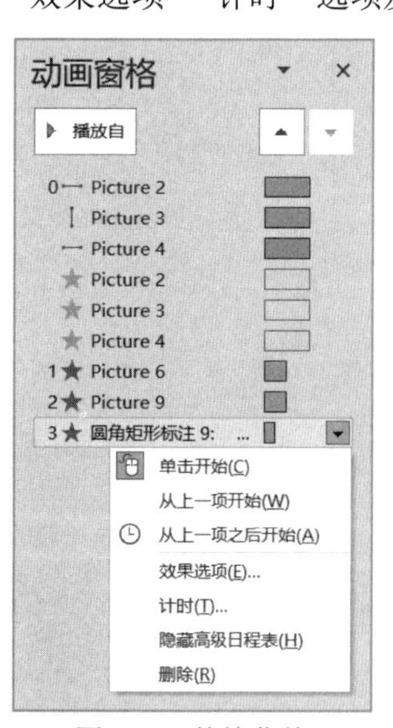

图 10-5 快捷菜单

给对象添加动画后，单击“动画”选项卡→“高级动画”组中的“动画窗格”按钮，打开“动画窗格”对话框。列表中出现相应的对象动画信息列表，单击列表中动画信息行旁边的倒三角按钮，弹出如图 10-5 所示的快捷菜单。

（1）列表中显示动画效果的组成和顺序。

（2）前面的数字序号表示动画效果的播放顺序，幻灯片上的对应项也会显示相同数字。

（3）“从上一项开始”前的复选框处于选定状态，表示动画的触发是与前一项动画同时开始的。

（4）动画信息行前面的图标表示效果的类型（当鼠标悬停在动画信息行时，会提示效果名称）。

（5）选择“效果选项”命令，打开相关效果对话框，如图 10-6 所示（此处为“劈裂”对话框）。

- 设置：一般主要用于控制动画方向等设置。
- 增强：用于设置“声音”“动画播放后”“动画文本”等。

图错误!文档中没有指定样式的文字。-6　“劈裂”对话框“效果”选项卡

选中“计时”选项卡，如图 10-7 所示。

图错误!文档中没有指定样式的文字。-7　“计时”选项卡

- 开始：有“单击时”“之前”“之后”3 个选项，“单击时”是指当鼠标单击时此动画才进行，“之前”是指上一项动画开始之前，即动画与上一项动画同时进行，“之后”是指上一项动画开始之后。
- 延迟：用于设置动画的延时时间，默认为 0 秒。
- 期间：控制动画的播放速度。
- 重复：表示动画动作执行的次数。
- 播完后快退：表示该动画播放完后迅速退出。
- 触发器：此块知识将在下一章介绍。

3. 调整动画次序

当多个对象套用动画效果时，必须要解决一个问题，哪一个对象先开始，接着是哪一个

对象，下一个又轮到哪个对象，就像演员出场一样，要先安排好次序。对此，可通过调整动画的开始时机及 PowerPoint 的动画排序功能，自行设计出适合实际需求的动画过程。具体操作方法介绍如下。

步骤 1，了解目前对象的次序：添加了动画的对象，在普通视图下，其动画窗格中会显示动画次序，同幻灯片页面上每个对象都有序号，这个序号指的就是对象动画播放时的次序，如图 10-8 所示。

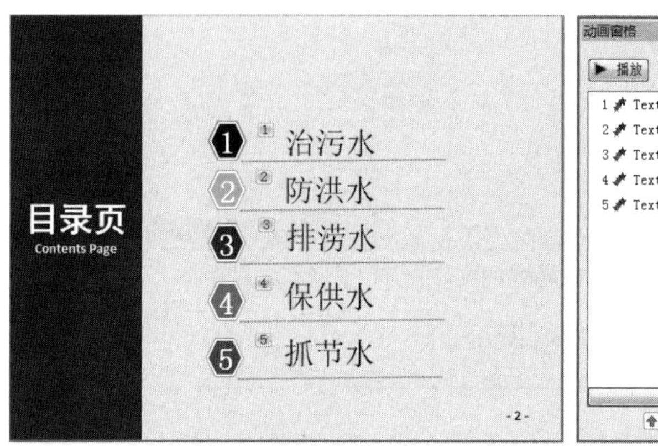

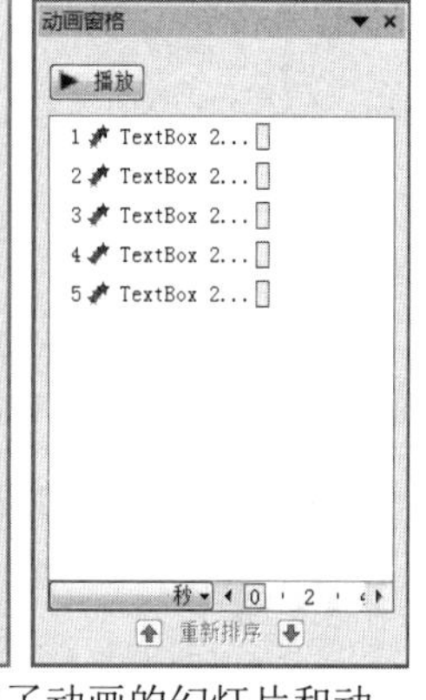

图错误!文档中没有指定样式的文字。-8　套用了动画的幻灯片和动

案例素材

步骤 2，同步触发多个对象的动画效果：如果希望序号为 2、3、4 的对象同时呈现，则选择幻灯片上序号为 2、3、4 的对象，将“计时”组中的“开始”设置为“与上一动画同时”，设置完毕，其对应的序号均变为“2”。

步骤 3，如果动画触发的次序不符合需要，可以直接在动画窗格的列表中“拖动”动画信息行即可。

10.6　案例制作——制作项目答辩演示文稿

10.6.1　案例要求

第 1 题：设计如图 10-9 所示的标题母版。

案例制作

项目答辩-参考样稿

（a）标题幻灯片母版

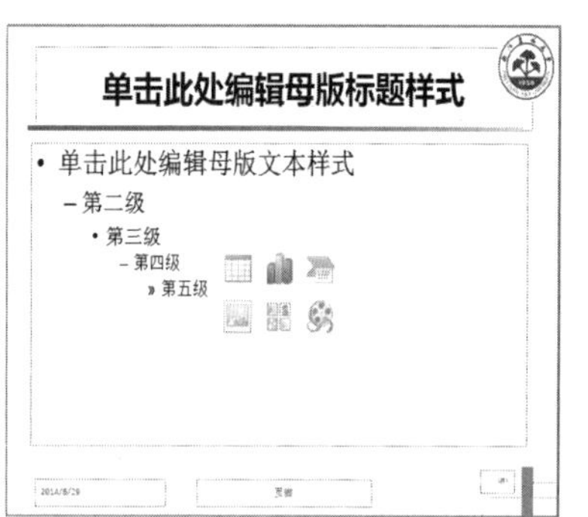

（b）其余幻灯片母版

图 10-9　制作母版

要求：

（1）标题幻灯片插入图片 logo1、egg3，并编辑图片，如图 10-9（a）所示。

（2）制作如图 10-9（a）所示形状：形状填充为绿色、渐变效果为线性向左。

（3）标题幻灯片母版标题字体格式为红色、黑体、加粗、40 号，副标题字体格式为宋体、深蓝色、32 号。

（4）其余幻灯片插入图片 logo2，母版标题样式字体格式为微软雅黑、40 号、加粗、深蓝色。右下角设计页码标识处符号，如图 10-9（b）所示。

第 2 题：

（1）设计标题页和封底页如图 10-10 所示，页面元素要求如表 10-1 所示。

（2）插入幻灯片日期和编号，标题页不显示。

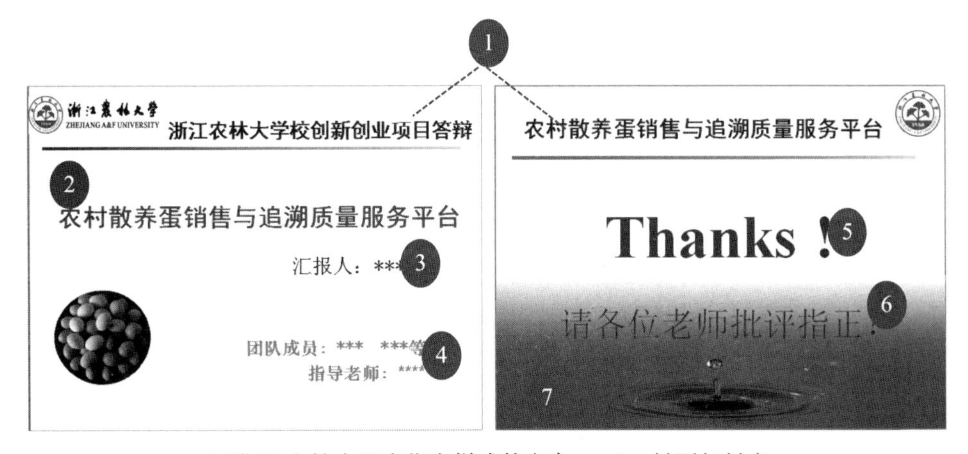

图错误!文档中没有指定样式的文字。-10　封面与封底

表 10-1　封面与封底页面元素及要求

编　号	对　象	操　作
①	2 个文本框	插入文本框，输入文字，字体格式为黑体、32 号、加粗、深蓝
②	标题占位符	输入文字
③	副标题占位符	输入文字
④	1 个文本框	插入文本框，输入文字，字体格式为黑体、28 号、白色-背景 1-深色 35%
⑤	文本框	插入文本框，输入文字，字体格式为 Times new roman、96 号、加粗、深红色
⑥	文本框	插入文本框，输入文字，字体格式为宋体、54 号、红色
⑦	图片 pic1	插入图片 pic1，调整图片大小与位置

第 3 题：

（1）设计如图 10-11 所示目录页幻灯片，页面元素要求如表 10-2 所示。

（2）复制并粘贴幻灯片，作为演示文稿第 5、9、12、14 页，并设置每页转场过渡时的对应文字项的颜色。

图错误!文档中没有指定样式的文字。-11　目录页

表 10-2　目录页页面元素及要求

编号	对象	操作
①	1 个文本框	插入文本框，输入文字，设置字体格式（宋体、44 号、紫色；Calibri、20 号、浅绿）
②	1 个文本框	插入文本框，输入文字，设置字体格式（宋体、32 号、黑色、加粗）
③	图片 hen1	插入图片，删除图片背景
④	1 个文本框	插入文本框，输入文字，设置字体格式（楷体、35 号、加粗、蓝色）

第 4 题：

（1）设计如图 10-12 所示介绍项目简介和立项背景的两个幻灯片页面。

图 10-12　演示文稿第 3、4 页

（2）页面具体元素及要求如表 10-3 所示。

表 10-3　演示文稿第 3、4 页页面元素及要求

编号	对象	操作	动画
①	标题占位符	输入文字	无
②	图片 p4、p6	插入图片，调整大小与位置	无
③	图片 p5	插入图片，调整大小与位置	劈裂，单击
④	文本框	输入文字，字体格式为宋体、28 号、黑色、加粗	无
⑤	文本框	输入文字，字体格式为宋体、20 号、加粗、黑色	动画 1：形状-圆形扩展，单击；动画 2-字体颜色：淡一单击
⑥	文本框	输入文字，字体格式为宋体、28 号、加粗、白色-背景 1-深色 15%	字体颜色，单击
⑦	形状-矩形	插入形状-矩形，设置形状样式：无轮廓、分别填充为橄榄色-强调文字 3-淡色 60%、红色-强调文字 2-淡色 80%、蓝色-强调文字 1-淡色 80%	无
⑧	文本框	输入文字，字体格式为宋体、24 号、白色-背景 1-深色 15%	字体颜色-黑色，单击
⑨	文本框	输入文字，字体格式为宋体、24 号、白色-背景 1-深色 15%	字体颜色-黑色，单击
⑩	形状-直线、圆	插入 1 条直线、3 个圆，并设置直线格式为虚线、1.5 磅、蓝色；圆的填充效果自定，并组合各对象	无
⑪	图片 p1	插入图片，调整大小与位置	动画 1：路径-斜向左，与上一动画同时；动画 2：放大-缩小（50%），与上一动画同时
⑫	图片 p2	插入图片，调整大小与位置	动画 1：路径-向上，与上一动画同时；动画 2：放大-缩小（50%），与上一动画同时
⑬	图片 p3	插入图片，调整大小与位置	动画 1：路径-斜向右，与上一动画同时；动画 2：放大-缩小（50%），与上一动画同时
⑭	图片 p14	插入图片，调整大小与位置	自底部浮入，单击
⑮	图片 p15	插入图片，调整大小与位置	自底部浮入，单击
⑯	形状-矩形标注	插入形状，输入文字，设置字体格式为宋体、24、黑色	劈裂，单击

第 5 题：

（1）设计如图 10-13 所示介绍“可行性分析”的幻灯片页面。

（2）页面具体元素及要求如表 10-4 所示。

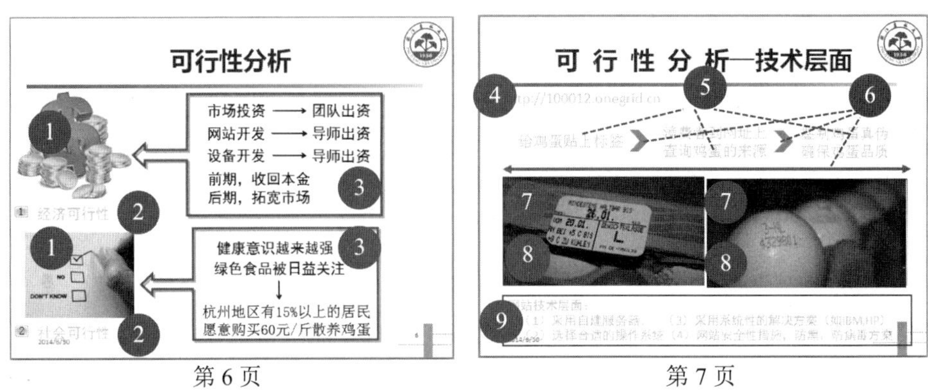

第 6 页　　　　第 7 页

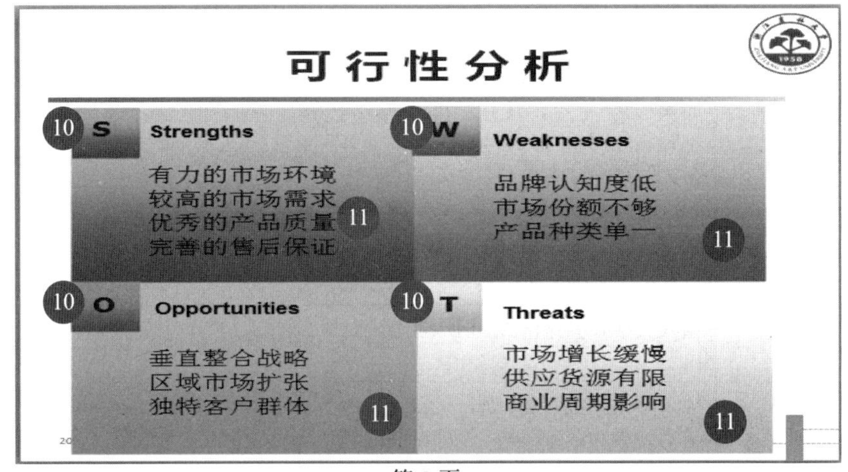

第 8 页

图错误!文档中没有指定样式的文字。-13　演示文稿第 6、7、8 页

表 10-4　演示文稿第 6、7、8 页页面元素及要求

编号	对象	操作	动画及动画计时开始
①	图片 p7、p8	插入图片，调整大小与位置	无
②	文本框	输入文字，字体格式为黑体、24 号、白色-背景 1-深色 15%	字体颜色，单击
③	形状-左箭头标注	插入形状，输入文字，字体格式为黑体、24 号、黑色	无
④	文本框	插入文本框，输入文字，字体格式为 Calibri、24 号、白色-背景 1-深色 15%	字体颜色，单击
⑤	文本框	插入文本框，输入文字，字体格式为黑体、24 号、白色-背景 1-深色 15%	字体颜色，单击
⑥	形状-双箭头、燕尾形箭头	插入形状，设置形状格式	无
⑦	图片 p16、p17	插入图片，调整图片大小、位置	消失，单击
⑧	图片 P18、p19	插入图片，调整图片大小、位置	无
⑨	文本框	输入文字，字体格式为黑体、24 号、白色-背景 1-深色 15%	

续表

编号	对象	操作	动画及动画计时开始
⑩	形状-矩形	插入形状，输入字符，并设置形状格式	
⑪	形状-矩形	插入形状，输入文字，字体格式为宋体、24号、黑色	

第 6 题：

（1）设计如图 10-14 所示的幻灯片页面。

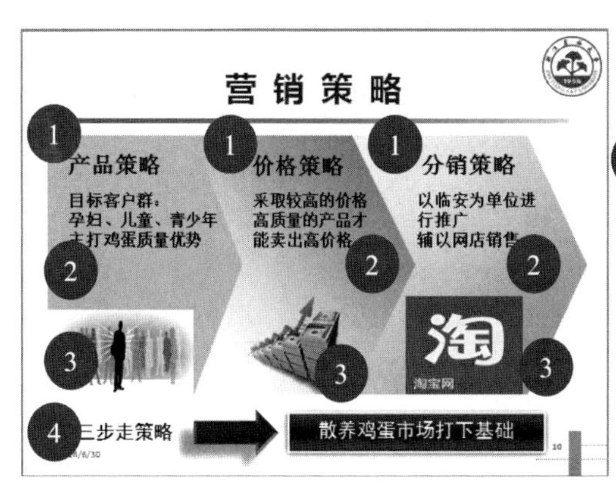

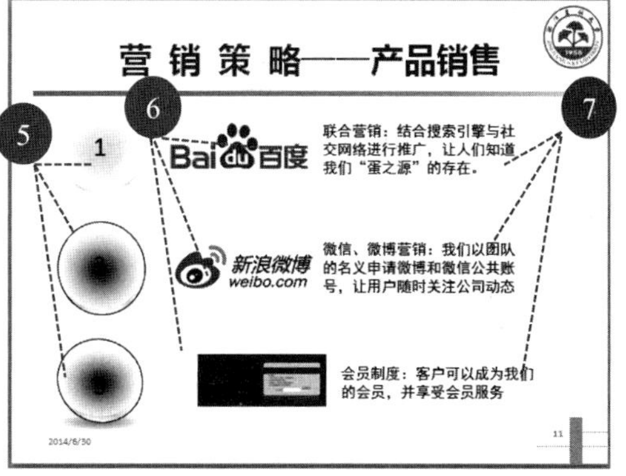

图 10-14　演示文稿第 10、11 页

（2）页面具体元素及要求如表 10-5 所示。

表 10-5　演示文稿第 10、11 页页面元素及要求

编号	对象	操作	动画及动画计时开始
①	形状-燕尾箭头	插入 3 个燕尾箭头，去轮廓，设置填充色	无
②	文本框	插入 6 个文本框，输入文字，设置字体格式	无
③	图片 p11、p12、p13	插入图片，并编辑图片，p11：去背景，p12：裁减多余的部分	无
④	文本框、形状-箭头、矩形	插入文本框，输入文字，插入箭头、矩形、输入文字、设置样式，并组合三个对象	向右擦除，上一个动作之后
⑤	形状-圆	插入形状，设置形状样式，输入数字	弹跳，上一个动作之后
⑥	图片 png1、png2、png3	插入图片，调整图片大小与位置	向内溶解，上一个动作之后
⑦	文本框	插入 3 个文本框，分别输入文字，设置字体格式	升起，上一个动作之后

第 7 题：

（1）设计如图 10-15 所示的幻灯片页面。

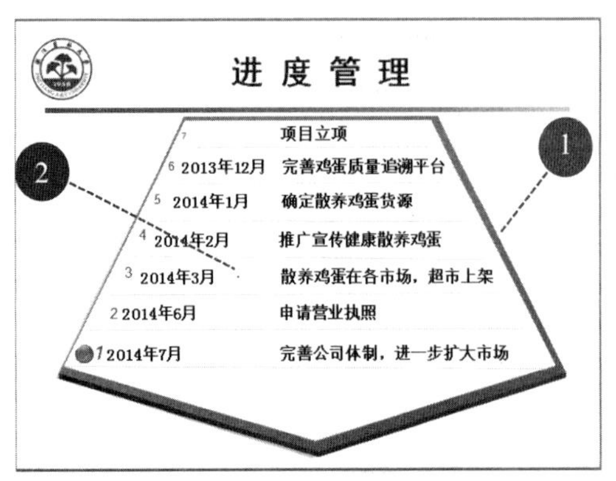

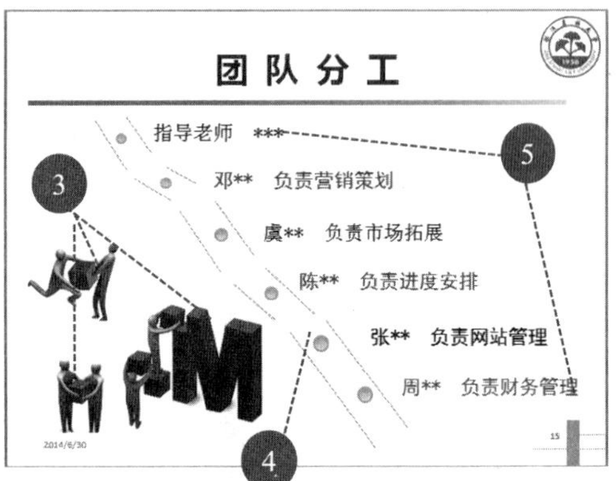

图错误!文档中没有指定样式的文字。-15 演示文稿第 13、15 页

（2）页面具体元素及要求如表 10-6 所示。

表 10-6 演示文稿第 13、15 页页面元素及要求

编号	对象	操作
①	形状-五边形	插入形状-五边形，旋转形状，设置效页面所示效果（填充、阴影、三维）
②	7 个文本框	插入 7 个或更多个文本框，输入文字，设置字体格式
③	图片 png4	插入图片，调整图片大小与位置
④	形状-直线、圆	插入直线、圆，并设置形状格式，复制直线与圆，效果如页面，并组合形状，
⑤	6 个文本框	插入 6 个文本框，输入文字，设置字体格式

10.6.2 案例操作

第 1 题：

第（1）题：

步骤 1，新建 PPT 演示文稿文件：在桌面上单击鼠标右键，在弹出的快捷菜单中选择“新建”→“Microsoft PowerPoint 演示文档”命令，双击打开文件，在窗口中单击“单击以添加第一张幻灯片”，插入 1 张新幻灯片。

步骤 2，打开幻灯片母版编辑环境：单击“视图”选项卡→“母版视图”组中的“幻灯片母版”按钮，打开幻灯片母版编辑环境，如图 10-16 所示。选定窗口左边列表的“标题幻灯片 版式：由幻灯片 1 使用”提示信息的幻灯片。

步骤 3，插入 logo1、egg3 图片：单击“插入”选项卡→“图像”组中的“图片”按钮，在弹出的下拉菜单中选择“此设备”命令，选择 logo1、egg3 图片并插入。

步骤 4，删除 egg3 图片背景：单击“图片工具—格式”选项卡→“调整”组中的“删除背景”按钮，改变尺寸柄框的大小，框住图片，然后单击“删除标记”或框外的任意处，如图 10-17 所示。

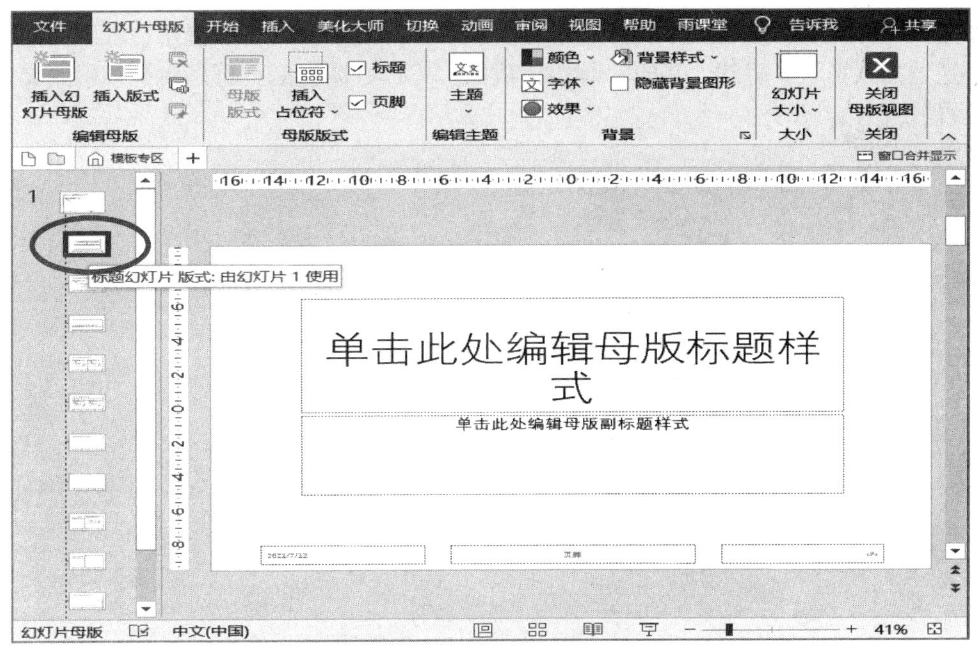

图 10-16　幻灯片母版编辑环境

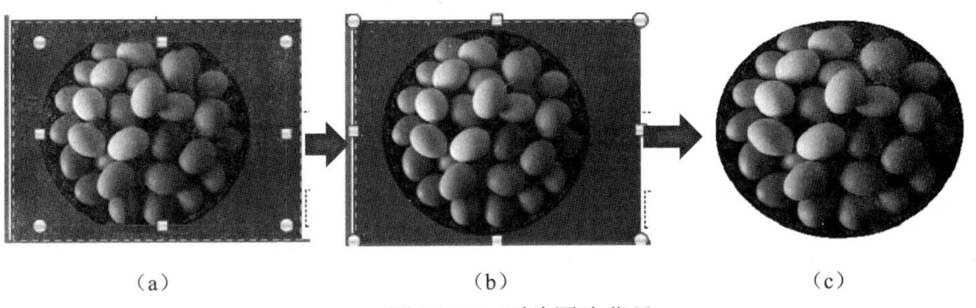

（a）　　　　（b）　　　　（c）

图 10-17　删除图片背景

步骤 5，关闭母版视图：单击“幻灯片母版”选项卡→“关闭”组中的“关闭母版视图”按钮。

第（2）题：单击“插入”选项卡→“插图”组中的“形状”→“矩形”命令。绘制矩形，并填充为绿色。选定“矩形”，单击鼠标右键，在弹出的快捷菜单中选择“设计形状格式”命令，在窗口的右部弹出“设置形状格式”窗格。在“形状选项”页中单击“填充与线条”按钮，进行参数设置，如图 10-18 所示，选中“渐变填充”，“类型”设为“线性”，“方向”设为线性向左，设置线条为“无”。

第（3）题：

步骤 1，选定母版标题样式占位符，在“开始”选项卡→“字体”组中，设置字体格式为黑体、字号 40、加粗、红色。

步骤 2，选定母版副标题样式占位符，在“开始”选项卡→“字体”组中，设置字体格式为宋体、字号 32、深蓝色。

第（4）题：

步骤 1，打开幻灯片母版编辑环境：单击“视图”选项卡→“母版视图”组中的“幻灯片母版”按钮。选定窗格左边列表的“标题与内容 版式：由幻灯片 2 使用”提示信息的幻灯片，如图 10-19 所示，母版设计具体操作请参考第（1）题的步骤 2（提示：右下角的页码标识符是通过插入形状（直线、矩形）编辑而成的，设计好图标后把页码占位符移到如效果所示的位置）。

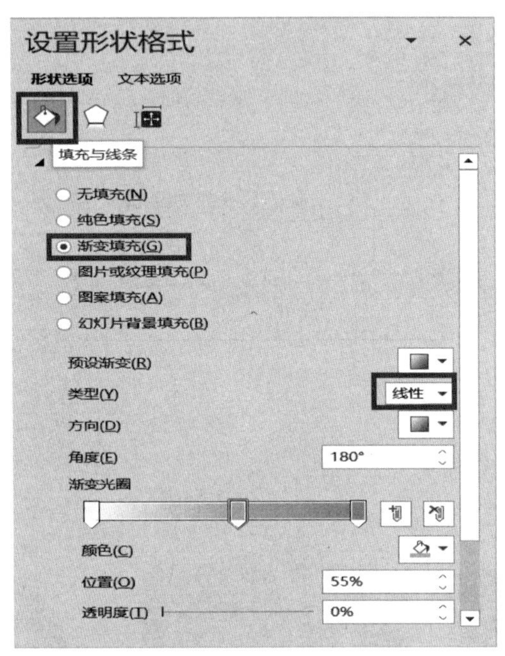

图 10-18 “设置形状格式”对话框

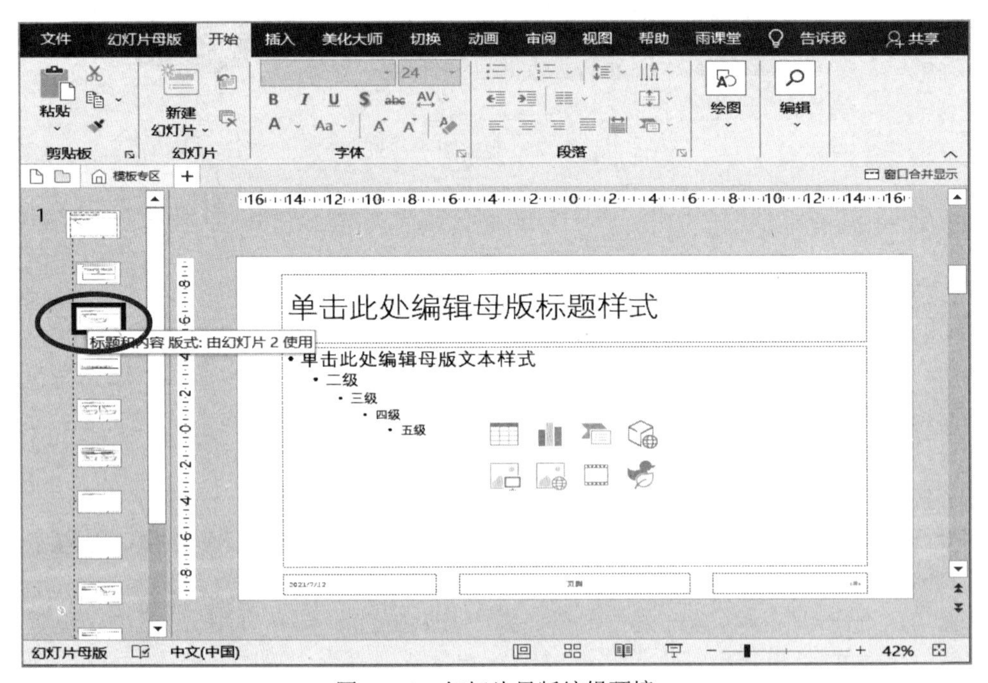

图 10-19 幻灯片母版编辑环境

步骤 2，关闭母版视图：单击“幻灯片母版”选项卡→“关闭”组中的“关闭母版视图”按钮。

第 2 题

第（1）题：

（1）封面。

步骤 1，输入标题与副标题文字：在幻灯片的对应占位符处输入标题文字、副标题文字。

步骤 2，插入文本框：由于占位符不够，插入 2 个文本框，分别输入文字，按表 10-1 中编号为①的要求设置字体格式。

（2）封底。

步骤 1，插入 2 个文本框，输入文字，按表 10-1 中编号为⑤⑥的要求设置相应的字体格式。

步骤 2，插入图片文件 pic1，并调整图片至适合的大小与位置。

第（2）题：

步骤 1，打开“页眉和页脚”对话框：单击“插入”选项卡→“文本”组中的“页眉和页脚”按钮，打开“页眉和页脚”对话框，按如图 10-20 所示进行设置。

步骤 2，完成相应设置，单击“全部应用”按钮。

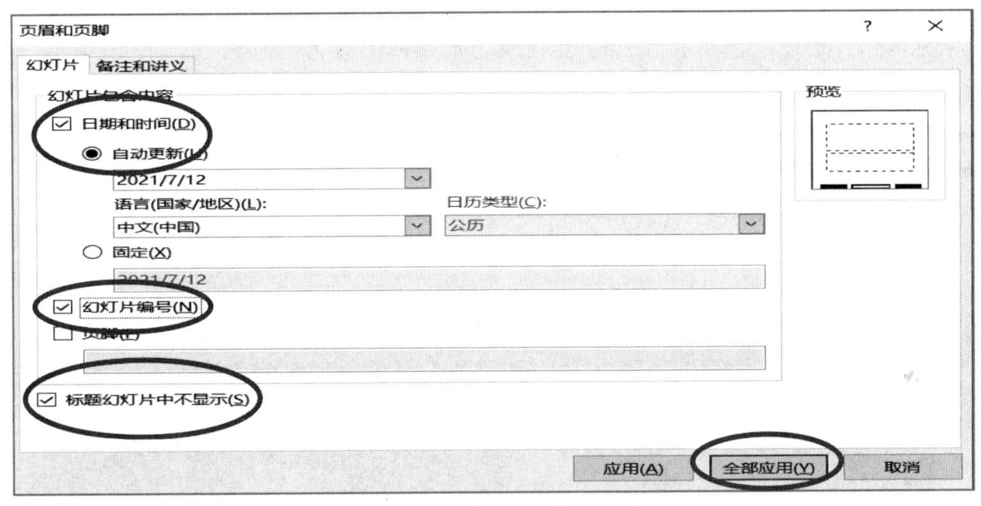

图 10-20　“页眉和页脚”对话框

第 3 题：

步骤 1，在幻灯片列表窗格中选定第 2 张幻灯片，插入 3 个文本框，输入编号为①②④中相对应文字，按表 10-2 所示的字体格式要求进行设置。

步骤 2，插入编号为③处的图片文件 hen1，并删除图片背景（具体操作在第 1 题中已详细描述，在此不再重述，请参考第 1 题）。

步骤 3，复制第 2 张幻灯片，并进行 4 次粘贴操作，演示文稿中新增 4 张幻灯片，并依次分别将第 2、3、4、5、6 张幻灯片中编号为②对应文字项的字体格式设置为黑色、加粗。

第 4 题：

步骤 1，在第 2 张幻灯片后插入 2 张新幻灯片。

步骤 2，在幻灯片窗格列表中选定第 3 张幻灯片。

步骤 3，插入编号为②③的 p4、p5、p6，调整图片的大小与位置。

步骤 4，插入 2 个编号为④的文本框，输入文字，按表 10-3 中编号为④的要求设置字体格式。

步骤 5，插入 3 个编号为⑤的文本框，输入文字，按表 10-3 中编号为⑤的要求设置字体格式。

步骤 6，插入 3 个编号为⑦的矩形形状，按表 10-3 中编号为⑦的要求设置形状样式。

步骤 7，插入 6 个编号为⑧⑨的文本框，输入文字，按表 10-3 中编号为⑧⑨的要求设置字体格式。

步骤 8，插入编号为⑩的直线和圆形状，按表 10-3 中编号为⑩的要求设置形状样式，并组合 4 个对象。

步骤 9，在幻灯片窗格列表中选定第 3 张幻灯片。

步骤 10，分别插入编号为⑪、⑫、⑬的图片 p1、p2、p3，调整图片的大小与位置。

步骤 11，插入编号为⑭、⑮的图片 p14、p15，调整图的位置。

步骤 12，插入编号为⑯的矩形标注形状，输入文字，按表 10-3 中编号为⑯的要求设置字体格式。

步骤 13，设置这两张幻灯片的动画效果：分别选定相应对象，单击“动画”选项卡→“高级动画”组中的“添加动画”按钮，再按表 10-3 中“动画”列的要求设置动画效果，打开“效果选项”“计时”选项卡进行每个对象动画属性的设置。

提示：编号为⑪、⑫、⑬的图片 p1、p2、p3 的路径动画设置中，图片的排列及动作引导线的起、止点设置是难点，可借助网格线及辅助线完成，如图 10-21 中显示网格线、辅助线的具体操作是：在“视图”选项卡→“显示”组中选择相关复选框来实现。

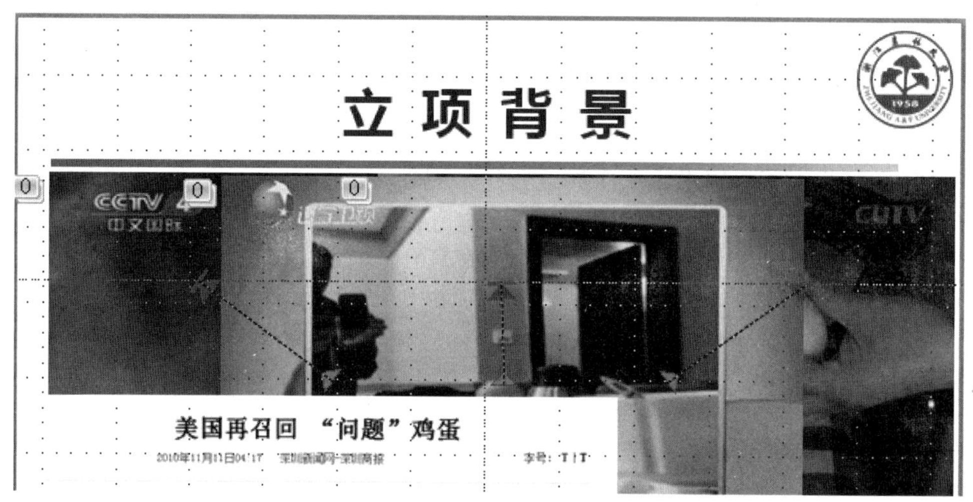

图 10-21　辅助线与网格线在动作路径中的辅助作用

第 5 题：

步骤 1，在第 5 张幻灯片后插入 3 张幻灯片，并在每张幻灯片的标题占位符中输入标题文字。

步骤 2，在幻灯片窗格列表中选定第 6 张幻灯片。

步骤 3，插入编号为①的图片 p7、p8，调整图片的位置与大小。

步骤 4，插入 2 个编号为②的文本框，输入文字，按表 10-4 中编号为②的要求设置字体格式。

步骤 5，插入 2 个编号为③的左箭头标注形状，输入文字，按表 10-4 中编号为③的要求设置字体格式（或其中的文字也可分别使用文本框来实现）。

步骤 6，在幻灯片窗格列表中选定第 7 张幻灯片。

步骤 7，插入 4 个编号为④⑤的文本框，输入文字，按表 10-4 中编号为④⑤的要求设置字体格式。

步骤 8，插入编号为⑥的 2 个燕尾箭头和一条双箭头直线，设置形状格式。

步骤 9，插入编号为⑦⑧的 4 张图片 p16、p17、p18、p19，调整图片的大小和位置。

步骤 10，插入编号为⑨的文本框，设置文本框的框线，输入文字，按表 10-4 中编号为⑨的要求设置字体格式。

步骤 11，插入编号为⑪的 4 个矩形形状，并设置形状的填充颜色。

步骤 12，插入编号为⑩的 4 个矩形形状，分别输入字符“S”“W”“O”“T”，设置形状填充颜色与字符字体格式。

步骤 13，在编号为⑪的 4 个矩形形状中分别插入 2 个文本框，输入对应文字，设置字体格式。

步骤 14，设置这 3 张幻灯片的动画效果：分别选定相应对象，单击“动画”选项卡→“高级动画”组中的“添加动画”按钮，按表 10-3 中“动画”列的要求设置动画效果，打开“效果选项”“计时”选项卡对每个对象进行动画属性的设置。

第 6 题：

步骤 1，在第 9 张幻灯片后插入 2 张幻灯片，分别在标题占位符处输入标题文字。

步骤 2，在幻灯片窗格列表中选定第 10 张幻灯片。

步骤 3，插入编号为①的 3 个燕尾箭头形状，设置形状样式（去轮廓、填充颜色）。

步骤 4，插入编号为②的 3 个文本框，输入文字，设置字体格式（字体、字号）。

步骤 5，插入编号为③的 3 张图片 p11、p12、p13，并编辑图片（删除 p11 图片背景、裁减 p12 图片多余部分）。

步骤 6，插入编号为④的 1 个文本框、1 个箭头和 1 个矩形形状，输入文字，设置样式，并组合 3 个对象。

步骤 7，插入编号为⑤的 3 个圆形状，设置形状从中心渐变填充，输入数字序号。

步骤 8，插入编号为⑥的 3 张图片 png1、png2、png3，调整图片的大小与位置。

步骤 9，插入编号为⑦的 3 个文本框，输入文字，设置字体格式（字体、字号）。

步骤 10，设置这两张幻灯片的动画效果：分别选定相应对象，单击“动画”选项卡→“高级动画”组中的“添加动画”按钮，按表 10-5 中“动画”列的要求设置动画效果，打开“效果选项”“计时”选项卡对每个对象进行动画属性的设置。

第 7 题：

步骤 1，在第 12 张、第 14 张幻灯片的后面分别插入 1 张幻灯片，再分别在标题占位符处输入标题文字。

步骤 2，在幻灯片窗格列表中选定第 13 张幻灯片。

步骤 3，绘制编号为①的五边形形状。

- 单击“插入”选项卡→“插图”组中的“插入”→“五边形”，绘制五边形，并填充为绿色，去轮廓，然后设置形状阴影效果和三维效果。
- 将光标移近形状的旋转点，当光标插入点出现旋转标志时旋转图片，如图 10-22 所示。

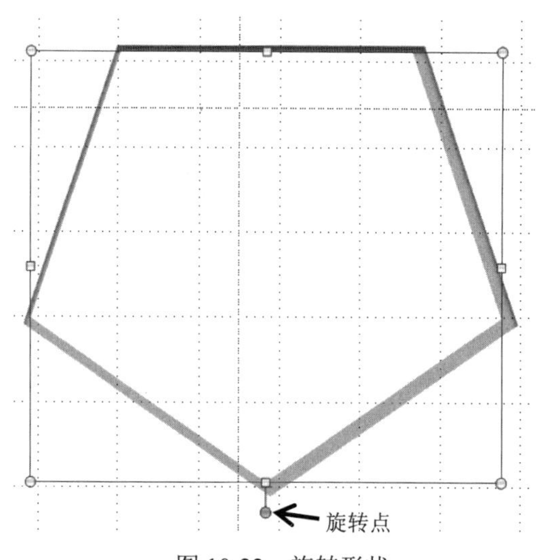

图 10-22　旋转形状

● 复制形状，并填充为白色，去轮廓，稍微缩小形状，将两个形状叠放一起，绿色在下，白色在上，组合两形状。

步骤 4，在形状框内插入编号为②的 7 个文本框，输入文字，设置字体格式。

步骤 5，在幻灯片窗格列表中选定第 15 张幻灯片。

步骤 6，插入编号为③的图片 png4，调整图片的大小与位置。

步骤 7，绘制编号为④所示的形状，包括直线与圆形状，设置直线与圆的样式，复制粘贴，并组合形状。

步骤 8，插入编号为⑤的 6 个文本框，输入文字，设置字体格式。

提示：如果想把步骤 3 中绘制的形状设置得好看一些，可改用“任意多边形”形状来绘制，借助工作环境的网格线与参考线。形状库中的五边形为正五边形，这样绘制出来的形状边长会受到限制，改用任意多边形来绘制则更灵活、方便。

10.7　练习

练习素材

在“\练习 2”文件夹中有 3 篇从中国期刊数据库下载的理工科或文科类硕士论文，硕士论文的答辩一般 20 分钟左右，包括汇报和老师提问两个环节，请选择其中的一篇，在阅读理解基础上，为其设计答辩 PPT 文稿。

第 11 章　主题活动汇报 PPT 制作

主题活动是指在集体性活动中，以一个主题为线索，围绕主题进行活动与交流，通过活动达到教育、学习、宣传广告等作用，相比于传统的学科教学，主题活动更灵活，可以根据热点、活动对象和时间的不同确定主题的内容，寓教育于活动中。根据活动目的的不同，有不同类型的主题活动，从幼儿园、小学到中学、大学，主题教育活动是被广泛采纳的教学方式之一。因此，基于特定主题的 PPT 设计是学习和工作中常用的场合。

本章将以红色文化主题活动来讲述基于特定主题的 PPT 设计。

11.1　主题活动内容

【主题活动背景】

2021 年是中国共产党建党 100 周年。100 年来，中国共产党领导人民，浴血奋战，跨过一道又一道沟坎，取得一个又一个胜利，创造了人类发展史上惊天动地的奇迹。无论我们党走多远，都不能忘记过去，不能忘记党的初心。“知党史，感党恩，跟党走”主题活动旨在“讲党史、学精神”中牢记时代使命、坚定理想信念，将理想信念落实于实际行动，用行动展示理想信念的力量，开创属于我们这一代人的历史伟业。

【主题活动要求】

1921 年，中国共产党第一次全国代表大会在浙江嘉兴南湖的一条游船（后称“红船”）上胜利闭幕，庄严宣告中国共产党的诞生。中国共产党成立后，确立了新民主主义革命的正确道路，让灾难深重的中国人民看到了新的希望、有了新的依靠。我们党探索出农村包围城市、武装夺取政权的正确革命道路，“唤起工农千百万”“夺过鞭子揍敌人”，经过土地革命战争、抗日战争、解放战争，推翻了压在中国人民头上的帝国主义、封建主义、官僚资本主义“三座大山”，建立了人民当家作主的中华人民共和国，彻底结束了近代以来中国内忧外患、积贫积弱的悲惨境地，开启了中华民族发展进步的新纪元。在庆祝中国共产党成立 100 周年大会上，习近平总书记概括出“坚持真理、坚守理想，践行初心、担当使命、不怕牺牲、英勇斗争，对党忠诚、不负人民”的伟大建党精神，强调“这是中国共产党的精神之源”。坚定不移赓续红色血脉，将伟大建党精神代代传承、发扬光大，为全面建设社会主义现代化国家、实现中华民族伟大复兴提供不竭的精神动力。中国共产党领导人民百年奋斗的“四个伟大成就”为：

（1）党领导人民浴血奋战、百折不挠，创造了新民主主义革命的伟大成就。

（2）党领导人民自力更生、发愤图强，创造了社会主义革命和建设的伟大成就。

（3）党领导人民解放思想、锐意进取，创造了改革开放和社会主义现代化建设的伟大成就。

（4）党领导人民自信自强、守正创新，创造了新时代中国特色社会主义的伟大成就。

小明需要为这次“知党史、感党恩、跟党走”主题活动制作 PPT，并在班会上与老师、同学进行汇报和交流。

【主题活动分析】

这是一个以红色文化为主题的活动，通过活动激励同学们奋发向上，让同学们在追忆这些为人民解放、国家富强和社会进步而奉献青春热血甚至宝贵生命的英雄的同时，生发出一种豪迈的革命乐观主义态度，从中汲取精神力量；中华民族在中国共产党的领导下，从夺取政权时的一穷二白到如今的富强文明，屹立于世界强国之巅。活动主题中重点要体现出红色文化中所包含的爱国情操，积极正确的人生态度，为理想和事业勇于斗争、大公无私、团结奋进的拼博精神。教学中融入思政元素，思政要点包括爱国情怀。

本案例的主题设计是一个大方向的总体要求，不同于上一章中根据已有项目文本来概括要点，清晰阐述为什么做、做了什么、是如何做的。因此，本案例要根据提供的材料要求，通过搜索资料、组织材料来制作 PPT，通过活动达到主题活动教育目的。这类 PPT 数据要求真实，通常要求图文并茂，整体风格以中国红为主色调，端庄稳定，不要过于华丽炫目。

11.2　主题文稿写作与素材准备

本案例主要讲解制作过程，以及设计思想，不介绍操作细节。从 PPT 制作准备和 PPT 具体制作两个方面来阐述。

步骤 1，搜索资料，组织材料，撰写文案概要。

在百度上搜索“中国共产党”“建党精神”“改革开放成就”“红船精神”“中国的国际地位”等关键字（注：这里仅提供参考，完全可以采用不同的搜索方案），收集文字信息，总结概要，形成文案，这里所说的文案不需详尽，其实它是写给我们自己看的，在文案的整理过程中我们熟悉汇报材料。

步骤 2，根据方案内容，提炼出 PPT 文件标题。

这一步相当重要，文件标题要反映汇报交流的内容重点，不能太陈旧，内容上要尽量聚焦，给人留下有吸引力的第一印象。通常来说，相对具体的标题更有利于抓住汇报重点。根据文案，确定汇报活动标题为“铭记百年党史 砥砺奋进新征程”，从标题开始分析，内容包括“百年党史”和“砥砺奋进”两部分，除了对党史的学习与介绍，还要体现“跟党走”的决心与态度。

步骤 3，确定整体风格，准备素材。

此步骤主要是准备演示文稿中所需要的一些图片、声音、数据等。红色文化教育活动，通常以红色为主色调，党旗、飘带等为常用元素，在百度上搜索“红色文化素材元素”，如图 11-1 所示，选定需要的图片，鼠标右键单击，在弹出的快捷菜单中选择“图片另存为...”或者“复制图片”命令，即可下载图片素材。

图 11-1　素材搜索

11.3　两个常用的辅助设计软件

思维导图制作 XMind

11.3.1　思维导图制作软件 XMind

常用制作思维导图的软件有 XMind、MindMagager 等，人们常使用的是 XMind，在此对 XMind 做个简单介绍。XMind 是一款非常实用的思维导图制作软件，有免费版和商业版，日常使用免费版即可。

1. 新建或打开文件

下载后双击“Xmind.exe”文件，打开 XMind 软件，其窗口如图 11-2 所示。选择“新建”窗口列表中的样式，单击“创建”按钮，就可以新建一个 XMind 文件，单击主题占位框可以输入，按 Tab 键可以生成下一级主题，按回车键可以生成同一级主题等；选择“图库”窗口列表中合适的样式，就可以基于选定的模板样式修改、编辑自己的思维导图；也可以通过“打开文件”或“最近打开”按钮，打开已存在的文件。

2. 编辑思维导图

进入 XMind 主界面后，上方菜单会有我们需要使用到的功能，如图 11-3 所示。在“思维导图”编辑界面，“中心主题”和“分支主题”可以使用的菜单选项不同。

- 单击“中心主题”，则上方的“概要”和“外框”不能使用，而单击“分支主题”，上方的选项都可以使用。
- 当我们选中“中心主题”时，单击一次上方的“主题”和“子主题”其效果都是生成一个子主题，再次单击“主题”时还会生成一个子主题。而再次单击“子主题”则会在刚刚生成的子主题上生成该子主题的一个子主题。

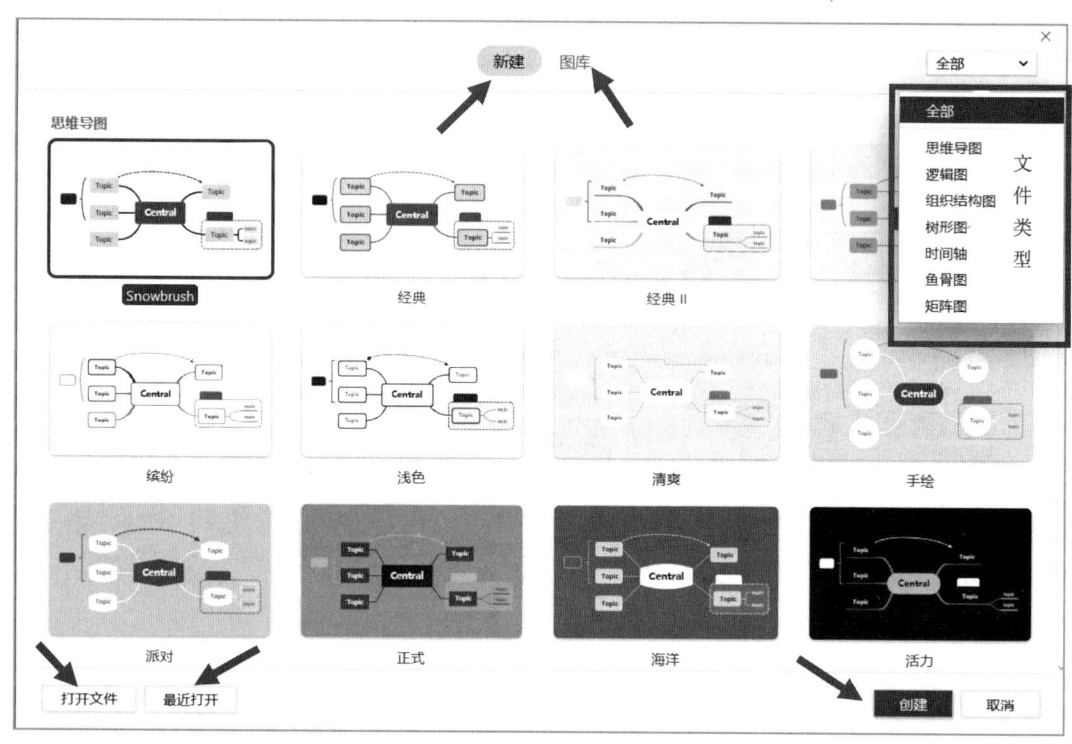

图 11-2　新建或打开 XMind 文件窗口

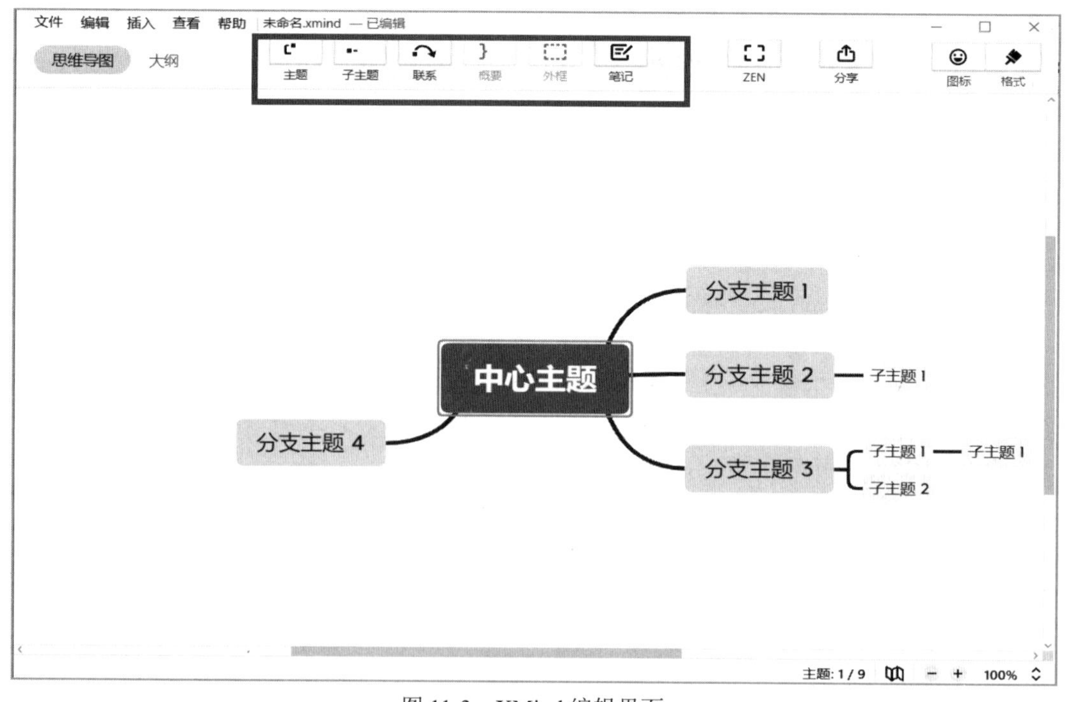

图 11-3　XMind 编辑界面

● 选中“中心主题”或者某一个“分支主题”，单击“联系”，鼠标箭头会变成一个带有一根虚线的箭头，此时单击某一个主题就会在两个主题之间添加一根虚线，单击空白部分会生成一个“自由主题”并连起一根虚线。

● 选择某几个“分支主题”，单击“概要”，会生成一个括号和一个“概要”主题，当选择的某几个“分支主题”并不靠近时，会将临近的主题合并生成一个概要，总共会生成多个概要。

● 选中主题并单击“外框”，就会在某一主题或某几个主题外围生成虚线的框。

● 选中“中心主题”或“分支主题”，单击“笔记”，就可以添加笔记或者注释，添加完成后会生成一个标志，单击该标志就可以看到笔记详情。

XMind 不仅可以绘制思维导图，还能绘制逻辑图、组织结构图、树形图、时间轴图、鱼骨图和矩阵图等，制作好的图形可以依次单击菜单“文件”→“导出”，导出 PNG、SVG、PDF、Word、Excel 等多种类型的文件。

11.3.2　PPT 美化大师

美化大师的使用

PPT 美化大师是一款 PowerPoint 软件美化插件，为用户提供了丰富的 PPT 模板，还有一键美化的功效。当需要制作 PPT 时，绝大多数人通常第一想法就是去下载模板，此固然省力，但要找到符合你内容的模板太难了。模块与 PPT 美化大师的结合，可以快速地设计属于自己特色的模板，同时 PPT 美化大师提供了诸多页面逻辑的图示关系，可以事半功倍地快速设计 PPT 逻辑。

首先，在百度上搜索“PPT 美化大师”并下载、安装（安装时要关闭 MsOffice 软件），安装之后，打开 PowerPoint，我们看到选项卡中多了一项“美化”，右侧边栏也多出一排功能，这是 PPT 美化大师特色功能，如图 11-4 所示。

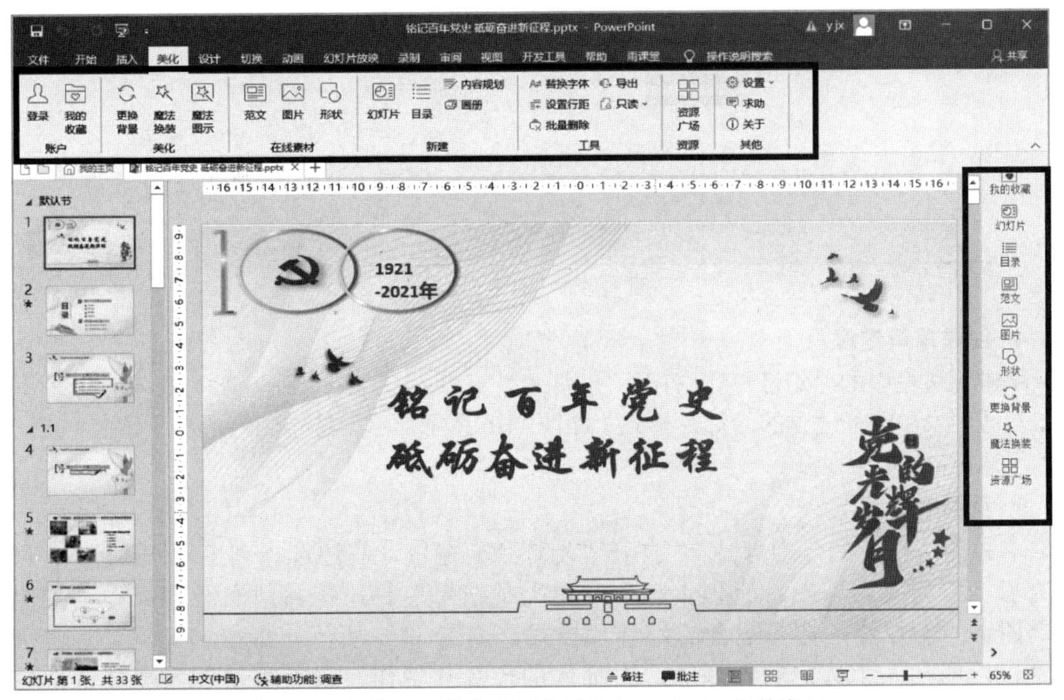

图 11-4　安装 PPT 美化大师之后的 PowerPoint 软件窗口

1. 魔法换装

单击侧边栏中的“魔法换装”，系统会随机换一个模板，如果不满意可以继续换装，直到满意为止。

2. 更换背景

单击侧边栏中的“更换背景”，选中想要的模板，单击右下角的“+”，然后“套用至文档”就可以了。

3. 创建目录页

单击侧边栏中的“目录”，打开“目录”窗口，如图 11-5 所示。在窗口左边的列表中选中目录样式，在窗口右边文本框中输入目录内容，单击右下角的“完成”按钮即可生成目录。

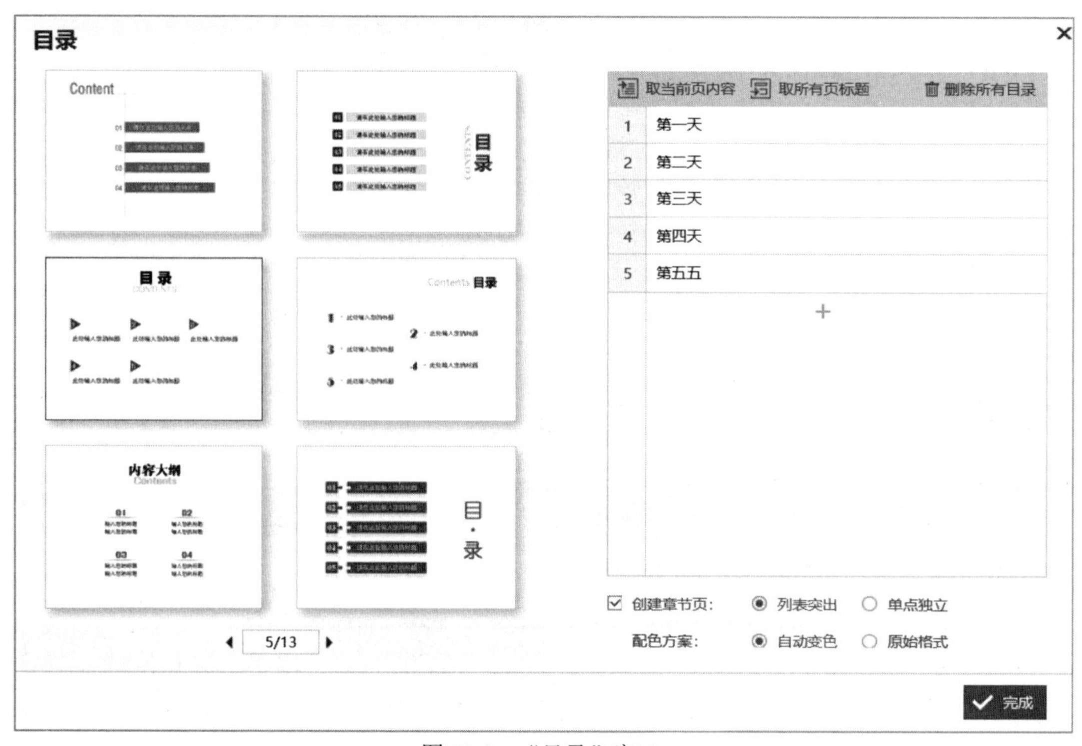

图 11-5 “目录”窗口

4. 创建章节过渡页

单击侧边栏中的“幻灯片”，打开“幻灯片”窗口，右边选择列表项“章节过渡页”，在窗口左边列表中选择适合的幻灯片样式，如图 11-6 所示，单击选定幻灯片右下角的“+”，即插入了选定的幻灯片。

5. 页面逻辑图示

单击侧边栏中的“幻灯片”，打开“幻灯片”窗口，右边选择列表项“图示”，再选择选项“并列关系”或“流程步骤”或“因子结果”等，在窗口左边列表中则列出了选定图示的幻灯片，选择适合的幻灯片样式，如图 11-7 所示，单击选定幻灯片右下角的“+”，即插入了选定的幻灯片，对插入的幻灯片稍作修改就可以编辑成适合你内容的幻灯片了。

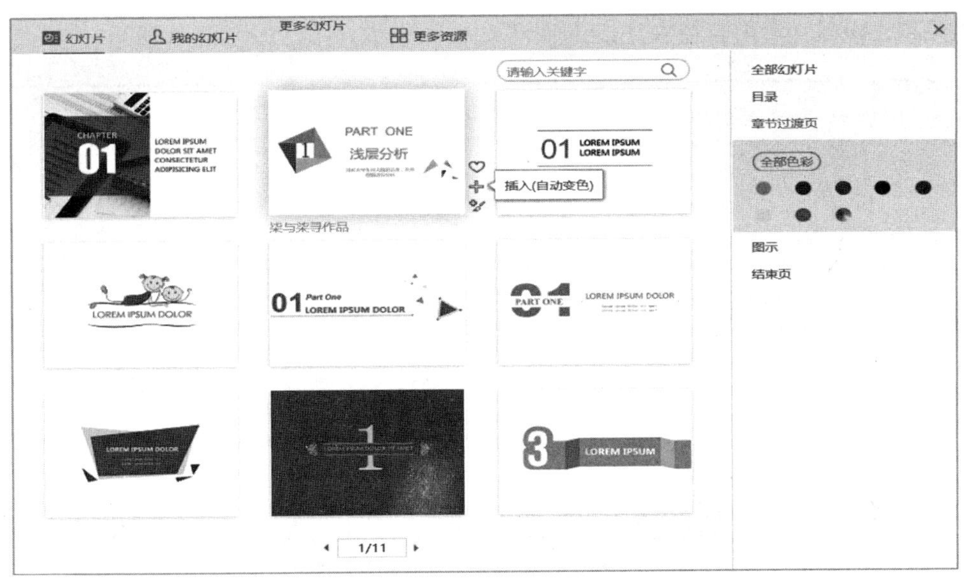

图 11-6 “幻灯片”窗口

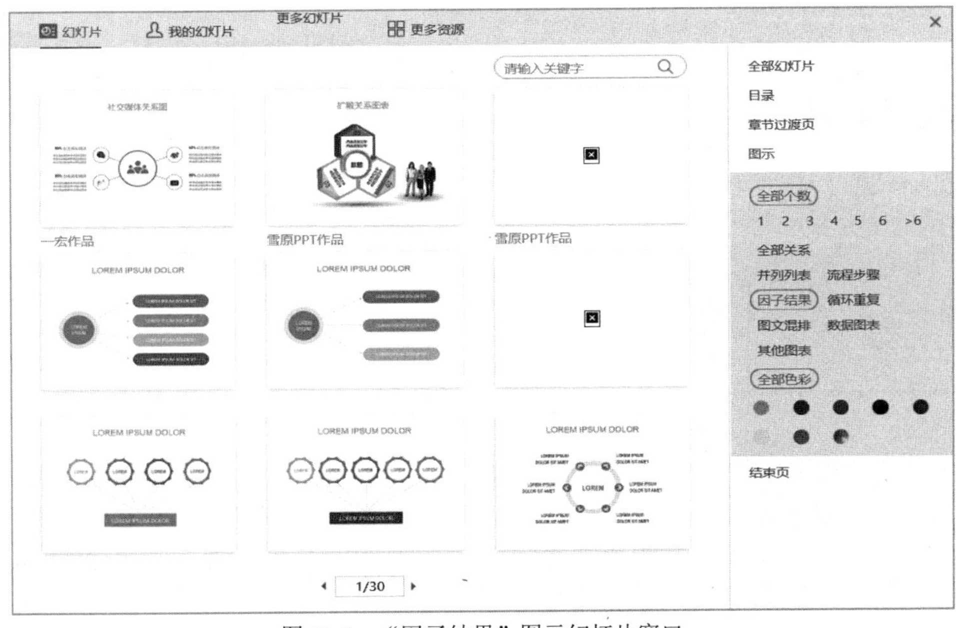

图 11-7 “因子结果”图示幻灯片窗口

PPT 美化大师功能不在此一一介绍，通过具体的实践更容易全面了解。

11.4 文稿内容理解，制作思维导图

若对汇报内容不熟悉，没有对内容进行归纳总结，是做不出逻辑层次清晰的演示文稿的。通过制作思维导图，可以深度理解文稿内容，理清各部分之间的层次关系，包括并列、递进、

因果关系等。根据文案内容在 XMind 软件下制作的思维导图，如图 11-8 所示。

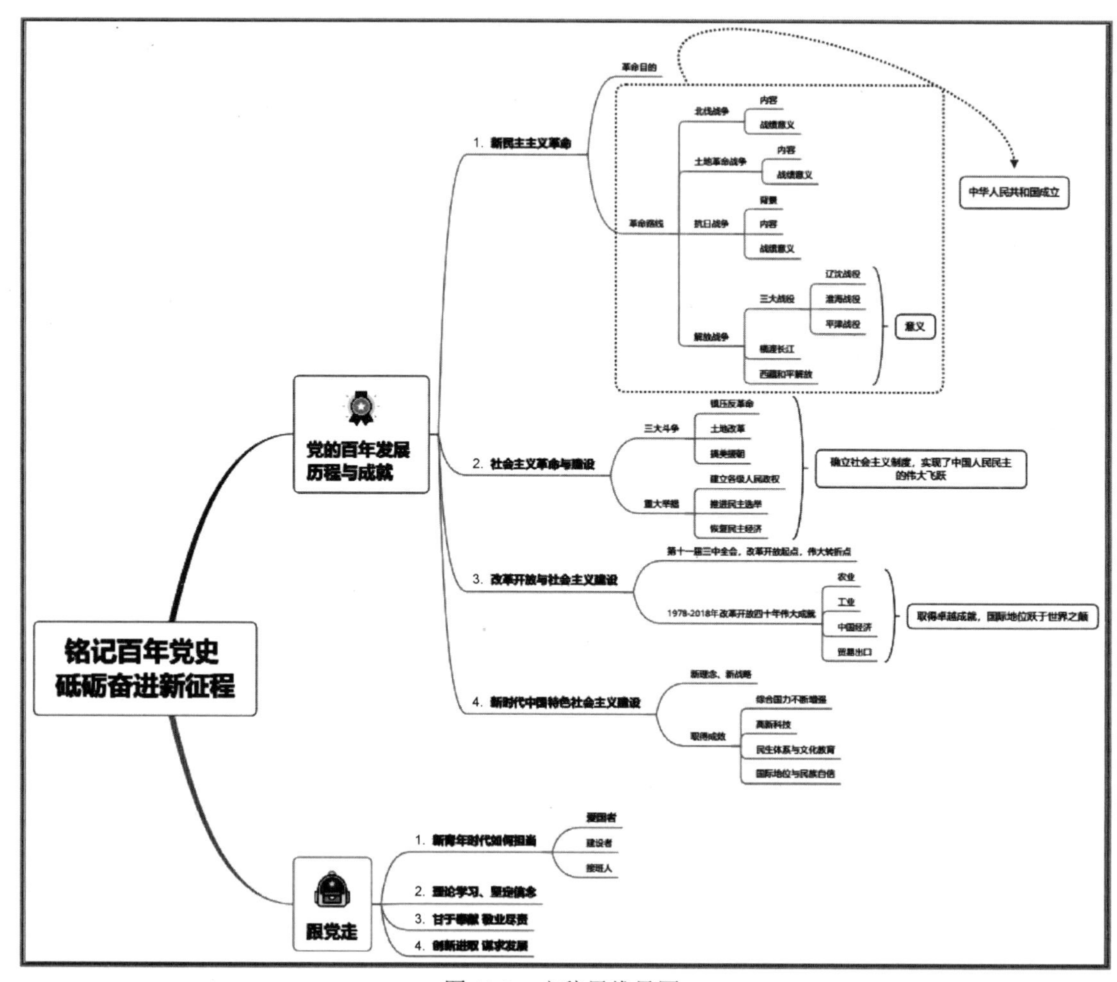

图 11-8 文稿思维导图

演示文稿主体内容要突出“百年党史及成就”和“青年学子如何以学际行动来践行使命”两个部分。从 1921～2021 年一百年党经历了新民主主义革命、社会主义革命与建设、改革开放与社会主义建设和新时代中国特色社会主义建义四个阶段，阐述每一个阶段中完成的任务和实现的目标来体现党的经历和取得成就。

11.5 汇报 PPT 设计

我们在日常工作、学习中说话、写作等，如果没有逻辑性，很难让别人明白你要表达的意思及表达的重点，演示文稿设计中逻辑尤为重要，是一个演示文稿的灵魂，包括篇章逻辑、页面逻辑和文句逻辑。只有 PPT 逻辑思路清晰，你的汇报才能清晰，才能在有限的时间内层次分明地突出重点，让观众快速地领会你所表达的观点。

在本演示文稿设计中这里只从设计方面来阐述篇章逻辑和页面逻辑。

11.5.1　整体框架设计

演示文稿整体框架即篇章逻辑，如本书第 9 章中所阐述的，包括封面、目录、章节过渡页、内容页和封底五个部分。

逻辑思路是一个演示文稿的灵魂，PPT 演示文稿逻辑包括篇章逻辑和页面逻辑。

演示文稿整体框架的设计，页面元素与美化可以自行设计，也可以借助软件来快速完成，如“PPT 美化大师”，能快速地帮助设计基础较弱的制作者设计出美观的版面。

设计的演示文稿整体框架，如图 11-9 所示，页面中可以添加具有标志性的和平鸽、华表、丝带等，使用标志性的 Logo 一方面可以让图说话，产生视觉效应；另一方面可以美化版面布局，避免过于单调，如封面页左上角数字“100”与标题内容呼应，在空间上与右下角文字形成对称。目录页相当于活动的议程安排，让听众对汇报内容有一个最初的了解，四字成语概括性地突出党在各阶段的伟大成就。过渡页起承上启下的作用，在风格上保持一致。封底页除了表示“感谢”，也可以使用与内容相关的其他特征词，也许会有不一样的效果。

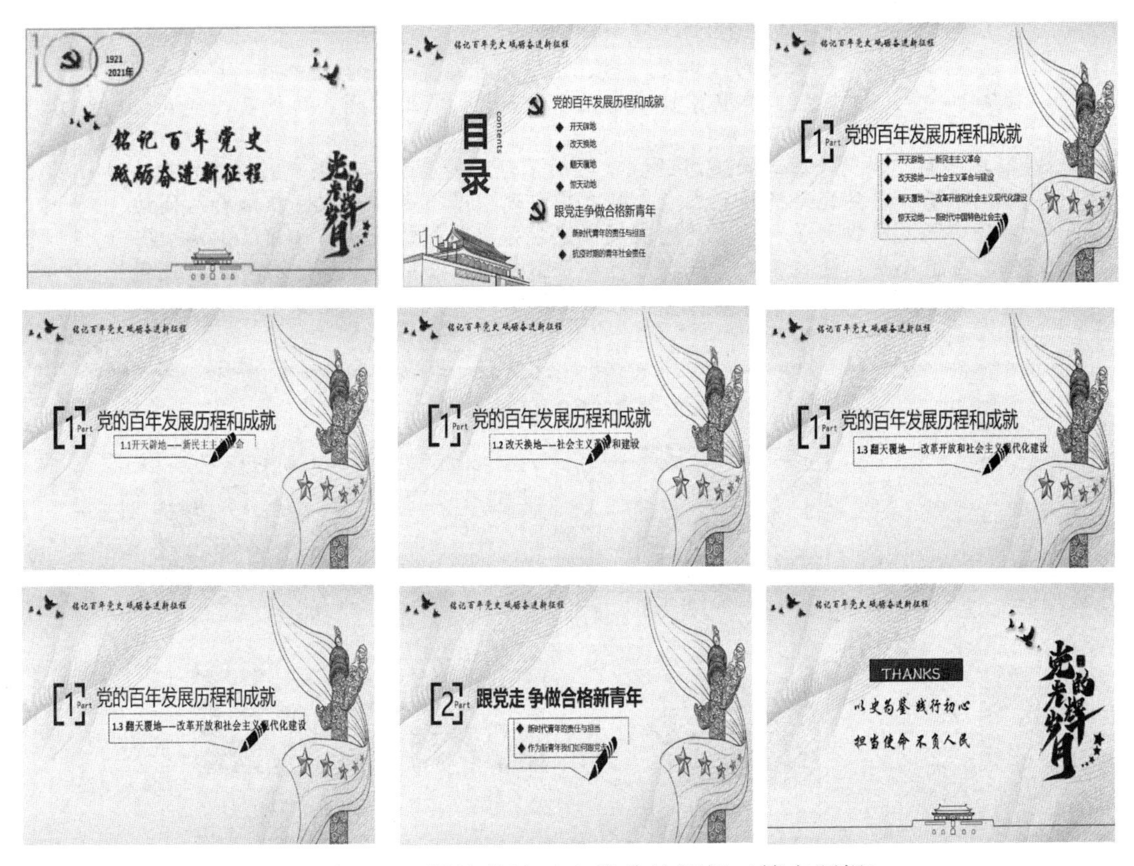

图 11-9　设计的演示文稿整体框架（篇章逻辑）

11.5.2　主体内容页面设计

主体内容页面设计是 PPT 设计的核心，包括页面逻辑思路、配色和字体、视觉化、图形化表达、细节处理和文字优化等多方面。其中逻辑思路是做好 PPT 的基本出发点，如果想要表达的内容在结构安排上不清晰，只是简单罗列，这是流水账式 PPT，则页面设计再精美，也不能清晰地将信息传递给听众。请记住，每个页面的内容才是核心，其余的则是锦上添花。逻辑一方面在于内容理解与结构安排，另一方面可以通过图示的方式来传递逻辑。页面逻辑通常包括流程步骤、并列关系、因子关系、循环重复等，下面根据演示文稿的内容，分小节来讲述制作者的思考过程及页面元素的安排。

1. 开天辟地——新民主主义革命时期

新民主主义革命时期党的历程与成就文字概述，如图 11-10（a）所示，汇报演示文稿效果，如图 11-10（b）所示。其中第 5 页指出新民主主义革命的历史背景，第 6 页展示革命内容，第 6 页与第 7～10 页之间是总分关系，第 11 页展示革命胜利的成就，各页面整体上构成因果递进关系。提供的阅读材料只是简单的描述，需要根据简述线索来了解更详尽的内容，寻找最有代表性的事件与素材来设计每一张幻灯片，下面我们来看各页面元素是如何构思的。

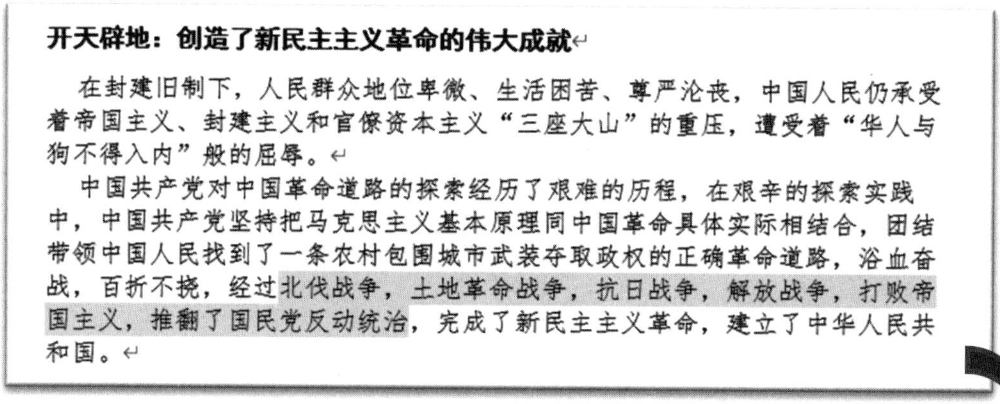

开天辟地：创造了新民主主义革命的伟大成就

在封建旧制下，人民群众地位卑微、生活困苦、尊严沦丧，中国人民仍承受着帝国主义、封建主义和官僚资本主义“三座大山”的重压，遭受着“华人与狗不得入内”般的屈辱。

中国共产党对中国革命道路的探索经历了艰难的历程，在艰辛的探索实践中，中国共产党坚持把马克思主义基本原理同中国革命具体实际相结合，团结带领中国人民找到了一条农村包围城市武装夺取政权的正确革命道路，浴血奋战，百折不挠，经过北伐战争，土地革命战争，抗日战争，解放战争，打败帝国主义，推翻了国民党反动统治，完成了新民主主义革命，建立了中华人民共和国。

（a）新民主主义革命时期党的历程与成就文字概述

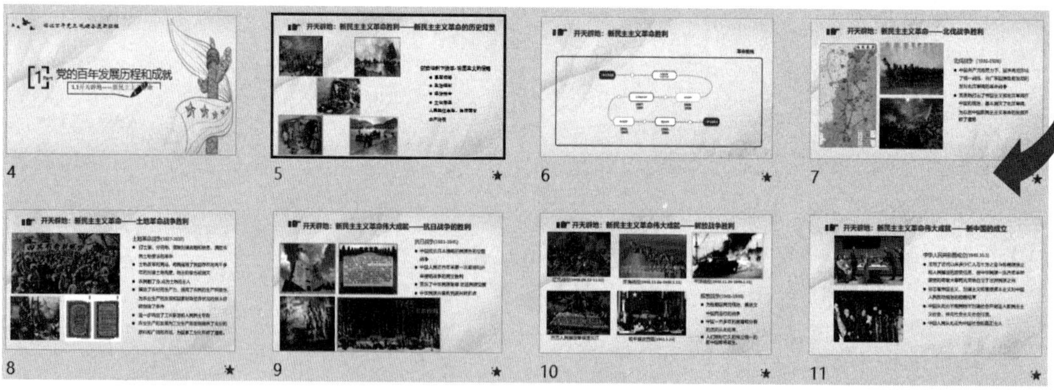

（b）汇报演示文稿效果

图 11-10　新民主主义革命页面

（1）阐述历史背景。历史背景阐述页面，如图 11-11 所示。

（2）革命路线页面。革命路线页面，如图 11-12 所示。

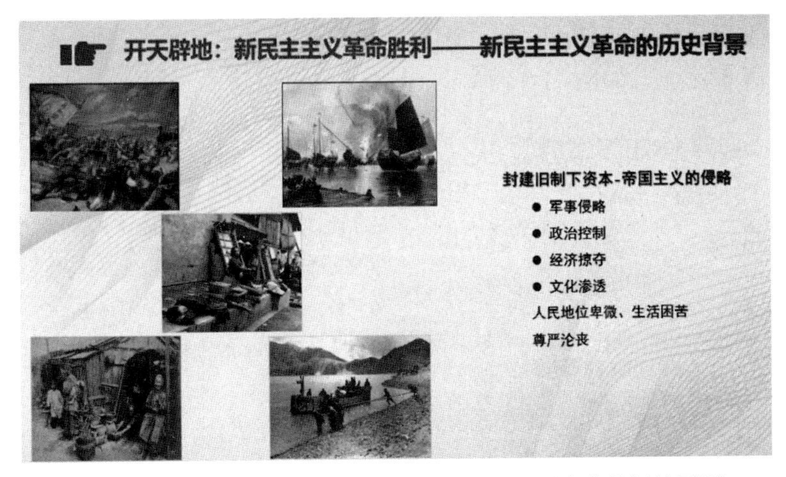

图 11-11　历史背景阐述页面

图文混排，分别选择史事记载中军事侵略、经济掠夺、文化渗透等有代表性的图片，这些因素导致人们生活困苦和地位卑微(处 C 位)；只排版五张图，目的是给页面留白，不能太拥挤。

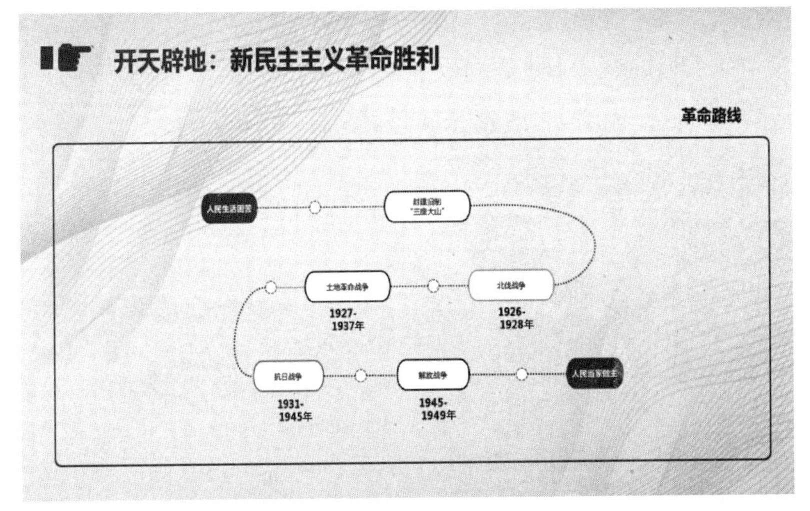

图 11-12　革命路线页面

以流程步骤来表达页面逻辑，中国共产党的初心与使命是为中国人民谋幸福、为中华民族谋复兴，实现人民当家作主是新民主主义的革命目标。这一页为综述页，与紧接下来的四个页面构成总分关系。

（3）北伐战争页面。北伐战争页面，如图 11-13 所示。

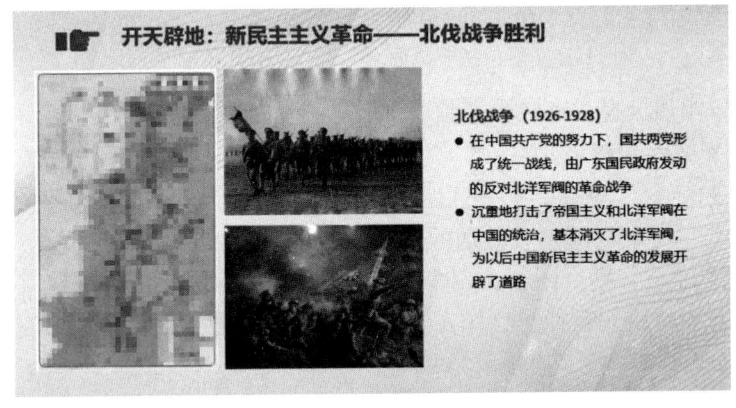

图 11-13　北伐战争页面

图文混排，图片的选取有讲究，一是要体现北伐战争路线与范围，二是要突出北伐战争胜利意义。因此，用地图的方式来表现更一目了然，再配行进中的图片和冲锋陷阵图片各一张。

土地革命页面设计思路与北伐战争页面基本一致，不在此赘述。

（4）抗日战争页面。抗日战争页面，如图 11-14 所示

图文混排，1931 年 9 月 18 日，日军进攻沈阳，抗日战争的起点，七·七事变后抗日战争全面爆发，结果是日本无条件投降，这些重点要在页面中体现出来，页面上的元素在汇报时可以为你提供信息点；在细节处理上再配以一张双方正面交锋图片，营造画面感。

图 11-14　抗日战争页面

（5）解放战争页面。解放战争页面，如图 11-15 所示。

图文混排，解放战争中由战略防御转入战略进攻，取得了决定中国命运的辽沈、淮海和平津三大战役的胜利，然后横渡长江，最后和平解放西藏，取得全面胜利，这些事件是解放战争中最有代表和意义的，是甄选这些场景的理由。

图 11-15　解放战争页面

新中国成立页面的构思与图片选择与本页面一致，在此不赘述。

2. 改天换地——社会主义革命和建设

社会主义革命和建设时期的文字概述，如图 11-16（a）所示，汇报演示文稿效果，如图 11-16（b）所示。党在社会主义革命与建设时期的重点是三大斗争和三大重要举措。其中第 13 页为总述，第 14 页和第 15 页分别介绍三大斗争和三大举措，即第 13 页与第 14、15 页之间构成总分关系，提供的阅读材料只是简单介绍，需要根据简述来搜索更详尽的内容及素材，下面我们介绍这一部分的设计。

改天换地：创造了社会主义革命和建设的伟大成就

新中国成立之初，中华大地呈现出万象更新的局面，同时也面临着许多严峻的考验和困难，比如解放战争还没有完全结束，经济千疮百孔，国际上霸权主义横行等等。

为此，中国共产党领导中国人民开展镇压反革命（有力地扫除了反革命残余势力和反动组织，为巩固新生政权，保证土地改革和经济恢复工作的顺利进行提供了保障。），土地改革（农民翻了身，得到了土地，成为土地的主人，极大地提高了农民的生产积极性，进一步巩固了工农联盟和人民民主专政。），抗美援朝（中国恢复国民经济和开展各项建设事业直接起到了保障的作用。为中国争取到了相当长时期的和平建设的环境。）三大斗争并相继采取建立各级人民政权，推进民主改革，恢复民主经济等一系列重大举措，巩固了新生的人民政权。中国共产党带领广大人民完成了伟大的社会主义革命，确立了社会主义制度，实现了中国从几千年向人民民主的伟大飞跃。

（a）社会主义革命和建设时期的文字概述

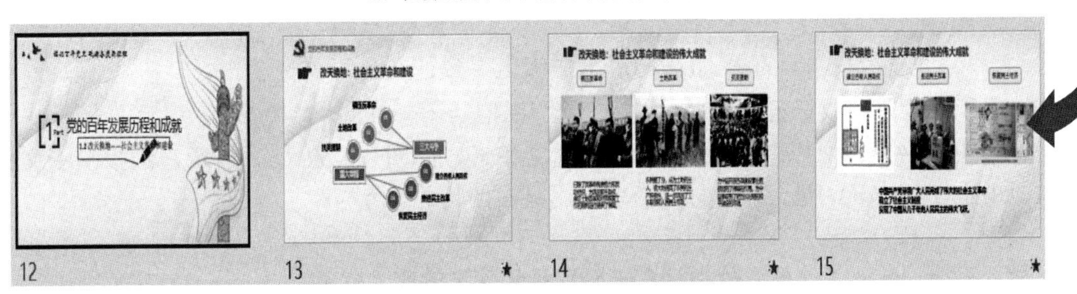

（b）汇报演示文稿效果

图 11-16　社会主义建设与改革由文字到演示文稿效果

（1）社会主义革命与建设概述页面。社会主义革命与建设概述页面，如图 11-17 所示。

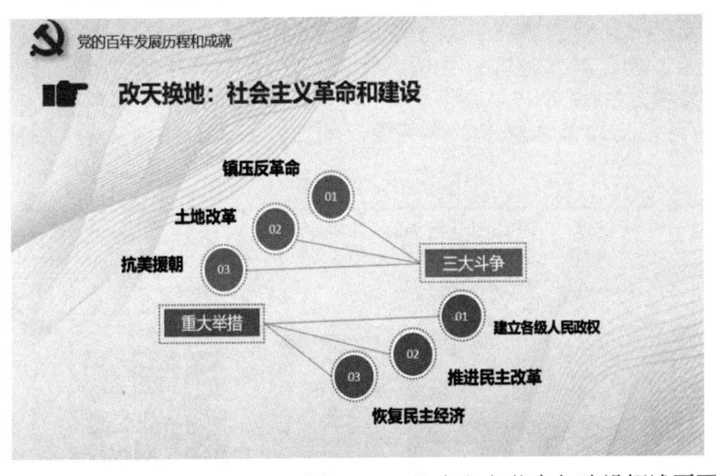

三大斗争和重大举措两者之间是并列关系，而三大斗争、重大举措与其下的 01、02、03 之间构成因子关系。细节上处理为美化版，如文字颜色、形状底纹的填充。

图 11-17　社会主义革命与建设概述页面

（2）三大斗争页面。社会主义革命和建设三大斗争页面，如图 11-18 所示。

图文混排，三大斗争包括镇压反革命、土地改革和抗美援朝，三者之间是一个并列关系，改变排列方式以区别于前面页面，避免审美疲劳。三大内容共处同一页面而不是分别占页，一方面这里的内容不需要太多细节，另一方面这种布局方式更能给人整体记忆。

图 11-18　社会主义革命和建设三大斗争页面

重大举措页面和三大斗争页面在构思与排版上一致，在此不再赘述。

3. 翻天覆地——改革开放和社会主义现代化建设

改革开放和社会主义现代化建设时期的文字概述，如图 11-19（a）所示，汇报演示文稿效果，如图 11-19（b）所示，下面我们来讲述页面的构思。

翻天覆地：创造了改革开放和社会主义现代化建设的伟大成就

新中国是在一片废墟之上建立起来的，在内外交困、一贫如洗、举步维艰的严峻形势下，其时经济瘫痪、社会动荡，人民生活困苦艰难，同时还面临资本主义的封锁和围堵。

1978 年，党的十一届三中全会的胜利召开，实现了新中国成立以来党的历史上具有深远意义的伟大转折，开启了改革开放和社会主义现代化建设的新时期，极大激发广大人民群众的创造性，极大解放和发展社会生产力，极大增强社会发展活力，实现了中国经济的快速腾飞。从 1978 年至 2012 年，我国经济高速增长，生产总值先后超过意大利、法国、英国、德国，2010 年，超过日本成为世界第二大经济体，其中，2009 年，我国贸易出口超过德国，成为世界第一大出口国，我国成为 18 世纪工业革命以来，继英国、美国、日本、德国之后的世界工厂。

（a）改革开放和社会主义现代化建设时期的文字概述

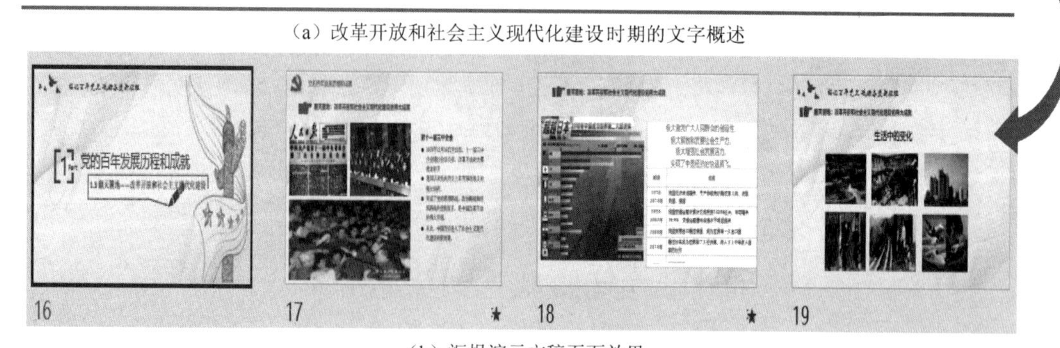

（b）汇报演示文稿页面效果

图 11-19　改革开放和社会主义现代化建设由文字到演示文稿效果

（1）改革开放页面。改革开放页面如图 11-20 所示。

图文混排，党的十一届三中全会拉开了改革开会序幕，具有划时代的意义，其中“会议公报”作为历史的见证，应在演示文稿中加以突出，右上角为会议公报的举手表决画面；邓小平是改革开放的总设计师和指导者，因此，选择人民群众欢声笑语与相拥邓小平为素材图片。

图 11-20　改革开放页面效果

（2）改革开放与社会主义现代化建设成就展示。

改革开放与社会主义现代化建设成就展示包括两个页面，如图 11-21 所示。其中一页用具体数据来说话，表达方式使用较为常用的柱形图和表格，柱形图适合用于数据项对比，一目了然，表格的表达方式比文字表述更为简洁和清晰，“文不如表、表不如图”这句话就是用来形容图、表和文字这三者在表现方式上的效果对比。数据的使用有说服力，数据要求真实、准确，也就是须经过官方统计并发布才可以引用，数据对普通大众来说是抽象的。因此，成就展示的第二个页面以图片对比方式来突出生活中的变化，经历过这个年代的人都会有切身体会，没有亲历过的也可以从图片对比来感受。

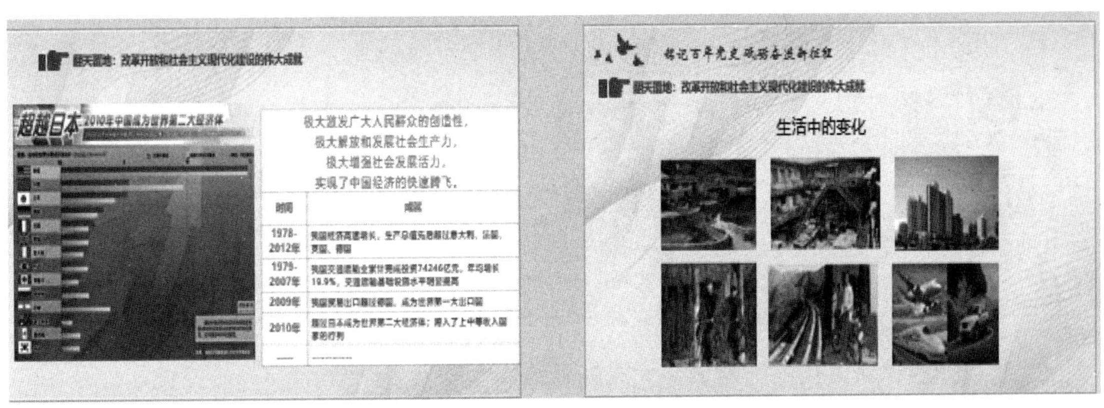

图 11-21　改革开放与现代化建设成就展示页面效果

4. 惊天动地——新时代中国特色社会主义建设的伟大成就

新时代中国特色社会主义建设时期伟大成就文字概述，如图 11-22（a）所示，汇报演示文稿效果，如图 11-22（b）所示，下面我们来讲述页面的构思。

在“新理念、新战略”的引领下，新时代中国特色社会主义建设取得了惊天动地的成就。

演示文稿第 21 页采用词云图形式来表示涌现的新理念和新战略，也可以想象“新理念、新战略”是天空中闪耀的星星，给我们光亮。

演示文稿第 22 页以“循环重复”图示从国民经济、基础设施、高薪科技、文化事业与产业和国防科技五个方面来表现国家综合国力的增强，这五个方面是彼此相互影响的。

演示文稿的第 23、24、25 页均为图文混排方式，构思上与前面图文混排页面类似，在此不再赘述。

惊天动地:创造了新时代中国特色社会主义的伟大成就

在新的历史时期，我国发展过程中所面临的世情、国情和党情都发生了新的变化。

面对这些新变化新机遇新挑战，党中央创造性地提出了一系列治国理政的新理念新思想新战略。努力实现“两个一百年”奋斗目标、实现中华民族伟大复兴的中国梦，积极推进“五位一体”总体布局，协调推进“四个全面”战略布局，创新、协调、绿色、开放、共享新的发展理念，“一带一路”发展战略，群众路线教育、“三严三实”和“两学一做”学习教育……

党中央治国理政的宏伟蓝图正在一步步落到实处、取得实效。中国作为这个世界上的发展中国家在短短 30 多年里摆脱贫困并跃升为世界第二大经济体，第一大工业国，第一大货物贸易国，第一大外汇储备国，取得载人航天、探月工程、量子通信、超级计算、海底深潜、大飞机制造、航空母舰等一大批标志性成果。现行标准下农村贫困人口全部脱贫，高等教育进入普及化阶段，建成世界上规模最大的社会保障体系。国际地位和国际影响力显著提高，中国人民的自豪感和自信心不断增强。

（a）新时代中国特色社会主义建设时期伟大成就文字概述

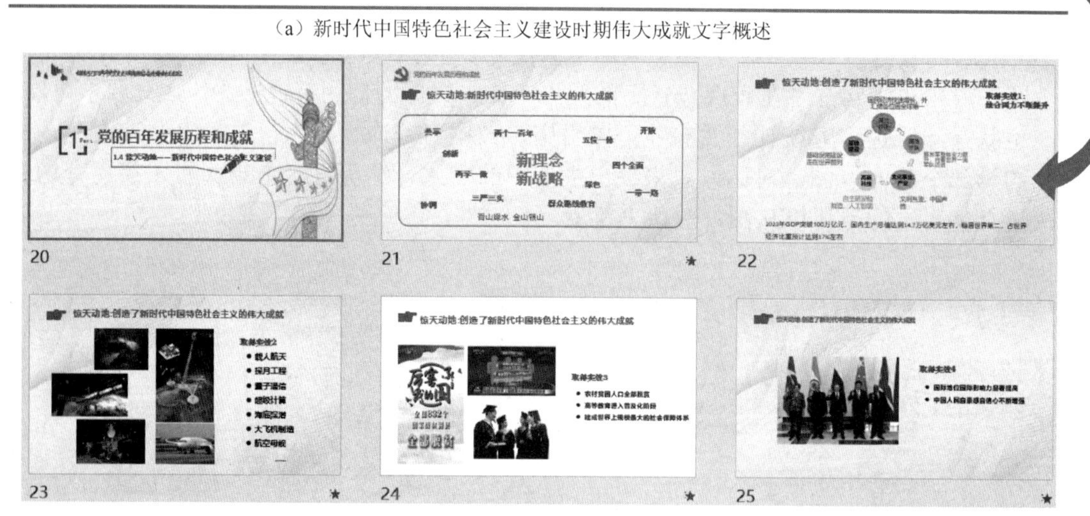

（b）汇报演示文稿效果

图 11-22　新时代中国特色社会主义建设伟大成就由文字到演示文稿效果

5. 改革开放和新时代中国建设伟大成就总结

演示文稿第 26 页以“改革开放 40 年中国成就”的视频播放作为第一部分“百年党史”介绍的总结页，如图 11-23 所示。这是改革开放 40 年中国成就的纪录篇，数据、画面真实可靠，视频材料更是对党的伟大成就更全面的一个概括，举世瞩目。页面排版上模拟了电视屏幕窗口的效果，同时在视频播放窗口辅之文字列举，达到动态视频与静态文字互补的双重效果。“播放”“暂停”“停止”三个按钮通过触发器控制视频播放操作。

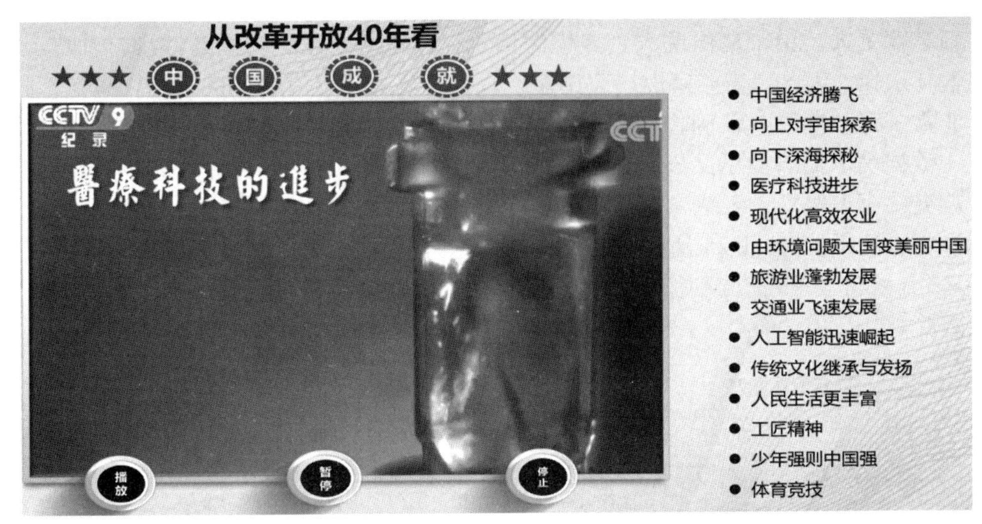

图 11-23　改革开放和新时代中国建设伟大成就总结

6. 跟党走，争做合格青年

汇报内容的第二部分“跟党走，争做合格青年”，学习党史，就是要回望过往，眺望远方。向历史寻经验，向历史求规律，向历史探未来。这部分内容是在“知党、爱党”之后油然而生的敬党之情，表明“跟党走”的态度和决心，在学习、工作和生活中履职尽责的实践中，践行党的初心。因此，从两个方面来介绍，如图 11-24 所示。

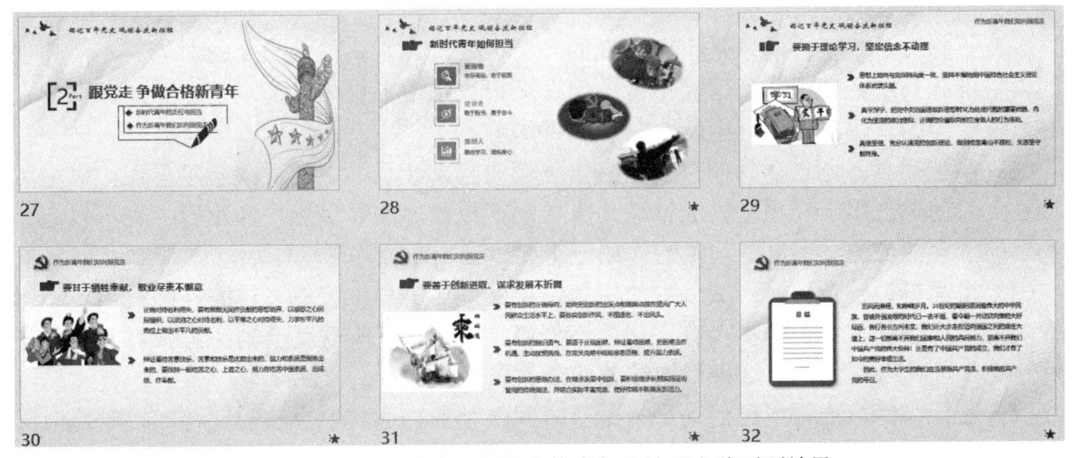

图 11-24　“跟党走，争做合格青年”演示文稿页面效果

演示文稿第 28 页从社会角色的高度指出新时代青年是爱国者、建设者和接班人，紧接着第 29 至 31 页讲述新时代青年在学习、工作和生活中履职尽责的实践中传承中国共产党伟大建党精神，夯实思想根基，汇聚奋进力量。页面元素的处理比较简单，常用图文表现方式。

11.6　主题活动 PPT 设计总结

主题活动 PPT 设计相比于由 Word 内容制作演示文稿（课件、项目答辩汇报等），貌似容易，实则难度更大。由于自由度大、提供的信息往往是一个宽泛的主题，素材基本上需要自己去搜索与选择。因此，需先审题、突出重点，提炼好具体且有内涵的标题，聚焦汇报内容，这一步非常关键。同时，在制作过程中又需要根据信息概述扩展阅读，搜索贴切的素材，包括图片、数据等，插入演示文稿中的每一个素材元素，要能体现内容，也就是说图片要有特征性、数据要有说服力、表达方式能产生视觉效果。

具体制作流程如图 11-25 所示，主题活动 PPT 设计以作者的感受来概括，即为“三分设计构思+三分素材准备+三分制作+一分细节处理”，其中细节处理包括页面美化、动画和拼写错误检查等。

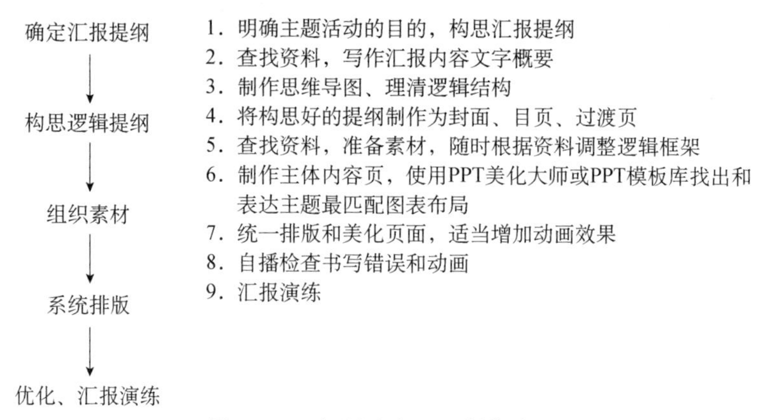

图 11-25　主题活动 PPT 制作流程

（1）素材准备。素材准备是不可忽视的环节，关键点是素材必须文题对应。不能体现内容的素材堆砌其中会适得其反，其不能给你在汇报过程中提供信息提示，也不能帮助听众加深对汇报内容的理解与记忆，相反地有干扰负作用。

（2）添加动画。添加动画的目的是突出强调内容，让页面上的对象有序呈现，吸引听众的注意点跟随你汇报节奏移动，通过动画来控制汇报内容的显示顺序和速度，也可以起到保持一定的悬念的目的。不过，动画的添加一定要适当，不能为了动画而动画。

（3）拼写错误检查。演示文稿中的拼写错误就好比美食中突然飞过的苍蝇，虽然不影响听众对汇报内容的理解，但多少有点让人不舒服，错误多了听众就会猜想汇报者是不是态度不够认真，因此要尽量避免这种稍加注意就能克服的问题。

（4）汇报演练。通常主题活动汇报是有时间限制的，通过汇报前的演练，控制好时间。如果演示文稿内容确实太多，超出时间规定，则要进一步优化 PPT 而做概括、精减等设计。

11.7　练习

近几年，疫情依然反反复复，在这期间，各国的抗疫行动对比突出了中国在抗疫过程中的表现十分优秀。美国，作为一个超级大国，截至 2022 年 5 月 9 日，其确诊人数达 83581715 人，而中国确诊人数只有 908667 人，美国确诊人数约是中国的 91 倍；感染新冠病毒而死亡的人数美国有 1024546 人，而中国只有 15450 人，美国死亡人数约是中国的 66 倍。这一巨大的数字差异来源于我国在抗击新冠肺炎中展现的众志成城抗击疫情的精神：生命至上，举国同心，舍生忘死，尊重科学，命运与共。

在全国抗击新冠肺炎疫情表彰大会上，习近平总书记强调："舍生忘死，集中体现了中国人民敢于压倒一切困难而不被任何困难所压倒的顽强意志。"面对疫情，多条战线的抗疫勇士召之即来，来之即战，战之必胜，在抗疫路上不舍昼夜，舍生忘死。

新冠病毒疫情席卷全球，给全世界都带来了灾难，但我国在面对危机时展现出的抗疫精神，不仅使我国抗击疫情斗争取得重大战略胜利，也充分展现了中国共产党的领导和我国社会主义制度的显著优势，展现了中国负责任的大国担当，增强了全国各族人民的自信心与凝聚力，这将指引着我们无所畏惧、披荆斩棘，在第二个百年奋斗目标新征程上为实现中国伟大复兴梦而不懈努力。

请以"抗疫防疫"为主题，制作主题汇报 PPT，活动主题目的为：

（1）宣传"抗疫防疫"，你我有责，人人抗疫防疫，自觉遵守和支持防疫工作。

（2）颂扬在抗疫第一线人民的"人民至上，生命至上，不顾自身安危"伟大抗疫精神。

（3）中国抗疫中所展现的"科学决策、大国担当"彰显了中华民族的自信心与凝聚力。

包括但不限于以上三方面，可以从某一方面或者多方面结合汇报突出主题。

参考文献

1. 孙小小. PPT 演示之道——写给非设计人员幻灯片指南[M]. 2 版. 北京：电子工业出版社，2012.

2. 张倩. Word/Excel/PPT2016 商务办公从入门到精通[M]. 北京：清华大学出版社，2018.

3. 张宁. 玩转 Office 轻松过二级[M]. 3 版. 北京：清华大学出版社，2019.

4. 飞龙书院. Office2010 从新手到高手[M]. 北京：化学工业出版社，2011.